闫福安 编著

水性树脂与水性涂料

SHUIXING SHUZHI YU
SHUIXING TULIAO

化学工业出版社
·北京·

本书以涂料树脂合成的聚合反应理论为基础，对水性醇酸树脂、水性聚酯树脂、水性丙烯酸树脂、水性聚氨酯树脂、水性光固化树脂、水性环氧树脂、水性氨基树脂的合成单体、合成原理、合成配方及合成工艺进行了介绍，着重揭示树脂水性化的原理及其结构和性能的关系；同时对水性涂料的基本组成、配方原理及水性建筑涂料、水性木器涂料、水性塑料涂料、水性金属涂料进行了介绍。本书理论与实际相结合，列有大量合成实例及涂料配方，具有很强的实用性。

本书可供从事涂料研究、生产、应用的工程技术人员、管理人员以及大专院校本科生、研究生和教师参考使用。

图书在版编目（CIP）数据

水性树脂与水性涂料/闫福安编著．—北京：化学工业出版社，2009.12（2023.4重印）
ISBN 978-7-122-06799-9

Ⅰ.水…　Ⅱ.闫…　Ⅲ.①水性树脂②水性漆
Ⅳ.TQ322.4　TQ637

中国版本图书馆CIP数据核字（2009）第181755号

责任编辑：顾南君　　文字编辑：昝景岩
责任校对：洪雅姝　　装帧设计：史利平

出版发行：化学工业出版社（北京市东城区青年湖南街13号　邮政编码100011）
印　　装：北京盛通数码印刷有限公司
850mm×1168mm　1/32　印张12　字数334千字
2023年4月北京第1版第14次印刷

购书咨询：010-64518888　　售后服务：010-64518899
网　　址：http://www.cip.com.cn
凡购买本书，如有缺损质量问题，本社销售中心负责调换。

定　　价：**58.00元**

前言

随着改革开放的深入和国民经济的发展，涂料品种迅速增加、性能不断提高，涂料工业得到了长足发展，形成了一个重要的工业门类。涂料产品已经成为工业、农业、国防、高新技术以及人们日常生活不可缺少的材料。涂料科学与技术已成为精细化工研究与开发的最重要领域之一。

武汉工程大学是国内较早开展涂料教学与科研的高校之一，为涂料行业的发展培养了大量人才。为了进一步促进人才培养，推动涂料科技的发展，编者结合近年来的科研与教学经验，编写了《水性树脂与水性涂料》一书。全书共有十一章，重点介绍了涂料树脂合成的聚合反应原理，以及水性醇酸树脂、水性聚酯树脂、水性丙烯酸树脂、水性聚氨酯树脂、水性环氧树脂、水性氨基树脂、水性光固化树脂的合成原料、合成原理以及合成工艺，其主线是大分子的分子设计原理，尽力揭示树脂结构和性能的关系；此外，对水性涂料的组成、水性涂料用助剂的种类及应用、水性涂料配方设计原理以及水性建筑涂料、水性木器涂料、水性塑料涂料、水性金属涂料的配方及生产工艺进行了介绍。书中既有理论，又有实例、配方计算和实际操作工艺，力求简单、直观、易学、好懂，理论与实践相结合。

本书适合从事水性树脂及水性涂料研究、开发、管理和销售的人员学习参考，也可供大专院校本科生、研究生和有关教师参考使用。若本书能为我国水性涂料工业的创新和发展作出一定贡献，编者将感到无比欣慰。本书由闫福安教授编著。其中，广东天银化工实业有限公司陈少双先生参加了第 10 章的编写，研究生陈俊、黄贵参与了第 8 章一些资料的收集，学生周勇参与了文字录入和排版工作。编写过程中得到了武汉工程大学绿色化工过程省部共建教育部重点实验室、化学工业出版社和一些朋友、学生的帮助，在此深表谢意。由于水平所限，书中不妥之处在所难免，敬请批评指正。

编者

2009 年 8 月

目录

第1章 导 论

1.1 概述

涂料是一种保护、装饰物体表面的涂装材料。具体讲，涂料是涂布于物体表面，经干燥后形成一层薄膜，赋予物体保护、美化或其他功能的材料。从组成上看，涂料一般包含四大组分：成膜物质（也称为主要成膜物质）、溶剂（或分散介质）、颜（或填）料（也称为次要成膜物质）和各类涂料助剂。

成膜物质是一种高分子化合物（亦称为树脂），可分为天然高分子和合成高分子两大类。其中，合成高分子在涂料成膜物质中占主导地位，可细分为缩聚型高分子（缩聚物）、加聚型高分子（加聚物）及改性型高分子三大类。常用的缩聚型高分子有聚氨酯、醇酸树脂、环氧树脂等，加聚型高分子有丙烯酸树脂、过氯乙烯树脂、聚氯乙烯树脂、聚醋酸乙烯树脂等，改性型大分子有高氯化聚乙烯、氯化橡胶等。天然高分子来自自然界，常用的有以矿物为来源的沥青，以植物为来源的生漆，以动物为来源的虫胶等。沥青涂料不仅耐腐蚀性能良好，而且价格便宜。生漆是我国的特产，有很多优良的性能，已有几千年的使用历史。

颜料是涂料中的次要成膜物质。它也是构成涂膜的组成部分，但它不能离开主要成膜物质而单独构成涂膜。颜料是一种不溶于成膜物质的有色物质。从颜料的用途分为体质颜料（也称为填料）、着色颜料、防锈颜料三种。体质颜料：主要用来增加涂层厚度，提高耐磨性和机械强度。着色颜料：可赋予涂层美丽的色彩，具有良好的遮盖性，可以提高涂层的耐日晒性、耐久性和耐气候变化等性能。防锈颜料：这种颜料可使涂层具有良好的防锈能力，延长寿命，它是防锈底漆的主要原料。颜料依结构可分为有机颜料和无机颜料，无机颜料又可分为天然无机颜料和人造无机颜料。

溶剂（或分散介质）在涂料中起到溶解或分散成膜物质及颜（填）料的作用，以满足各种油漆施工工艺的要求，其用量在50%（体积分数）左右。油漆涂布成膜后，溶剂并不留在漆膜中，而是全部挥发掉了，因此，溶剂（或分散介质）并非成膜物质，它可以帮助成膜和施工。不同品种的合成树脂或油漆，其溶剂不同。溶剂在涂料中的作用往往不为人们重视，认为它是挥发组分，最后总是挥发掉而不留在漆膜中，对漆的质量不会有很大影响。其实不然，各种溶剂的溶解力及挥发率等因素对于成漆生产、贮存、施工及漆膜光泽、附着力、表面状态等多方面性能都有极大影响。涂料中的溶剂是一种挥发组分，对环境造成极大污染，也是对资源的很大浪费，所以，现代涂料行业正在努力减少溶剂的使用量，开发出了高固体分涂料、水性涂料、无溶剂涂料等环保型涂料。溶剂的品种很多，按其化学成分和来源可分为下列几大类。①萜烯溶剂：绝大部分来自松树分泌物，常用的有松节油。②石油溶剂：这类溶剂属于烃类，是从石油中分馏而得，常用的有溶剂油、松香水。松香水是油漆中普遍采用的溶剂，毒性较小。③煤焦溶剂：这类溶剂也属于烃类，但由煤干馏而得，常用的有苯、甲苯、二甲苯等。苯的溶解能力很强，但毒性大，易挥发，一般不用；甲苯的溶解能力与苯相似，主要作为醇酸漆溶剂，也可以作环氧树脂、喷漆等的稀释剂用；二甲苯的溶解性略低于甲苯，挥发性比甲苯差，毒性较小。近年来，重芳烃（三甲基苯）类溶剂得到了广泛应用。④酯类溶剂：低碳的有机酸和醇的酯化物，常用的有醋酸丁酯、醋酸乙酯、醋酸戊酯等。酯类溶剂毒性小，一般用在民用漆中。⑤酮类溶剂：主要用来溶解硝酸纤维，常用的有丙酮、甲乙酮、甲基异丁基酮、环己酮、异佛尔酮等。⑥醇类溶剂：常用的有乙醇、异丙醇和丁醇等。醇类溶剂对涂料的溶解力差，仅能溶解虫胶或聚乙烯醇缩丁醛树脂，与酯类、酮类溶剂配合使用时，可增加其溶解力。⑦其他溶剂：常用的有含氯溶剂、硝化烷烃溶剂、醚醇类溶剂等。含氯溶剂溶解力很强，但毒性较大，只在某些特种漆和脱漆剂中使用；醚醇类溶剂是一种新型溶剂，有乙二醇乙醚、乙二醇甲醚及其乙酸酯类等。近年来，水性涂料发展很快，除极少量水溶性体系外，绝大部分属于水分散体系，水起到分散介质的作用。

助剂：形象地说，助剂在涂料中的作用，就相当于维生素和微量元素对人体的作用，用量很少，约0.1%（质量分数），但作用很大，不可或缺。现代涂料助剂主要有四大类：①对涂料生产过程发生作用的助剂，如消泡剂、润湿剂、分散剂、乳化剂等；②对涂料储存过程发生作用的助剂，如防沉剂、稳定剂、防结皮剂等；③对涂料施工过程起作用的助剂，如流平剂、消泡剂、催干剂、防流挂剂等；④对涂膜性能产生作用的助剂，如增塑剂、消光剂、阻燃剂、防霉剂等。

1.2 涂料的作用

涂料是精细化工的一个重要工业部门，在工业、农业及人们日常生活中起着重要作用。

涂料的作用一般包括三个方面：

(1) 保护作用　涂料可以在物体表面形成一层保护膜，保护各种制品免受大气、雨水及各种化学介质的侵蚀，延长其使用寿命，减少损失。

(2) 装饰作用　由颜料（或填料）及成膜物质提供，其他组分协助。颜料除了使涂膜呈现鲜艳多彩的颜色外，还具有其他作用，如提供一定的机械强度、化学稳定性以强化保护作用；成膜物质使涂饰物表面光泽发生变化，提高丰满度，增强质感，提高装饰效果。

(3) 其他作用　保护和装饰是涂料的基本功能，此外涂膜还可以提供防静电、导电、绝缘、耐高温、隔热、阻燃、防霉、杀菌、防海洋生物附着、热至变色、光至变色等作用。

1.3 涂料的分类与命名

随着涂料科研、生产及应用的不断发展，涂料工业发展非常迅速，涂料品种越来越多、用途越来越广，因此有必要对涂料进行分类。

涂料的分类方法很多：

(1) 按照涂料形态分　粉末涂料、液体涂料；

(2) 按成膜机理分　热塑性涂料、热固性涂料；

(3) 按施工方法分　刷涂涂料、辊涂涂料、喷涂涂料、浸涂涂料、淋涂涂料、电泳涂涂料；

(4) 按干燥方式分　常温干燥涂料、烘干涂料、湿气固化涂料、光固化涂料、电子束固化涂料；

(5) 按涂布层次分　腻子、底漆、中涂漆、面漆；

(6) 按涂膜外观分　清漆、色漆、平光漆、亚光漆、高光漆；

(7) 按使用对象分　金属漆、木器漆、水泥漆、汽车漆、船舶漆、集装箱漆、飞机漆、家电漆；

(8) 按性能分　防腐漆、绝缘漆、导电漆、耐热漆、防火漆；

(9) 按成膜物质分　醇酸树脂漆、环氧树脂漆、氯化橡胶漆、丙烯酸树脂漆、聚氨酯漆、乙烯基树脂漆等。

(10) 按分散介质不同分　溶剂型涂料、水性涂料（水溶型涂料、水分散型涂料和水乳型涂料）。

以上的各种分类方法各具特点，但是无论哪一种分类方法都不能把涂料所有的特点都包含进去，可以说到目前为止还没有统一的分类方法。

为了简化起见，在涂料命名时，除了粉末涂料外，其他仍采用“漆”一词，以后在具体叙述时，各涂料品种也称为漆，在统称时仍用“涂料”一词。涂料命名原则规定如下：

① 涂料全名＝颜料或颜色名称＋成膜物质名称＋基本名称；

② 若颜料对漆膜性能起显著作用，则用颜料名称代替颜色名称；

③ 对于某些有专门用途及特性的产品，必要时在成膜物质后面加以阐明。

按成膜物质的种类，涂料可以进行如表 1-1 所示分类。

按照中国的国家标准 GB 2705—92，涂料基本名称代号如表1-2所示。

表 1-1 涂料分类表

序号	代号(汉语拼音)	涂料类别	主要成膜物质
1	Y	油性漆类	天然动植物油，鱼油，合成油
2	T	天然树脂漆类	松香及其衍生物、虫胶、酪素、动物胶，大漆及其衍生物
3	F	酚醛树脂漆类	酚醛树脂、改性酚醛树脂、二甲苯树脂
4	L	沥青漆类	天然沥青、石油沥青、煤焦沥青、硬脂酸沥青
5	C	醇酸树脂漆类	甘油醇酸树脂、季戊四醇醇酸树脂、其他改性醇酸树脂
6	A	氨基树脂漆类	脲醛树脂、三聚氰胺甲醛树脂
7	Q	硝基漆类	硝基纤维素、改性硝基纤维素
8	M	纤维素漆类	乙基纤维素、苄基纤维素、羟甲基纤维素、醋酸纤维素、醋酸丁酸纤维素等
9	G	过氯乙烯漆类	过氯乙烯树脂、改性过氯乙烯树脂
10	X	乙烯漆类	聚乙烯共聚物、聚醋酸乙烯及其共聚物、聚乙烯醇缩醛、氟树脂
11	B	丙烯酸漆类	丙烯酸酯共聚物及其改性树脂
12	Z	聚酯漆类	饱和聚酯及不饱和聚酯
13	H	环氧树脂漆类	环氧树脂及改性环氧树脂
14	S	聚氨酯漆类	聚氨基甲酸酯
15	W	元素有机漆类	有机硅、有机钛等元素有机化合物
16	J	橡胶漆类	天然橡胶、合成橡胶及其改性树脂
17	E	其他漆类	如无机高分子(硅酸锂)、聚苯胺、聚酰亚胺等

表 1-2 涂料基本名称代号

代号	基本名称	代号	基本名称
00	清油	44	船底漆
01	清漆	45	饮水舱漆
02	厚漆	46	油舱漆
03	调合漆	47	车间(预涂)底漆
04	磁漆	50	耐酸漆
05	粉末涂料	51	耐碱漆
06	底漆	52	防腐漆
07	腻子	60	耐火漆
08	水性涂料	61	耐热漆
09	大漆	62	示温漆
11	电泳漆	63	涂布漆
12	乳胶漆	64	可剥漆
13	其他水溶(性)漆	65	卷材涂料
14	透明漆	66	光固化涂料
15	斑纹漆	67	隔热涂料
16	锤纹漆	71	工程机械用漆
17	皱纹漆	72	农机用漆
18	裂纹漆	73	发电、输配电设备用漆
20	铅笔漆	77	内墙涂料
22	木器漆	78	外墙涂料
23	罐头漆	79	屋面防水涂料
24	家电用漆	80	地板漆
26	自行车漆	82	锅炉漆
27	玩具漆	83	烟囱漆
28	塑料用漆	86	标志漆、路标漆、马路画线漆
30	(浸渍)绝缘漆	87	汽车漆(车身)
32	(绝缘)磁漆	88	汽车漆(底盘)
34	漆包线漆	89	其他汽车漆
35	硅钢片漆	90	汽车修补漆
36	电容器漆	93	集装箱漆
37	电阻漆、电位器漆	94	铁路车辆用漆
38	半导体漆	95	桥梁漆、输电塔漆及其他(大型露天)钢结构漆
40	防污漆	96	航空、航天用漆
41	水线漆	98	胶液
42	甲板漆、甲板防滑漆	99	其他
43	船壳漆		

涂料用辅助材料型号由一个汉语拼音字母和1～2位阿拉伯数字组成，字母与数字之间有半字线（读成“之”）。字母表示辅助材料类别代号。数字为序号，用以区别同一类辅助材料的不同品种。辅助材料代号见表1-3，型号名称举例见表1-4。

表1-3 辅助材料代号

代号	辅助材料名称	代号	辅助材料名称
X	稀释剂	T	脱漆剂
F	防潮剂	H	固化剂
G	催干剂		

表1-4 型号名称举例

产品型号	产品名称	产品型号	产品名称
Q01-17	硝基清漆	H36-51	中绿环氧烘干电容器漆
A05-19	铝粉氨基烘漆	S07-1	浅灰聚氨酯腻子(分装)
C04-2	白醇酸磁漆	H-1	环氧漆固化剂

1.4 涂料发展概况

涂料的发展历史源远流长，可以追溯到石器时代。我国是最早生产、使用涂料的国家之一，考古发掘出土的大量文物、漆器就是证明，足见我们的祖先已具有很高的涂料生产、使用技术。由于早期的涂料是由植物油脂等为原料生产的，所以人们习惯上称其为油漆。随着20世纪初高分子科学的发展，尤其是30年代醇酸树脂的工业化生产，合成树脂开始广泛应用于涂料生产，因此油漆的含义已经发生了根本变化，现在用涂料代替油漆的概念，包括有机和无机涂料，其中以有机涂料尤为重要。据统计，目前合成树脂涂料已占涂料总产量的80%，而且，仍在不断开发新的涂料用树脂。

涂料的发展史一般可分为三个阶段：①天然成膜物质的使用；②涂料工业的形成；③合成树脂涂料的生产。

① 天然成膜物质的使用。中国是世界上使用天然成膜物质涂料最早的国家之一。春秋时期（公元前770～公元前476年）就掌

握了熬炼桐油制造涂料的技术。战国时期（公元前 475～公元前 221 年）能用桐油和大漆复配涂料。长沙马王堆出土的汉墓漆棺和漆器，做工细致，漆膜坚韧，保护性能良好，说明中国在公元前 2 世纪的汉初时，大漆使用技术已相当成熟。此后，该项技术陆续传入朝鲜、日本及东南亚各国，并得到发展。公元前的巴比伦人使用沥青作为木船的防腐涂料，希腊人掌握了蜂蜡涂饰技术。公元初年，埃及采用阿拉伯树胶制作涂料。到了明代（1368～1644 年），中国漆器技术达到高峰。明隆庆年间，黄成所著的《髹饰录》系统地总结了大漆的使用经验。17 世纪以后，中国的漆器技术和印度的虫胶（紫胶）涂料逐渐传入欧洲。

② 涂料工业的形成。18 世纪涂料工业开始形成。亚麻仁油熟油的大量生产和应用，促使清漆和色漆的品种迅速发展。1773 年，英国韦廷公司搜集出版了很多用天然树脂和干性油炼制清漆的工艺配方。1790 年，英国创立了第一家涂料厂。19 世纪，涂料生产开始摆脱手工作坊的状态，很多国家相继建厂，法国在 1820 年、德国在 1830 年、奥地利在 1843 年、日本在 1881 年都相继建立了涂料厂。19 世纪中叶，涂料生产厂家直接配制适合施工要求的涂料，即调合漆。从此，涂料配制和生产技术才被完全掌握在涂料厂中，推动了涂料生产的规模化。第一次世界大战期间，中国涂料工业开始萌芽，1915 年开办的上海开林颜料油漆厂是中国第一家涂料生产厂。

③ 合成树脂涂料时期。19 世纪中期，随着合成树脂的出现，涂料成膜物质发生了根本性的变革，形成了合成树脂涂料时期。

1855 年，英国人 A. 帕克斯取得了用硝酸纤维素（硝化棉）制造涂料的专利权，建立了第一个生产合成树脂涂料的工厂。1909 年，美国化学家 L. H. 贝克兰试制成功醇溶性酚醛树脂。随后，德国人 K. 阿尔贝特研究成功松香改性的油溶性酚醛树脂涂料。第一次世界大战后，为了打开过剩的硝酸纤维素的销路，适应汽车生产发展的需要，找到了醋酸丁酯、醋酸乙酯等良好溶剂，开发了空气喷涂的施工方法。1925 年硝酸纤维素涂料的生产达到高潮。与此同时，酚醛树脂涂料也广泛应用于木器家具行业。在色漆生产中，轮碾机被逐步淘汰，球磨机、三辊机等现代机械研磨设备在涂料工业中得到推广应用。

1927年，美国通用电气公司的R. H. 基恩尔突破了植物油醇解技术，发明了用干性油脂肪酸制备醇酸树脂的工艺，醇酸树脂涂料迅速发展为主流的涂料品种，摆脱了以干性油和天然树脂混合炼制涂料的传统方法，开创了涂料工业的新纪元。1940年，三聚氰胺-甲醛树脂（氨基树脂）与醇酸树脂配合制漆（即氨基-醇酸烘漆），进一步扩大了醇酸树脂涂料的应用范围，发展成为装饰性涂料的主要品种，广泛用于工业涂装。

第二次世界大战结束后，合成树脂涂料品种发展很快。美国、英国、荷兰（壳牌公司）、瑞士（汽巴公司）在20世纪40年代后期首先生产了环氧树脂，为发展新型防腐蚀涂料和工业底漆提供了新的原料。50年代初，性能优异的聚氨酯涂料在联邦德国拜耳公司投入工业化生产。1950年，美国杜邦公司开发了丙烯酸树脂涂料，逐渐成为汽车涂料的主要品种，并扩展到轻工、建筑等部门。第二次世界大战后，丁苯胶乳过剩，美国积极研究用丁苯胶乳制造水乳胶涂料。20世纪50～60年代，又开发了聚醋酸乙烯酯胶乳和丙烯酸酯胶乳涂料，这些都是建筑涂料的最大品种。1952年联邦德国克纳萨克·格里赛恩公司发明了乙烯类树脂热塑性粉末涂料。壳牌化学公司开发了环氧粉末涂料。美国福特汽车公司1961年开发了电沉积涂料，并实现工业化生产。此外，1968年联邦德国拜耳公司首先在市场上出售光固化木器漆。乳胶涂料、水性涂料、粉末涂料和光固化涂料，使涂料产品中的有机溶剂用量大幅度下降，甚至不使用有机溶剂，开辟了低污染涂料的新领域。随着电子技术和航天技术的发展，以有机硅树脂为主的元素有机树脂涂料，在50～60年代发展迅速，在耐高温涂料领域占据重要地位。这一时期开发并实现工业化生产的还有杂环树脂涂料、橡胶类涂料、乙烯基树脂涂料、聚酯涂料、无机高分子涂料等品种。

随着合成树脂涂料的发展，逐步采用了大型的树脂反应釜，研磨工序逐步采用高效的研磨设备，如高速分散机和砂磨机得到推广使用，取代了40～50年代的三辊磨。

为配合合成树脂涂料的推广应用，涂装技术也发生了根本性变化。20世纪50年代，高压无空气喷涂在造船工业和钢铁桥梁建筑中推广，大大提高了涂装工作效率。静电喷涂是60年代发展起来的，它适用于大规模流水线涂装，促进了粉末涂料的进一步推广。电沉积涂装技术是60年代为适应水性涂料的出现而发展的，尤其在超过滤技术解决了电沉积涂装的废水问题后，进一步扩大了应用领域。

20世纪70年代以来，由于石油危机的冲击，涂料工业向节省资源、能源，减少污染、有利于生态平衡和提高经济效益的方向发展。高固体涂料、水性涂料、粉末涂料和辐射固化涂料的开发，是其具体表现。1976年，美国匹兹堡平板玻璃工业公司研制的新型电沉积涂料——阴极电沉积涂料，提高了汽车车身的防腐蚀能力，得到迅速推广。70年代开发了有机-无机聚合物乳液，应用于建筑涂料等领域。另外，功能性涂料成为70年代以来涂料工业研究的重要课题，并推出了一系列新品种。80年代各种建筑涂料发展很快。这一阶段有如下特点：①以现代高分子科学等理论为指导，有目的地进行研究开发工作，加快了涂料发展的进程，例如现代化学、材料科学的理论应用在涂料科学，涂料助剂得到广泛推广使用，从而使涂料产品的性能和生产效率大幅度提高。②利用共聚合、大分子改性和共混方法，实现了合成树脂结构的优化组合，提高了涂料的性能，且使功能性涂料品种日益增多。③对涂料质量的测试由宏观转向微观，已从测定表面性能转向测定影响涂料内在质量的结构层次方面。如更加重视测定合成树脂的分子量与分子量分布以了解合成树脂的质量，用扫描电镜观察涂膜的微观结构对涂膜性能的影响等。

20世纪90年代初，世界发达国家进行的“绿色革命”对涂料工业是个挑战，促进了涂料工业向“绿色”涂料方向大步迈进。以工业涂料为例，在北美和欧洲，1992年常规溶剂型涂料占49%，到2000年降为26%；水性涂料、高固体分涂料、光固化涂料和粉末涂料由1992年的51%增加到2002年的74%。今后十年，涂料工业的技术发展将主要体现在“水性化、粉末化、高固体分化和光固化”——即“四化”上，50%以下固体含量的溶剂型涂料则是衰退中的技术。

1.4.1 涂料的水性化

由于水性涂料的优越性十分突出，近十年来，水性涂料在涂料领域的应用日益扩大，已经替代了不少惯用的溶剂型涂料。随着各国对挥发性有机物及有毒物质的限制越来越严格，以及树脂、配方的优化和适用助剂的开发，可以预计，水性涂料在金属防锈涂料、家庭装饰涂料、建筑涂料的市场份额将不断提高，逐步占领溶剂型涂料的市场。在水性涂料中，乳胶涂料占绝对优势，此外，水分散体涂料在木器、金属涂料领域的技术、市场发展很快。水性涂料代表着低污染涂料发展的主要方向。为了不断改善其性能，扩大其应用范围，近半个世纪以来，国内外对水性涂料进行了大量的研究，其中无皂乳液聚合、室温交联技术、紫外光固化、水性聚氨酯改性以及水性树脂的共混是目前该领域的研究热点，并将成为水性涂料发展的关键技术。

水性涂料可分为水性醇酸涂料、水性环氧涂料、水性丙烯酸树脂涂料、水性聚氨酯涂料以及丙烯酸树脂改性水性聚氨酯涂料等。

(1) 水性醇酸树脂涂料　水性醇酸树脂型涂料是较早开发的水性涂料，其成膜机理同传统溶剂型醇酸树脂类似，组分中的不饱和脂肪酸通过氧化交联固化成膜，因此水性醇酸树脂漆无须添加助溶剂（成膜助剂），使挥发性有机化合物的含量有可能减为零；此外，水性醇酸树脂对颜填料的润湿性好，承载力强，因此水性醇酸在木器漆中得到了一定的应用，主要用来生产水性木器实色漆。目前采用的水性醇酸树脂已非传统单一的醇酸体系，一般为自乳化型且经过丙烯酸或聚氨酯改性。水性醇酸树脂具有良好的渗透性、流平性和丰满度，多用于生产色漆，特别是装饰性漆。缺点是聚合物链较易水解，涂膜的耐久性能较差，催干剂易被颜填料吸附，降低了涂膜的干燥速度。由于干性较差，保光性不好，所以现在许多公司（如 Vianova 公司、Servo 公司、OMG 公司等）正在开发新型络合催干剂，以改善其干性，通过选用耐水解的单体（如用间苯代替邻苯，长碳链多元醇代替短碳链多元醇）和控制中和度来解决醇酸树脂易水解的问题，用丙烯酸乳液或脂肪族聚氨酯乳液提高其保光性。

(2) 水性环氧树脂涂料　由环氧乳液和亲水的胺加成物固化剂组成的双组分涂料，用前按比例混合均匀后施工，不仅可以涂装木材，还可以用作水性防腐涂料、水泥涂料等。

(3) 水性聚丙烯酸酯涂料　丙烯酸乳液涂料具有固含量高、干燥速度快、硬度高、成本低及耐候性好等特点。常用的普通丙烯酸乳液存在成膜性较差、光泽低、不耐溶剂及热黏冷脆等缺点。成膜助剂的加入使 VOC 很难降低，不易作为高档装饰性面漆，常用于配制水性底漆或中低档面漆。采用无皂聚合、核壳聚合以及引入活性—Si(OR)$_x$ 等自交联基团和共混、共聚改性技术，可以提高其硬度、抗划伤性、抗粘连性、柔韧性、耐化学品性、耐油污性、耐久性、抗紫外线性、抗热回黏性和低温成膜性等。综合运用这些先进的聚合技术，可制备出适用于高性能木器涂料用的低温成膜性好、涂膜硬度高、耐水性好、抗热回黏性好的丙烯酸乳液。随着水分散多异氰酸酯固化剂的问世，许多公司，如 Rohm&Haas、BASF、Bayer 等开发生产了含羟基丙烯酸酯乳液，与水性聚氨酯固化剂配合使用，可使涂膜的耐溶剂性得到很大提高，基本接近溶剂型双组分聚氨酯的性能。

(4) 水性聚氨酯涂料

① 单组分水性聚氨酯涂料　聚氨酯的研究始于 20 世纪 30 年代，50 年代后大量科研人员开始从事水性聚氨酯的研究工作，70 年代水性聚氨酯产品被成功地开发出来并商业化，逐渐发展成阴离子型、阳离子型及非离子型 3 种水性聚氨酯产品。在水性漆中使用的是阴离子型水性聚氨酯树脂。聚氨酯树脂由硬链段和软链段组成的大分子结构决定了其既坚硬又柔韧的独特性能，通过调节软硬链段的种类和组成比可以得到不同性能的水性聚氨酯产品。其微观的两相结构使水性聚氨酯具有优异的低温成膜性、流平性及柔韧性，而且耐磨、硬度高，非常适用于配制各种高档的水性木器面漆，如家具漆和地板漆。采用聚氨酯树脂制备的木器漆具有耐磨性好、丰满度高、低温成膜性好、柔韧性好、手感好及抗热回黏性好等优

点，但价格昂贵。

单组分水性聚氨酯分散体涂料为单组分体系，它的水性化主要是通过在聚合物的主链上引入亲水基团而实现的，属热塑性树脂，聚合物相对分子质量较大，成膜过程中不发生交联，具有方便施工的优点。但单组分水性聚氨酯涂料的耐水性、硬度、耐磨性、耐化学品性和成本等一直是限制其发展的主要问题。

交联改性可以提高聚氨酯水分散体涂料的力学性能和耐化学品性能。通过选用多官能度的合成原材料如多元醇、多元胺扩链剂和多异氰酸酯交联剂等可以合成具有内交联结构的水性聚氨酯分散体。使用脂肪酸、醇解植物油等对聚氨酯水分散体进行改性，可以提高涂料对底材表面润湿性，降低清漆表面张力，也可以降低涂料的成本，提高涂料的干燥性、填充性、透明度、光泽、湿附着力和流平性。

② 双组分水性聚氨酯涂料 双组分水性聚氨酯涂料由水可分散多异氰酸酯固化剂（甲组分）和水性聚合物多元醇（乙组分）组成。两者可在常温或加热下交联固化成膜，具有成膜温度低、光泽高、耐候性好、附着力强、耐化学品性好、耐磨性好、硬度高等优点，广泛应用于汽车、钢结构、木器、皮革和建筑等领域的防护和装饰。该产品符合环保的要求，其性能也已接近或达到溶剂型聚氨酯涂料的水平。按水性聚合物的胶体结构，可将其分为两大类：一类是水分散型多元醇，另一类是乳液型多元醇。

与溶剂型双组分聚氨酯木器涂料相比，水性双组分聚氨酯木器涂料的VOC含量很低，可减少70%～90%的溶剂用量，且干燥速度较快，其光泽、物化性能及使用期均能满足木器涂料的要求，故常温固化双组分水性聚氨酯木器涂料是显著提高水性漆涂膜性能的一个重要方案。水性双组分聚氨酯涂料经过两组分融合、粒子凝结、羟基和水与多异氰酸酯的竞争反应等一系列过程后固化成膜。按树脂组成可分为水性丙烯酸树脂、水性聚酯树脂、水性醇酸树脂和水性聚氨酯树脂等；羟基分散体的相对分子质量一般低于羟基乳液，羟基含量太高或玻璃化温度太高都不利于同水性固化剂的融合，进而影响涂层性能；粒径小时，粒子的比表面积增大，固化剂分子分散进入粒子内部的行程较短，从而提高了羟基的利用率，可以改善涂膜硬度和外观。另外，随着粒度的降低，在成膜过程中会出现毛细作用，这些作用也有利于两组分的聚结；水性双组分聚氨酯漆的适用期通常在4h左右，加入固化剂后黏度变化不大，但若超过适用期，流平性、光泽、透明性、耐溶剂性、耐水性以及耐久性等性能将下降；体系中的反应包括异氰酸酯与羟基的反应以及与氨基甲酸酯、脲和水的反应，非常复杂。

(5) 水性聚氨酯-丙烯酸树脂杂化体（PUA）涂料　水性聚氨酯-丙烯酸树脂杂化体（PUA）可将聚氨酯较高的拉伸强度、耐冲击性、优异的柔韧性和耐磨性能与丙烯酸树脂良好的耐水性、硬度、附着力、耐候性、耐化学品性及对颜料的润湿性等性能结合在一起，制备出高固含量、低成本的水性树脂。PUA乳液的制备方法较多，主要包括：物理共混；带碳碳双键的不饱和聚氨基甲酸酯大分子单体和丙烯酸酯单体共聚；采用PU乳液作种子，进行种子乳液聚合；也可采用接枝互穿网络（IPN）进行改性。其中物理共混在水相中和涂膜中存在聚氨酯与丙烯酸树脂的两相本征区，随着丙烯酸树脂添加量的增加，涂膜的耐磨和耐冲击性线性下降。聚氨酯丙烯酸酯的共聚物乳液与纯的聚氨酯乳液性能相似，具有较小的乳液粒径和较好的成膜性能，乳液的固含量较高，涂膜具有更好的耐磨性和耐冲击性。新型PUA复合乳液主要集中在有关PUA的互穿聚合物胶乳、核壳乳液、超浓乳液、封端型乳液、氟硅改性乳液等的合成与性能研究，其中具有核壳结构微乳液的结构与性能关系的研究尤其重要。

1.4.2　涂料的粉末化

在涂料工业中，粉末涂料亦属于发展较快的一类。由于世界上出现了严重的大气污染，环保法规对污染控制日益严格，要求开发无公害、省资源的涂料品种。因此，无溶剂、100%转化成膜、具有保护和装饰综合性能的粉末涂料，便因其具有独有的经济效益和社会效益而获得飞速发展。

粉末涂料的主要品种有环氧树脂、聚酯、丙烯酸树脂和聚氨酯粉末涂料。近年来，芳香族聚氨酯和脂肪族聚氨酯粉末涂料以其优异的性能令人注目。

1.4.3 涂料的高固体分化

在环境保护措施日益强化的情况下，高固体份涂料有了迅速发展。采用脂肪族多异氰酸酯和聚己内酯多元醇等低黏度聚合多元醇，可制成固体分高达100%的聚氨酯涂料。该涂料各项性能均佳，施工性好。用低黏度IPDI三聚体和高固体分羟基丙烯酸树脂或聚酯树脂配制的双组分热固性聚氨酯涂料，其固体含量可达70%以上，且黏度低，便于施工，室温或低温可固化，是一种非常理想的高装饰性高固体分聚氨酯涂料。

1.4.4 涂料的光固化

光固化涂料也是一种不用溶剂、节省能源的涂料，最初主要用于木器和家具等产品的涂饰，目前在木质和塑料产品的涂装领域开始广泛应用。在欧洲和发达国家，光固化涂料市场潜力大，很受大企业青睐，主要是流水作业的需要，美国约有700多条大型光固化涂装线，德国、日本等大约有40%的木质或塑料包装物采用光固化涂料。最近又开发出聚氨酯丙烯酸光固化涂料，它是将有丙烯酸酯端基的聚氨酯齐聚物溶于活性稀释剂（光聚合性丙烯酸单体）中制成，既保持了丙烯酸树脂的光固化特性，又具有特别好的柔韧性、附着力、耐化学腐蚀性和耐磨性。

环境压力正在改造全球涂料工业，一大批环境保护条例对VOC的排放量和使用有害溶剂等都做了严格规定，整个发达国家的涂料工业已经或正在进行着调整。归根结底，全球市场正朝着更适应环境的技术尤其是水性、高固体分、辐射固化和粉末涂料方向发展。

1.5 结语

虽然涂料科学和技术方面的研究已有近百年历史了，但直到20世纪80年代，涂料技术才发展成为一门科学，水性树脂、水性涂料的研究历史更短，又因为涂料科学和技术涉及聚合物化学、有机化学、无机化学、分析化学、电化学、表面与胶体化学、流变学、色彩物理学、化学工程、腐蚀、粘接、材料科学、微生物学、光化学和物理学等多个学科领域，一些基本问题还没有满意的答案，因此就需要多学科的学者协同攻关，进一步完善水性涂料科学的内容，促进涂料工业的蓬勃发展，使涂料产品为社会创造更加巨大的经济效益。

第2章 聚合反应基础

2.1 概述

聚合物的合成方法可概括如下：

聚合物的合成反应
- 单体的聚合反应
  - 加聚反应，属于连锁聚合机理
  - 缩聚反应，属于逐步聚合机理
- 大分子反应

其中单体的聚合反应是聚合物合成的重要方法。

2.2 自由基连锁聚合

2.2.1 高分子化学的一些基本概念

(1) 高分子化合物（high molecular weight compound） 由许多一种或几种结构单元通过共价键连接起来的呈线型、分支型或网络状的高分子量[1]的化合物，称为高分子量化合物，简称高分子化合物或高分子。高分子化合物也称为大分子（macromolecule）、聚合物（polymer）。

高分子化合物的特点：①高的分子量。一般高聚物 MW (molecular weight) $>10^4$；MW $<10^3$ 时称为齐聚物（oligomer）、低聚物或寡聚物。②存在结构单元。③结构单元通过共价键连接，连接形式有线型、分支型或网络状结构；④分子量的多分散性。

(2) 单体（monomer） 单体是指能够通过聚合反应生成高分子化合物的化合物。即合成高分子化合物用的原料，包括小分子单

[1] 本书中分子量即相对分子质量。

体和大分子单体。

（3）结构单元（structural unit） 结构单元是由单体通过聚合反应转变成的构成大分子链的相关单元。

（4）重复单元（repeating unit） 重复单元即可以通过其重复共价连接构成大分子链的单元。结构简单的大分子可能有重复单元，如 PS（聚苯乙烯），对分支型、网络型等结构复杂的大分子，找不到重复单元，如丁苯橡胶。

（5）单体单元（monomic unit） 单体单元即由单体通过聚合反应转变成的构成大分子链的，且同单体组成相同的单元。PS 的结构单元也是单体单元、重复单元。尼龙-66（聚己二酰己二胺）有两个结构单元，二者键接起来组成其重复单元，其结构单元组成与单体组成不同，此时不能称为单体单元。

（6）聚合度（degree of polymerization，DP） 聚合度即一条大分子所包含的重复单元的个数，用 DP 表示；对缩聚物，聚合度通常以结构单元计数，符号为 X_n；DP、X_n 对加聚物一般相同，对缩聚物有时可能不同，如尼龙-66，$X_n = 2DP$；尼龙-6，$X_n =$ DP。因此，谈及聚合度时一定要明确其计数对象。聚合度通常使用的是平均值，在上述符号上加横线表示平均（数均）聚合度。

（7）高分子化合物的结构式（structural formula） 高分子化合物的结构式用下式表示，其中下标 n 表示重复单元的个数，即重复单元计数的聚合度。

$$\text{-[重复单元]-}_n$$

$$n\mathrm{CH_2{=}CH(Cl)} \longrightarrow \text{-[}\mathrm{CH_2{-}CH(Cl)}\text{]-}_n$$

$$n\mathrm{CH_2{=}CH(CH_3)} \longrightarrow \text{-[}\mathrm{CH_2{-}CH(CH_3)}\text{]-}_n$$

$$n\mathrm{HOOC{-}C_6H_4{-}COOH} + n\mathrm{HO(CH_2)_2OH} \rightleftharpoons \mathrm{HO}\text{-[}\mathrm{C(=O){-}C_6H_4{-}C(=O){-}O(CH_2)_2O}\text{]-}_n\mathrm{H} + (2n-1)\mathrm{H_2O}$$

如果结构非常复杂，如分支、网络型大分子，不存在重复单元，其结构式一般只能写出其特征结构单元或特征结构。如醇酸树脂：

$$\sim O-CH_2-\underset{\underset{\sim}{|}\,O}{CH}-CH_2-O-\overset{O}{\overset{\|}{C}}-C_6H_4-\overset{O}{\overset{\|}{C}}-O-CH_2-\underset{\overset{\sim}{|}\,O}{CH}-CH_2-$$

$$O-\overset{O}{\overset{\|}{C}}-C_6H_4-\overset{O}{\overset{\|}{C}}-O-CH_2-\underset{\underset{\sim}{|}\,O}{CH}-CH_2-O\sim$$

2.2.2 聚合反应分类

① 依聚合前后单体组成、聚合物组成是否相同，聚合反应分为加聚反应和缩聚反应。

加聚反应（addition polymerization）主要是指烯类单体在活性种进攻下打开双键、相互加成而生成大分子的聚合反应，单体、聚合物组成一般相同。

缩聚反应（polycondensation）主要是指带有两个或多个可反应官能团的单体，通过官能团间多次缩合而生成大分子，同时伴有水、醇、氯化氢等小分子生成的聚合反应。

② 依聚合机理分为连锁聚合和逐步聚合。

连锁聚合（chain polymerization）时大分子的生成通常包括链引发、链增长、链转移和链终止等基元反应。即由引发剂产生活性种，进而加成单体生成单体活性种，不断重复加成单体（即链增长）形成数千上万聚合度的活性种，再经链转移或链终止而生成死的聚合物。其特点是：a. 单体主要为烯类（包括一些杂环类、醛类单体）；b. 存在活性中心，如自由基、阴离子、阳离子；c. 属链式反应，活性中心寿命约 $10^{-1}\sim10^{0}$ s，活性中心从形成、链增长到大分子生成在瞬间完成，聚合体系由单体和聚合物构成，延长聚合时间的目的是为了提高单体的转化率，分子量变化不大；d. 聚合物、单体组成一般相同。加聚反应从机理上看大部分属于连锁聚合，二者常替换使用。

逐步聚合（step polymerization）时大分子的生成是一个逐步过程，其成长可以追踪。其特点是：a. 单体带有两个或两个以上可反应的官能团；b. 伴随聚合往往有小分子化合物析出，聚合物、单体组成一般不同；c. 聚合物主链往往带有官能团的特征；d. 逐步聚合机理——大分子的生成是一个逐步的过程。缩聚反应从机理上看大部分属于逐步聚合，二者常替换使用。

2.2.3 高分子化合物的分类与命名

2.2.3.1 高分子化合物的分类

（1）依组成分类 ①碳链型大分子，其大分子主链由碳元素组成，如聚烯烃类。主要由烯类单体加聚而成，产量大、用途广，属通用型树脂。②杂链型大分子，大分子主链除碳元素外，还含有O、S、N、P等杂元素，如聚酯、聚氨酯、聚醚等，由缩聚生成，聚合物极性大，分子间作用力大，材料强度好，用作合成纤维或工程塑料。③元素有机大分子，大分子主链不含碳元素，主要由O、S、N、P及Si、B、Al、Sn、Se、Ge等元素组成，但侧基含有有机基团，如聚二甲基硅氧烷。④无机大分子，主链、侧基都不含碳元素的聚合物，如聚磷酸。

（2）依用途分类 包括塑料用大分子、橡胶用大分子、纤维用大分子、涂料用大分子、黏合剂用大分子等。其中塑料用大分子、橡胶用大分子、纤维用大分子常称为通用型高分子。此外还包括工程塑料用高分子、功能高分子、复合材料高分子等。

（3）依聚合类型分类 有加聚物和缩聚物；连锁型聚合物和逐步型聚合物。

（4）依含有单体（或结构）单元的多少分类 均聚物（大分子链上只有一种单体单元，如PS、PP、PVC、HDPE等）、共聚物（大分子链上含有两种以上的单体单元，如ABS树脂、EVA树脂、SBS热塑性弹性体等）。

（5）依微观结构分类 线型大分子，分支型大分子，体型（网络）大分子。

（6）依聚合物材料的热性能分类 热塑性聚合物，热固性聚合物。

2.2.3.2 大分子的命名（nomenclature of polymer）

（1）习惯命名法 在单体的名称前加前缀“聚”构成习惯名。如聚乙烯（PE）、聚丙烯（PP）、聚氯乙烯（PVC）、聚甲基丙烯酸甲酯（PMMA）。对缩聚物稍微复杂一些：如聚对苯二甲酸乙二醇酯（PET）（其中“酯”不能省略）、聚己二酰己二胺；结构复杂时（对分支、网络状高分子）常用“树脂”作后缀，如苯酚-甲醛树脂（简称酚醛树脂）、脲醛树脂、醇酸树脂、环氧树脂等。

对共聚物常用“聚”作前缀，或“共聚物”作后缀进行命名，如聚（丁二烯-苯乙烯）或（丁二烯-苯乙烯）共聚物。

（2）商品名及英文缩写名 合成纤维的商品名用“纶”作后缀，如涤纶、锦纶（尼龙-6）、腈纶及维尼纶等。合成橡胶常以“橡胶”作后缀；如丁（二烯）苯（乙烯）橡胶、合成天然橡胶、丁（二烯）苯（丙烯）腈橡胶、顺丁橡胶等。少量聚合物有俗名，如有机玻璃、塑料王、人造羊毛、太空玻璃、防弹玻璃等。

常见聚合物的英文缩写名：PE、PP、PS、PVC、PMMA、PAN（聚丙烯腈）、PVA（聚乙烯醇）、PVAc（聚醋酸乙烯酯）、PTFE（聚四氟乙烯）、ABS（丙烯腈-丁二烯-苯乙烯三元共聚物）、PET等。

2.2.4 高分子化合物的分子量及其分布

高分子化合物分子量的特点之一是分子量很高，高的分子量是聚合物作为材料使用的必要条件，所以分子量是高分子的重要表征指标之一。

分子量影响加工性能，若分子量太大会造成加工困难。如合成纤维用聚合物，分子量过大，熔融纺丝时易堵塞纺丝喷头。因此，在保证材料强度的前提下，应尽量降低分子量。

小分子化合物通常具有固定的分子量，因而具有固定的沸点、熔点；高分子化合物则无固定的熔点，只存在熔融范围，其原因就在于分子量的不均一性。高分子化合物分子量多分散性的内因是大分子生成的统计性。为表征分子量的大小，引入平均分子量的概念。常用的平均分子量有数均分子量（$\overline{M}_n$）、重均分子量（$\overline{M}_w$）

和黏均分子量（$\overline{M}_v$）。

$\overline{M}_n$、$\overline{M}_w$ 及 $\overline{M}_v$ 三者之间的关系为：$\overline{M}_n \leqslant \overline{M}_v \leqslant \overline{M}_w$，只有对单分散试样，才能取等号。

聚合物分子量的多分散性用多分散系数表示：

$$\lambda = \frac{\overline{M}_w}{\overline{M}_n} \geqslant 1$$

式中，λ 为多分散系数。λ 越大分子量分布越宽，对单分散试样 $\lambda = 1$。

2.2.5 高分子化合物的结构

2.2.5.1 聚合物的结构

聚合物的结构可分为化学结构和物理结构。化学结构也称为高分子的分子结构，即指一条大分子的结构，包括大分子的元素组成和分子中原子或原子基团的空间排列方式；物理结构也称为高分子的聚集态结构，即指大分子的堆砌、排列形式，包括有序排列形成的晶态结构和无序排列形成的非晶态结构，也包括有序程度介于二者之间的液晶态结构。

化学结构主要由聚合反应中所用单体及聚合工艺条件决定，是高分子化学要研究的内容；物理结构除与聚合物的化学结构有关外，加工成型条件对物理结构也具有重要影响，是高分子物理要研究的内容。高分子化学就是研究选用何种单体和聚合工艺合成具有预定化学结构和性能的聚合物。

2.2.5.2 高分子的化学结构

高分子的化学结构包括大分子的组成、键接顺序、立体结构、连接方式、分子量及其分布等。

(1) 大分子的组成　大分子的组成主要由结构单元的组成决定，而结构单元的组成主要决定于所选用的单体。由烯类单体连锁聚合得到的聚烯烃，属碳链聚合物；为了调节性能有多种单体参与共聚合，所形成的聚合物的大分子主链上含有多个结构单元，即所谓的共聚物。

(2) 结构单元的键接顺序　单取代乙烯类单体的聚合物其单体单元在大分子链上的连接方式有以下三种：

头尾连接

$$\begin{array}{c}\text{头}\quad\quad\text{尾}\\ -CH_2-\underset{|}{\overset{}{CH}}-CH_2-\underset{|}{CH}-\\ \quad\quad X \quad\quad\quad\quad X\end{array}$$

头头连接

$$\begin{array}{c}\text{头}\quad\text{头}\\ -CH_2-\underset{|}{CH}-\underset{|}{CH}-CH_2-\\ X \quad\quad X\end{array}$$

尾尾连接

$$\begin{array}{c}\text{尾}\quad\quad\text{尾}\\ -\underset{|}{CH}-CH_2-CH_2-\underset{|}{CH}-\\ X \quad\quad\quad\quad\quad\quad X\end{array}$$

一般头尾连接占优势；当头部上取代基位阻效应不明显，且共轭效应、极性效应比较弱时，头头连接的概率将增加，这又导致尾尾连接概率的增加。如聚氟乙烯、聚氯乙烯的大分子链上含有较多的头头、尾尾连接。

（3）立体结构

① 旋光异构 一元取代乙烯或偏二元取代乙烯，聚合后生成的链节中含有一个手性碳原子（不对称碳原子），可以形成两种构型。两种构型在大分子链上的不同连接可以形成三种立体异构体：全同立构聚合物、间同立构聚合物和无规立构聚合物。全同立构聚合物的大分子链上手性碳原子为一种构型，间同立构聚合物上两种构型交替出现，无规立构聚合物上无规律出现。

自由基聚合通常得到无规立构异构体。有规立构聚合物结构规整，易结晶，具有较好强度。如全同立构 PP 是通用型塑料，而无规立构 PP 是一种非晶态聚合物，强度低，不能作结构材料，可用作一些树脂的增塑剂。

② 顺反异构 共轭二烯烃的连锁聚合物大分子主链上含有碳碳双键，因此也会产生顺反异构体。如异戊二烯有顺-1,4-聚异戊二烯和反-1,4-聚异戊二烯。顺式结构规整性差，难以结晶，可用作橡胶；而反式结构规整，容易结晶，主要用作塑料。

$$\begin{array}{ccc} H \quad\quad CH_3 & H \quad\quad CH_3 \\ C{=}C & C{=}C \\ \lfloor CH_2 \quad\quad CH_2{-}CH_2 & \quad\quad CH_2\rfloor_n \end{array}$$

顺-1,4-聚异戊二烯

$$\begin{array}{c} H \quad\quad CH_2\rfloor_n \\ C{=}C \\ \lfloor CH_2 \quad\quad CH_3 \end{array}$$

反-1,4-聚异戊二烯

2.2.6 自由基聚合机理

聚合物可以通过单体的聚合反应合成。其中自由基聚合物产量最大，约占聚合物产量的60%，占热塑性聚合物的80%。另外，自由基聚合的理论成熟：建立了聚合反应的机理和动力学方程；单体及其自由基的活性与结构的关系也研究得比较透彻；共聚合理论也已经建立。

自由基聚合属于连锁聚合，包含四种基元反应。

(1) 链引发 (chain initiation) 即生成单体自由基活性种的反应，一般采用引发剂引发。此外，也可用热、光、力的作用实现引发。引发剂引发时，链引发由两步反应组成：

$$\begin{cases} \mathrm{I} \xrightarrow{k_d} 2\mathrm{R}\cdot \text{（初级自由基）} \\ \mathrm{R}\cdot + \mathrm{CH_2}{=}\underset{\mathrm{X}}{\underset{|}{\mathrm{CH}}} \longrightarrow \mathrm{RCH_2}{-}\underset{\mathrm{X}}{\underset{|}{\mathrm{CH}}}\cdot \text{（单体自由基）} \end{cases}$$

k_d 为引发剂分解反应速率常数，一般为 $10^{-4}\sim10^{-6}\mathrm{s^{-1}}$；引发剂分解反应活化能 E_d，约为30kcal/mol；两步反应中，第一步为慢反应，决定着链引发速率大小。

(2) 链增长 (chain propagation)

$$\begin{cases} \mathrm{RCH_2}{-}\underset{\mathrm{X}}{\underset{|}{\mathrm{CH}}}\cdot + \mathrm{CH_2}{=}\underset{\mathrm{X}}{\underset{|}{\mathrm{CH}}} \xrightarrow{k_p} \mathrm{RCH_2}{-}\underset{\mathrm{X}}{\underset{|}{\mathrm{CH}}}{-}\mathrm{CH_2}{-}\underset{\mathrm{X}}{\underset{|}{\mathrm{CH}}}\cdot \\ \mathrm{RCH_2}{-}\underset{\mathrm{X}}{\underset{|}{\mathrm{CH}}}{-}\mathrm{CH_2}{-}\underset{\mathrm{X}}{\underset{|}{\mathrm{CH}}}\cdot + \mathrm{CH_2}{=}\underset{\mathrm{X}}{\underset{|}{\mathrm{CH}}} \xrightarrow{k_p} \mathrm{R}(\mathrm{CH_2}{-}\underset{\mathrm{X}}{\underset{|}{\mathrm{CH}}})_2{-}\mathrm{CH_2}{-}\underset{\mathrm{X}}{\underset{|}{\mathrm{CH}}}\cdot \\ \cdots\cdots \\ \mathrm{R}(\mathrm{CH_2}{-}\underset{\mathrm{X}}{\underset{|}{\mathrm{CH}}})_{n-2}{-}\mathrm{CH_2}{-}\underset{\mathrm{X}}{\underset{|}{\mathrm{CH}}}\cdot + \mathrm{CH_2}{=}\underset{\mathrm{X}}{\underset{|}{\mathrm{CH}}} \xrightarrow{k_p} \mathrm{R}(\mathrm{CH_2}{-}\underset{\mathrm{X}}{\underset{|}{\mathrm{CH}}})_{n-1}{-}\mathrm{CH_2}{-}\underset{\mathrm{X}}{\underset{|}{\mathrm{CH}}}\cdot \end{cases}$$

其中，k_p 为链增长反应速率常数，$n\geqslant2$。

① 由反应机理可知，自由基聚合的链增长为算术增长。

② 为方便进行动力学处理，假定链自由基活性与链长（聚合度）无关，每步的链增长反应速率常数皆为 k_p，其数量级为 $10^2\sim10^4\,\mathrm{L/(mol\cdot s)}$。

③ 反应活化能低，E_p 为5～8kcal/mol (20～30kJ/mol)；强放热反应：$-\Delta H$ 为15～30kcal/mol。

④ 自由基碳原子为 sp^2 杂化轨道，孤电子所在的 p 轨道位于同三个 sp^2 杂化轨道所在平面垂直的方位，单体可以较自由地从平面上或平面下加成增长，通常得到无规立构（atactic）聚合物；而且头尾结合时位阻小，生成的自由基较稳定，头尾单体单元连接为主要方式。

(3) 链转移（chain transfer）

$$R(CH_2-\underset{X}{\underset{|}{CH}})_{n-2}-CH_2-\underset{X}{\underset{|}{CH}}\cdot + YS \xrightarrow{k_{tr}} R(CH_2-\underset{X}{\underset{|}{CH}})_{n-2}-CH_2-\underset{X}{\underset{|}{CHY}} + S\cdot$$

YS 可能是体系中的引发剂、单体、溶剂、生成的大分子及为控制分子量投加的分子量调节剂。

(4) 链终止（chain termination）

$$2\sim\sim CH_2-\underset{X}{\underset{|}{CH}}\cdot \xrightarrow{k_{tc}} \sim\sim$$

$$2\sim\sim CH_2-\underset{X}{\underset{|}{CH}}\cdot \xrightarrow{k_{td}} \sim\sim + \sim\sim$$

自由基聚合的链终止通常为双基终止：偶合终止或歧化终止。链终止方式决定于：①长链自由基的活性——活性大时易歧化；②由于 E_{td}(歧化终止活化能)＞E_{tc}(偶合终止活化能)，升温有利于歧化终止。例如，～～VC·、～～VAc·采取歧化终止，～～S·在 60℃以下采取偶合终止。

有关自由基活性大小的问题会在自由基共聚合部分详细讨论。

2.2.7　链引发反应

自由基聚合的活性中心为自由基，目前主要使用引发剂（initiator）产生自由基；引发剂是结构上含有弱键的化合物，由其均裂产生初级自由基，加成单体得到单体自由基，然后进入链增长阶段。聚合过程中引发剂不断均裂，以残基形式构成大分子的端基。

2.2.7.1　引发剂的分类

依据结构特征可以将引发剂分为过氧类、偶氮类及氧化-还原引发体系。

(1) 过氧类引发剂　该类引发剂结构上含有过氧键（—O—

O—），可进一步分为无机类和有机类。

① 无机类　主要是过硫酸盐，如 $K_2S_2O_8$、$(NH_4)_2S_2O_8$、$Na_2S_2O_8$。

过硫酸盐类引发剂主要用于乳液聚合，聚合温度 80～90℃。

② 有机类

a. 有机过氧化氢：如异丙苯过氧化氢、叔丁基过氧化氢，该类引发剂活性较低，用于高温聚合也可以同还原剂构成氧化-还原引发体系使用。

b. 过氧化二烷基类：如过氧化二叔丁基、过氧化二叔戊基，该类引发剂活性较低，120～150℃使用。

c. 过氧化二酰类：如过氧化二苯甲酰（BPO），活性适中，应用广泛。

d. 过氧化酯类：如过氧化苯甲酸叔丁酯，活性较低。

e. 过氧化二碳酸酯：如过氧化二碳酸二异丙酯、过氧化二碳酸二环己酯，活性大，贮存时需冷藏，可同低活性引发剂复合使用。

（2）偶氮类引发剂　该类引发剂结构上含有偶氮基（—N═N—），分解时—C—N═键发生均裂，产生自由基并放出氮气。主要产品有偶氮二异丁腈（AIBN）、偶氮二异庚腈（ABVN）。

（3）氧化-还原引发体系　过氧类引发剂中加入还原剂，构成氧化-还原引发体系，反应的中间产物——活性自由基可引发自由基聚合。特点：活化能低，可在室温或低温下引发聚合。包括水溶性氧化-还原引发体系和油溶性氧化-还原引发体系。

水溶性氧化-还原引发体系：氧化剂有过氧化氢、过硫酸盐等；还原剂有亚铁盐、亚硫酸钠、亚硫酸氢钠、连二硫酸钠、硫代硫酸钠等，主要用于乳液聚合及水溶液聚合。

油溶性氧化-还原引发体系品种较少，应用有限。

2.2.7.2　引发剂分解动力学

$$\mathrm{I} \xrightarrow{k_d} 2\mathrm{R}\cdot \text{（初级自由基）}$$

$$R_d = -\frac{d[\mathrm{I}]}{dt} = k_d[\mathrm{I}] \tag{2-1}$$

式中，k_d 为引发剂分解速率常数，$10^{-4}\sim10^{-6}s^{-1}$。式（2-1）积分得：

$$[I]=[I]_0\exp(-k_d t) \tag{2-2}$$

式中，$[I]_0$ 为起始时刻引发剂的浓度。

工业上常用半衰期 $t_{1/2}$ 表示引发剂的活性，半衰期 $t_{1/2}$ 即引发剂分解一半所需要的时间。$t_{1/2}$、k_d 的关系为

$$t_{1/2}=\frac{\ln 2}{k_d} \tag{2-3}$$

聚合时应选择活性适中的引发剂，半衰期应同聚合周期相当。活性过大，聚合前期分解殆尽；活性过小，聚合周期长，引发剂残留量大。

2.2.7.3 引发效率

引发反应包括两步反应：引发剂均裂生成初级自由基，初级自由基加成单体生成单体自由基。第一步为慢反应，第二步为快反应，引发反应速率主要由第一步决定。

$$\frac{d[R\cdot]}{dt}=2k_d[I] \tag{2-4}$$

由于副反应的原因，并非所有初级自由基都可进行引发增长，真正引发自由基聚合的活性中心为单体自由基。由此，链引发反应应包括单体自由基的生成反应。

科学上引入链引发效率（f）的概念，f 即能生成单体自由基的初级自由基的分数。

$$f=\frac{生成的单体自由基数}{生成的初级自由基数}=引发单体聚合的初级自由基的分数$$

通过引入 f 值就可以将链引发速率表示为

$$R_i=\frac{d[RM\cdot]}{dt}=2fk_d[I] \tag{2-5}$$

$f=0.5\sim1$；造成 $f<1$ 的原因有笼蔽效应和诱导分解效应。

2.2.7.4 引发剂的选择

引发剂的选择可以从以下几方面考虑。

① 引发剂的溶解性。即根据聚合方法从溶解性角度确定引发剂的类型。

本体聚合、悬浮聚合、有机溶液聚合，一般用偶氮类或过氧类等油溶性引发剂。乳液聚合和水溶液聚合则选择过硫酸盐类水溶性引发剂或水溶性氧化-还原引发体系。

② 聚合温度。应选择半衰期适当的引发剂，使自由基生成速率和聚合速率适中。一般聚合温度（60～100℃）常用 BPO、AIBN 或过硫酸盐。$T<50$℃的聚合，一般选择氧化-还原引发体系。$T>100$℃的聚合，一般选择低活性的过氧化二叔丁基或过氧化二叔戊基。

③ 引发剂用量常需通过大量的条件试验才能确定，其质量分数通常为单体的 10^{-3}。

2.2.8　链增长、链终止反应

2.2.8.1　链增长（chain propagation）

（1）假定增长自由基的活性与链长无关——等活性理论　链增长可用通式表示为

$$RM_n\cdot + M \xrightarrow{k_p} RM_{n+1}^{\cdot}$$

（2）链增长速率方程——链增长阶段的单体消耗速率

$$R_p \equiv \left(-\frac{d[M]}{dt}\right)_p = k_p[M\cdot][M] \tag{2-6}$$

式中，$[M\cdot]=\sum\limits_{n=1}^{\infty}[M_n\cdot]$；$k_p$ 为链增长速率常数。

（3）特点：①反应的活化能低，$E_p=5\sim8$kcal/mol；②放热反应，$-\Delta H=15\sim30$；③引发剂及介质种类、性质对链增长速率影响很小。

（4）链增长与链结构之间的关系

① 序列结构　自由基聚合一般采取头-尾（H-T）键接序列结构。

$$\sim\sim CH_2-\dot{C}H(C_6H_5) + CH_2=CH(C_6H_5) \longrightarrow \begin{cases} \sim\sim CH_2-CH(C_6H_5)-CH_2-\dot{C}H(C_6H_5) \\ \sim\sim CH_2-CH(C_6H_5)-CH(C_6H_5)-\dot{C}H_2 \end{cases}$$

原因为：a. H-T 键接空间位阻效应较小；b. 电子效应（即取代基对自由基有稳定作用）。

② 立体结构

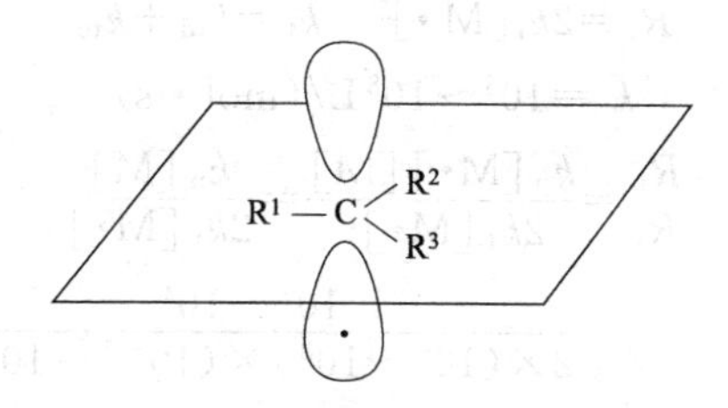

从自由基的电子结构看，其碳原子通常采取 sp^2 杂化，孤电子处于 p 轨道，与 sp^2 杂化的 3 个轨道平面垂直。

~~~~CH_2—C·(H)(X) ＋ CH_2═CH(X) → ~~~~CH_2—C(X)—H / CH_2—ĊH(X)；~~~~CH_2—C(X)—H / CH_2—ĊH(X)

上述两种加成方式概率相差不大，因此自由基聚合通常只能得到无规立构聚合物。

2.2.8.2　链终止（chain termination）

（1）链终止类型（models of termination）

① 偶联终止（coupling termination）

$$RM_x\cdot + RM_y\cdot \xrightarrow{k_{tc}} RM_{x+y}R$$

② 歧化终止（disproportionation termination）

$$RM_x\cdot + RM_y\cdot \xrightarrow{k_{td}} RM_x + RM_y$$

终止方式决定于：a. 自由基活性，活性大时利于歧化；b. 反应条件，如升高温度更有利于歧化终止。苯乙烯长链自由基活性较低，在低于 60℃ 聚合时 100%偶联终止；醋酸乙烯酯长链自由基活性较高，在大于 60℃ 聚合时 100%歧化终止。

（2）链终止速率方程
~~~~

$$RM_x\cdot + RM_y\cdot \xrightarrow{k_{tc}} RM_{x+y}R \qquad R_{tc}=2k_{tc}[M\cdot]^2$$

$$RM_x\cdot + RM_y\cdot \xrightarrow{k_{td}} RM_x + RM_y \qquad R_{td}=2k_{td}[M\cdot]^2$$

$$R_t=2k_t[M\cdot]^2 \quad k_t=k_{td}+k_{tc} \tag{2-7}$$

$$k_t=10^6\sim10^8\,L/(mol\cdot s)$$

$$\frac{R_p}{R_t}=\frac{k_p[M\cdot][M]}{2k_t[M\cdot]^2}=\frac{k_p[M]}{2k_t[M\cdot]}$$

$$=\frac{10^2\sim10^4}{2\times(10^6\sim10^8)\times(10^{-7}\sim10^{-9})}=10^3\sim10^5$$

所以，尽管 $k_t \gg k_p$，聚合物的聚合度仍能达到 $10^3\sim10^5$。

2.2.9 自由基聚合动力学

自由基聚合动力学（kinetics of radical chain polymerization）研究的是 R_p、$\overline{X}_n$-[M]、[I]、T、t 的关系。

2.2.9.1 低转化率下的动力学

（1）基本假定　①等活性理论；②聚合度很大，引发阶段消耗的单体可忽略不计；③稳态假设，体系中自由基的浓度不变，即引发速率等于终止速率；④不考虑链转移，终止方式为双基终止。

（2）动力学方程的推导

链引发速率：

$$R_i=\frac{d[RM\cdot]}{dt}=2fk_d[I]$$

链增长速率：

$$R_p=k_p[M\cdot][M]$$

链双基终止速率：

$$R_t=2k_t[M\cdot]^2$$

其中 $[M\cdot]=\sum_{n=1}^{\infty}[M_n\cdot]$。

以单位时间、单位体积单体消耗的物质的量表示聚合速度。由假定②可知，聚合速率可用链增长速度表示：

$$R=-\frac{d[M]}{dt}=R_p+R_i\approx R_p=k_p[M][M\cdot] \tag{2-8}$$

R、R_p 不再特别区分。

自由基浓度很低，一般为 $10^{-8} \sim 10^{-10}$ mol/L，利用假定③，可以消除［M·］。

$$R_i = R_t = 2k_t[M\cdot]^2 \Rightarrow [M\cdot] = \left(\frac{R_i}{2k_t}\right)^{\frac{1}{2}} \tag{2-9}$$

故聚合速率：

$$R_p = k_p\left(\frac{R_i}{2k_t}\right)^{\frac{1}{2}}[M] \tag{2-10}$$

若采用引发剂引发聚合，则 $R_i = 2fk_d[I]$，此时：

$$R_p = k_p\left(\frac{fk_d}{k_t}\right)^{\frac{1}{2}}[I]^{\frac{1}{2}}[M] \tag{2-11}$$

因此 $R_p \propto [M]$，$R_p \propto [I]^{\frac{1}{2}}$。

实验证明在低转化率下，实验结果与理论方程相符。

(3) 温度对聚合速率的影响

$$R_p = k_p\left(\frac{fk_d}{k_t}\right)^{\frac{1}{2}}[I]^{\frac{1}{2}}[M]$$

其表观速率常数为

$$k = k_p\left(\frac{k_d}{k_t}\right)^{\frac{1}{2}} \tag{2-12}$$

由 Arrhenius equation 可得影响速率的表观活化能为

$$E = E_p + \frac{1}{2}E_d - \frac{1}{2}E_t \tag{2-13}$$

热分解型引发剂引发时：$E_p = 5 \sim 8$kcal/mol，$E_d = 30$kcal/mol，$E_t = 2 \sim 5$kcal/mol。

故：$E \approx 20$kcal/mol；$T\uparrow$，$k\uparrow$，$R_p\uparrow$。

对于氧化还原引发体系：$E_d = 10 \sim 15$kcal/mol，$E \approx 10$kcal/mol，温度对聚合速率影响较小。

2.2.9.2　自动加速现象

随着聚合的进行，单体浓度、引发剂浓度下降，聚合速率应随之下降；实际上，R_p 不但不降，往往上升，甚至急剧上升，这就是自动加速效应或称为凝胶效应（gel effect）。自动加速效应的成因在于体系的黏度增加，链终止变得困难，活性种浓度提高。自动加速效应使产物的分子分布过宽，可能引起爆聚，恶化时造成人身、财产损失。本体聚合容易发生凝胶效应，可分三步即高温预聚、低温中聚、升温后处理加以克服。

2.2.10 聚合物的分子量和链转移反应

2.2.10.1 动力学链长和平均聚合度

(1) 定义、表达式　自由基自生至灭所消耗的单体数称为动力学链长（ν）。

$$R\cdot + M \longrightarrow RM\cdot \xrightarrow{M} RM_2\cdot \xrightarrow{M} RM_3\cdot \xrightarrow{(n-3)M}$$

$$RM_n\cdot \xrightarrow{\text{双基终止}} \text{终止聚合物}$$

$$\nu=\frac{R_p}{R_i}=\frac{R_p}{R_t} \qquad (2\text{-}14)$$

上式中利用了聚合度很大的假定。R_p 为单位时间、单位体积单体消耗的物质的量；R_i 为单位时间、单位体积产生的单体自由基的物质的量。

$$\nu=\frac{R_p}{R_t}=\frac{k_p[M][M\cdot]}{2k_t[M\cdot]^2}=\frac{k_p[M]}{2k_t[M\cdot]}\times\frac{k_p[M]}{k_p[M]}=\frac{k_p^2[M]^2}{2k_tR_p} \qquad (2\text{-}15)$$

$$\nu=\frac{R_p}{R_i}=\frac{k_p[M][M\cdot]}{2fk_d[I]}=\frac{k_p}{2}\left(\frac{1}{fk_tk_d}\right)^{1/2}[M][I]^{-1/2} \qquad (2\text{-}16)$$

故：$\nu\propto[I]^{-1/2}$，$\nu\propto[M]$。

(2) ν 与 $\overline{X}_n$ 的关系（不考虑链转移反应）

歧化终止时：

$$RM_x\cdot + RM_y\cdot \xrightarrow{k_{td}} RM_x + RM_y$$

$\overline{X}_n=\nu$，数均聚合度等于动力学链长。

偶合终止时：

$$RM_x\cdot + RM_y\cdot \xrightarrow{k_{tc}} RM_{x+y}R$$

$\overline{X}_n=2\nu$，数均聚合度等于动力学链长的 2 倍。

如果歧化终止和偶合终止同时存在，则 $\nu<\overline{X}_n<2\nu$

可以用下面的方法推导二者的一般关系。

$$\overline{X}_n=\frac{\text{消耗的单体数}}{\text{大分子数}}=\frac{\text{单位时间单位体积消耗的单体数}}{\text{单位时间单位体积生成的大分子数}}$$

$$=\frac{\text{单体消耗速率}}{\text{大分子生成速率}} \qquad (2\text{-}17)$$

上式中分子即单体消耗速率 R_p；大分子生成速率为

$$R_{tp}=R_{tdp}+R_{tcp}=R_{td}+\frac{1}{2}R_{tc} \tag{2-18}$$

R_{tdp}、R_{tcp}分别表示歧化、偶合终止所对应的大分子生成速率。

$$\overline{X}_n=\frac{R_p}{R_{td}+\frac{1}{2}R_{tc}}=\frac{\frac{R_p}{R_t}}{\frac{R_{td}}{R_t}+\frac{1}{2}\frac{R_{tc}}{R_t}}=\frac{\nu}{D+\frac{1}{2}(1-D)}=\frac{2\nu}{1+D} \tag{2-19}$$

式中，D 为歧化终止分数。

（3）聚合温度对动力学链长的影响

$$\nu=\frac{R_p}{R_i}=\frac{k_p[M][M\cdot]}{2fk_d[I]}=\frac{k_p}{2}\left(\frac{1}{fk_tk_d}\right)^{1/2}[M][I]^{-1/2} \tag{2-20}$$

影响动力学链长的表观活化能为

$$E'=E_p-\frac{1}{2}E_d-\frac{1}{2}E_t \tag{2-21}$$

热分解型引发剂：

$E_d=30\text{kcal/mol}$　　　　$E_p=5\sim8\text{kcal/mol}$

$E_t=2\sim5\text{kcal/mol}$　　　$E'\approx-10\text{kcal/mol}$

所以，$T\uparrow$，$\nu\downarrow$，MW↓。

对氧化-还原体系，$E'=(5\sim8)-\frac{1}{2}\times10-\frac{1}{2}(2\sim5)\approx0$，故 T 对 ν 影响很小。

2.2.10.2　链转移反应（chain transfer）

链转移反应可用通式表示为

$$RM_x\cdot+Y\text{-}S\xrightarrow{k_{tr}}RM_xY+S\cdot$$

$$S\cdot+M\xrightarrow{k_a}SM\cdot\xrightarrow{M}SM_2\cdot\cdots$$

转移结果使长链自由基终止成死的大分子，因此分子量降低，是一种特殊的链终止，有的体系，大分子的生成主要是链转移的结果。

（1）链转移的类型　链转移反应可根据链转移对象的不同分为

四种类型。

① 向单体的链转移

$$RM_x\cdot + M \xrightarrow{k_{trM}} RM_x + M\cdot$$

$$R_{trM} = k_{trM}[M\cdot][M] \tag{2-22}$$

对氯乙烯（VC）的聚合，由于 $k_{trM} \approx 10^{-3}$，$R_{trM} \gg R_t$，故 PVC 主要由向单体的链转移反应生成，其聚合度也由向单体的链转移控制。

② 向溶剂的链转移　正是由于向溶剂的链转移，使溶液聚合高分子的分子量较低。

$$RM_x\cdot + Y\text{-}S \xrightarrow{k_{trS}} RM_xY + S\cdot$$

其中 Y-S 表示聚合溶剂。

$$R_{trS} = k_{trS}[M\cdot][S] \tag{2-23}$$

R—SH 的 S—H 键较弱，k_{trS} 较高，所以硫醇类化合物（如十二烷基硫醇、正丁基硫醇、巯基乙醇、巯基丙醇等）可用于控制聚合度，称为分子量调节剂。

③ 向引发剂的链转移

$$RM_x\cdot + C_6H_5\text{—}\overset{O}{\overset{\|}{C}}\text{—O—O—}\overset{O}{\overset{\|}{C}}\text{—}C_6H_5 \xrightarrow{k_{trI}} RM_x\text{O—}\overset{O}{\overset{\|}{C}}\text{—}C_6H_5 + C_6H_5\text{—}\overset{O}{\overset{\|}{C}}\text{—O}\cdot$$

$$R_{trI} = k_{trI}[M\cdot][I] \tag{2-24}$$

④ 向大分子的链转移　高压聚乙烯（LDPE）除了由向大分子链转移形成长支链外，还有许多乙基、丁基等短支链，这些短链是大分子内转移（回咬）的结果。

恶性的向大分子的链转移反应，将形成凝胶、交联聚合物。

（2）链转移反应对数均聚合度 $\overline{X}_n$ 的影响　对于正常链转移，$k_{tr} \ll k_p$ 而 $k_a \approx k_p$，链转移的结果将使分子量减小，对聚合速率影响较小。

下面的讨论即指正常链转移。此时，链转移反应对 R_p 无影响，只对 $\overline{X}_n$ 产生影响。阻聚、缓聚将在下节讨论。

$$\overline{X}_n=\frac{单体消耗速率}{大分子生成速率}=\frac{R_p}{R_{tp}+\sum R_{trp}} \tag{2-25}$$

$$\frac{1}{\overline{X}_n}=\frac{R_{tp}}{R_p}+\frac{k_{trM}[M\cdot][M]+k_{trS}[M\cdot][S]+k_{trI}[M\cdot][I]}{R_p}$$

$$=\frac{R_{tp}}{R_p}+C_M+C_I\frac{[I]}{[M]}+C_S\frac{[S]}{[M]} \tag{2-26}$$

$C_M=\frac{k_{trM}}{k_p}$、$C_I=\frac{k_{trI}}{k_p}$、$C_S=\frac{k_{trS}}{k_p}$分别称为向单体、向引发剂、向溶剂的链转移常数。R_{tp}表示双基终止对应的大分子生成速率。

$$R_{tp}=R_{td}+\frac{1}{2}R_{tc}\neq R_t\Rightarrow\begin{cases}\frac{R_{tp}}{R_p}=\frac{R_{td}+\frac{1}{2}R_{tc}}{R_p}=\frac{D+\frac{1}{2}(1-D)}{\nu}=\frac{1+D}{2\nu}\\=\frac{(2k_{td}+k_{tc})[M\cdot]^2}{k_p[M][M\cdot]}=\frac{(2k_{td}+k_{td})R_p}{k_p^2[M]^2}\end{cases}$$

上述方程称为自由基聚合聚合度控制方程，可用于配方设计或计算。

对$CH_2=CHCl$，C_M很大。50℃时，其$C_M=1.35\times10^{-3}$，忽略其他三项的影响，则：

$$\frac{1}{\overline{X}_n}=C_M\Rightarrow\overline{X}_n=74$$

与实验结果非常接近。

由于$C_M=\frac{k_{trM}}{k_p}$，$T\uparrow$，$C_M\uparrow$，$\overline{X}_n\downarrow$，可见$\overline{X}_n$由T决定，而聚合速率则由引发剂用量决定，这是PVC聚合机理的特点。

(3) 链转移的应用 链转移反应常用于大分子的分子量调节。常用分子量调节剂有n-$C_{12}H_{25}SH$（正十二烷基硫醇）、t-$C_{12}H_{25}SH$（叔十二烷基硫醇）、$HS(CH_2)_2OH$等。其链转移常数通常在10^0，过大则消耗过快，过小则用量太大。

2.2.11 阻聚与缓聚

阻聚反应是一种特殊的链转移反应：$k_p\ll k_{tr}$，$k_a=0$。

少量的某种物质加入聚合体系中就可以将活性自由基变为无活性或非自由基，这种物质叫阻聚剂（inhibitor）。能降低自由基活性或部分捕捉活性自由基的物质称为缓聚剂（retarder）。

阻聚剂可以分为三类。

① 自由基型阻聚剂　1,1-二苯基-2-(2,4,6-三硝基苯）肼自由基（DPPH）。DPPH 是一种高效的阻聚剂，浓度在 10^{-4} mol/L 以下就足以使醋酸乙烯酯或苯乙烯不能聚合，而且一个 DPPH 分子能够化学计量地消灭一个自由基，有自由基捕捉剂之称，可用于测定引发速率。

② 分子型阻聚剂　苯醌；多元酚（如对苯二酚）；硝基及亚硝基化合物；氧气；仲胺，R_2NH。

自由基聚合必须在排氧下进行，通 N_2 置换或采用溶剂回流，可以实现排氧目的。

③ 电子转移型阻聚剂　$FeCl_3$，CuCl，$CuCl_2$。

$FeCl_3$ 可 1∶1 消灭自由基，类似 DPPH；在减压蒸馏精制单体时，加入少量 CuCl、$CuCl_2$ 或对苯二酚，可防热聚合。Fe^{2+}、Cu^{2+} 对聚合有阻聚作用，故聚合釜常用搪瓷或不锈钢釜，而不能用一般碳钢材质的聚合釜。

2.3 自由基共聚合

2.3.1 均聚合与共聚合的区别

均聚合指只有一种单体参与聚合，且所生成的大分子只含一种单体单元的聚合反应，所合成的大分子称为均聚物。共聚合指有两种或多种单体参加聚合，且所生成的大分子含两个或多个单体单元的聚合，所合成的大分子称为共聚物。

并非所有单体混合物的聚合皆为共聚合，只有能生成共聚物的聚合才称为共聚合。若投入的单体分别只能均聚，则得到的是各种均聚物的共混物。

2.3.2 共聚物的分类与命名

（1）分类　依据两种单体单元在大分子主链上的连接特点可分为如下四种。

① 无规共聚物　大分子主链上两种单体单元无规连接，同种

单元链段的聚合度一般低于10。自由基共聚合通常得到无规聚合物，如丁苯橡胶，丙烯酸酯共聚物等。

② 交替共聚物　大分子主链上两种单体单元交替连接。自由基二元共聚合有时得到交替共聚物，如苯乙烯-马来酸酐交替共聚物，其钠盐可以用作悬浮聚合的分散剂。

③ 嵌段共聚物　大分子主链由不同单体单元组成的嵌段连接而成，同种单元嵌段的聚合度大于数十。

④ 接枝共聚物　由一种单体单元构成主链，该主链连有第二种单体单元构成的分支，分支聚合度应在数十以上。

(2) 命名

① 习惯命名法　如聚（丁二烯-苯乙烯）或（丁二烯-苯乙烯）共聚物，（乙烯-醋酸乙烯酯）共聚物。

② 英文缩写名　如ABS、EVA、EVC等。

2.3.3　共聚物组成方程

均聚反应中，聚合速率、平均分子量、分子量分布是所研究的三项重要内容。对共聚反应，因为单体结构不同，则活性不同，共聚物组成与单体混合物配料比不同。这样对共聚反应共聚物的组成和序列分布上升为首要问题。组成包括瞬时组成和平均组成。

(1) 共聚物组成方程推导的基本假定　a. 等活性理论：自由基活性与链长无关；b. 自由基的活性取决于末端单体单元结构，前末端单体单元不影响其活性，$\sim\sim M_iM_j\cdot$ 的活性等于 $\sim\sim M_jM_j\cdot$，i，$j=1,2$；c. 聚合反应不可逆；d. 单体主要消耗于链增长反应（$\overline{X}_n$ 很大）；e. 稳态假定：即总自由基浓度不变，且两种自由基相互转变的速率相等。

$$\sim\sim M_1\cdot + M_2 \xrightarrow{k_{12}} \sim\sim M_1M_2\cdot, \quad R_{12} = k_{12}[M_1\cdot][M_2]$$

$$\sim\sim M_2\cdot + M_1 \xrightarrow{k_{21}} \sim\sim M_2M_1\cdot, \quad R_{21} = k_{21}[M_2\cdot][M_1]$$

$$R_{12}=R_{21}; \ R_i=R_t$$

(2) 共聚物组成方程的推导　二元共聚包括下列基元反应。

链引发：

$$I \xrightarrow{k_d} 2R\cdot$$

$$R\cdot + M_1 \xrightarrow{k_{i1}} RM_1\cdot$$

$$R\cdot + M_2 \xrightarrow{k_{i2}} RM_1\cdot$$

链增长：

$$\sim\sim M_1\cdot + M_1 \xrightarrow{k_{11}} \sim\sim M_1M_1\cdot,\ R_{11}=k_{11}[M_1\cdot][M_1]$$

$$\sim\sim M_1\cdot + M_2 \xrightarrow{k_{12}} \sim\sim M_1M_2\cdot,\ R_{12}=k_{12}[M_1\cdot][M_2]$$

$$\sim\sim M_2\cdot + M_1 \xrightarrow{k_{21}} \sim\sim M_2M_1\cdot,\ R_{21}=k_{21}[M_2\cdot][M_1]$$

$$\sim\sim M_2\cdot + M_2 \xrightarrow{k_{22}} \sim\sim M_2M_2\cdot,\ R_{22}=k_{22}[M_2\cdot][M_2]$$

链终止：

$$\left.\begin{array}{l} 2\sim\sim M_1\cdot \xrightarrow{k_{t11}} \\ 2\sim\sim M_2\cdot \xrightarrow{k_{t22}} \\ \sim\sim M_1\cdot + \sim\sim M_2\cdot \xrightarrow{k_{t12}} \end{array}\right\}\text{终止聚合物}$$

$$-\frac{d[M_1]}{dt}=R_{11}+R_{21}=k_{11}[M_1\cdot][M_1]+k_{21}[M_2\cdot][M_1]$$

$$-\frac{d[M_2]}{dt}=R_{12}+R_{22}=k_{12}[M_1\cdot][M_2]+k_{22}[M_2\cdot][M_2]$$

两种单体的消耗速率之比就等于进入共聚物中两单体（单元）的摩尔比：

$$\frac{d[M_1]}{d[M_2]}=\frac{-\dfrac{d[M_1]}{dt}}{-\dfrac{d[M_2]}{dt}}=\frac{k_{11}[M_1\cdot][M_1]+k_{21}[M_2\cdot][M_1]}{k_{12}[M_1\cdot][M_2]+k_{22}[M_2\cdot][M_2]}$$

利用稳态假设：$R_{12}=R_{21}$，得：

$$[M_2\cdot]=\frac{k_{12}[M_1\cdot][M_2]}{k_{21}[M_1]}$$

代入整理得 $$\frac{d[M_1]}{d[M_2]}=\frac{[M_1]}{[M_2]}\frac{\dfrac{k_{11}}{k_{12}}[M_1]+[M_2]}{[M_1]+\dfrac{k_{22}}{k_{21}}[M_2]}$$

令 $$r_1=\frac{k_{11}}{k_{21}},\ r_2=\frac{k_{22}}{k_{21}}$$

则 $$\frac{d[M_1]}{d[M_2]}=\frac{[M_1]}{[M_2]}\frac{r_1[M_1]+[M_2]}{[M_1]+r_2[M_2]} \tag{2-27}$$

该方程即二元共聚物组成微分方程，它以摩尔比表示共聚物组成与单体组成的瞬时关系。因此，除了单体配比，单体竞聚率 r_1、r_2 也影响共聚物组成 $\frac{d[M_1]}{d[M_2]}$。r_1、r_2 反映了单体结构、活性对共聚物组成的影响。

(3) 用摩尔分数表示的共聚物组成方程

$$M_1\text{的摩尔分数 } f_1=\frac{[M_1]}{[M_1]+[M_2]},$$

$$f_2=1-f_1=\frac{[M_2]}{[M_1]+[M_2]}\Rightarrow\frac{[M_1]}{[M_2]}=\frac{f_1}{f_2} \tag{2-28}$$

$$\text{共聚物中 } M_1 \text{ 的摩尔分数 } F_1=\frac{d[M_1]}{d[M_1]+d[M_2]},$$

$$F_2=1-F_1=\frac{d[M_2]}{d[M_1]+d[M_2]} \tag{2-29}$$

$$\frac{d[M_1]}{d[M_2]}=\frac{f_1}{f_2}\frac{r_1\frac{f_1}{f_2}+1}{\frac{f_1}{f_2}+r_2}=\frac{r_1f_1^2+f_1f_2}{f_1f_2+r_2f_2^2}$$

$$F_1=\frac{r_1f_1^2+f_1f_2}{r_1f_1^2+2f_1f_2+r_2f_2^2} \tag{2-30}$$

此式为用摩尔分数表示的二元共聚物组成微分方程。

2.3.4 共聚物组成随转化率的变化

共聚物组成微分方程 $\frac{d[M_1]}{d[M_2]}=\frac{[M_1]}{[M_2]}\frac{r_1[M_1]+[M_2]}{[M_1]+r_2[M_2]}$ 或 $F_1=\frac{r_1f_1^2+f_1f_2}{r_1f_1^2+2f_1f+r_2f_2^2}$，表明了共聚过程瞬间单体组成与共聚物组成间的关系。如果单体的反应活性相差不大或在转化率不太高时，可以认为单体组成及共聚物组成基本不变；然而，实际上对聚合反应，除了极少数理论研究之外，总期望在高的转化率完成反应，由于随着转化率的变化，C 变化⇒f_1 变化⇒F_1 变化。

设某一时刻单体的总浓度为 $[M]=[M_1]+[M_2]$，单体 M_1 的

摩尔分数为 f_1，对应瞬间进入共聚物中的 M_1 的单元摩尔分数为 F_1。

$$f_1=\frac{[M_1]}{[M]}$$

上式微分得

$$df_1=\frac{[M]d[M_1]-[M_1]d[M]}{[M]^2}=\frac{1}{[M]}\left(d[M_1]-\frac{[M_1]d[M]}{M}\right)$$

$$=\frac{d[M]}{[M]}\left(\frac{d[M_1]}{d[M]}-\frac{[M_1]}{[M]}\right)=\frac{d[M]}{[M]}\ (F_1-f_1)$$

$$\Rightarrow\frac{d[M]}{[M]}=\frac{df_1}{F_1-f_1}$$

以 $t=0$ 时：$[M]_0=[M_1]_0+[M_2]_0$，$f_1^0=\frac{[M_1]_0}{[M]_0}$，积分得

$$\ln\frac{[M]}{[M]_0}=\int_{f_1^0}^{f_1}\frac{df_1}{F_1-f_1}$$

即
$$\ln(1-C)=\int_{f_1^0}^{f_1}\frac{df_1}{F_1-f_1} \tag{2-31}$$

此式即为转化率-共聚物组成方程（Skeist 方程）。

由 F_1-f_1 关系⇒C-f_1 关系⇒C-F_1 关系。

如果体系满足共聚物组成微分方程，即 $F_1=\frac{r_1f_1^2+f_1f_2}{r_1f_1^2+2f_1f_2+r_2f_2^2}$成立，可将其代入式（2-31），积分得：

$$1-C=\left(\frac{f_1}{f_1^0}\right)^{\alpha}\left(\frac{f_2}{f_2^0}\right)^{\beta}\left(\frac{f_1^0-\delta}{f_1-\delta}\right)^{\gamma}$$

其中 $\alpha=\frac{r_2}{1-r_2}$，$\beta=\frac{r_1}{1-r_1}$，$\gamma=\frac{1-r_1r_2}{(1-r_1)(1-r_2)}$，$\delta=\frac{1-r_2}{2-r_1-r_2}$。

如果 f_1^0（或 f_2^0）及竞聚率 r_1、r_2 已知，由上式及可求出不同转化率下的单体组成或 f_1，再由 $F_1=\frac{r_1f_1^2+f_1f_2}{r_1f_1^2+2f_1f_2+r_2f_2^2}$可求 F_1，进而得到 C-F_1 关系。

因为共聚物的组成随着转化率而变化，平均组成定义为：

$$\overline{F}_1=\frac{[M_1]_0-[M_1]}{[M]_0-[M]}=\frac{f_1^0-f_1(1-C)}{C} \tag{2-32}$$

所以，随着C的变化，f_1发生变化，$\overline{F}_1$也发生变化。因此，通过转化率-共聚物组成方程、F_1-f_1及$\overline{F}_1$-f_1关系，就可求出f_1、F_1、$\overline{F}_1$与C的关系。

2.3.5　共聚物组成的控制方法

共聚物组成随转化率提高而变，为了得到均一组成的共聚物，研究结构-性能关系或控制共聚物性能，通常采用三种方法。

(1) 在恒比点处投料　若共聚物组成恒等于单体混合物组成而与转化率无关，该组成即为恒比点。当$r_1=r_2=1$时，无论何处投料，$F_1=f_1$，且不随转化率而变化，此种共聚称为理想恒比共聚；当$r_1<1$、$r_2<1$时，有一个恒比点。

令$\dfrac{[M_1]}{[M_2]}=\dfrac{d[M_1]}{d[M_2]}=\dfrac{[M_1]}{[M_2]}\dfrac{r_1[M_1]+[M_2]}{[M_1]+r_2[M_2]}$，可得：

$$\frac{[M_1]}{[M_2]}=\frac{1-r_2}{1-r_1}$$

故

$$F_1=f_1=\frac{1-r_2}{2-r_1-r_2} \tag{2-33}$$

(2) 控制转化率的一次投料法　对于非恒比点处的共聚，可采用控制C的方法，使共聚物组成分布在不太宽时终止反应，以获得较满意组成的共聚物。

通过理论模拟或实验做出F_1-C曲线，由此确定F_1满足要求的最大转化率C_{max}。不同的共聚体系，由于f_1^0、r_1、r_2不同，C_{max}必然不同。如St-AN的共聚，$f_1^0=0.55$时，C_{max}可达80%。

(3) 补加活泼单体法　恒比点投料及控制转化率的方法都有一定的局限，后者仅限于气态单体或低沸点液态单体的共聚。最常用的方法还是补加活泼单体法或补加单体溶液法。该法应用方便、普适，但共聚物组成分布较宽。单体可以连续补加或分段补加。如VC-AN的共聚：$r_1=0.02$，$r_2=3.28$，设计$\dfrac{d[M_1]}{d[M_2]}=\dfrac{60}{40}\Rightarrow\dfrac{[M_1]}{[M_2]}=\dfrac{88}{12}$，可以分段或连续补加AN，维持单体混合物在某一水平附近，以获得满意的共聚物。

实际合成工作中，多元共聚物的合成选用滴加混合单体法比较方便。如果控制单体混合液的滴加速度低于共聚合速度，即使共聚合反应处于“饥饿态”，则投料单体的组成基本等于共聚物的组成。这种工艺在溶液聚合及乳液聚合时经常使用，效果也较好。

2.3.6 单体、自由基的活性大小及影响因素

共聚合反应可用来比较单体及其活性种的相对活性，这对理论研究具有重要意义。

（1）单体的相对活性　考虑 M_1-M_i 的二元共聚，由 $r_1=k_{11}/k_{1i}$，则 $1/r_1=k_{1i}/k_{11}$。该值表示～～～$M_1\cdot$同 M_i 单体共聚的反应速率常数与同其自聚速率常数之比，可以用来表示两单体的相对活性。r_1^{-1}越大，表示单体的相对活性越大。

通过实验可得单体的活性由大到小的顺序为：苯乙烯、丁二烯、异戊二烯＞丙烯腈、（甲基）丙烯酸酯＞醋酸乙烯酯、氯乙烯、乙烯。

（2）自由基的活性　考虑 M_i-M_2 的二元共聚，对链增长反应：

$$\sim\sim\sim M_i\cdot + M_2 \xrightarrow{k_{i2}} \sim\sim\sim M_iM_2\cdot$$

由 $r_i=k_{ii}/k_{i2}$，$k_{i2}=k_{ii}/r_i$。为了比较自由基活性种的相对活性，选 M_2 单体作为对象，让其和有关自由基共聚，k_{i2}越大，则表示对应链自由基活性越大。

单体活性越大，则由其转变成自由基越稳定，因此链自由基的活性同单体的活性顺序相反。由此可得自由基活性由小到大的顺序为：苯乙烯自由基、丁二烯自由基、异戊二烯自由基＜丙烯腈自由基、（甲基）丙烯酸酯自由基＜醋酸乙烯酯自由基、氯乙烯自由基、乙烯自由基。

苯乙烯（S）活性最高，醋酸乙烯酯（VAc）活性最低，相差约 100 倍；相反，ST· 活性最低，VAc· 活性最高，相差约 10^4 倍。通常自由基的活性差别比对应单体活性差别大得多。所以在均聚时，自由基活性起主导作用。

对 S-VAc 共聚体系：S＞VAc，而 VAc·≫S·，由此可解释 S-VAc 二元共聚的速率常数的相对大小。

$$\sim\sim S\cdot + \begin{cases} S \xrightarrow{k_{11}=176} \sim\sim S\cdot \\ \vee \quad\quad \vee \\ VAc \xrightarrow{k_{12}=3.2} \sim\sim VAc\cdot \end{cases} \quad r_1=55$$

$$\sim\sim \overset{\wedge\wedge}{VAc}\cdot + \begin{cases} S \xrightarrow{k_{21}=230000} \sim\sim S\cdot \\ \vee \quad\quad \vee \\ VAc \xrightarrow{k_{22}=2300} \sim\sim VAc\cdot \end{cases} \quad r_2=0.01$$

尽管 VAc 的活性低，S 活性大，但 VAc· 的活性远大于 S·；故 $k_{21}>k_{22}>k_{11}>k_{12}$，即 k_p(VAc)$>k_p$(S)。由此可知 S-VAc 不能有效进行共聚，S 对 VAc 的均聚起阻聚剂的作用，当 S 均聚完成后，VAc 才开始聚合，所得聚合物是二者均聚物的共混物。

（3）取代基对单体、自由基活性的影响

① 共轭效应的影响　单体、自由基的活性主要受共轭效应的影响。

共轭效应使单体的 π 电子流动、极化，容易接受活性自由基的进攻，而且生成的自由基也较稳定，所以共轭效应使得单体的活性增大，无共轭效应的单体活性最低。因此可排出上述单体活性顺序。共轭效应对自由基活性的影响同单体相反，共轭效应使生成的自由基稳定化，因此无共轭效应单体转变成的自由基（如 VAc·）最活泼，共轭单体自由基（如 S·）活性最低。

② 极性效应　对 S-AN 的二元共聚，S 带供电基团，AN 带吸电基团，故 S· 自由基易于与 AN 链增长，AN· 易于与 S 链增长，即两种自由基都容易共聚（交叉增长），其原因即为极性效应：同性相斥、异性相吸。对 S· 自由基，是极性效应造成了 AN 的活性大于 S 活性的反常现象。因此，两单体极性效应相差越大，其共聚越有利于交叉增长，即交替共聚，r_1、r_2 皆小于 1。

有时，极性效应使不能均聚的单体可以和适当的单体进行交替共聚。如反二苯基乙烯、顺丁烯二酸酐难均聚（位阻效应），但二者可以共聚形成交替共聚物。

2.4 逐步聚合反应

缩聚反应也是一类重要的聚合反应，在高分子合成工业中占有很重要的地位，通过缩聚反应合成了大量有工业价值的聚合物，如涤纶树脂（聚对苯二甲酸乙二醇酯）、尼龙树脂（尼龙-66，尼龙-6）、聚氨酯、酚醛树脂、聚碳酸酯（PC）等。涂料工业中，醇酸树脂、聚酯树脂、聚氨酯、氨基树脂、环氧树脂等也是通过缩聚反应合成的。

2.4.1 缩聚反应

若反应物含有两个或两个以上可以反应的官能团，且可反应官能团摩尔比接近1∶1，每次缩合的产物仍具有两个或两个以上可反应的官能团，官能团间就可以不断反应下去，经过多次缩合形成聚合物，而且伴有副产小分子的生成，这种聚合反应，称为缩合聚合反应，简称为缩聚反应。

$$n\mathrm{HOOC{-}C_6H_4{-}COOH} + n\mathrm{HO(CH_2)_2OH} \longrightarrow \mathrm{HO{+}OC{-}C_6H_4{-}COO(CH_2)_2O{+}_{n}H} + (2n-1)\mathrm{H_2O}$$

大部分缩聚反应属于逐步聚合机理，因此这两个概念常互相替用。

官能度指一个单体分子中参加反应的官能团个数，即单体在聚合反应中能形成新键的数目，用 f 表示。官能度决定于单体的分子结构和特定的反应及条件。如酚醛树脂的合成，碱催化时，苯酚邻、对位氢都有活性，其官能度为3；而酸催化时只有两个邻位氢有活性，其官能度为2。能发生缩聚单体的官能度 $f \geqslant 2$。依缩聚单体官能度的不同，缩聚体系可分为2-2、2-官能度体系，2-3官能度体系，2-4官能度体系等。

缩聚反应的特点：①单体官能度 $f \geqslant 2$；②属于逐步聚合机理；③缩聚过程中有小分子化合物析出；④聚合物大部分属于杂链高分子，链上含有官能团的结构特征。

(1) 缩聚反应的分类　缩聚反应的分类可以采用不同的方法。

① 按反应的热力学特征分类　平衡缩聚反应与不平衡缩聚反应。

② 按生成聚合物的结构分类　线型缩聚——单体官能度为2，

大分子向两个方向发展，得到线型缩聚物。体型缩聚——含有3官能度以上单体，若配比恰当，达到一定反应程度后，大分子向三个方向增长，最终可以得到体型结构聚合物。

③ 按单体的多少分类　均缩聚——只有一种单体参加的缩聚；混缩聚——两种带有不同官能团的单体间的缩聚反应，其中任何一种单体都不能进行均缩聚；共缩聚——在均缩聚中加入第二种单体或混缩聚中加入第三、四种单体的缩聚反应。

④ 按反应中所生成的键合基团分类　缩聚反应是通过官能团反应进行的，聚合物往往带有官能团特征，像有机反应一样，缩聚反应分为如表2-1所示的类型。

表2-1　按反应中所生成的键合基团分类

反应类型	键合基团	产品举例
聚酯反应	—COO—	涤纶，醇酸树脂
聚酰胺化反应	—NH—CO—	尼龙-6，尼龙-66，尼龙-1010
聚氨酯化反应	—NH—COO—	聚氨酯
聚醚化反应	—O—	聚二苯醚，环氧树脂
酚醛缩聚	(苯环，邻位OH，—CH₂—)	酚醛树脂
脲醛缩聚	—NH—CO—NH—	脲醛树脂
聚碳酸化反应	—O—COO—	聚碳酸

(2) 缩聚反应的机理——逐步和平衡

① 机理　缩聚反应是通过官能团的逐步反应来实现大分子聚合度的提高（链增长），链增长过程中不但单体可以加入到增长链中，而且形成的各种低聚物之间亦可以通过可反应官能团之间相互缩合连接起来。而加聚反应增长链活性种只能和单体链增长。

因此，缩聚早期单体就很快消失，单体转化率即很高，但聚合度还很低，以后的缩聚则在各种低聚物的可反应官能团间进行，延长反应时间的目的在于提高缩聚物的分子量。

因为缩聚反应一开始转化率就很高，而分子量仍然很低，人们采用官能团的反应分率即反应程度来描述反应进行的程度，用P

表示：

$$P=\frac{\text{已经反应掉的某种官能团数}}{\text{起始该种官能团数}}=\frac{N_0-N}{N_0} \tag{2-34}$$

反应程度一定要明确是哪种官能团的反应程度，若起始投料的官能团数不等，则不同官能团的反应程度就不同。引入 P 后，就会发现 P 的值随着时间延续也是增大的，聚合度也随时间增大，而且二者存在简单的关系。

对 a-R-b（如羟基酸、氨基酸）型单体的均缩聚。

$$n\text{a-R-b} \longrightarrow \text{a-[R]}_n\text{-b}+(n-1)\text{ab}$$

设起始的 a 基数为 N_0（b 基也为 N_0，分子数亦为 N_0）；t 时，a 基数为 N（假定无副反应，b 基也为 N，分子数亦为 N），则：

$$P_a=\frac{\text{已反应的 a 基数}}{\text{起始的 a 基数}}=\frac{N_0-N}{N_0} \Rightarrow N=N_0(1-P_a)$$

$$P_b=\frac{\text{已反应的 b 基数}}{\text{起始的 b 基数}}=\frac{N_0-N}{N_0} \Rightarrow N=N_0(1-P_b)$$

所以：$P_b=P_a$

而 $$\overline{X}_n=\frac{\text{投料的单体总数}}{t\text{ 时分子总数}}=\frac{N_0}{N}=\frac{N}{N(1-P_a)}=\frac{1}{1-P_a}$$

对 A_2-B_2 两种反应官能团等物质的量投料的 2-2 线型缩聚体系。设 $t=0$ 时，a 基数为 N_0，b 基数为 N_0；t 时，a 基数为 N，b 基数亦为 N。则：

$$P_a=P_b=\frac{\text{已反应的 a(或 b)基数}}{\text{起始的 a(或 b)基数}}=\frac{N_0-N}{N_0} \Rightarrow N=N_0(1-P_a)$$

而 $$\overline{X}_n=\frac{\frac{N_0}{2}+\frac{N_0}{2}}{\frac{N}{2}+\frac{N}{2}}=\frac{N_0}{N}=\frac{1}{1-P_a}$$

因此对于均缩聚或官能团等物质的量投料的 2-2 线型缩聚体系：

$$\overline{X}_n=\frac{1}{1-P_a} \tag{2-35}$$

② 缩聚反应的平衡问题　有机小分子官能团间的反应大多是可逆反应，如酯化反应，由于反应机理相同，聚酯化反应也是可逆

的，也存在平衡常数。

$$\sim\sim OH+HOOC\sim\sim \underset{k_2}{\overset{k_1}{\rightleftharpoons}} \sim\sim OCO\sim\sim +H_2O$$

$$平衡常数\ K=\frac{k_1}{k_2}=\frac{[-COO-][H_2O]}{[-OH][-COOH]}$$

正是由于热力学的平衡限制以及官能团脱除等副反应的影响，造成了共聚物的分子量均不太高，一般在 10^4，涤纶：20000，尼龙-66：18000。而加聚物的分子量为 $10^5\sim10^6$。但由于缩聚物是杂链的极性聚合物，这样的分子量已满足对力学性能的要求。

2.4.2 官能团等反应活性假定

根据实验结果和理论分析，Flory 提出了官能团的等反应活性理论，即官能团的活性与分子大小或链长无关。官能团的等反应活性理论是缩聚反应动力学研究的前提。

由于官能团的等活性，缩聚过程就可以用官能团之间的反应来表征，而不必考究各个具体的反应步骤。

聚酯化反应可表示为

$$\sim\sim COOH+HO\sim\sim \underset{k_2}{\overset{k_1}{\rightleftharpoons}} \sim\sim OCO\sim\sim +H_2O$$

聚酰胺化反应可表示为

$$\sim\sim COOH+H_2N\sim\sim \underset{k_2}{\overset{k_1}{\rightleftharpoons}} \sim\sim CONH\sim\sim +H_2O$$

2.4.3 线型缩聚物聚合度的影响因素及控制

2.4.3.1 聚合度的影响因素

(1) 反应程度对聚合度的影响 缩聚反应是官能团间的反应，官能团反应的结果使得链增长，即随时间的延续分子量或聚合度逐渐增加，对 2-2 等摩尔投料的线型缩聚或 2 线型缩聚体系：

$$P=\frac{N_0-N}{N_0}=1-\frac{1}{\overline{X}_n}\Rightarrow \overline{X}_n=\frac{1}{1-P}$$

当 $P>0.99$ 时，$\overline{X}_n>100$，才有可能作为材料使用。

由此可看出缩聚与缩合的不同，其对反应程度的要求很高。提高反应程度的措施有：①延长反应时间；②选用高活性单体；③排除小分子副产物；④使用催化剂。

（2）平衡常数与聚合度的关系　平衡缩聚是由官能团间的平衡反应构成的，根据官能团的等反应活性假定，各步反应平衡常数 K 相同。设官能团等物质的量投料。

$$\sim\sim COOH + HO \sim\sim \underset{k_2}{\overset{k_1}{\rightleftharpoons}} \sim\sim OCO \sim\sim + H_2O$$

$t=0$ 时	c_0	c_0	0	0
$t=t$ 时	c	c	c_0-c	n_w

$$\text{则 } K=\frac{[\text{—OCO—}][H_2O]}{[\text{—COOH}][\text{—OH}]}=\frac{(c_0-c)n_w}{c^2}=\frac{\dfrac{c_0-c}{c_0}\times\dfrac{n_w}{c_0}}{\dfrac{c^2}{c_0^2}} \tag{2-36}$$

上述各式中 c 表示各种官能团的物质的量浓度，n_w 表示平衡时残留水的物质的量浓度。

① 封闭体系

$$[H_2O]=[\text{—OCO—}]=c_0-c$$

利用
$$P=\frac{N_0-N}{N_0}=\frac{c_0-c}{c_0};\ \overline{X}_n=\frac{N_0}{N}=\frac{c_0}{c}$$

$$K=\frac{\left(\dfrac{c_0-c}{c_0}\right)^2}{\dfrac{c^2}{c_0^2}}=\frac{P^2}{\dfrac{1}{\overline{X}_n^2}}\longrightarrow\frac{1}{\overline{X}_n^2}=\frac{P^2}{K} \tag{2-37}$$

再利用
$$\overline{X}_n=\frac{1}{1-P}\Rightarrow(1-P)^2=\frac{P^2}{K}$$

所以
$$P=\frac{\sqrt{K}}{\sqrt{K}+1},\ \overline{X}_n=\sqrt{K}+1$$

对聚酯化反应，设 $K=4$。对封闭体系，缩聚达到平衡时 $P=2/3$。

② 非封闭体系

$$K=\frac{P\dfrac{n_w}{c_0}}{\dfrac{1}{\overline{X}_n^2}}\longrightarrow\frac{1}{\overline{X}_n^2}=\frac{P\dfrac{n_w}{c_0}}{K} \tag{2-38}$$

$$\overline{X}_n=\sqrt{\frac{c_0K}{Pn_w}}\approx\sqrt{\frac{c_0K}{n_w}}\ (\overline{X}_n\sim10^2，\text{或 } P\to1)$$

$\overline{X}_n \propto \frac{1}{\sqrt{n_w}}$，排除小分子化合物可提高 $\overline{X}_n$；$\overline{X}_n \propto \sqrt{K}$，$K$ 值很大时，允许稍高的小分子含量。

2.4.3.2　线型缩聚物的聚合度（分子量）控制

$\overline{X}_n = \frac{1}{1-P}$，控制 P 可使 $\overline{X}_n$ 得到暂时控制，当树脂加工成型时，由于加热，等物质的量存在的两种官能团仍可发生反应，结果使 $\overline{X}_n$ 发生变化。因此，应采取有效的措施控制产品的最终分子量。常用的方法有两种：①使某种单体可反应官能团过量；②加单官能团物质。目的都是使一种端基官能团失去活性，封锁端基，终止大分子的增长，使分子量保持永久稳定。

（1）某种单体过量　a-A-a＋b-B-b 体系，设 b-B-b 过量，即官能团 b 过量。

设 $t=0$ 时，a、b 官能团数各为 N_a、N_b，定义 $r_a = \frac{N_a}{N_b} \leqslant 1$；

设 t 时，官能团 a、b 的反应程度分别为 P_a、P_b。

则 t 时，a、b 基团数各为 $N_a - N_aP_a$、$N_b - N_bP_b$；体系中分子总数为

$$\frac{N_a - N_aP_a + N_b - N_bP_b}{2}$$

$$故\ \overline{X}_n = \frac{投料时单体分子数}{t时体系分子数} = \frac{\frac{N_a}{2} + \frac{N_b}{2}}{\frac{N_a - N_aP_a + N_b - N_bP_b}{2}}$$

$$= \frac{N_a + N_b}{N_a + N_b - N_aP_a - N_bP_b}$$

由于 a、b 基团消耗数相等，故：$N_aP_a = N_bP_b$

$$\overline{X}_n = \frac{N_a + N_b}{N_a + N_b - 2N_aP_a} = \frac{1 + \frac{N_a}{N_b}}{1 + \frac{N_a}{N_b} - 2\frac{N_a}{N_b}P_a} = \frac{1 + r_a}{1 + r_a - 2r_aP_a} \tag{2-39}$$

$r_a = 1$（即两可反应官能团等物质的量投料）时，$\overline{X}_n = \frac{1}{1-P_a}$

（同前面的结论相同）；$r_a<1$，$P_a=1$ 时，$\overline{X}_n=\frac{1+r_a}{1-r_a}$。

由上式可知，要合成高分子量缩聚物，除了使反应程度尽量接近 1 外，单体纯度要高，即达"聚合级"，另外必须严格控制单体可反应官能团的摩尔比，否则亦将影响聚合度的提高。

（2）加入单官能团物质　对于均缩聚，即 a-R-b 型单体的缩聚，a、b 严格等物质的量配比，只能采用加单官能团物质的方法控制聚合度。常把这种物质叫做端基封锁剂或黏度稳定剂。

①（a-A-a＋b-B-b）加单官能团物质 C-b 的体系。

$$\overline{X}_n=\frac{\text{投料时单体分子数}}{t\text{ 时体系分子数}}$$

$$=\frac{\frac{N_a}{2}+\frac{N_b}{2}+N_c}{\frac{N_a-N_aP_a+N_b-N_bP_b+N_cP_c}{2}+N_c-N_cP_c}$$

$$=\frac{N_a+N_b+2N_c}{N_a-N_aP_a+N_b-N_bP_b+2N_c-N_cP_c}$$

N_a 为 A 单体上的 a 基数，N_b 为 B 单体上的 b 基数，N_c 为 C 单体上的 b 基数；P_a、P_b、P_c 分别为 A 单体上 a 基、B 单体上 b 基、C 单体上 b 基的反应程度。

利用反应掉的 a 基数等于反应掉的 b 基数，则 $N_aP_a=N_bP_b+N_cP_c$。

令 $r_a=\frac{N_a}{N_b+2N_c}\leqslant 1$，称为 a 基对 b 基的摩尔分数（或摩尔比）。数均聚合度方程也可化简为

$$\overline{X}_n=\frac{1+r_a}{1+r_a-2r_aP_a}$$

② a-R-b 加 C-b 的体系

$$\overline{X}_n=\frac{\text{投料单体分子数}}{t\text{ 时体系分子数}}$$

$$=\frac{N_a+N_c}{\frac{N_a-N_aP_a+N_a-N_aP_b+N_cP_c}{2}+N_c-N_cP_c}$$

$$=\frac{N_a+N_a+2N_c}{N_a+N_a+2N_c-N_aP_a-N_bP_b-N_cP_c}$$

P_a、P_b、P_c分别为R单体上a基、R单体上b基、C单体上b基的反应程度。利用$N_aP_a=N_bP_b+N_cP_c$

$$\overline{X}_n=\frac{(N_a+2N_c)+N_a}{(N_a+2N_c)+N_a-2N_aP_a}=\frac{1+r_a}{1+r_a-2r_aP_a}$$

其中a基对b基的摩尔分数$r_a=\frac{N_a}{N_a+2N_c}$。

加入单官能团化合物C-b越多，缩聚物的分子量越低。

2.4.4　体型缩聚

能够生成三维体型缩聚物的缩聚反应称为体型缩聚反应，简称为体型缩聚。

(1) 体型缩聚的单体　单体中必含有一种官能度大于2的单体，这是体型缩聚的必要条件。此外，原料的配比、官能团摩尔比、反应条件、反应程度等对体型缩聚的进行也起重要的作用。

(2) 预聚物的分类　根据缩聚体系反应程度与体型缩聚凝胶点(P_c)的关系，缩聚物可进行如下分类：

$$\begin{cases}\left.\begin{array}{l}\text{甲阶树脂，}P<P_c\\ \text{乙阶树脂，}P\rightarrow P_c\end{array}\right\}\text{预聚物}\\ \text{丙阶树脂，}P>P_c\ \text{体型缩聚物}\end{cases}$$

根据预聚物的结构是否确定，预聚物可分为两类：无规预聚物和定结构预聚物。

无规预聚物是指结构不确定的预聚物。早期的热固性树脂预聚物多是无规预聚物，如碱催化酚醛树脂、脲醛树脂、醇酸树脂等，其交联反应一般凭经验进行。

定结构预聚物即结构确定的预聚物。如二醇类预聚物、环氧预聚物、不饱和聚酯预聚物等。它们具有确定的活性基团，用交联剂固化时可以定量处理。而且预聚物的分子量也可采用线型缩聚物的分子量控制方法。因此结构型预聚物在热固性树脂里显得越来越重要。

二醇类预聚物与过量的二异氰酸酯反应生成以异氰酸酯基团为端基的聚合物——聚氨酯预聚物。

$$(n+1)HO\sim\sim OH + (n+2)OCN-R-NCO \longrightarrow$$

$$OCN-R-NH\overset{O}{\overset{\|}{C}}O\sim\sim O\left[\overset{O}{\overset{\|}{C}}-NH-R-NH\overset{O}{\overset{\|}{C}}O\sim\sim O\right]_n\overset{O}{\overset{\|}{C}}NH-R-NCO$$

此聚合物用多元胺、聚合物多元醇交联即成体型结构产物。

环氧类预聚物：此类预聚物一般通过双酚 A 与环氧氯丙烷反应生成。为了使端基为环氧基，应使环氧氯丙烷过量。

$$(n+2)\underset{\backslash O/}{CH_2-CH}-CH_2Cl + (n+1)HO-\langle\bigcirc\rangle-\underset{CH_3}{\overset{CH_3}{\underset{|}{\overset{|}{C}}}}-\langle\bigcirc\rangle-OH \xrightarrow{NaOH}$$

$$\underset{\backslash O/}{CH_2-CH}-CH_2-\left[O-\langle\bigcirc\rangle-\underset{CH_3}{\overset{CH_3}{\underset{|}{\overset{|}{C}}}}-\langle\bigcirc\rangle-OCH_2\underset{OH}{\underset{|}{CH}}CH_2\right]_n-O-\langle\bigcirc\rangle-\underset{CH_3}{\overset{CH_3}{\underset{|}{\overset{|}{C}}}}-\langle\bigcirc\rangle-$$

$$OCH_2\underset{\backslash O/}{CH-CH_2} + (n+2)HCl$$

环氧树脂的交联剂常用多元胺（室温固化剂）、酸酐或多元酸（烘烤型固化剂）等。

2.4.5 体型缩聚的凝胶现象及凝胶理论

2.4.5.1 凝胶现象及凝胶点

如果缩聚体系中有多官能度单体存在，缩聚反应将经过甲阶段和乙阶段的预聚而转变为体型结构产物。随着缩聚进行，体系表现为黏度逐渐增大，当反应进行到一定程度时，黏度急剧增加，体系转变成凝胶状物质，这一现象称为凝胶现象或凝胶化，出现凝胶现象时的临界反应程度称为凝胶点（P_c）。充分凝胶化后，体系的物理性质发生显著变化：不熔不溶，刚性增大，尺寸稳定，耐热性、耐化学品性好，即具有热固性。这种树脂即为热固性树脂，是重要的工程塑料。凝胶点是高度支化的缩聚物过渡到体型缩聚物的反应程度拐点。

2.4.5.2 凝胶点的预测

凝胶点是热固性聚合物预聚、固化交联的重要参数，凝胶点的预测在实际中具有重要意义。关于凝胶点的预测，主要有两种理论。

（1）Carothers 理论　Carothers 理论认为，当体系出现凝胶时，数均聚合度 $\overline{X}_n \to \infty$。可以根据数均聚合度与反应程度 P 的关系，求出 $\overline{X}_n \to \infty$ 时的反应程度，即凝胶点 P_c。

① 两种官能团等物质的量的体系　此时定义平均官能度：

$$\overline{f}=\frac{\text{投料单体官能团总数}}{\text{投料分子总数}}=\frac{\sum N_i f_i}{\sum N_i} \tag{2-40}$$

N_i、f_i 分别为 i 单体的个数和官能度。

$\overline{f}<2$ 时，不能生成高分子量聚合物；$\overline{f}=2$ 时，生成线型或分支型聚合物；$\overline{f}>2$ 时，则可生成支化或网状聚合物。

对于 A_2-B_3 两种官能团等物质的量的缩聚体系，A_2、B_3 的投料摩尔比为 3∶2；则

$$\overline{f}=\frac{\text{投料官能团总数}}{\text{投料分子总数}}=\frac{3\times2+2\times3}{3+2}=2.4$$

设 N_0 为投料单体分子总数，平均官能度为 $\overline{f}$；则反应开始时的官能团总数为 $N_0\overline{f}$；假定缩聚中无分子内环化等副反应，凝胶点之前每步反应都要减少一个分子，消耗两个官能团。设 t 时体系分子数为 N。则

$$P=\frac{\dfrac{2\times(N_0-N)}{2}}{\dfrac{N_0\times\overline{f}}{2}}=\frac{2}{\overline{f}}\left(1-\frac{N}{N_0}\right)=\frac{2}{\overline{f}}\left(1-\frac{1}{\overline{X}_n}\right) \tag{2-41}$$

令 $\overline{X}_n \to \infty$，得 Carothers 方程：

$$P_c=\frac{2}{\overline{f}} \tag{2-42}$$

对于两种官能团等物质的量投料的丙三醇与邻苯二甲酸酐的体型缩聚：

$$P_c=\frac{2}{\overline{f}}=\frac{2}{2.4}=0.833$$

实验测定发现：P_c(实验)$=0.800$，其原因在于 Carothers 过高地估计了出现凝胶时的数均分子量。$\overline{X}_n$ 并非无穷大，而是有限的，一般为几十；如上例中，出现凝胶时的 $\overline{X}_n=24$。

因此如欲在凝胶点前停止反应，一定要控制反应程度比 Carothers 方程计算的凝胶点小一些才不至于发生凝胶化。

② 两官能团非等物质的量的体系　此时平均官能度的计算公式应修正为

$$\overline{f}=\frac{2\times\text{非过量的官能团数}}{\text{投料的单体分子数}} \tag{2-43}$$

再代入 $P_c=\frac{2}{\overline{f}}$就可求出凝胶点 P_c（注意 P_c 为非过量官能团的反应程度）。

③ 由式（2-41）可以得：

$$\overline{X}_n=\frac{2}{2-P\overline{f}} \tag{2-44}$$

此公式可取代 $\overline{X}_n=\frac{1+r_a}{1+r_a-2r_aP_a}$用于线型缩聚体系聚合度的控制或计算。当体系含有多官能度单体时，$\overline{X}_n=\frac{1+r_a}{1+r_a-2r_aP_a}$不再使用，而 $\overline{X}_n=\frac{2}{2-P_a\overline{f}}$仍可应用。

而且 $\overline{X}_n=\frac{2}{2-P_a\overline{f}}$应用起来更方便。只要根据原料投料比求出平均官能度，即可求出在任一反应程度下的平均聚合度。

（2）统计法　许多学者利用统计方法研究凝胶点问题。Flory 用此法处理了一些比较简单的缩聚体系。我国著名化学家唐敖庆提出了自己处理凝胶化问题的理论，可以处理从简单到复杂的体型缩聚体系。

① A_f+B_g 型缩聚体系　A_f 为含有官能团 A，官能度为 f 的单体；B_g 为含有官能团 B，官能度为 g 的单体；而且 A、B 为可反应的官能团。

唐敖庆的理论采用同心环模型：即把 A_f+B_g 型缩聚物摆在许多同心环上，根据 A 基或 B 基在环上的消长情况来确定凝胶化时的临界条件。摆法规则是：奇数环上放未反应的 A 基和 AB 键；偶数环上放未反应的 B 基和 BA 键；环与环之间通过官能团以外的残留单元相联结。

（A_3+B_3）缩聚物放在同心环上的模型如下：

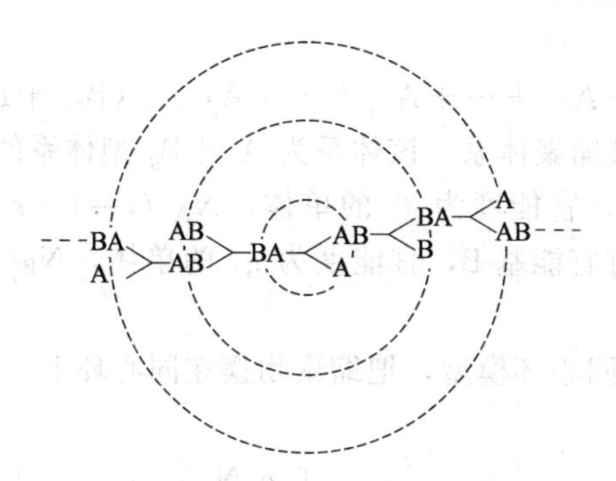

设第 i 环上的 A 基总数为 $N_A^{(i)}$（包括反应的和未反应的 A 基总数），A 基的反应程度为 P_A。

那么反应掉的 A 基数为 $N_A^{(i)}P_A$；因为反应一个 A 基用掉一个 B 基，在（$i+1$）环上引入（$g-1$）个 B 基，所以第（$i+1$）环上的 B 基数为：

$$N_B^{(i+1)}=N_A^{(i)}P_A(g-1)$$

假设 B 基的反应程度为 P_B，同理由（$i+1$）环上反应掉的 B 基在（$i+2$）环上引入的 A 基总数为

$$N_A^{(i+2)}=N_A^{(i)}P_A(g-1)P_B(f-1)=N_A^{(i)}P_AP_B(g-1)(f-1)$$

在此可以看出由 $N_A^{(i)}$ 通过 P_A、P_B 可推算出 $N_A^{(i+2)}$，比较 $N_A^{(i)}$、$N_A^{(i+2)}$ 的值，有三种情况：

$N_A^{(i)}>N_A^{(i+2)}$，缩聚物逐渐收敛；

$N_A^{(i+2)}>N_A^{(i)}$，缩聚物发散，可以产生凝胶；

因此，$N_A^{(i+2)}=N_A^{(i)}$ 为产生凝胶的临界条件。

即得：

$$N_A^{(i)}P_AP_B(g-1)(f-1)=N_A^{(i)}$$

$$\Rightarrow P_AP_B(g-1)(f-1)=1$$

如果摩尔系数 $r_A=\dfrac{fN_A}{gN_B}\leqslant 1$（A 基对 B 基的摩尔比）

则 $P_B=r_AP_A$，代入上式，$r_AP_A^2(f-1)(g-1)=1$

$$P_A=\frac{1}{\sqrt{r_A(f-1)(g-1)}}$$

对 A_2-B_3 两官能团等物质量的体系：$P_A=0.707$，此值比实验

值小。

② $(A_{f_1}+A_{f_2}+\cdots+A_{f_i}+\cdots+A_{f_s})+(B_{g_1}+B_{g_2}+\cdots+B_{g_j}+\cdots+B_{g_t})$ 型缩聚体系　该体系为 A_f+B_g 型体系的推广。A_{f_i} 为含有官能基 A，官能度为 f_i 的单体，N_{A_i}（$i=1\sim s$）为其物质的量；B_{g_j} 为含有官能基 B，官能度为 g_j 的单体，N_{B_j}（$j=1\sim t$）为其物质的量。

采用假想同心环模型，把缩聚物摆在同心环上。采用上述假定及方法，得

$$N_B^{(i+1)}=N_A^{(i)}P_A\sum_j\left[\frac{g_jN_{B_j}}{\sum\limits_j g_jN_{B_j}}(g_j-1)\right]$$

$$N_A^{(i+2)}=N_B^{(i+1)}P_B\sum_i\left[\frac{f_iN_{A_i}}{\sum\limits_i f_iN_{A_i}}(f_i-1)\right]$$

由 $N_A^{(i+2)}=N_A^{(i)}$ 得

$$P_AP_B\sum_i[x_{f_i}(f_i-1)]\sum_j[x_{g_j}(g_j-1)]=1$$

其中：$x_{f_i}=\dfrac{f_iN_{A_i}}{\sum\limits_i f_iN_{A_i}}$，为 A_{f_i} 单体 A 基数占总 A 基数的摩尔分数；$x_{g_j}=\dfrac{g_jN_{B_j}}{\sum\limits_j g_jN_{B_j}}$，为 B_{g_j} 单体 B 基数占总 B 基数的摩尔分数。

令 $r_a=\dfrac{\sum\limits_i f_iN_{A_i}}{\sum\limits_j g_jN_{Bj}}\leqslant 1$ 为 A 基对 B 基的摩尔系数，有 $P_B=r_aP_A$，代入上式整理得凝胶点为

$$P_A=\frac{1}{\sqrt{r_a\sum\limits_i[x_{f_i}(f_i-1)]\sum\limits_j[x_{g_j}(g_j-1)]}}\tag{2-45}$$

2.5　结语

以上对涂料树脂合成常用的自由基聚合、逐步聚合的聚合原理做了介绍，这些知识和理论对树脂合成的配方设计、核算、优化和工艺条件的选择具有重要指导意义，是涂料树脂合成的理论基础。

当然，随着高分子科学的进步，一些新的聚合反应不断开发出来，如近年来高分子界非常关注的活性自由基聚合（原子转移聚合）等也被涂料树脂合成学者所应用，因此我们应不断学习这些新的理论，并善于将这些理论运用于涂料树脂的合成，以进一步促进涂料科学的技术进步。

第3章 水性醇酸树脂

3.1 概述

多元醇和多元酸进行缩聚所生成的缩聚物大分子主链上含有许多酯基（—COO—），这种聚合物称为聚酯。涂料工业中，将脂肪酸或油脂改性的聚酯树脂称为醇酸树脂（alkyd resin），而将大分子主链上含有不饱和双键的聚酯称为不饱和聚酯，其他的聚酯则称为饱和聚酯。这三类聚酯型大分子（或低聚物）在涂料工业中都有重要的应用。

20世纪30年代开发的醇酸树脂，使涂料工业掀开了新的一页，标志着以合成树脂为成膜物质的现代涂料工业的建立。醇酸树脂涂料具有漆膜附着力好、光亮、丰满等特点，且具有很好的施工性。但其涂膜较软，耐水、耐碱性欠佳。醇酸树脂广泛用于桥梁等建筑物以及机械、车辆、船舶、飞机、仪表等的涂装。

醇酸树脂是一种重要的涂料用树脂，其单体来源丰富、价格低、品种多、配方变化大、工艺简单、方便化学改性且性能好，符合可持续发展的社会要求。醇酸树脂既可配制单组分自干漆，也可以配制双组分自干漆（如聚氨酯漆）或烘干漆（如氨基烘漆）。因此自醇酸树脂开发以来，醇酸树脂在涂料工业一直占有重要的地位，其产量约占涂料工业总量的20%～25%。但是，同其他溶剂型涂料一样，溶剂型醇酸涂料含有大量的溶剂（>40%），因此在生产、施工过程中严重危害大气环境和操作人员健康。水性涂料是20世纪60年代发展起来的一类新型的低污染、省能源、省资源涂料。随着人们环保意识的加强，以及有机溶剂费用的高涨，传统的溶剂型涂料受到越来越大的挑战，水性涂料日益受到人们的重视，得到广泛的研究和开发。

水性醇酸树脂的开发经历了两个阶段，即外乳化和内乳化阶段。外乳化法即利用外加表面活性剂的方法对常规醇酸树脂进行乳化，得到醇酸树脂乳液，该法所得体系贮存稳定性差，粒径大，漆膜光泽差；目前主要使用内乳化法合成水性醇酸树脂分散体。

3.2 水性醇酸树脂的分类

3.2.1 按改性用脂肪酸或油的干性分类

（1）干性油水性醇酸树脂　即由高不饱和脂肪酸或油脂制备的水性醇酸树脂，可以自干或低温烘干。该类醇酸树脂通过氧化交联干燥成膜，从某种意义上来说，氧化干燥的醇酸树脂也可以说是一种改性的干性油。干性油漆膜的干燥需要很长时间，原因是它们的分子量较低，需要多步反应才能形成交联的大分子。醇酸树脂相当于“大分子”的油，只需少许交联点，即可使漆膜干燥，漆膜性能当然也远超过干性油漆膜。

（2）不干性油水性醇酸树脂　不能单独在空气中成膜，一般用作水性羟基组分与水性氨基树脂配制烘漆或与水性多异氰酸酯固化剂配制水性双组分自干漆。

（3）半干性油水性醇酸树脂　性能在干性油、不干性油水性醇酸树脂性能之间。

3.2.2 按醇酸树脂油度分类

包括长油度水性醇酸树脂、短油度水性醇酸树脂、中油度水性醇酸树脂。

油度表示醇酸树脂中含油量的高低。

油度（OL）（%）的含义是醇酸树脂配方中油脂的用量（m_o）与树脂理论产量（m_r）之比。其计算公式如下：

$$OL = m_o / m_r$$

以脂肪酸直接合成醇酸树脂时，脂肪酸含量（OLf）（%）为配方中脂肪酸用量（m_f）与树脂理论产量之比。

m_r＝单体用量－生成水量＝苯酐用量＋甘油（或季戊四醇）用

量+油脂(或脂肪酸)用量-生成水量

$$OLf=m_f/m_r$$

为便于配方的解析比较，可以把 OLf（%）换算为 OL。油脂中，脂肪酸基含量约为 95%，所以：

$$OLf=OL\times 0.95$$

引入油度（OL）对醇酸树脂配方有如下的意义：①表示醇酸树脂中弱极性结构的含量。因为长链脂肪酸相对于聚酯结构极性较弱，弱极性结构的含量，直接影响醇酸树脂的可溶性，如溶剂型长油度醇酸溶解性好，易溶于溶剂汽油；中油度醇酸溶于溶剂汽油-二甲苯混合溶剂；短油度醇酸溶解性最差，需用二甲苯或二甲苯/酯类混合溶剂溶解；水性醇酸树脂一般用乙二醇丁醚作助溶剂。同时，油度对光泽、刷涂性、流平性等施工性能亦有影响，弱极性结构含量高，光泽高，刷涂性、流平性好。②表示醇酸树脂中柔性成分的含量，因为长链脂肪酸残基是柔性链段，而苯酐聚酯是刚性链段，所以，OL 也就反映了树脂的玻璃化温度（T_g），或常说的“软硬程度”，油度长时硬度较低，保光、保色性较差。③水性醇酸树脂一般为中-短油度型，中油度时可以自干，短油度时作羟基组分。

醇酸树脂的油度范围见表 3-1。

表 3-1 醇酸树脂的油度范围

油　度	长油度	中油度	短油度
油量/%	>60	40～60	<40
苯酐量/%	<30	30～35	>35

【例 3-1】某醇酸树脂的配方如下：亚麻仁油，100.0g；氢氧化锂（酯交换催化剂），0.400g；甘油（98%），43.00g；苯酐(99.5%)，74.50g（其升华损耗约 2%）。计算所合成树脂的油度。

解　甘油的分子量为 92，固其投料的物质的量为 43.00×98%/92=0.458（mol）

含羟基的物质的量为　　　3×0.458=1.374（mol）

苯酐的分子量为 148，因为损耗 2%，固其参加反应的物质的

量为

$$74.50\times99.5\%\times(1-2\%)/148=0.491\ (\mathrm{mol})$$

其官能度为2，固其可反应官能团数为

$$2\times0.491=0.982\ (\mathrm{mol})$$

因此，体系中羟基过量，苯酐（即其醇解后生成的羧基）全部反应生成水量为

$$0.491\times18=8.835\ (\mathrm{g})$$

生成树脂质量为 $100.0+43.00\times98\%+74.5\times99.5\%\times(1-2\%)-8.835=205.950\ (\mathrm{g})$

所以　　油度 $=100/205.950\times100\%=49\%$

3.3 水性醇酸树脂的合成原料

3.3.1 多元醇

醇是带有羟基官能团的化合物。制造醇酸树脂的多元醇主要有丙三醇（甘油）、三羟甲基丙烷、三羟甲基乙烷、季戊四醇、乙二醇、1,2-丙二醇、1,3-丙二醇、新戊二醇等。其羟基的个数称为该醇的官能度，丙三醇为三官能度醇，季戊四醇为四官能度醇。根据醇羟基的位置，有伯羟基、仲羟基和叔羟基之分。它们分别连在伯碳、仲碳和叔碳原子上。

羟基的活性顺序：伯羟基>仲羟基>叔羟基。

常见多元醇的基本物性见表3-2。

表3-2 醇酸树脂合成常用多元醇的基本物性

单体名称	结构式	分子量	溶点(沸点)/℃	密度/(g/cm³)
丙三醇(甘油)	$HOCH_2CH(OH)CH_2OH$	92.09	18(290)	1.26
三羟甲基丙烷	$H_3CH_2CC(CH_2OH)_3$	134.12	56～59(295)	1.1758
季戊四醇	$C(CH_2OH)_4$	136.15	189(260)	1.38
乙二醇	$HO(CH_2)_2OH$	62.07	−13.3(197.2)	1.12
二乙二醇	$HO(CH_2)_2O(CH_2)_2OH$	106.12	−8.3(244.5)	1.118
1,2-丙二醇	$CH_3CH(OH)CH_2OH$	76.09	−60(187.3)	1.036

用三羟甲基丙烷合成的水性醇酸树脂具有更好的抗水解性、抗

氧化稳定性、耐碱性和热稳定性，与氨基树脂有良好的相容性。此外还具有色泽鲜艳、保色力强、耐热及快干的优点。乙二醇和二乙二醇主要同季戊四醇复合使用，以调节官能度，使聚合平稳，避免胶化。

3.3.2 有机酸

有机酸可以分为两类：一元酸和多元酸。一元酸主要有苯甲酸、松香酸以及脂肪酸（亚麻油酸、妥尔油酸、豆油酸、菜子油酸、椰子油酸、蓖麻油酸、脱水蓖麻油酸等）；多元酸包括邻苯二甲酸酐（PA）、间苯二甲酸（IPA）、对苯二甲酸（TPA）、顺丁烯二酸酐（MA）、己二酸（AA）、癸二酸（SE）、偏苯三酸酐（TMA）等。多元酸单体中以邻苯二甲酸酐最为常用，引入间苯二甲酸可以提高耐候性和耐化学品性，但其熔点高、活性低，用量不能太大；己二酸（AA）和癸二酸（SE）含有多亚甲基单元，可以用来平衡硬度、韧性及抗冲击性；偏苯三酸酐（TMA）的酐基打开后可以在大分子链上引入羧基，经中和可以实现树脂的水性化，用作合成水性醇酸树脂的水性单体。一元酸主要用于脂肪酸法合成醇酸树脂，亚麻油酸、桐油酸等干性油脂肪酸干性较好，但易黄变、耐候性较差；豆油酸、脱水蓖麻油酸、菜子油酸、妥尔油酸黄变较弱，应用较广泛；椰子油酸、蓖麻油酸不黄变，可用于室外用漆和浅色漆的生产。苯甲酸可以提高耐水性，由于增加了苯环单元，可以改善涂膜的干性和硬度，但用量不能太多，否则涂膜变脆。

一些有机酸物性见表3-3。

3.3.3 油脂

油类有桐油、亚麻仁油、豆油、棉籽油、妥尔油、红花油、脱水蓖麻油、蓖麻油、椰子油等。

植物油是一种三脂肪酸甘油酯，3个脂肪酸一般不同，可以是饱和酸、单烯酸、双烯酸或三烯酸，但是大部分天然油脂中的脂肪酸主要为十八碳酸，也可能含有少量月桂酸（十二碳酸）、豆蔻酸（十四碳酸）和软脂酸（十六碳酸）等饱和脂肪酸，脂肪酸种类受产地、气候甚至加工条件的影响。

表 3-3 常见有机酸的物性

单体名称	状态(25℃)	分子量	熔点/℃	酸值/(mgKOH/g)	碘值
苯酐(PA)	固	148.12	131(295 升华)	785	
间苯二甲酸(IPA)	固	166.13	330	676	
顺丁烯二酸酐(MA)	固	98.06	52.8(沸点 202)	1145	
己二酸(AA)	固	146.14	152	768	
癸二酸(SE)	固	202.24	133		
偏苯三酸酐(TMA)	固	192	165	876.5	
苯甲酸	固	122	122(沸点 249)	460	
松香酸	固	302.45	>70	165	
桐油酸	固	280	α-型 48.5、β-型 71	180～220	155
豆油酸	液	285		195～202	135
亚麻油酸	液	280		180～220	160～175
脱水蓖麻油酸	液	293		187～195	138～143
菜子油酸	液	285		195～202	120～130
妥尔油酸	液	310		180	105～130
椰子油酸	液	208		263～275	9～11
蓖麻油酸	液	298.46		175～185	85～93
二聚酸	液	566		190～198	

重要的不饱和脂肪酸有：

油酸（9-十八碳烯酸）$CH_3(CH_2)_7CH=CH(CH_2)_7COOH$

亚油酸（9,12-十八碳二烯酸）$CH_3(CH_2)_4CH=CHCH_2CH=CH(CH_2)_7COOH$

亚麻酸（9,12,15-十八碳三烯酸）$CH_3CH_2CH=CHCH_2CH=CHCH_2CH=CH(CH_2)_7COOH$

桐油酸（9,11,13-十八碳三烯酸）$CH_3(CH_2)_3CH=CHCH=CHCH=CH(CH_2)_7COOH$

蓖麻油酸（12-羟基-9-十八碳烯酸）$CH_3(CH_2)_5CH(OH)CH_2CH=CH(CH_2)_7COOH$

因此，构成油脂的脂肪酸非常复杂，植物油酸是各种饱和脂肪酸和不饱和脂肪酸的混合物。

油类一般根据其碘值将其分为干性油、不干性油和半干性油。

干性油：碘值≥140，平均每个分子中双键数≥6个；

不干性油：碘值≤100，平均每个分子中双键数<4 个；

半干性油：碘值 100～140，平均每个分子中双键数 4～6 个。

油脂的质量指标：

① 外观、气味　植物油一般为清澈透明的浅黄色或棕红色液体，无异味，其颜色色号小于 5 号。若产生酸败，则有酸臭味，表示油品变质，不能使用。

② 密度　油比水轻，大多数都在 0.90～0.94g/cm^3。

③ 黏度　植物油的黏度相差不大。但是桐油由于含有共轭三烯酸结构，黏度较高；蓖麻油含羟基，氢键的作用使其黏度更高。

④ 酸值　酸值用来表示油脂中游离酸的含量。通常以中和 1g 油中酸所需的氢氧化钾之量来计量。合成醇酸树脂的精制油的酸价应小于 5.0mgKOH/g（油）。

⑤ 皂化值和酯值　皂化 1g 油中全部脂肪酸所需 KOH 的质量（mg）为皂化值；将皂化 1g 油中化合脂肪酸所需 KOH 的质量（mg）称为酯值。

皂化值＝酸值＋酯值

⑥ 不皂化物　皂化时，不能与 KOH 反应且不溶于水的物质。主要是一些高级醇类、烃类等。这些物质影响涂膜的硬度、耐水性。

⑦ 热析物　含有磷脂的油料（如豆油、亚麻油）中加入少量盐酸或甘油，可使其在高温下（240～280℃）凝聚析出。

⑧ 碘值　100g 油能吸收碘的质量（g）。它表示油类的不饱和程度，也是表示油料氧化干燥速率的重要参数。

为使油品的质量合格，适合醇酸树脂的生产，合成醇酸树脂的植物油必须经过精制才能使用，否则会影响树脂质量甚至合成工艺。精制方法包括碱漂和土漂处理，俗称“双漂”。碱漂主要是去除油中的游离酸、磷脂、蛋白质及机械杂质，也称为“单漂”。“单漂”后的油再用酸性漂土吸附掉色素（即脱色）及其他不良杂质，才能使用。

如果发现油脂颜色加深、发生酸败、含水、酸值较高，则不能使用。目前最常用的精制油品为豆油、亚麻油和蓖麻油。亚麻油属干性油，干性好，但保色性差、涂膜易黄变。蓖麻油为不干性油，同椰子油类似，保色，保光性好。大豆油取自大豆种子，大豆油是世界上产量最大的油脂。大豆毛油的颜色因大豆的品种及产地的不同而异。一般为淡黄、略绿、深褐色等。精炼过的大豆油为淡黄色。大豆油为半干性油，综合性能较好。

常见的植物油的主要物性见表 3-4。

表 3-4　部分植物油的物性

油品	酸值 /(mgKOH/g)	碘值	皂化值	密度(20℃) /(g/cm³)	色泽(铁钴比色法)/号
桐油	6～9	160～173	190～195	0.936～0.940	9～12
亚麻油	1～4	175～197	184～195	0.97～0.938	9～12
豆油	1～4	120～143	185～195	0.921～0.928	9～12
松浆油(妥尔油)	1～4	130	190～195	0.936～0.940	16
脱水蓖麻油	1～5	125～145	188～195	0.926～0.937	6
棉籽油	1～5	100～116	189～198	0.917～0.924	12
蓖麻油	2～4	81～91	173～188	0.955～0.964	9～12
椰子油	1～4	7.5～10.5	253～268	0.917～0.919	4

3.3.4 催化剂

若使用醇解法合成水性醇酸树脂，醇解时需使用催化剂。常用的催化剂为氧化铅和氢氧化锂（LiOH），由于环保问题，氧化铅被禁用。醇解催化剂可以加快醇解进程，且使合成的树脂清澈透明。其用量一般占油量的 0.02%。聚酯化反应也可以加入催化剂，主要是有机锡类。如二月桂酸二丁基锡、二正丁基氧化锡等。

3.3.5 水性单体

水性单体必不可少，由其引入的水性基团，经中和转变成盐基，提供水溶性，因此，它直接影响树脂的性能。目前，比较常用的有：偏苯三酸酐（TMA），聚乙二醇（PEG）或单醚、间苯二甲酸-5-磺酸钠（或其二甲酯、二乙二醇酯等）、二羟甲基丙酸（DM-PA）等。有关结构式为：

$$\text{TMA}\qquad \text{DMPA}: HOCH_2-C(CH_3)(COOH)-CH_2OH \qquad \text{5-SSIPA}: (HOOC)_2C_6H_3SO_3^-Na^+$$

3.3.6 助溶剂

水性醇酸树脂的合成及使用过程中，为降低体系黏度和贮存稳定性，常加入一些助溶剂，主要有乙二醇单丁醚、丙二醇单丁醚、丙二醇甲醚醋酸酯、异丙醇、异丁醇、仲丁醇等。其中乙二醇单丁醚具有很好的助溶性，但近年来发现其存在一定的毒性，可选用丙二醇单丁醚取代。

3.3.7 中和剂

常用的中和剂有三乙胺、二甲基乙醇胺，前者用于自干漆，后者用于烘漆较好。

3.3.8 催干剂

自干型水性醇酸树脂涂料体系必须加入催干剂，以促进干性油脂肪酸的氧化交联。催干剂的一般分子式是 $(RCOO)_xM$，其中 R 为一个脂肪基或脂环基，M 为一个 x 价的金属，与中性皂类似。金属皂中的金属或负离子部分有各种不同的种类，目前使用的较为典型的负离子为环烷酸、异辛酸或较新的合成 C_7～C_{11} 叔羧酸。

干性油（或干性油脂肪酸）的“干燥”过程是氧化交联的过程。该反应由过氧化氢键开始，属连锁反应机理。

$$ROOH \longrightarrow RO\cdot + HO\cdot$$

$$RO\cdot + \sim\sim CH=CH-CH_2-CH=CH\sim\sim (R'H) \longrightarrow$$

$$\sim\sim CH=CH-\dot{C}H-CH=CH\sim\sim (R'\cdot) + ROH$$

$$R'\cdot + O_2 \longrightarrow R'OO\cdot$$

$$R'OO\cdot + R'H \longrightarrow R'\cdot + R'OOH$$

$$R'OOH \longrightarrow R'O\cdot + HO\cdot$$

体系中形成的自由基通过共价结合而交联形成体型结构。

$$R'\cdot + R'\cdot \longrightarrow R'-R'$$

$$R'O\cdot + R'\cdot \longrightarrow R'OR'$$

$$R'O\cdot + R'O\cdot \longrightarrow R'OOR'$$

上述反应可以自发进行，但速率很慢，需要数天才能形成涂膜，其中过氧化氢物的均裂为速率控制步骤。加入催干剂（或干料）可以促进这一反应，催干剂是醇酸涂料的主要助剂，其作用是加速漆膜的氧化、聚合、干燥，达到快干的目的。通常催干剂又可再细分为两类。

（1）主催干剂　也称为表干剂或面干剂，主要是钴、锰、钒（V）和铈（Ce）的环烷酸（或异辛酸）盐，以钴、锰盐最常用，用量以金属计为油量的0.02%～0.2%。其催干机理是与过氧化氢构成了一个氧化-还原系统，可以降低过氧化氢分解的活化能。

$$ROOH + Co^{2+} \longrightarrow Co^{3+} + RO\cdot + HO^-$$

$$ROOH + Co^{3+} \longrightarrow Co^{2+} + ROO\cdot + H^+$$

$$H^+ + HO^- \longrightarrow H_2O$$

同时钴盐也有助于体系吸氧和过氧化氢物的形成。主催干剂传递氧的作用强，能使涂料表干加快，但易于封闭表层，影响里层干燥，需要助催干剂配合。

（2）助催干剂　也称为透干剂，通常是以一种氧化态存在的金属皂，它们一般和主催干剂并用，作用是提高主催干料的催干效应，使聚合表里同步进行，如钙（Ca）、铅（Pb）、锆（Zr）、锌（Zn）、钡（Ba）和锶（Sr）的环烷酸（或异辛酸）盐。助催干剂用量较高，其用量以金属计为油量的0.5%左右。

使用钴-锰-钙复合体系，效果很好。一些商家也提供复合好的干料，下游配漆非常方便。

传统的钴、锰、铅、锌、钙等有机酸皂催干剂品种繁多，有的色深，有的价高，有的有毒。近年开发的稀土催干剂产品，较好地解决了上述问题，但也只能部分取代价昂物稀的钴剂。开发新型的完全取代钴的催干剂，一直是涂料行业的迫切愿望。

典型的醇酸树脂催干剂为油性的，可溶于芳烃或脂肪烃，在水中很难分散，因此可采用提前加入助溶剂中，然后再分散到水中的方法；即使如此也难以得到快干、高光泽的良好涂膜。目前市场上已出现具有自乳化性的催干剂，可用于水性乳液或水溶性醇酸树脂，并与水性涂料有良好的混溶性，用这类干料所得涂料的干燥性能已达到或接近溶剂型的水平。

3.4 合成原理

（1）用 TMA 合成自乳化水性醇酸树脂的合成分为两步：缩聚及水性化。

缩聚即先将 PA、IPA、脂肪酸、TMP 进行共缩聚，生成常规的一定油度、预定分子量的醇酸树脂。

水性化即利用 TMA 上活性大的酐基与上述树脂结构上的羟基进一步反应引入羧基，控制好反应程度，一个 TMA 分子可以引入两个羧基，此羧基经中和以实现水性化。其合成反应可示意表示如下：

$$n\,\text{(phthalic anhydride)} + m\,HOCH_2-C(C_2H_5)(CH_2OH)-CH_2OH + p\,C_{17}H_{35-n}COOH$$

$$\downarrow$$

$$\sim O-\overset{O}{\overset{\|}{C}}-C_6H_4-\overset{O}{\overset{\|}{C}}-O-CH_2-C(C_2H_5)(CH_2-O-\overset{O}{\overset{\|}{C}}-C_{17}H_{35-n})-CH_2-O\sim O-\overset{O}{\overset{\|}{C}}-C_6H_4-\overset{O}{\overset{\|}{C}}-O-CH_2-C(C_2H_5)(CH_2OH)-CH_2-O\sim$$

$$\downarrow TMA$$

$$\sim O-\overset{O}{\overset{\|}{C}}-C_6H_4-\overset{O}{\overset{\|}{C}}-O-CH_2-C(C_2H_5)(CH_2-O-\overset{O}{\overset{\|}{C}}-C_{17}H_{35-n})-CH_2-O\sim O-\overset{O}{\overset{\|}{C}}-C_6H_4-\overset{O}{\overset{\|}{C}}-O-CH_2-C(C_2H_5)(CH_2-O-\overset{}{C}(=O)-C_6H_3(COOH)_2)-CH_2-O\sim$$

$$\downarrow NEt_3$$

$$\sim O-\overset{O}{\overset{\|}{C}}-C_6H_4-\overset{O}{\overset{\|}{C}}-O-CH_2-C(C_2H_5)(CH_2O-\overset{O}{\overset{\|}{C}}-C_{17}H_{35-n})-CH_2-O\sim\sim O-\overset{O}{\overset{\|}{C}}-C_6H_4-\overset{O}{\overset{\|}{C}}-O-CH_2-C(C_2H_5)(CH_2-O-C(=O)-C_6H_3(COO^- N^+ HEt_3)(COO^- N^+ HEt_3))-CH_2-O\sim$$

其中 n、m、p 为正整数。该法的特点是 TMA 水性化效率高，油度调整范围大，可以从短油度到长油度随意设计。

（2）可以将 PEG 引入醇酸树脂主链或侧链实现水溶性。但连接聚乙二醇的酯键易水解，漆液稳定性差，而且这种树脂干性慢，漆膜软而发黏，耐水性较差，目前应用较少。其结构式可表示如下：

$$\sim O-\overset{O}{\overset{\|}{C}}-C_6H_4-\overset{O}{\overset{\|}{C}}-O-CH_2-C(C_2H_5)(CH_2O-\overset{O}{\overset{\|}{C}}-C_{17}H_{35-n})-CH_2-O\sim\sim O-\overset{O}{\overset{\|}{C}}-C_6H_4-\overset{O}{\overset{\|}{C}}-O-(CH_2CH_2O)_n\sim$$

（3）DMPA 也是一种很好的水性单体，其羧基处于其他基团的保护之中，一般条件下不参与缩聚反应，该单体已经国产化，可广泛用于水性聚氨酯、水性聚酯、水性醇酸树脂的合成。该法的缺点是 DMPA 由于作二醇使用，树脂的油度不易提高，一般用于合成短油度或中油度树脂。其水性醇酸树脂的结构式为：

$$\sim O-\overset{O}{\overset{\|}{C}}-C_6H_4-\overset{O}{\overset{\|}{C}}-O-CH_2-C(C_2H_5)(CH_2O-\overset{O}{\overset{\|}{C}}-C_{17}H_{35-n})-CH_2-O\sim\sim O-\overset{O}{\overset{\|}{C}}-C_6H_4-\overset{O}{\overset{\|}{C}}-O-CH_2-C(CH_3)(COO^- N^+ HEt_3)-CH_2-O\sim$$

（4）利用马来酸酐与醇酸树脂的不饱和脂肪酸发生狄尔斯-阿德耳（Diels-Alder）反应，即马来酸酐与不饱和脂肪酸的共轭双键发生 1,4-加成反应，也可以引入水性化的羧基。

对非共轭型不饱和脂肪酸，加成反应主要是不饱和脂肪酸双键的 α-位。

丙烯酸改性醇酸树脂具有优良的保色性、保光性、耐候性、耐久性、耐腐蚀性、快干及高硬度，而且兼具醇酸树脂本身的优点，拓宽了醇酸树脂的应用领域，因而具有较好的发展前景。将丙烯酸改性醇酸树脂水性化，可采用乳液聚合法合成丙烯酸改性醇酸树脂乳液，这种乳液具有比丙烯酸乳液更低的最低成膜温度，不需要助溶剂就能形成良好的涂膜，其涂膜性能优于丙烯酸乳液。

3.5 配方设计

醇酸树脂的配方设计通常需引入一个物理量工作常数 K，这个概念的物理意义不明确，而且不能同数均聚合度、数均分子量直接关联。第 2 章我们指出：用平均聚合度控制方程 $\overline{X}_{n}=1/[1-P_{a}(\overline{f}/2)]$ 控制数均聚合度，用途广、适应性强，不仅用于线型缩聚，而且可用于体型缩聚体系的预缩聚；该方程用于醇酸树脂合成配方的设计与核算，简单、方便，内含信息丰富。

醇酸树脂的分子量通常在 10^3，聚合度在 10^1；计算时根据设定的聚合度、油度、羟值或酸值设计配方，经过实验优化，可以得到优秀的合成配方。

3.6 合成工艺

水性醇酸树脂的合成工艺按所用原料的不同可分为：醇解法；脂肪酸法。从工艺上可以分为：溶剂法；熔融法。熔融法设备简单、利用率高、安全，但产品色深、结构不均匀、批次性能差别大、工艺操作较困难，主要用于聚酯合成。醇酸树脂主要采用溶剂法生产。溶剂法中常用二甲苯的蒸发带出酯化水，经过分水器的油水分离重新流回反应釜，如此反复，推动聚酯化反应的进行，生成醇酸树脂。釜中二甲苯用量决定反应温度，存在如表 3-5 所列关系。

表 3-5　二甲苯用量与反应温度的关系

二甲苯用量/%	10	8	7	5	4	3
反应温度/℃	188～195	200～210	205～215	220～230	230～240	240～255

醇解法与脂肪酸法则各有优缺点，详见表 3-6。

表 3-6　醇解法与脂肪酸法的比较

项目	醇 解 法	脂 肪 酸 法
优点	①成本较低 ②工艺简单易控 ③原料腐蚀性小	①配方设计灵活，质量易控 ②聚合速率较快 ③树脂干性较好、涂膜较硬
缺点	①酸值不易下降 ②树脂干性较差、涂膜较软	①工艺较复杂，成本高 ②原料腐蚀性较大 ③脂肪酸易凝固，冬季投料困难

目前国内两种方法皆有应用，脂肪酸法呈上升趋势。

3.6.1 醇解法

醇解法是醇酸树脂合成的重要方法。由于油脂与多元酸（或酸酐）不能互溶，所以用油脂合成醇酸树脂时要先将油脂醇解为不完全的脂肪酸甘油酯（或季戊四醇酯)。不完全的脂肪酸甘油酯是一种混合物，其中含有单酯、双酯和没有反应的甘油及油脂，单酯含量是一个重要指标，影响醇酸树脂的质量。

3.6.1.1 醇解反应

醇解时要注意甘油用量、催化剂种类和用量及反应温度，以提高反应速度和甘油一酸酯含量。此外，还要注意以下几点：

① 用油要经碱漂、土漂精制，至少要经碱漂；

② 通入惰性气体（CO_2 或 N_2）保护，也可加入抗氧剂，防止油脂氧化；

③ 常用 LiOH 作催化剂，用量为油量的0.02%左右；

④ 醇解反应是否进行到应有深度，需及时用醇容忍度法检验以确定其终点。

用季戊四醇醇解时，由于其官能度大、溶点高，醇解温度比甘油高，一般在230～250℃之间。

3.6.1.2 聚酯化反应

醇解完成后，即可进入聚酯化反应。将温度降到180℃，分批加入苯酐，加入回流溶剂二甲苯，在180～220℃之间缩聚。二甲苯的加入量影响脱水速率，二甲苯用量提高，虽然可加大回流量，但同时也降低了反应温度，因此回流二甲苯用量一般不超过8%，而且随着反应进行，当出水速率降低时，要逐步放出一些二甲苯，以提高温度，进一步促进反应进行。聚酯化宜采取逐步升温工艺，保持正常出水速率，应避免反应过于剧烈造成物料夹带，影响单体配比和树脂结构。另外，搅拌也应遵从先慢后快的原则，使聚合平稳、顺利进行。保温温度及时间随配方而定，而且与油品和油度有关。干性油及短油度时，温度宜低。半干性油、不干性油及长油度时，温度应稍高些。

聚酯化反应应关注出水速率和出水量，并按规定时间取样，测定酸值和黏度，达到规定后降温、稀释，经过过滤，制得漆料。

3.6.2 脂肪酸法

脂肪酸可以与苯酐、甘油互溶，因此脂肪酸法合成醇酸树脂可以单锅反应。同聚酯合成工艺、设备接近。脂肪酸法合成醇酸树脂一般也采用溶剂法。反应釜为带夹套的不锈钢反应釜，装有搅拌器、冷凝器、惰性气体进口、加料、放料口、温度计和取样装置。

为实现油水分离，在横置冷凝器下部配置一个油水分离器，经分离的二甲苯溢流回反应釜循环使用。

3.7 水性醇酸树脂合成实例

3.7.1 TMA型短油度水性醇酸树脂合成

(1) 单体合成配方

序号	原 料	质量/g	序号	原 料	质量/g
1	月桂酸	38.00	6	偏苯三酸酐	8.000
2	苯酐	25.00	7	抗氧剂	0.100
3	间苯二甲酸	5.800	8	二甲基乙醇胺	7.830
4	三羟甲基丙烷	30.00	9	乙二醇单丁醚	17.48
5	二甲苯	10.68	10	水	81.52

(2) 配方核算

项 目	数值	项 目	数值
m/g	106.8	$\overline{X}_n$	11.36
n_{OH}/mol	0.6716	$\overline{M}_n$	1606
n_{COOH}/mol	0.6394	油度	38%
m_{resin}/g	99.08	A.V.(酸值)/(mgKOH/g)	47
n/mol	0.7011	固含量/%	50
$\overline{f}$	1.824		

其中，m 为单体总质量；n_{OH} 为羟基物质的量；n_{COOH} 为羧基物质的量；m_{resin} 为树脂理论质量；n 为单体总物质的量；$\overline{f}$ 为平均官能度；$\overline{X}_n$ 为数均聚合度；$\overline{M}_n$ 为数均分子量。

(3) 合成工艺 将苯酐、间苯二甲酸、月桂酸、三羟甲基丙烷及二甲苯加入带有搅拌器、温度计、分水器及氮气导管的250mL四口瓶中；用电加热套加热至140℃，开慢速搅拌，1h升温至180℃，保温约2h；当出水变慢时，继续升温至200℃，1h后测酸值；当酸值小于10mgKOH/g（树脂）时，蒸除溶剂，降温至170℃，加入TMA，控制酸值为45～50mgKOH/g（树脂），迅速降温至80℃，加入乙二醇单丁醚，继续降温至60℃，加入二甲基乙醇胺中和，搅拌0.5h；按50%固含量加入蒸馏水，过滤，得水性醇酸树脂基料。

3.7.2 PEG型水性醇酸树脂合成

（1）单体合成配方

序号	原　料	质量/g	序号	原　料	质量/g
1	亚麻酸	50.00	5	抗氧剂	0.1000
2	苯酐	24.00	6	二甲苯	8.650
3	三羟甲基丙烷	26.00	7	乙二醇丁醚	25.50
4	聚乙二醇	8.000	8	水	76.40

（2）配方核算

项　目	数　值	项　目	数　值
m/g	108	$\overline{f}$	1.8531
n_{OH}/mol	0.5981	$\overline{X}_n$	13.614
n_{COOH}/mol	0.5029	$\overline{M}_n$	2555
m_{resin}/g	101.87	PEG/P	7.85%
n/mol	0.5428	固含量/%	50

（3）合成工艺　将PA、亚麻酸、三羟甲基丙烷、聚乙二醇、回流二甲苯及抗氧剂加入带有搅拌器、温度计、分水器及氮气导管的四口瓶中；用电加热套加热至160℃，开动搅拌，保温约1h；升温至180℃，保温约1h；当出水变慢时，继续升温至210℃，保温1h后测酸值；控制酸值约为5mgKOH/g（树脂），蒸除二甲苯；降温至80℃，按80%固含量加入乙二醇单丁醚溶解，加入蒸馏水，搅拌0.5h；过滤，得水性醇酸树脂。

3.7.3 DMPA型水性醇酸树脂合成

（1）单体合成配方

序号	原　料	质量/g	序号	原　料	质量/g
1	脱水蓖麻油酸	45.00	7	二甲苯	12.80
2	苯酐	32.00	8	抗氧剂	0.120
3	间苯二甲酸	8.200	9	丙二醇丁醚	20.91
4	三羟甲基丙烷	28.00	10	三乙胺	11.31
5	二羟甲基丙酸	15.00	11	水	89.72
6	催化剂	0.140			

（2）配方核算

项目	数值	项目	数值
m/g	139.2	$\overline{X}_n$	14.23
n_{OH}/mol	0.8507	$\overline{M}_n$	2350
n_{COOH}/mol	0.7312	油度	43%
m_{resin}/g	129.93	A.V.(酸值)/(mgKOH/g)	48
n/mol	0.7865	固含量/%	50
$\overline{f}$	1.8594		

（3）合成工艺　将脱水蓖麻油酸、苯酐、间苯二甲酸、三羟甲基丙烷、二羟甲基丙酸、催化剂、抗氧剂及回流二甲苯加入带有搅拌器、温度计、分水器及氮气导管的反应瓶中；加热至140℃，开动搅拌，保温约0.5h；升温至160℃，保温约1h；升温至180℃，保温约1h；当出水变慢时，继续升温至210℃，1h后测酸值；控制酸值为50～55mgKOH/g（树脂），蒸除溶剂，降温至80℃，加入乙二醇单丁醚搅拌，继续降温至60℃，加入中和剂中和0.5h；加入蒸馏水，过滤得水性醇酸树脂。

3.7.4 DMPA型短油度水性醇酸树脂合成

（1）单体合成配方

序号	原料	质量/g	序号	原料	质量/g
1	豆油酸	27.50	7	二甲苯	9.080
2	二聚酸	14.00	8	抗氧剂	0.110
3	己二酸	32.50	9	丙二醇丁醚	18.15
4	三羟甲基丙烷	18.00	10	三乙胺	9.400
5	二羟甲基丙酸	14.00	11	水	84.76
6	催化剂	0.110			

（2）配方核算

项目	数值	项目	数值
m/g	113.6	$\overline{X}_n$	10.232
n_{OH}/mol	0.7581	$\overline{M}_n$	1601
n_{COOH}/mol	0.5934	油度	27%
m_{resin}/g	102.92	A.V.(酸值)/(mgKOH/g)	57
n/mol	0.6577	羟值/(mgKOH/g)	89.60
$\overline{f}$	1.8045	固含量/%	50

(3) 合成工艺　同3.7.3。

3.7.5 间苯二甲酸-5-磺酸钠型水性醇酸树脂(1)的合成

(1) 配方

序号	原　料	质量/g	序号	原　料	质量/g
1	1,4-环己烷二甲醇	8.000	6	有机锡催化剂	0.1000
2	三羟甲基丙烷	17.05	7	二甲苯	8.68
3	1,4-环己烷二甲酸	21.25	8	乙二醇丁醚	21.7
4	间苯二甲酸-5-磺酸钠	6.000	9	水	77.16
5	妥尔油酸	34.5			

(2) 配方核算

项　目	数　值	项　目	数　值
m/g	86.8	$\overline{X}_n$	13.41
n_{OH}/mol	0.4928	$\overline{M}_n$	2559
n_{COOH}/mol	0.4203	SHUI2/P(质量分数)	6.9%
m_{resin}/g	86.8	油度	40%
n/mol	0.4549	固含量/%	50
$\overline{f}$	1.8509		

(3) 合成工艺

① 将1,4-环己烷二甲醇、间苯二甲酸-5-磺酸钠、二甲苯、催化剂加入到配有加热装置、搅拌装置、通氮管、温度计、局部冷凝器、分水器和整体冷凝器的反应器中，缓慢加热反应物至混合物可搅拌，然后在1h内将温度升到175℃，在175～180℃保温至溶液澄清，酸值小于50。

② 降温至150℃，加入剩余各组分，并将温度重新升到175℃，接着以每30min约10℃的速度将温度升到215℃，并在此温度下反应直到酸值达5～10mgKOH/g，蒸出二甲苯，降温至80℃加入稀释溶剂，温度降至50℃时加入水，分散均匀、过滤、包装。

3.7.6 间苯二甲酸-5-磺酸钠型水性醇酸树脂(2)的合成

(1) 配方

序号	原　料	质量/g	序号	原　料	质量/g
1	新戊二醇	4.860	6	脱水蓖麻油酸	34.5
2	三羟甲基丙烷	17.05	7	有机锡催化剂	0.1000
3	间苯二甲酸	5.000	8	二甲苯	8.50
4	1,4-环己烷二甲酸	15.25	9	乙二醇丁醚	19.37
5	间苯二甲酸-5-磺酸钠	6.000	10	水	58.12

(2) 配方核算

项　目	数　值	项　目	数　值
m/g	82.66	$\overline{X}_n$	14.35
n_{OH}/mol	0.4752	$\overline{M}_n$	2453
n_{COOH}/mol	0.4098	SHUI2/P(质量分数)	8.0%
m_{resin}/g	75.2840	油度	45%
n/mol	0.4405	固含量/%	50
$\overline{f}$	1.8607		

(3) 合成工艺　同3.7.5。

3.7.7 水性醇酸-丙烯酸树脂杂化体的合成

(1) 水性醇酸树脂的合成

① 配方

序号	原　料	质量/g	序号	原　料	质量/g
1	二乙二醇	63.60	7	苯甲酸	30.50
2	三羟甲基丙烷	300.5	8	有机锡催化剂	0.2000
3	TMP单烯丙醚	62.64	9	二甲苯	60.00
4	间苯二甲酸	207.5	10	TMA	96.00
5	PA	185.0	11	乙二醇丁醚	208.28
6	豆油酸	225.0			

② 配方计算

项　目	数值	项　目	数值
m/g	1266.7	$\overline{X}_n$	9.7205
n_{OH}/mol	8.7456	$\overline{M}_n$	1570
n_{COOH}/mol	6.5536	羟值/(mgKOH/g)	104
m_{resin}/g	1180.3	f(OH)	2.9
n/mol	7.3051	A.V.(酸值)/(mgKOH/g)	47
$\overline{f}$	1.7942	固含量/%	85

③ 合成工艺　同3.7.1。

（2）水性醇酸-丙烯酸树脂杂化体的合成

① 配方

序号	原　料	质量/g	序号	原　料	质量/g
1	水性醇酸树脂(85%)	300.0	6	HEMA	75.20
2	二甲基乙醇胺	36.20	7	MAA	31.40
3	去离子水	938.0	8	AIBN	5.500
4	ST	64.50	9	AIBN	1.000(10g乙二醇丁醚溶解)
5	BMA	56.80			

② 合成工艺　将1加入反应器，升温至82℃，搅拌下加入2，10min后加入3，分散30min；将4～8称量后混合均匀，用4h滴入反应器；保温1h；加入后消除引发剂保温2h；过滤、包装，得产品。

3.8　醇酸树脂的应用

醇酸树脂是涂料用合成树脂中产量最大、用途最广的一种，可以配制自干漆和烘漆，民用漆和工业漆，以及清漆和色漆。醇酸树脂的油脂种类和油度对其应用有决定性影响。

水性醇酸树脂由于用水做溶剂或分散介质，其生产和施工安全，降低了爆炸和火灾的危险，施工设备可用水冲洗，每吨涂料可节约400kg的有机溶剂，VOC值大大降低；同时通过调整配方可以合成出单组分自干型、烘干型及双组分室温干燥型体系，广泛用于木器及金属制品的涂饰。总之，水性化是醇酸树脂漆的重要发展方向之一。但是从目前的技术发展水平看，水性醇酸树脂漆与有机溶剂型涂料还有一定差距，如在环境湿度较高的情况下，干燥时间较长；涂料表面张力大，与油基底材的相容性差，容易产生缩孔；一次涂膜厚度较薄，耐水性还较差等。这些问题都有待技术的不断进步加以解决，其中应重视的方法是采用丙烯酸树脂、聚氨酯树脂与其进行杂化。

3.9 结语

以上对水性醇酸树脂的合成单体、化学原理、配方设计及合成工艺作了介绍。水性醇酸树脂具有良好的润湿性、渗透性、丰满度和光泽，其开发符合行业发展趋势，但其干性较差，保光性不好，因此，应加强开发新型的络合催干剂，以提高干性；结合丙烯酸树脂或聚氨酯树脂对水性醇酸树脂进行改性以改善其耐候性具有重要意义。总之，水性醇酸树脂同油性醇酸树脂一样具有鲜明特点，国内企业界、有关研究机构应加强合作，紧跟世界水性醇酸树脂发展潮流，促进国内水性醇酸树脂的开发和应用。

第 4 章 水性聚酯树脂

4.1 概述

高分子合成工业中聚酯通常指由对苯二甲酸（PTA）、乙二醇（EG）合成的线型的、高分子量的、结晶性的聚对苯二甲酸乙二醇酯（PET），它是一种重要的合成纤维用树脂。涂料工业中使用的聚酯泛指由多元醇和多元酸通过聚酯化反应合成的、一般为线型或分支型的、较低分子量的无定形低聚物，其数均分子量一般在$10^2\sim10^3$，根据其结构的饱和性可以分为饱和聚酯和不饱和聚酯。饱和聚酯包括端羟基型和端羧基型两种，它们亦分别称为羟基组分聚酯和羧基组分聚酯。羟基组分可以同氨基树脂组合成烤漆系统，也可以同多异氰酸酯组成室温固化双组分聚氨酯系统。不饱和聚酯与不饱和单体如苯乙烯通过自由基共聚后成为热固性聚合物，构成涂料行业的聚酯涂料体系。为了实现无定形结构，通常要选用三种、四种甚至更多种单体共聚酯化，因此它是一种共缩聚物。涂料工业中还有一种重要的树脂称醇酸树脂，从学术上讲，也应属于聚酯树脂的范畴，但是考虑到其重要性及其结构的特殊性（即以植物油或脂肪酸改性），称之为油改性聚酯，即醇酸树脂（alkyd resin），第 3 章已做了介绍。涂料工业中的聚酯也可以称为无油聚酯树脂（polyester resin，PE）。

涂料用聚酯一般不单独成膜，主要用于配制聚酯-氨基烘漆、聚酯型聚氨酯漆、聚酯型粉末涂料和不饱和聚酯漆，都属于中、高档涂料体系，所得涂膜光泽高、丰满度好、耐候性强，而且也具有很好的附着力、硬度、抗冲击性、保光性、保色性、高温抗黄变等优点。同时，由于聚酯的合成单体多、选择余地大，大分子配方设计理论成熟，可以通过丙烯酸树脂、环氧树脂、硅树脂及氟树脂进行改性，因此，聚酯树脂在涂料行业的地位不断提高，产量越来越大，应用也日益拓展。

水性聚酯是涂料技术科学和社会可持续发展要求的产物。水性聚酯树脂的结构和溶剂型聚酯树脂的结构类似，除含有羟基，还含有较多的羧基和（或）聚氧化乙烯嵌段等水性基团或链段。含羧基聚酯的酸值一般在35～60mgKOH/g（树脂）之间，大分子链上的羧基经挥发性胺中和后成盐，提供水溶性（或水分散性）。控制不同的酸值、中和度可提供不同的水溶性，制成不同的分散体系，如水溶液型、胶体型、乳液型等。水性聚酯可与水性氨基树脂配成水性烘漆，特别适合于卷材用涂料和汽车中涂漆，能满足冲压成形和抗石击性的要求。由于涂层的硬度、丰满度、光亮度及耐沾污性好，也适于作轻工产品的装饰性面漆。水性聚酯也可与水分散性多异氰酸酯配成双组分水性聚氨酯室温自干漆。聚酯大分子链上含有许多酯基，较易皂化水解，所以水性聚酯的应用受到了一定的限制；但现在市场上已有大量优秀单体，因此通过优化配方设计，已能得到良好的耐水解性能。

4.2 主要原料

4.2.1 多元酸

聚酯用多元酸可分为芳香族、脂肪族和脂环族三大类。所用的芳香酸主要有苯酐（PA）、间苯二甲酸（IPA）、对苯二甲酸（PTA）和偏苯三酸酐（TMA）等，其中TMA可用来引入支化结构；所用的脂肪酸主要有丁二酸、戊二酸、己二酸（AA）、庚二酸、辛二酸、壬二酸（AZA）、马来酸酐、顺丁烯二酸、反丁烯二酸、羟基丁二酸和二聚酸等。比较新的抗水解型单体有四氢苯酐（THPA）、六氢苯酐（HHPA）、四氢邻苯二甲酸，六氢间苯二甲酸、1,2-环己烷二甲酸、1,4-环己烷二甲酸（1,4-CHDA），它们属于脂环族二元酸；羧酸的羧基同烃基相连，因此烃基的不同结构影响羧基的活性，而且对最终合成的聚酯树脂的结构、性能产生重要影响。水性聚酯体系中PA用量很低，主要作用在于降低成本，常选用耐水解性羧酸，如己二酸、IPA、HHPA、CHDA等，应优先选HHPA、CHDA。其中己二酸、AZA及二聚酸的引入可以提高涂膜的柔韧性和对塑料基材的附着力。根据对水性聚酯所要求的性能，通过选择、调节各种多元酸的种类、用量，以获得所期望的树脂性能。有关单体的结构式为

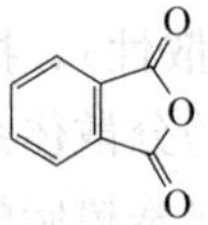

PA 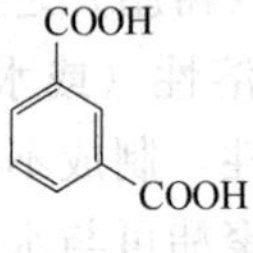　IPA 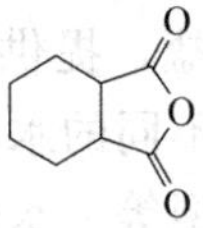　HHPA 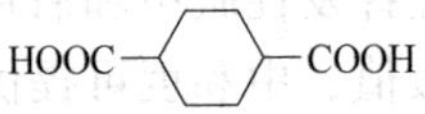　1,4-CHDA

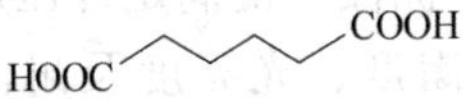

AA 　AZA

常用多元酸单体的物理性质见表4-1。

4.2.2 多元醇

水性聚酯树脂用多元醇同油性单体基本相同。二官能度单体有乙二醇（EG），1,2-丙二醇（PG），1,3-丙二醇，1,4-丁二醇（BDO），1,2-丁二醇，1,3-丁二醇，2-甲基-1,3-丙二醇（MPD），新戊二醇（2,2-二甲基-1,3-丙二醇，NPG），1,5-戊二醇，1,6-己二醇（1,6-HDO），3-甲基-1,5-戊二醇，2-丁基-2-乙基-1,3-丙二醇（BEPD），2,2,4-三甲基-1,3-戊二醇（TMPD），2,4-二乙基-1,5-戊二醇，1-甲基-1,8-辛二醇，3-甲基-1,6-己二醇，4-甲基-1,7-庚二醇，4-甲基-1,8-辛二醇，4-丙基-1,8-辛二醇，1,9-壬二醇，羟基新戊酸羟基新戊酯（HPHP）等。其他脂肪族二元醇包括二乙二醇（DEG），三乙二醇（TEG），二丙二醇（DPG），三丙二醇（TPG），聚四亚甲基二醇（即聚四氢呋喃二醇，PTMG）；属于脂环族二元醇的单体有1,4-环己烷二甲醇（1,4-CHDM），1,3-环己烷二甲醇，1,2-环己烷二甲醇，氢化双酚A二醇等，这类单体性能往往更为优异。多元醇也可选用丙三醇、季戊四醇、三羟甲基丙烷（TMP）、三羟甲基乙烷等，其中，TMP和三羟甲基乙烷都带三个伯羟基，其上乙基（或甲基）的空间位阻效应可屏蔽聚酯的酯

表 4-1 常用多元酸的物理性质

单体名称	状态	分子量	熔点/℃	特性
己二酸	固体	146.14	151.5	普适性,柔韧性
癸二酸	固体	202.25	134.0～134.4	低极性,柔韧性
苯酐	固体	148.12	130.5 (沸点 294.5)	价格低
间苯二甲酸	固体	166.13	345～348	硬度,耐候性,耐药品性
对苯二甲酸	固体	166.13	＞300,升华	硬度,耐候性,耐药品性
六氢苯酐	固体	154.15	32～34	硬度,耐候性,耐水解
偏苯三酸酐	固体	192.13	164～167 (沸点 240～245)	引入分支和多余羧基
1,4-环己烷二甲酸	固体	172.2	164～167	硬而韧,耐候性,耐水解,活性高,抗变黄
顺酐	固体	98.06	52.6 (沸点 199.7)	通用性能
蒸馏二聚酸	液体	含量 95%～98%,多聚酸2%～4%,酸值 194～198mgKOH/g	5(沸点 200)	柔韧性,耐水解
间苯二甲酸-5-磺酸钠(5-SSIPA)	白色粉末	268.17	＞300	水性化单体,不需胺中和
二羟甲基丙酸(DMPA)	白色结晶	134.13	183～186	水性化单体
二羟甲基丁酸(DMBA)	白色粉末	148.16	108～115	水性化单体

基，提高耐水解性，同时也常用来引入分支，同样道理，与其类似二官能度单体 NPG 也是合成聚酯的常规单体；CHDM、BEPD、HPHP 是新一代聚酯合成用的二元醇，据报道具有很好的耐水解性、耐候性、硬而韧、抗污、不黄变等特性，但价格较高。

一个聚酯树脂配方中，若要使聚酯性能优异，多种多元醇要配合使用，以使其硬度、柔韧性、附着力、抗冲击性以及成本达到平衡。

一些多元醇单体的结构式为：

NPG TMP CHDM

MPD BEPD

TMPD HPHP

常用多元醇单体的物理性质见表 4-2。

表 4-2 常用多元醇的物理性质

单体名称	状态	分子量	熔点(沸点)/℃	特 性
乙二醇	液体	62.07	−13.3(197.2)	普适,柔韧性
二乙二醇	液体	106.12	−8.3(244.5)	亲水,柔韧性
1,2-丙二醇	液体	76.09	(188.2)	普适
一缩二丙二醇	液体	134.17	(232)	耐水解
2-甲基-1,3-丙二醇	液体	90.8	42～44(262)	普适
2-丁基-2-乙基-1,3-丙二醇(BEPD)	固体	160.3	43	耐候性,耐水解
1,4-丁二醇	液体	90.12	20(228)	普适
1,3-丁二醇	液体	90.12	−54(204)	溶解性
新戊二醇	固体	104.15	124～130(210)	普适性,耐化学品,耐候性,耐水解
己二醇	固体	118	40(250)	柔韧
氢化双酚 A	固体	236.00	124～126	耐热,耐药品
三羟甲基丙烷	固体	134.12	57～59	耐热,耐水解
1,4-环己烷二甲醇	液体	144.21	43(245)	硬而韧,耐候性,耐水解,活性高,抗黄变
2,2,4-三甲基-1,3-戊二醇(TMPD)	固体	146.22	46～55(215～235)	低黏度,耐候,抗污,柔韧性
羟基新戊酸羟基新戊酯[学名 3-羟基-2,2-二甲基丙酸(3-羟基-2,2-二甲基丙基)酯,HPHP]	固体	209	49.5～50.5	硬而韧,耐候性,耐水解

4.2.3 其他相关助剂

水性聚酯合成用助剂主要包括催化剂和抗氧剂。

4.2.3.1 聚酯催化剂

聚酯化反应催化剂参与聚酯化过程，可以加快聚合进程，但反应之后该物质又重新复原，没有损耗。催化剂最好符合以下要求：①呈中性，对设备不产生腐蚀；②具有热稳定性及抗水解性；③反应后不需分离，不影响树脂性能；④效率高、用量少；⑤选择性好。目前，聚酯化反应的催化剂以有机锡类化合物应用最广。一般添加量为总反应物料的0.05%～0.25%（质量分数），反应温度为220℃左右。最重要的品种有单丁基氧化锡、二丁基氧化锡、二丁基氧化锡氯化物、二丁基二月桂酸锡、二丁基二乙酸锡、单丁基三氯化锡等。具体选择何种催化剂及其加入量应根据具体的聚合体系及其聚合工艺条件通过实验进行确定。美国ATOFINA（阿托菲纳）公司是国际知名的聚酯催化剂供应商。表4-3为该公司二丁基氧化锡的技术指标。

表4-3 美国ATOFINA公司二丁基氧化锡技术指标

项目	标准	项目	标准
外观	白色粉末	不透明度(laurate)	≤50
分子式	$(H_9C_4)_2SnO$	含Sn量	32.0%～33.0%
分子量	248.92	含Fe量	$\leqslant 20\times10^{-6}$
易挥发物含量(80℃,2h)	≤1.0%	含NaCl量	≤0.05%
颜色(laurate APHA)	≤150	平均粒径	≤4μm

此外，该公司的Fascat®4100［单丁基氧化锡，白色固体，分子式$CH_3(CH_2)_3SnOOH$］，广泛用于饱和及不饱和树脂合成中；Fascat®4101［白色固体，分子式$BuSnCl(OH)_2$］，是一种高效的有机锡类的酯化反应催化剂；Fascat®4102［透明液体，分子式$BuSn(2\text{-}EHA)_3$］、Fascat®4200［二丁基二乙酸锡，透明液体，分子式$Bu_2Sn(OOCCH_3)_2$］也较常用。用Fascat®4100催化间苯二甲酸与丙二醇的反应，回流温度190～220℃，酯化反应速度可以很快，若催化剂用量是总物料量的0.1%，5h后酸值为5mgKOH/g。

4.2.3.2 聚酯抗氧剂

抗氧剂加于高分子材料中能有效地抑制或降低大分子的热氧化、光氧化速度，显著提高材料的耐热、耐光性能，延长制品使用寿命。常用的抗氧剂按分子结构和作用机理主要有三类：受阻酚类、磷类和复合型抗氧剂。

(1) 受阻酚类抗氧剂　受阻酚类抗氧剂是高分子材料的主抗氧剂。其主要作用是与高分子材料中因氧化产生的自由基R·、ROO·反应，中断活性链的增长。受阻酚抗氧剂按分子结构分为单酚、双酚、多酚等品种。酚类抗氧剂具有抗氧效果好、热稳定性高、无污染、与树脂相容性好等特点，因而在高分子材料中应用广泛。其基本品种为BHT(2,6-二叔丁基酚)，但其分子量低、挥发性大、易泛黄变色，目前用量正逐年减少。以JY-1010{四[β-(3,5-二叔丁基-4-羟基苯基）丙酸]季戊四醇酯}、JY-1076[β-(3,5-二叔丁基-4-羟基苯基）丙酸十八碳醇酯]为代表的高分子量受阻酚类抗氧剂用量逐年提高，聚合型和反应型受阻酚类抗氧剂的开发也非常活跃。

(2) 磷类抗氧剂　亚磷酸酯为辅助抗氧剂（或称为预防型抗氧剂）。辅助抗氧剂的作用机理是通过自身分子中磷原子化合价的变化把大分子中高活性的氢过氧化物分解成低活性分子。TNP（三壬苯基亚磷酸酯)、168[三（2,4-二叔丁基苯基）亚磷酸酯]是通用品种。由于传统的亚磷酸酯易水解，影响了贮存和应用性能，提高亚磷酸酯的抗水解性一直是抗氧剂研发热点。高分子量亚磷酸酯具有挥发性低、耐久性高等特点。

(3) 复合型抗氧剂　不同类型主、辅抗氧剂或同一类型不同分子结构的抗氧剂作用和应用效果存在差异、各有所长又各有所短，复合抗氧剂由两种或两种以上不同类型或同类型不同品种的抗氧剂复配而成，可取长补短，显示出协同效应。协同效应是指两种或两种以上的助剂复合使用时其应用效应大于每种助剂单独使用的效应加和。高效复合型抗氧剂为受阻酚与亚磷酸酯的复合物。复合型产品具有开发周期短、效果好、综合性能佳、多种助剂充分发挥协同作用的特点，方便用户使用。

(4) 抗氧剂的最佳添加量　由于树脂结构、加工工艺的不同以及对制成品的性能要求不同，很难给出一个普遍适用的一成不变的最佳用量。事实上各个聚合物加工厂都有适合自己工艺流程的添加剂配方。

实验数据证明，在一定的添加量范围内抗氧剂的加入量与老化寿命成正比，但这并不意味着加入量越多，抗氧化效果越好。通常情况下聚烯烃中加入量以0.3%左右为宜，最多不超过0.6%，但是如果加入量低于0.1%，抗氧化性能将急剧下降。在主抗氧剂JY-1010、JY-1076低添加量时，应加入同等量或双份量的辅助抗氧剂，如亚磷酸酯或硫代酯类均可，由于主辅抗氧剂协同作用，可显著提高制品的抗氧化寿命。

聚酯合成抗氧剂常用次磷酸、亚磷酸酯类或其和酚类组合的复合型抗氧剂（如汽巴900），次磷酸应在聚合起始时室温加入并控制用量，其他类抗氧剂可在高温聚合阶段加入，加入量在0.1%～0.4%。

4.2.4　水性单体

水性聚酯树脂合成用水性单体主要有：偏苯三酸酐（TMA）、聚乙二醇（PEG）、间苯二甲酸-5-磺酸钠（5-SSIPA，或其二甲酯）、二羟甲基丙酸（DMPA）、二羟甲基丁酸（DMBA）、1,4-丁二醇-2-磺酸钠等。这些单体可以单独使用也可以复合使用，由其引入的水性基团，或经中和转变成盐基，提供水溶性或水可分散性。

4.2.5　助溶剂

水性聚酯树脂的合成及使用过程中，为降低体系黏度、水可分散性和贮存稳定性，常加入一些助溶剂，主要有乙二醇单丁醚（BCS）、乙二醇单乙醚（ECS）、丙二醇单丁醚、异丙醇（IPA）、异丁醇（IBA）、正丁醇、仲丁醇等。其中乙二醇单丁醚具有很好的助溶性，但近年来发现其存在一定的毒性，可选用丙二醇单丁醚取代。若选用丙酮、丁酮作溶剂，分散后再经过脱除，可以得到无溶剂或低VOC的水性聚酯分散体。

4.2.6　中和剂

常用的中和剂有三乙胺（TEA）、二甲基乙醇胺（DMEA）、二乙基乙醇胺（DEEA）、2-氨基-2-甲基丙醇（AMP-95）。TEA、AMP-95成膜过程容易挥发，可用于室温干燥体系；DMEA、DEEA挥发较慢，用于氨基烘漆较好。

4.3 合成原理及工艺

(1) 合成原理　用TMA型水性聚酯树脂的合成分两步：缩聚及水性化。

缩聚即先将二元酸（如HHPA、1,4-CHDA）和多元醇（如NPG、TMP）等聚酯化单体进行共缩聚，生成常规预定分子量的聚酯多元醇。

水性化即TMA上的酐基活性较大，可与上述树脂结构上的羟基进一步反应引入羧基，应控制好反应程度不使交联，一个TMA分子可以引入两个羧基，此羧基经中和以实现树脂水性化。合成反应可表示如下：

$$n\,HOCH_2-C(CH_3)_2-CH_2OH + m\,HOCH_2-C(C_2H_5)(CH_2OH)-CH_2OH + p\,HOOC-C_6H_{10}-COOH + q\,(\text{六氢苯酐})$$

$$\downarrow$$

$$HO\sim\sim OCH_2-C(CH_3)_2-CH_2OC(=O)-C_6H_{10}-C(=O)\sim\sim OCH_2-C(C_2H_5)(CH_2OH)-CH_2OC(=O)-C_6H_{10}-C(=O)\sim\sim OH$$

$$\downarrow \text{TMA}$$

$$HO\sim\sim OCH_2-C(CH_3)_2-CH_2OC(=O)-C_6H_{10}-C(=O)\sim\sim OCH_2-C(C_2H_5)(CH_2-O-C(=O)-C_6H_3(COOH)(COOH))-CH_2OC(=O)-C_6H_{10}-C(=O)\sim\sim OH$$

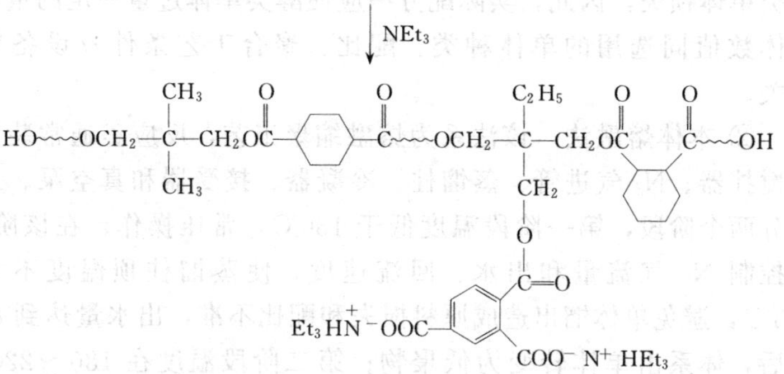

$\downarrow NEt_3$

$HO\sim\sim OCH_2-C(CH_3)_2-CH_2OC(=O)-C_6H_{10}-C(=O)\sim\sim OCH_2-C(C_2H_5)(CH_2O-C(=O)-C_6H_3(COO^-\overset{+}{N}HEt_3)(COO^- N^+HEt_3))-CH_2OC(=O)-C_6H_{10}-C(=O)\sim\sim OH$

其中 n、m、p、q 为正整数。该法的特点是 TMA 水性化效率高，成本较低。

DMPA 也是一种很好的水性单体，其羧基处于其他基团的三维保护之中，一定温度下不参与缩聚反应，该单体已经国产化，可广泛用于水性聚氨酯、水性聚酯、水性醇酸树脂的合成。其水性聚酯树脂的典型结构式可表示为：

$\sim\sim O-C(=O)-C_6H_4-C(=O)-O-CH_2-C(C_2H_5)(CH_2OH)-CH_2-O\sim\sim O-C(=O)-C_6H_4-C(=O)-O-CH_2-C(CH_3)(COO^-\overset{+}{N}HEt_3)-CH_2-O\sim\sim$

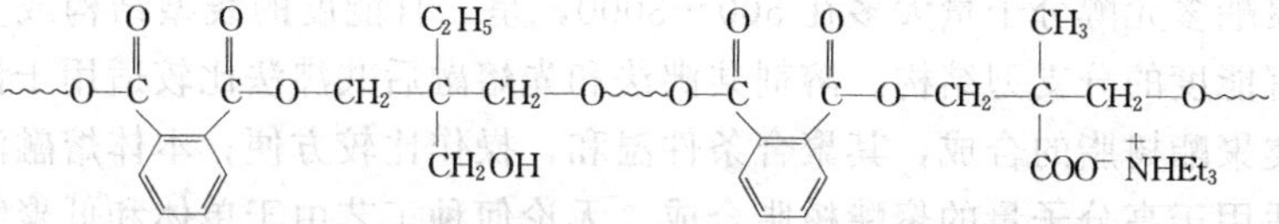

另外间苯二甲酸-5-磺酸钠（5-SSIPA）也常用于水性聚酯的合成，由其合成的聚酯不需有机胺中和剂中和，降低了 VOC 含量。其水性聚酯树脂的典型结构式可表示为：

$HO\sim\sim OCH_2-C(CH_3)_2-CH_2OC(=O)-C_6H_{10}-C(=O)\sim\sim OCH_2-C(C_2H_5)(CH_2OH)-CH_2OC(=O)-C_6H_3(SO_3Na)-C(=O)O\sim\sim OH$

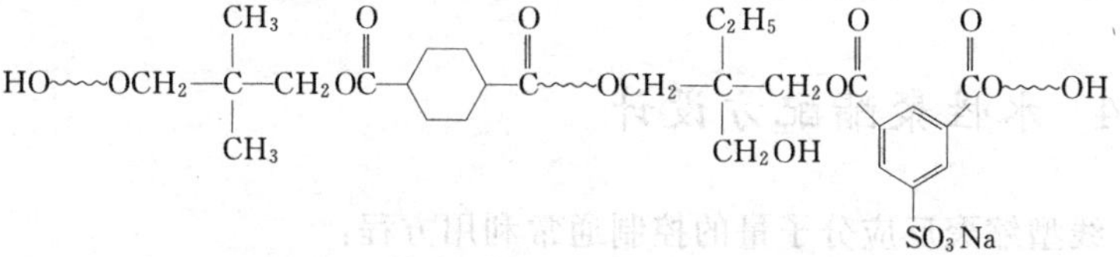

（2）合成工艺　涂料用聚酯树脂的合成工艺有三种。

① 溶剂共沸法　该工艺常压进行，用惰性溶剂（二甲苯）与聚酯化反应生成水的共沸而将水带出，用分水器使油水分离，溶剂循环使用。反应可在较低温度（220℃以内）下进行，条件较温和，反应结束后，要在真空下脱除溶剂。另外，由于物料夹带，会造成

醇类单体损失，因此，实际配方中应使醇类单体过量一定的量，其具体数值同选用的单体种类、配比、聚合工艺条件及设备参数有关。

② 本体熔融法　该法系为熔融缩聚工艺，反应釜通常装备锚式搅拌器、N_2 气进管、蒸馏柱、冷凝器、接受器和真空泵。工艺可分两个阶段，第一阶段温度低于 180℃，常压操作，在该阶段，应控制 N_2 气流量和出水、回流速度，使蒸馏柱顶温度不大于 103℃，避免单体馏出造成原料损失和配比不准，出水量达到 80% 以后，体系由单体转变为低聚物；第二阶段温度在 180～220℃，关闭 N_2 气，逐渐提高真空度，使低聚物进一步缩合，得到较高分子量的聚酯。反应程度可通过测定酸值、羟值及黏度监控。

③ 先熔融后共沸法　该法是本体熔融法和溶剂共沸法的综合。聚合也分为两个阶段进行，第一阶段为本体熔融法工艺，第二阶段为溶剂共沸法工艺。

聚酯合成一般采用间歇法生产。涂料行业及聚氨酯工业使用的聚酯多元醇分子量大多在 500～3000，呈二官能度的线型结构或多官能度的分支型结构。溶剂共沸法和先熔融后共沸法比较适用于该类聚酯树脂的合成，其聚合条件温和，操作比较方便；本体熔融法适用于高分子量的聚酯树脂合成。无论何种工艺由于单体和低聚物的馏出、成醚反应都会导致实际合成的聚酯同理论设计聚酯分子量的偏差，因此应使醇类单体适当过量一些，一般的经验是二元醇过量 5%～10%（质量分数）。

4.4 水性聚酯配方设计

线型缩聚反应分子量的控制通常利用方程：

$$\overline{X}_n=(1+r_a)/(1+r_a-2r_aP_a) \tag{4-1}$$

式中，r_a 为非过量官能团对过量官能团的摩尔比，$r_a \leqslant 1$；$\overline{X}_n$ 为以结构单元计数的数均聚合度。对一些体系，式中 r_a 的物理意义不明确，用平均官能度概念控制 $\overline{X}_n$ 普适性强，概念清楚，可取代 r_a 用于对线型、体型缩聚体系数均聚合度的控制。

为了进行缩聚动力学分析，需要引入两个假定：①可反应官能团的活性与单体种类、聚合进程无关，自始至终相同；②只有分子间可反应官能团间的反应，不发生分子内及官能团的脱除等副反应。

平均官能度的定义为：

$$\overline{f}=2\times\text{非过量官能团物质的量}/\text{单体的总物质的量} \tag{4-2}$$

设 a、b 为体系两种可反应的官能团；a 基为非过量官能团；起始投料单体总量为 N_0，缩聚到 t 时分子总数为 N；利用上述假定及平均官能度定义，则得 t 时 a 基的反应程度为

$$P_a=(N_0-N)/(N_0\overline{f}/2)=2(1-1/\overline{X}_n)/\overline{f} \tag{4-3}$$

若令 $\overline{X}_n\to\infty$ ，则得 Carothers 凝胶点：

$$P_c=2/\overline{f} \tag{4-4}$$

式（4-3）整理可得：

$$\overline{X}_n=1/[1-P_a(\overline{f}/2)] \tag{4-5}$$

该式可取代式（4-1）用于缩聚体系 $\overline{X}_n$ 的控制与计算。

由 $\overline{X}_n$ 可以计算聚酯的数均分子量：

$$\overline{M}_n=\overline{X}_n\frac{\sum m_i-m_{H_2O}}{\sum n_i} \tag{4-6}$$

从上述推导过程看，无论线型缩聚或体型缩聚式（4-5）都成立，其前提是符合两个基本假定。当然该式在超过凝胶点后，由于不再符合假定②的条件，误差可能较大，但对体型缩聚预缩聚（$P_a<P_c$）是树脂合成的重要控制阶段。

因此用平均聚合度控制方程：$\overline{X}_n=1/[1-P_a(\overline{f}/2)]$ 控制数均聚合度，用途广、适应性强，不仅用于线型缩聚，也可用于体型缩聚；而且同数均聚合度、数均分子量可以直接关联；该方程用于醇酸树脂、聚酯合成的配方设计与核算，简单、方便，内含信息丰富，很值得推广。

涂料用聚酯树脂的分子量通常在 10^3，聚合度在 10^1；计算时根据设定的聚合度、羟值或酸值设计配方，经过实验优化，可以得到优秀的合成配方。

4.5 水性聚酯合成实例

4.5.1 TMA 型水性聚酯树脂合成

(1) 合成配方

序　号	原　料	质量/g
1	新戊二醇	158
2	1,4-环己烷二甲醇	28.0
3	三羟甲基丙烷	560
4	己二酸	346
5	苯酐	444
6	间苯二甲酸	280
7	催化剂	2.008
8	二甲苯	200.8
9	偏苯三酸酐	192
10	二甲基乙醇胺	188
11	乙二醇丁醚	462
12	水	1385

(2) 配方计算

项　目	数值	项　目	数值
$m_{总}$/g	2008	$\overline{f}$	1.8681
m_{H_2O}/g	161.2	$\overline{X}_n$	15.159
n_{OH}/mol	15.96	$\overline{M}_n$	2018
n_{COOH}/mol	12.96	羟值/(mgKOH/g)(树脂)	91
m_{resin}/g	1846.8	$\overline{f}_{OH}$	3.29
n/mol	13.871	酸值/(mgKOH/g)(树脂)	60

其中，$m_{总}$ 为单体总质量；m_{H_2O} 为缩聚水量；n_{OH}、n_{COOH} 为羟基、羧基的物质的量；m_{resin} 为树脂理论产量；$\overline{f}_{OH}$ 为树脂上羟基的平均官能度。

(3) 合成工艺（溶剂法）

① 将反应釜通氮气置换空气，投入所有原料，用 1h 升温至 140℃，保温 0.5h；

② 升温至 150℃，保温 1h；

③ 用1h升温至180℃，保温2h；

④ 升温至220℃，使酸值小于8mgKOH/g（树脂），在真空度0.070MPa下真空蒸馏0.5h脱除溶剂；

⑤ 降温至170℃，加入TMA反应，控制酸值为56mgKOH/g（树脂），降温至90℃，加入助溶剂溶解；

⑥ 继续降温至50℃，加入中和剂中和，加入去离子水，搅拌0.5h，得水性聚酯树脂。

4.5.2 5-SSIPA型水性聚酯树脂合成

（1）合成配方

序 号	原料名称	质量/g
1	新戊二醇	231
2	三羟甲基丙烷	98.0
3	5-SSIPA	56.0
4	六氢苯酐	197
5	己二酸	145
6	有机锡催化剂	0.729
7	乙二醇丁醚	160
8	水	478.2

（2）配方计算

项 目	数值	项 目	数值
$m_{总}$/g	727	$\overline{f}$	1.827
m_{H_2O}/g	89.323	$\overline{X}_n$	11.533
n_{OH}/mol	6.636	$\overline{M}_n$	1353
n_{COOH}/mol	4.963	羟值/(mgKOH/g)(树脂)	147
m_{resin}/g	637.67	$\overline{f}_{OH}$	3.55
n/mol	5.434		

（3）合成工艺

① 将反应釜通氮气置换空气，投入所有原料，用1h升温至150℃，保温0.5h；

② 升温至175℃，保温2h；

③ 用1h升温至190℃，保温2h；

④ 升温至205℃，使酸值小于8mgKOH/g（树脂）；

⑤ 降温至80℃，按80%固含量加入乙二醇丁醚，加入蒸馏水

调整固含量为50%，得稍带蓝光半透明水性聚酯分散体。

4.5.3 DMPA型水性聚酯树脂合成（1）

（1）合成配方

序　号	原料名称	质量/g
1	乙基丁基丙二醇	55.00
2	新戊二醇	24.00
3	二羟甲基丙酸	33.00
4	三羟甲基丙烷	25.00
5	环己烷二甲酸	42.00
6	己二酸	87.60
7	催化剂	适量
8	二甲苯	26.66
9	二乙醇胺	23.15
10	乙二醇丁醚	61.79
11	水	185.37

（2）配方计算

项　目	数值	项　目	数值
$m_{总}$/g	266.6	$\overline{f}$	1.824
m_{H_2O}/g	19.591	$\overline{X}_n$	11.347
n_{OH}/mol	2.201	$\overline{M}_n$	1514
n_{COOH}/mol	1.688	羟值/(mgKOH/g)(树脂)	116
m_{resin}/g	247.009	$\overline{f}_{OH}$	3.14
n/mol	1.852	酸值/(mgKOH/g)(树脂)	56

（3）合成工艺

① 将反应釜通氮气置换空气，投入所有原料，用1h升温至150℃，保温0.5h；

② 升温至175℃，保温2h；

③ 用1h升温至190℃，保温2h；

④ 升温至200℃，使酸值小于50mgKOH/g（树脂）；

⑤ 降温至80℃，按80%固含量加入乙二醇丁醚，降温至60℃加入中和剂，加入蒸馏水，使固含量为50%，得稍带蓝光透明水性聚酯分散体。

4.5.4 DMPA型水性聚酯树脂的合成（2）

（1）合成配方

序　　号	原 料 名 称	质量/g
1	乙基丁基丙二醇	31.00
2	新戊二醇	28.00
3	二羟甲基丙酸	33.00
4	环己烷二甲醇	21.00
5	三羟甲基丙烷	35.00
6	六氢苯酐	76.00
7	己二酸	43.60
8	间苯二甲酸	24.00
9	催化剂	2.916
10	二甲苯	29.16
11	二乙醇胺	23.12
12	乙二醇丁醚	65.81
13	水	197.44

(2) 配方计算

项　　目	数 值	项　　目	数 值
$m_{总}$/g	291.6	$\overline{f}$	1.825
m_{H_2O}/g	28.346	$\overline{X}_n$	11.433
n_{OH}/mol	2.494	$\overline{M}_n$	1466
n_{COOH}/mol	1.873	羟值/(mgKOH/g)(树脂)	131
m_{resin}/g	263.25	$\overline{f}_{OH}$	3.45
n/mol	2.053	酸值/(mgKOH/g)(树脂)	52

(3) 合成工艺

同4.5.3。

4.6 结语

以上对水性聚酯树脂的合成单体、化学原理、配方设计、典型配方及合成工艺作了介绍。水性聚酯树脂的开发符合行业发展趋势，可以预见，水性聚酯树脂将同油性聚酯树脂一样在涂料工业领域得到重要的应用。

第 5 章　水性丙烯酸树脂

5.1 引言

丙烯酸酯、甲基丙烯酸酯及苯乙烯等乙烯基类单体的共聚物称为丙烯酸（酯）树脂，以其为成膜物质的涂料称作丙烯酸系树脂涂料。该类涂料具有色浅、保色、保光、耐候、耐腐蚀和耐污染等优点，广泛应用于家具、金属、塑料、建筑、皮革、纸张、纺织品的涂饰。随着石油化工技术的发展，丙烯酸及其酯类单体的供应充足，进一步促进了丙烯酸涂料的开发和推广。国外丙烯酸系树脂涂料的发展很快，目前已占涂料用合成树脂的 1/3 以上。主要剂型有：①溶剂型涂料；②水性涂料；③高固体分涂料和粉末涂料。其中水性丙烯酸树脂涂料的研制和应用始于 20 世纪 50 年代，70 年代初得到了迅速发展。与传统的溶剂型涂料相比，水性涂料具有价格低、使用安全、节省资源和能源、减少环境污染和公害等优点，已成为当前丙烯酸涂料的主要发展方向。水性丙烯酸系树脂涂料是水性涂料中发展最快、品种最多的环保型涂料。水性丙烯酸树脂包括丙烯酸树脂乳液、丙烯酸树脂水分散体及丙烯酸树脂水溶液三大类，其中乳液是最重要的品种。丙烯酸乳液由油性烯类单体借助乳化剂作用乳化在水中，由水溶性自由基引发剂引发聚合而成。水溶液则通过水溶液自由基聚合合成。水分散体可以采用乳液聚合或溶液聚合再经转相合成。从粒子粒径看：乳液粒径＞水分散体粒径＞水溶液粒径。从应用看，以前两者最为重要。丙烯酸乳液主要用作乳胶漆的基料，其产量增加很快；近年来丙烯酸水分散体的开发、应用日益引起人们的重视，在工业涂料、民用涂料领域的应用不断拓展。根据单体组成，丙烯酸树脂乳液通常分为纯丙乳液、苯丙乳液、醋丙乳液、硅丙乳液、叔醋（叔碳酸酯-醋酸乙烯酯）乳液、叔丙（叔碳酸酯-丙烯酸酯）乳液、氟碳乳液、氟丙乳液等。

5.2 丙烯酸乳液的合成

乳液聚合是一种重要的自由基聚合实施方法。由于其独特的聚合机理，可以以高的聚合速率合成高分子量的聚合物，是橡胶用树脂（丁苯橡胶）、乳胶漆基料的重要聚合方法。其中丙烯酸乳液是最重要的乳胶漆基料，具有颗粒细、弹性好、耐光、耐候、耐水等特点。可以说丙烯酸乳液的合成充分体现了乳液聚合对涂料工业的重要贡献。近年来，核壳结构、互穿网络丙烯酸乳液等新型乳液产品层出不穷，在水性木器漆、金属漆方面的应用越来越广。

5.2.1 丙烯酸乳液的合成原料

单体在水中由乳化剂分散成乳状液，由水溶性引发剂引发的聚合称为乳液聚合。乳液聚合的基本配方为：油性（可含少量水性）单体30%～60%；去离子水40%～70%；水溶性引发剂0.2%～0.8%（$m_{引发剂}/m_{单体}$）；乳化剂（emulsifier）1%～3%（$m_{乳化剂}/m_{单体}$）。

（1）单体　丙烯酸类及甲基丙烯酸类单体是合成水性丙烯酸树脂的主要单体，该类单体品种多、用途广、活性适中、性能各异，可均聚也可与许多单体相互共聚。此外，也常用一些非丙烯酸类单体，如苯乙烯、丙烯腈、醋酸乙烯酯、氯乙烯、二乙烯基苯、乙（丁）二醇二丙烯酸酯等。近年来，随着化学工业科学技术的进步，新型单体（尤其是功能单体）层出不穷，而且价格不断下降，推动了丙烯酸树脂的性能提高和价格降低。比较重要的有：有机硅单体，叔碳酸乙烯酯类单体（Veova 9、Veova 10、Veova 11），氟单体（包括三氟氯乙烯、偏二氟乙烯、四氟乙烯、氟丙烯酸酯单体等），表面活性单体及其他自交联功能单体等。常用单体的物性见表5-1。

表 5-1　丙烯酸酯类单体的物理性质

单体名称	分子量	沸点/℃	相对密度(d^{25})	折射率(n_D^{25})	溶解度(25℃)/(份/100份水)	玻璃化温度/℃
丙烯酸(AA)	72	141.6(凝固点:13)	1.051	1.4185	∞	106
丙烯酸甲酯(MA)	86	80.5	0.9574	1.401	5	8
丙烯酸乙酯(EA)	100	100	0.917	1.404	1.5	−22
丙烯酸正丁酯(*n*-BA)	128	147	0.894	1.416	0.15	−55
丙烯酸异丁酯(*i*-BA)	128	62(6.65kPa)	0.884	1.412	0.2	−17
丙烯酸仲丁酯	128	131	0.887	1.4110	0.21	−6
丙烯酸叔丁酯	128	120	0.879	1.4080	0.15	55
丙烯酸正丙酯(PA)	114	114	0.904	1.4100	1.5	−25
丙烯酸环己酯(CHA)	154	75(1.46kPa)	0.9766①	1.460①		16
丙烯酸月桂酯	240	129(3.8kPa)	0.881	1.4332	0.001	−17
丙烯酸-2-乙基己酯(2-EHA)	184	213	0.880	1.4332	0.01	−67
丙烯酸-2-羟基乙酯(HEA)	116	82(655Pa)	1.138	1.427①	∞	−15
丙烯酸-2-羟基丙酯(HPA)	130	77(655Pa)	1.057①	1.445①	∞	−7
甲基丙烯酸(MAA)	86	163(凝固点:15)	1.015	1.4185	∞	130
甲基丙烯酸甲酯(MMA)	100	100	0.940	1.412	1.59	105
甲基丙烯酸乙酯	114	160	0.911	1.4115	0.08	65
甲基丙烯酸正丁酯(*n*-BMA)	142	163	0.889	1.4215	0.04	27
甲基丙烯酸-2-乙基己酯(2-EHMA)	198	101(6.65kPa)	0.884	1.4398	0.14	−10
甲基丙烯酸异冰片酯(IBOMA)	222	120	0.976～0.996	1.477	0.15	155
甲基丙烯酸月桂酯(LMA)	254	160(0.938kPa)	0.872	1.440	0.09	−65

续表

单体名称	分子量	沸点/℃	相对密度(d^{25})	折射率(n_D^{25})	溶解度(25℃)/(份/100份水)	玻璃化温度/℃
甲基丙烯酸-2-羟基乙酯(2-HEMA)	130	95 (1.33kPa)	1.077	1.451	∞	55
甲基丙烯酸-2-羟基丙酯(2-HPMA)	144.1	96 (1.33kPa)	1.027	1.446	13.4	26
苯乙烯	104	145.2	0.901	1.5441	0.03	100
丙烯腈	53	77.4～79	0.806	1.3888	7.35	125
醋酸乙烯酯	86	72.5	0.9342①	1.3952①	2.5	30
丙烯酰胺	71	熔点:84.5	1.122		215	165
Veova 10	190	193～230	0.883～0.888	1.439	0.5	－3
Veova 9	184	185～200	0.870～0.900			68
甲基丙烯酸三氟乙酯	168	107	1.181	1.359	0.04	82
N-羟甲基丙烯酰胺	101	熔点:74～75	1.10		∞	153
N-丁氧基甲基丙烯酰胺	157	125	0.96		0.001	
二乙烯基苯	130.18	199.5	0.93			
甲基丙烯酸缩水甘油酯(GMA)	142	189	1.073	1.4494	2.04	46
乙烯基三甲氧基硅烷	148	123	0.960	1.3920		
γ-甲基丙烯酰氧基丙基三甲氧基硅烷	248	255	1.045	1.4295		

① 20℃时的数据。

依据单体对涂膜性能的影响，可将单体进行分类（见表5-2），以方便选择、应用。

单体存放过久、受热、光照后会发生自聚，影响合成树脂质量。如果有聚合物存在，甲醇加入丙烯酸酯类（含苯乙烯）单体中后，体系会变浑浊，此时应将单体精制（如减压蒸馏）以后使用。

表 5-2 不同单体的功能

单体名称	功能
甲基丙烯酸甲酯,甲基丙烯酸乙酯,苯乙烯,丙烯腈	提高硬度,称之为硬单体
丙烯酸乙酯,丙烯酸正丁酯,丙烯酸月桂酯,丙烯酸-2-乙基己酯,甲基丙烯酸月桂酯,甲基丙烯酸正辛酯	提高柔韧性,促进成膜,称之为软单体
丙烯酸-2-羟基乙酯,丙烯酸-2-羟基丙酯,甲基丙烯酸-2-羟基乙酯,甲基丙烯酸-2-羟基丙酯,甲基丙烯酸缩水甘油酯,丙烯酰胺,*N*-羟甲基丙烯酰胺,*N*-丁氧甲基(甲基)丙烯酰胺,二丙酮丙烯酰胺(DAAM),甲基丙烯酸乙酰乙酸乙酯(AAEM),二乙烯基苯,乙烯基三甲氧基硅烷,乙烯基三乙氧基硅烷,乙烯基三异丙氧基硅烷,γ-甲基丙烯酰氧基丙基三甲氧基硅烷	引入官能团或交联点,提高附着力,称之为交联单体
丙烯酸与甲基丙烯酸的低级烷基酯,苯乙烯	抗污染性
甲基丙烯酸甲酯,苯乙烯,甲基丙烯酸月桂酯,丙烯酸-2-乙基己酯	耐水性
丙烯腈,甲基丙烯酸丁酯,甲基丙烯酸月桂酯	耐溶剂性
丙烯酸乙酯,丙烯酸正丁酯,丙烯酸-2-乙基己酯,甲基丙烯酸甲酯,甲基丙烯酸丁酯	保光、保色性
丙烯酸,甲基丙烯酸,亚甲基丁二酸(衣康酸),苯乙烯磺酸,乙烯基磺酸钠,AMPS	实现水溶性,增加附着力,称之为水溶性单体、表面活性单体

20 世纪 40 年代，美国道康宁公司首先使有机硅生产实现工业化，半个多世纪以来，全世界有机硅工业得到了蓬勃发展，有机硅化合物正在向更广阔的领域伸展，成为化工新材料中最能适应时代要求和发展最快的品种之一。近年来，西方国家有机硅产业的年发展速度超过 10%，生产技术不断提高，新产品不断涌现，现在品种已达到 10000 种左右。从国际市场看，美国道康宁公司、通用电气有机硅公司（GE）、德国瓦克化学（Waker）、日本信越化学（Shinetsu）等几大公司掌握了有机硅生产的核心技术，他们的生产能力达到全世界的 80%，其产品占领了世界的大部分有机硅市场；而俄罗斯、东欧、中国是从事小规模生产的地区，其产品只占很少的份额。由于有机硅特性优良，其应用领域正不断扩大。国内主要厂家有：星火化工厂，吉化电石厂，浙江开化有机硅厂，浙江

新安江化工厂，北京东方石化有限公司化工二厂，生产能力约6万吨/年。

常用的乙烯基硅氧烷类单体已在表5-2中列出，其中乙烯基三甲氧基硅烷、乙烯基三乙氧基硅烷、乙烯基三异丙氧基硅烷、γ-甲基丙烯酰氧基丙基三甲氧基硅烷，乙烯基硅氧烷类单体活性较大，很容易水解和交联，因此用量要少，而且最好在聚合过程的后期加入。乙烯基三异丙氧基硅烷由于异丙基的空间位阻效应，水解活性较低，可以用来合成高硅单体含量（10%）的硅丙乳液，而且单体可以预先混合，这样也有利于大分子链中硅单元的均匀分布。乙烯基硅氧烷类单体可用如下通式表示：

$CH_2=CHSi(OR)_3$，R 可以为$-CH_3$，$-C_2H_5$，$-C_3H_9$，$-CH(CH_3)_2$，$-C_2H_5OCH_3$

γ-甲基丙烯酰氧基丙基三甲氧基硅烷的结构式：$CH_2=C(CH_3)COO(CH_2)_3-Si(OCH_3)_3$。γ-甲基丙烯酰氧基丙基三（β-三甲氧基乙氧基）硅烷的结构式为：$CH_2=C(CH_3)COO(CH_2)_3-Si(OCH_2CH_2OCH_3)_3$。

另外，硅偶联剂可以作为外加交联剂应用。如：

β-(3,4-环氧环己基）乙基三乙氧基硅烷：

[3,4-环氧环己基]$-CH_2CH_2Si(OCH_2CH_3)_3$

γ-缩水甘油醚丙基三甲氧基硅烷：[环氧乙基]$-CH_2O(CH_2)_3Si(OCH_3)_3$

γ-氨丙基三乙氧基硅烷：$NH_2CH_2CH_2CH_2Si(OCH_2CH_3)_3$

硅偶联剂一般含有两个官能团，其中的环氧基可同树脂上的羟基、羧基或氨基反应，烷氧基硅部分在水解后通过缩聚而交联。通常作为外加交联剂冷拼使用。

另一类较重要的单体为叔碳酸乙烯酯。

叔碳酸是α-C上带有三个烷基取代基的高度支链化的饱和酸，其结构式如下：

$$R^2-\underset{R^3}{\overset{R^1}{C}}-COOH$$

式中，R^1、R^2、R^3 为烷基取代基，而且至少有一个取代基为甲基，其余的取代基为直链或支链的烷基。涂料树脂合成单体用叔碳酸的碳原子数一般是 9、10、11，壳牌公司是叔碳酸乙烯酯的主要生产商，有Veova9，Veova10，Veova11 共 3 个品种。叔碳酸是一种支链酸，在常温下一般是液体，而直链酸是固体，但两类酸的沸点往往非常接近，支链酸与有机溶剂有很好的相容性，合成中具有很好的操作性。叔碳酸乙烯酯与醋酸乙烯酯具有极好的反应性，在乳液聚合或溶液聚合中具有相同的竞聚率和几乎相同的转化率。

由于叔碳酸乙烯酯上有三个支链，一个甲基，至少还有一个大于 C_4 的长链，因此空间位阻特别大，不仅自身单元难以水解，而且对于共聚物大分子链上邻近的醋酸乙烯酯单元也有很强的屏蔽作用，使整体抗水解性、耐碱性得到很大的改善，同时，正是由于此屏蔽作用，使叔碳酸乙烯酯共聚物漆膜具有很好的抗氧化性及耐紫外线性能。叔碳酸基团的屏蔽作用可表示如下：

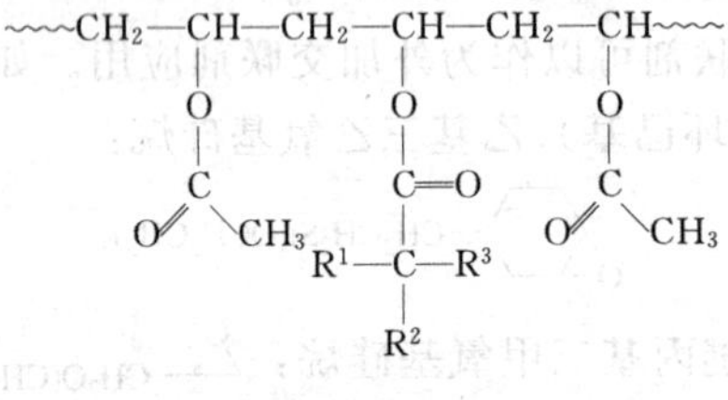

```
~~~~CH2—CH—CH2—CH—CH2—CH~~~~
        |        |        |
        O        O        O
        |        |        |
        C       C=O       C
       // \      |       // \
      O   CH3 R1—C—R3   O   CH3
                 |
                 R2
```

据推测，一个叔碳酸基团可以保护 2～3 个乙酸乙烯酯单元。叔碳酸乙烯酯-醋酸乙烯酯共聚物乳液配制的乳胶漆，性价比很高，综合性能不低于纯丙乳液；纯丙乳胶漆目前存在耐水解性、耐温变性较差等缺点，与叔碳酸乙烯酯共聚，可以大大提高丙烯酸树脂的耐候性、耐碱性等，不仅可以作为内墙涂料也可用作外墙涂料。这种乳胶漆在我国应用较少，但是在欧洲却是极为普遍的产品，叔醋乳液占西欧建筑乳液市场的近 30%。

(2) 乳化剂　乳化剂实际上是一种表面活性剂，它可以极大地降低界面（表面）张力，使互不相溶的油水两相借助搅拌的作用转变为能够稳定存在、久置亦难以分层的白色乳液，是乳液聚合的必不可少的组分，在其他工业部门也具有重要应用。

乳化剂常用“火柴棒”图示，其结构包括两部分：其头部表示亲水端，棒部表示亲油的烃基端，如果这两个部分以恰当的质、量进行结合，则这种表面活性剂分子既不同于水溶性物质以分子状态溶于水中，也不同于油和水的难溶，而是以一种特殊的结构——胶束（micelle）的形式分散在水中。胶束的结构见图 5-1。

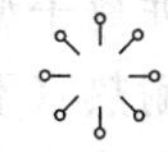

图 5-1 球形胶束的结构示意图

胶束是一种纳米级的聚集体，成球形或棒形，一般含 50 个表面活性剂分子，亲水端指向水相，亲油端指向其内核，因此油性单体就可以借助搅拌的作用扩散进入内核，或者说胶束具有增溶、富集单体的作用。研究发现，增溶胶束是发生乳液聚合的场所。

① 乳化剂的作用

a. 分散作用。乳化剂使油水界面张力极大降低，在搅拌作用下，使油性单体相以细小液滴（$d<1000\text{nm}$）分散于水相中，形成乳液。

b. 稳定作用。在乳液中，表面活性剂分子主要定位于两相液体的界面上，亲水基团与水相接触，亲油基团与油相接触。乳液聚合中常用阴离子型表面活性剂［如十二烷基硫酸钠，$H_3C(CH_2)_{11}OSO_3^-Na^+$］作主乳化剂，其亲水端带有负电荷，这样液滴上的同种电荷层相互排斥，可阻止液滴间的聚集，起到稳定乳液的作用。非离子型表面活性剂［如壬基酚聚环氧乙烷醚，$H_3C(CH_2)_8$—⟨苯环⟩—$O(CH_2CH_2O)_nH, n=10\sim40$］作助乳化剂，其亲水链段聚环氧乙烷嵌段定向吸附到乳胶粒的表面上，通过氢键作用吸附大量的水，这层水层的位阻效应也有利于乳液的稳定。

c. 增溶作用。表面活性剂分子在浓度超过临界胶束浓度时，可形成胶束，这些胶束中可以增溶单体，称为增溶胶束，是真正发生聚合的场所。如 ST 室温溶解度为 0.07g/cm³，乳液聚合中可增溶到 2%，提高了约 30 倍。

表面活性剂通常依其结构特征分为阴离子型、阳离子型、两性型及非离子型。近年来一些新的品种不断出现，如高分子表面活性剂，耐热（不燃）、抗闪蚀磷酸酯类表面活性剂，反应型表面活性剂。乳液聚合用表面活性剂要求其有很好的乳化性。阴离子型主要以双电层结构分散、稳定乳液，其特点是乳化能力强；非离子型主要以屏蔽效应分散、稳定乳液，其特点是可增加乳液对 pH、盐和冻融的稳定性。因此乳液聚合时常将阴离子型和非离子型表面活性剂复合使用，提高乳液综合性能。阴离子型乳化剂的用量一般占单体的 0.5%～1%，非离子型乳化剂的用量一般占单体的 1%～2%。

② 乳化剂的几个性能指标。

a. *CMC*（critical micelle concentration）值，即临界胶束浓度。*CMC* 值指能够形成胶束的最低表面活性剂浓度。浓度低于 *CMC* 值时，乳化剂以单个分子状态溶解于水中，形成真溶液，高于 *CMC* 值时，则乳化剂分子聚集成“胶束”，亲水基团指向水相，亲油基拒水指向胶束内核，每个胶束由 50～100 个乳化剂分子组成。因此乳液聚合时其浓度必须大于 *CMC* 值。各种乳化剂的 *CMC* 值有手册可查，也可以实验测得；*CMC* 值通常都较低：10^{-5}～10^{-2} mol/L 或 0.02%～0.4%。

b. *HLB* 值，亲水-亲油平衡值。每个表面活性剂分子都含有亲水、亲油基团（链段），这两种基团的大小和性质影响其乳化效果，通常用 *HLB* 值表示表面活性剂的亲水、亲油性。*HLB* 值越大，亲水性越强，*HLB* 值一般在 1～40。乳液聚合常选用阴离子型水包油型（O/W）乳化剂，*HLB* 值在 8～18。各种乳化剂的 *HLB* 值亦有手册可查，也可以通过试验或一定模型（如基团质量贡献法）进行计算。试验发现，复合乳化剂具有协同效应，复合乳化剂的 *HLB* 值可以用这几种乳化剂 *HLB* 值的质量平均值进行加和计算。

c. 阴离子乳化剂的三相平衡点。阴离子乳化剂处于分子溶解状态、胶束、凝胶三相平衡时的温度，亦称为克拉夫特点（Kraft point）。高于三相平衡点，凝胶消失，仅以分子、胶束状态存在，但当低于三相平衡点时乳化剂分子以凝胶析出，失去乳化能力。聚合温度应选择高于三相平衡点，$T_{\mathrm{p}}>T_{三相平衡点}$。非离子型表面活性剂无三相平衡点。

d. 非离子型表面活性剂的浊点。非离子型表面活性剂的水溶液加热至一定温度时，溶液由透明变为浑浊，出现这一现象的临界温度即为浊点（cloud point）。非离子型表面活性剂之所以存在浊点，是由其溶解特点决定的。非离子型表面活性剂的水溶液中，表面活性剂分子通过氢键和水形成缔合体，从而使乳化剂能溶于水形成透明溶液，随着温度的升高，分子运动能力提高，缔合的水层变薄，表面活性剂的溶解性大大降低，即从水中析出。因此，乳液聚合温度设计值应低于非离子型表面活性剂的浊点，即 $T_{p}<T_{浊}$。常用乳化剂的 *HLB* 值、*CMC* 值见表 5-3。

表 5-3　常用乳化剂的 *HLB* 值、*CMC* 值

名　　称	*HLB*	*CMC*/%
十二烷基硫酸钠(SDS)	40	0.02
十二烷基磺酸钠	13	0.1
十二烷基苯磺酸钠	11	
琥珀酸二辛酯磺酸钠	18.0	0.03
对壬基酚聚氧化乙烯(*n*=4)醚	8.8	
对壬基酚聚氧化乙烯(*n*=9)醚	13.0	0.005
对壬基酚聚氧化乙烯(*n*=10)醚	13.2	0.005
对壬基酚聚氧化乙烯(*n*=30)醚	17.2	0.02
对壬基酚聚氧化乙烯(*n*=40)醚	17.8	0.04
对壬基酚聚氧化乙烯(*n*=100)醚	19.0	0.1
对辛基酚聚氧化乙烯(*n*=9)醚	13.0	0.005
对辛基酚聚氧化乙烯(*n*=30)醚	17.4	0.03
对辛基酚聚氧化乙烯(*n*=40)醚	18.0	0.04
聚氧化乙烯(分子量 400)单月桂酸酯	13.1	

乳化剂的乳化性能可以这样进行初步判断：按配方量在试管中分别加入水、乳化剂、单体，上下剧烈摇动 1min，放置 3min，若不分层，说明乳化剂乳化性能优良。

乳液聚合的常规乳化剂为低分子化合物，随着乳胶漆的成膜，乳化剂向表面迁移，对漆膜耐水性、光泽、硬度产生不利变化。活性乳化剂实际上是一种表面活性单体，其通过聚合借共价键连入高分子主链，可以克服常规乳化剂易迁移的缺点。目前，已有不少活性单体上市，如对苯乙烯磺酸钠、乙烯基磺酸钠、AMPS、COPS等。此外，也可以是合成的具有表面活性的大分子单体，如丙烯酸单聚乙二醇酯，端丙烯酸酯基水性聚氨酯等，该类单体具有独特的性能，一般属于企业技术秘密。

(3) 引发剂 乳液聚合常采用水溶性热分解型引发剂。一般使用过硫酸盐（$S_2O_8^{2-}$）：过硫酸胺、过硫酸钾、过硫酸钠。其分解反应式为

$$S_2O_8^{2-} \longrightarrow 2SO_4^- \cdot$$

硫酸根阴离子自由基如果没有及时引发单体，将发生如下反应：

$$SO_4^- \cdot + H_2O \longrightarrow HSO_4^- + HO \cdot$$
$$4HO \cdot \longrightarrow 2H_2O + O_2$$

其综合反应式为

$$2S_2O_8^{2-} + 2H_2O \longrightarrow 4HSO_4^- + O_2$$

因此，随着乳液聚合的进行，体系的pH值将不断下降，影响引发剂的活性，所以乳液聚合配方中通常包括缓冲剂，如碳酸氢钠、磷酸二氢钠、醋酸钠。另外，聚合温度对其引发活性影响较大。温度对过硫酸钾活性的影响见表5-4。

表 5-4 过硫酸钾的分解速率常数和半衰期

温度/℃	k_d/s^{-1}	$t_{1/2}$/h	温度/℃	k_d/s^{-1}	$t_{1/2}$/h
50	9.5×10^{-7}	212	80	7.7×10^{-5}	2.5
60	3.16×10^{-6}	61	90	3.3×10^{-4}	35min
70	2.33×10^{-5}	8.3			

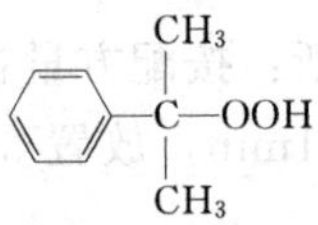

异丙苯过氧化氢 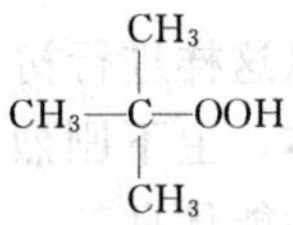　　叔丁基过氧化氢 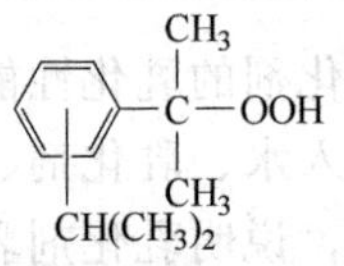　　二异丙苯过氧化氢

过硫酸盐类引发剂的聚合温度一般在80℃以上，聚合终点，短时间可加热到90℃，以使引发剂分解完全，进一步提高单体转化率。

此外，氧化-还原引发体系也是经常使用的品种。其中氧化剂有：无机的过硫酸盐、过氧化氢；有机的异丙苯过氧化氢、叔丁基过氧化氢、二异丙苯过氧化氢等。

还原剂有亚铁盐（Fe^{2+}）、亚硫酸氢钠（$NaHSO_3$）、亚硫酸钠（Na_2SO_3）、连二亚硫酸钠（$Na_2S_2O_6$）、硫代硫酸钠（$Na_2S_2O_3$）、雕白粉等。过硫酸盐、亚硫酸盐构成的氧化-还原引发体系，其引发机理为

$$S_2O_8^{2-}+SO_3^{2-}\longrightarrow SO_4^{2-}+SO_4^{-}\cdot+SO_3^{-}\cdot$$

氧化-还原引发体系反应活化能低，在室温或室温以下仍具有正常的引发速率，因此在乳液聚合后期为避免升温造成乳液凝聚，可用氧化-还原引发体系在50～70℃条件下进行单体的后消除，提高单体转化率。

氧化剂与还原剂的配比并非严格的1∶1（摩尔比），一般将氧化剂稍过量，往往存在一个最佳配比，此时引发速率最大，该值影响变量复杂，具体用量需要通过实验才能确定。

（4）其他组分

① 保护胶体　乳液聚合体系时常加入水溶性保护胶体，如属于天然水溶性高分子的羟乙基纤维素（HEC）、明胶、阿拉伯胶、海藻酸钠等，其中HEC最为常用，其特点是对耐水性影响较小；合成型水溶性高分子保护胶更为常用，如聚乙烯醇（PVA1788）、聚丙烯酸钠、苯乙烯-马来酸酐交替共聚物单钠盐；这些水性高分子亲油的大分子主链吸附到乳胶粒的表面，形成一层保护层，可阻止乳胶粒在聚合过程中的凝聚，另外保护胶体提高了体系的黏度（增稠），也有利于防止粒子的聚并以及色漆体系贮存过程中颜、填料的沉降。但是，由于保护胶体的加入，可能使涂膜的耐水性下降，因此其品种选择、用量确定应该综合考虑，用量取下限为好。

② 缓冲剂　常用的缓冲剂有碳酸氢钠、磷酸二氢钠、醋酸钠。如前所述，它们能够使体系的pH值维持相对稳定，使链引发正常进行。

5.2.2　乳液聚合机理

（1）聚合场所　水、油性单体、乳化剂、水溶性引发剂加入反

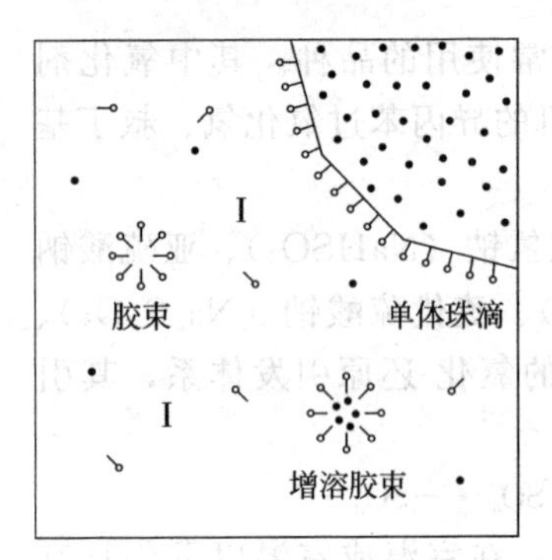

图 5-2　乳液聚合引发前的图像
—○—乳化剂；●—单体；I—引发剂

应器中，经搅拌后形成稳定的乳液；此时反应体系中水为连续相，溶有少量单体分子、引发剂分子及乳化剂分子，还有聚集状态的胶束，增溶胶束则膨胀为 6～10nm，胶束浓度为 10^{17}～10^{18}个/mL；单体液滴粒径达 1000nm；浓度约 10^{10}～10^{12}个/mL。胶束、单体液滴的体积相差很大，单体主要存在于单体液滴中；比表面积相差也极为悬殊，胶束的比表面积约为液滴比表面积的 10^2 倍。

乳液聚合体系在引发前可用图5-2表示。

链引发、链增长及链终止究竟引发哪一相进行，即在哪一相引发成核，而后聚合发育成乳胶粒，这是乳液聚合机理最核心的问题。

成核是指形成聚合物-单体粒子即乳胶粒的过程，决定于体系的配方和聚合工艺，其中单体、引发剂的溶解性及乳化剂浓度是重要的影响因素。成核主要有三种途径：胶束成核、均相成核和液滴成核。

① 胶束成核　自由基（初级或 4～6 聚合度的短链自由基）由水相进入胶束引发增长形成乳胶粒的过程。油性单体在水中的浓度很小，链增长概率很小，因此，水相溶解的单体对聚合的贡献一般很小。因为乳液聚合的引发剂（或体系）是水溶性的，单体液滴中无引发剂，这同悬浮聚合不同，同时由于胶束比表面积比单体液滴大 10^2～10^3 倍，引发剂在水相形成的自由基几乎不能扩散进入单体液滴，主要进入胶束。因此，单体液滴不是聚合的场所，聚合主要发生在增溶胶束内，增溶胶束才是油性单体和水性引发剂自由基相遇的主要场所，同时胶束内单体浓度高（相当于本体单体浓度，远高于水相单体浓度），也提供了自由基进入后引发、聚合的条件。随聚合进行，水相单体进入胶束，补充单体的消耗，单体液滴中的单体又复溶解于水中，间接起了聚合单体的仓库的作用。此时水相

中除了上述分子及粒子外，增加了聚合物乳胶粒相。不断长大的乳胶粒可以由没有成核的胶束和单体液滴通过水相提供乳化剂分子保持稳定，最终形成的乳胶粒数为 $10^{13}\sim10^{15}$ 个/mL，约占胶束的 $10^{-4}\sim10^{-3}$，未成核的胶束只是单体、乳化剂的临时仓库，就像单体液滴一样。

② 均相成核　选用水溶性较大的单体，如醋酸乙烯酯，水相中可以形成相对较长的短链自由基，这些短链自由基随后析出、凝聚，从水相和单体液滴上吸附乳化剂而稳定，继而又有单体扩散进来形成聚合物乳胶粒。乳胶粒形成后，更容易吸附短链或齐聚物自由基及单体，使得聚合不断进行。甲基丙烯酸甲酯和氯乙烯在水中的溶解度介于苯乙烯和醋酸乙烯酯之间，就兼有胶束成核和均相成核两种，两者比例取决于单体的水溶性和乳化剂的浓度。

一般认为如果单体的水溶性大，乳化剂的浓度低则为均相成核，例如乙酸乙烯酯的乳液聚合。单体水溶性小，乳化剂浓度大时利于胶束成核，例如苯乙烯的乳液聚合。

③ 液滴成核　乳化剂浓度高时，单体液滴粒径小，其比表面积同胶束相当，有利于液滴成核。若选用油溶性引发剂，此时引发剂溶解于液滴中，就地引发聚合，该聚合亦称为微悬浮聚合，属液滴成核。

(2) 聚合机理　20 世纪 40 年代末，Harkins 提出了乳液聚合的定性理论。下面以典型的胶束成核介绍乳液聚合的机理。

乳液聚合开始前体系中的粒子主要以 10nm 的增溶胶束和 1000nm 的单体液滴存在，聚合完成后生成了50～200nm 分散于水中的乳胶粒固液分散体，粒子浓度发生了很大变化，显然经过乳液聚合体系的微粒数目也发生了变化或重组。

依据乳胶粒数目的变化和单体液滴是否存在，典型的乳液聚合分三个阶段。

① 第一阶段——乳胶粒生成期（亦称成核期、加速期）　整个阶段聚合速率不断上升，水相中自由基扩散进入胶束，引发增长，当第二自由基进入时才发生终止，上述过程不断重复生成乳胶粒。

随着聚合的进行，乳胶粒内的单体不断消耗，水相中溶解的单体向胶粒扩散补充，同时单体液滴中的单体又不断溶入水相。单体液滴是提供单体的仓库。这一阶段单体液滴数并不减少，只有体积缩小。

随着聚合的进行，乳胶粒体积不断长大，从水相中不断吸附乳化剂分子来保持稳定；当水中乳化剂浓度低于CMC时，未成核的胶束上的乳化剂分子及缩小的单体液滴上的乳化剂分子将溶于水中，向乳胶粒吸附，间接地满足长大的乳胶粒对乳化剂的需求。最后未成核胶束消失，乳胶粒数固定下来。典型乳液聚合中，乳胶粒数为$10^{13}\sim10^{15}$个/mL，成核变成乳胶粒的胶束只占起始胶束的极少部分，为$10^{-4}\sim10^{-3}$。

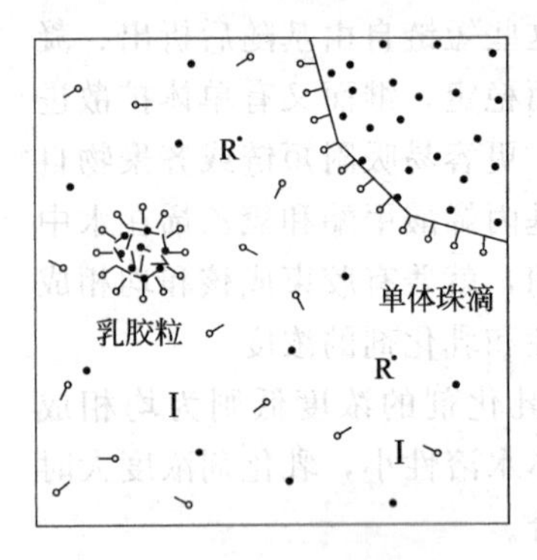

图 5-3 第一阶段结束时乳液聚合的图像

—○—乳化剂；●—单体；I—引发剂；R· —自由基

该阶段时间较短，结束时单体转化率C=2%～15%，与单体种类及聚合工艺有关。

因此总的来说第一阶段是成核阶段。乳胶粒数从零不断增加，单体液滴数不变，但体积变小，聚合速率上升，结束的标志是未成核胶束消失，阶段终了体系有两种粒子：单体液滴和乳胶粒。第一阶段结束时乳液聚合的图像如图5-3所示。

② 第二阶段——恒速阶段（即乳胶粒成长期） 该阶段从未成核胶束消失开始到单体液滴消失止。

未成核胶束消失后乳胶粒数将保持恒定，单体液滴仍起着仓库的作用，不断向乳胶粒提供单体。引发、增长、终止在胶粒内重复进行。乳胶粒体积继续增大，最终可达50～200nm。由于乳胶粒数恒定且粒内单体浓度恒定，故聚合速率恒定，直到单体液滴耗尽为止。在该阶段，缩小的单体液滴上的乳化剂分子也通过水相向乳胶粒吸附，满足乳胶粒成长的需要。该阶段终了体系只有一种粒子：乳胶粒。

该阶段持续时间较长，结束时C=15%～60%。第二阶段结束时乳液聚合的图像如图 5-4 所示。

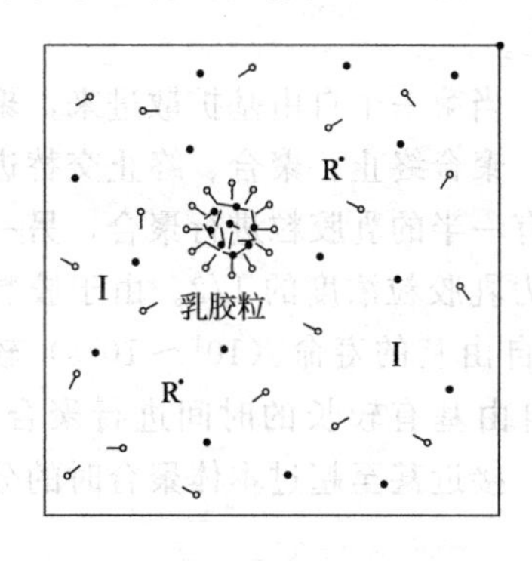

图 5-4 第二阶段结束时乳液聚合的图像

—○—乳化剂；●—单体；I—引发剂；R· —自由基

图 5-5 第三阶段结束时乳液聚合的图像

—○—乳化剂；●—单体；I—引发剂；R· —自由基

③ 第三阶段——降速期　单体液滴消失后，乳胶粒内继续引发、增长和终止直到单体完全转化。但由于单体无补充来源，R_p 随其中［M］的下降而降低，最后聚合反应趋于停止。

该阶段自始至终体系只有一种粒子：乳胶粒，且数目不变，最后可达 50～200nm。这样的粒子粒径细，可利用种子聚合增大粒子粒径。第三阶段结束时乳液聚合的图像如图 5-5 所示。

所谓“种子聚合”就是在乳液聚合的配方中加入上次聚合得到的乳液。这些“种子”提供了聚合的场所。具有较高聚合速率，速率恒定，粒径均一的优点，工业应用非常普遍。

5.2.3 乳液聚合动力学

① 聚合速率　动力学研究多着重第二阶段，即恒速阶段。

自由基聚合速率可表示为

$$R_p = k_p[M][M\cdot] \tag{5-1}$$

在乳液聚合中，［M］表示乳胶粒中单体浓度，单位 mol/L。［M·］与乳胶粒浓度有关。

$$[M\cdot] = \frac{10^3 N}{2N_A} \tag{5-2}$$

式中，N 为乳胶粒数，个/cm^3；N_A 为阿氏常数；$10^3N/N_A$ 是将乳胶粒数化为摩尔浓度，mol/L。

理想的恒速阶段的聚合图像是：当第一个自由基扩散进来，聚合开始；当第二个自由基扩散进来，聚合终止。聚合、终止交替进行。若在某一时刻进行统计，则只有一半的乳胶粒进行聚合，另一半无聚合发生，因此，自由基浓度为乳胶粒浓度的1/2。由于胶粒表面活性剂的保护作用，乳胶粒中自由基的寿命（10^1～10^2s）较其他聚合方法长（10^{-1}～10^0s），自由基有较长的时间进行聚合，聚合物的聚合度或分子量可以很高，接近甚至超过本体聚合时的分子量。

乳液聚合恒速期的聚合速率表达式为

$$R_p=\frac{10^3Nk_p[M]}{2N_A} \tag{5-3}$$

讨论：

a. 在第二阶段，未成核胶束已消失，不再有新的胶束成核，乳胶粒数恒定；单体液滴存在，不断通过水相向乳胶粒补充单体，使乳胶粒内单体浓度恒定，因此，R_p 恒定。

b. 在第一阶段，自由基不断进入胶束引发聚合，成核的乳胶粒数从零不断增加，因此，R_p 不断增加。

c. 在第三阶段，单体液滴消失，乳胶粒内单体浓度［M］不断下降，因此，R_p 不断下降。

乳液聚合速率取决于乳胶粒数 N，因为 N 高达 10^{14} 个/cm^3，［M・］可达 10^{-7}mol/L，比典型自由基聚合高一个数量级，且乳胶粒中单体浓度高达 5mol/L，故乳液聚合速率很快。

② 聚合度（忽略转移作用） 设体系中总引发速率为 ρ［单位：mol/(L・s)］。

数均聚合度为聚合物的链增长速率除以大分子生成速率。

$$\overline{X}_n=v=\frac{R_p}{R_{tp}}=\frac{10^3k_p[M]N/(2N_A)}{\rho/2}=\frac{10^3k_p[M]N}{N_A\rho} \tag{5-4}$$

$\rho/2$ 表示一半初级自由基进行引发、另一半自由基进行链偶合终止。

虽然是偶合终止，但一条长链自由基和一个初级自由基偶合并不影响产物的聚合度，乳液聚合的平均聚合度就等于动力学链长。

可以看出：

a. 聚合度与 N 和 ρ 有关，与 N 成正比，与 ρ 成反比；

b. 在恒定的引发速率 ρ 下，用增加乳胶粒数 N 的办法，可同时提高 R_p 和 $\overline{X}_n$，这也就是乳液聚合速率快、同时分子量高的原因；一般自由基聚合，提高［I］和 T，可提高 R_p，但 $\overline{X}_n$ 下降。用提高乳化剂浓度的方法可以提高乳胶粒数 N。

5.2.4 乳液聚合工艺

聚合物乳液的合成要通过一定的工艺来进行。根据聚合反应的工艺特点，乳液聚合工艺通常可分为间歇法、半连续法、连续法、种子乳液聚合等。

（1）间歇法乳液聚合 间歇法乳液聚合对聚合釜间歇操作，即将乳液聚合的原料（如分散介质——水，乳化剂，水溶性引发剂，油性单体）在进行聚合时一次性加入反应釜，在规定聚合温度、压力下反应，经一定时间，单体达到一定的转化率，停止聚合，经脱除单体、降温、过滤等后处理，得到聚合物乳液产品。反应釜出料后，经洗涤，继而进行下一批次的聚合操作。

该法主要用于均聚物乳液及涉及气态单体的共聚物乳液的合成，如糊法 PVC 合成等。其优点是体系中所有乳胶粒同时成长、年龄相同，粒径分布窄，乳液成膜性好，而且生产设备简单，操作方便，生产柔性大，非常适合小批量、多品种（牌号）精细高分子乳液的合成。

但是间歇法乳液聚合工艺也存在许多缺点。

① 从聚合反应速率看：聚合过程中速率不均匀，往往前期过快，而后期过慢，严重时甚至出现冲料、爆聚现象，严重影响聚合物的组成、分子量及其分布，影响产品质量。其原因在于：反应开始时，引发剂、单体浓度最高，容易出现自动加速效应（凝胶效应）。其克服方法是采用引发剂滴加法或高、低活性引发剂复合使用。

② 从共聚物组成看：由于共聚单体结构不同、活性不同，活

性大的单体优先聚合，必将导致共聚物组成同共聚单体混合物的组成不同。为此，一般采用控制转化率的方法以得到组成均匀的共聚物。当气态单体存在时比较方便。

③ 从乳液粒度看：由于体系中存在大量的单体液滴，因而其成核概率也大大增大，可能使得乳胶粒的粒度分布变宽，乳液易凝聚，稳定性差。

④ 从乳胶粒的结构看：间歇法乳液聚合通常得到单相乳胶粒，为了改善乳液性能，近年来发现复相乳胶粒具有优异的性能，如核-壳型、梯度变化型乳胶粒得到重视，其研究、开发工作层出不穷。这些结构型乳液只能通过半连续法、连续法、种子乳液聚合等方法合成。

（2）半连续法乳液聚合 半连续法乳液聚合先将去离子水、乳化剂及部分混合单体（5%～20%，质量分数）和引发剂加入反应釜，聚合一定时间后，按规定程序滴加剩余引发剂和混合单体，滴加可连续滴加，也可间断滴加，反应到所需转化率聚合结束。半连续法工艺分为如下几步：打底→升温引发→滴加→保温→清净。打底即将全部或大部分水、乳化剂、缓冲剂、少部分单体（5%～20%）及部分引发剂投入反应釜；升温引发即使打底单体聚合，并使之基本完成，就地生成种子液，此时放热达到高峰，且体系产生蓝光；滴加即在一定温度下以一定的程序滴加单体和引发剂；保温即进一步提高转化率；清净即补加少量引发剂或提高反应温度，进一步降低残留单体含量。该法同间歇法比有不少优点。

① 通过控制投料速率可方便控制聚合速率和放热速率，使反应能够比较平稳的进行，无放热高峰出现。

② 如果控制单体加入速率等于或小于聚合反应速率，即单体处于饥饿状态，单体一旦加入体系即行聚合，此时瞬间单体转化率很高，单体滴加阶段转化率可达90%以上，共聚物在整个过程中的组成几乎是一样的，决定于单体混合物的组成，因此，饥饿型半连续法乳液聚合可有效地控制共聚物组成。

③ 体系中单体液滴浓度低，乳胶粒粒度小而均匀。

④ 为了进一步提高乳液聚合及乳液产品的稳定性，可在聚合过程中间断或连续补加一部分乳化剂。这样也有利于提高乳液固含量。

⑤ 工艺设备同间歇法基本相同，比连续法简单，设备投入较低。

半连续法乳液聚合工艺上有许多优点，目前许多聚合物乳液都是通过半连续法乳液聚合工艺生产的。在工艺路线选择时应优先考虑该工艺。

（3）连续法乳液聚合　连续法乳液聚合通常用釜式反应器或管式反应器，前者应用较广，一般为多釜串联，如丁苯胶乳、氯丁胶乳的合成等。连续法设备投入大，粘釜、挂胶不宜处理，但是，连续法乳液聚合工艺稳定，自动化程度高，产量大，产品质量也比较稳定。因此，对大吨位产品经济效益好，小吨位高附加值的精细化工产品一般不采用该法生产。

（4）预乳化聚合工艺　无论半连续法乳液聚合或是连续法乳液聚合，都可以采用单体的预乳化工艺。单体的预乳化在预乳化釜中进行，为使单体预乳化液保持稳定，预乳化釜应给予连续或间歇搅拌。预乳化聚合工艺避免了直接滴加单体对体系的冲击，可使乳液聚合保持稳定，粒度分布更加均匀。

乳液聚合工艺流程如图 5-6 所示。

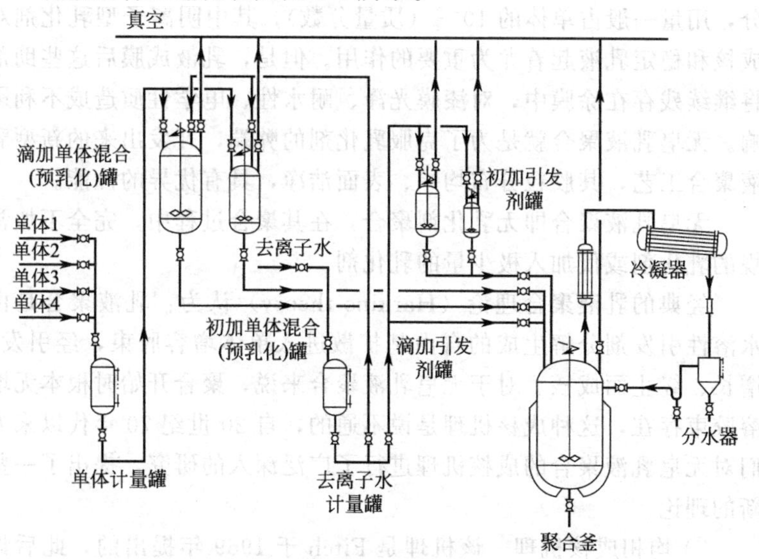

图 5-6　丙烯酸酯乳液聚合工艺流程图

(5) 种子乳液聚合　种子乳液聚合就是首先就地合成或加入种子乳液，以此种子为基础进一步聚合最终得到乳液产品。为了得到良好的乳液，应使种子乳液的粒径尽量小而均匀，浓度尽量大。种子乳液聚合以种子乳胶粒为核心，若控制好单体、乳化剂的投加速度，避免新的乳胶粒的生成，可以合成出优秀的乳液产品。种子乳液聚合具有以下特点。

① 种子乳液聚合过程中，种子乳液中的乳胶粒即为种子，在单体的加料过程中，单体通过扩散进入种子胶粒，经引发、增长、转移或终止生成死的大分子，因此胶粒不断增大，如乳化剂的补加正好满足需要，就不会有新的胶束和乳胶粒形成，胶粒的粒度分布、年龄分布都很窄，容易合成大粒径、粒度分布均匀的乳液。

② 种子乳液聚合可以合成出具有异型结构乳胶粒的乳液。如核-壳结构型乳液、组成具有梯度变化的乳液、互穿网络结构型乳液等。

5.2.5　无皂乳液聚合

由前所述，经典的乳液聚合配方中，乳化剂是必不可少的组分，用量一般占单体的 10^{-2} (质量分数)，其中阴离子型乳化剂对成核和稳定乳液起着尤为重要的作用。但是，乳液成膜后这些助剂将继续残存在涂膜中，对漆膜光泽、耐水性、电学性质造成不利影响。无皂乳液聚合就是为了克服乳化剂的弊端，开发出来的新型乳液聚合工艺，其胶粒分布均一、表面洁净，具有优异的性能。

无皂乳液聚合即无乳化剂聚合，在其聚合过程中，完全不加常规的乳化剂或仅加入极少量的乳化剂。

经典的乳液聚合理论 (Harkins theory) 认为：乳液聚合是由水溶性引发剂分解生成的自由基扩散进入单体增容胶束，经引发、增长、终止而成核。对于无皂乳液聚合来说，聚合开始时根本无增溶胶束存在，这种成核机理是说不通的，自 20 世纪 70 年代以来人们对无皂乳液聚合的成核机理进行了广泛深入的研究，提出了一些新的理论。

① 均相成核机理　该机理是 Fitch 于 1969 年提出的，此后许多学者对该机理进行了补充和丰富，使之不断得以完善。该机理认

为：无皂乳液聚合乳胶粒的形成是通过水相均相聚合生成的一定长度的一个末端为硫酸根的自由基在水相沉淀析出时凝聚、聚并、吸收单体生成的。

② 低聚物胶束成核机理　Goodwell 1977 年指出，在聚合初期由硫酸根阴离子自由基引发单体生成一定聚合度，一端为—SO_4^-、一端为疏水链段的自由基，该活性低聚物具有表面活性，超过临界胶束浓度后，经过聚并形成胶束，进一步增溶单体，为乳液聚合提供场合。

仅靠过硫酸盐引发形成的极性端基，毕竟含量低、表面活性差，因此早期的无皂乳液聚合乳液固含量很低，应用范围有限。为了提高无皂乳液聚合产品的固含量及贮存稳定性，在聚合配方中可以加入一些表面活性单体，如乙烯基磺酸钠、AMPS（2-丙烯酰胺-2-甲基丙磺酸钠盐）、COPS-1（1-丙烯氧基-2-羟丙基磺酸钠）等。

5.2.6　核-壳乳液聚合

随着复合技术在材料科学的发展，20 世纪 80 年代 Okubo 提出了“粒子设计”的新概念，其主要内容包括异相结构的控制、异型粒子官能团在粒子内部或表面上的分布、粒径分布及粒子表面处理等。

核-壳型乳液聚合可以认为是种子乳液聚合的发展。乳胶粒可分为均匀粒子和不均匀粒子两大类。其中不均匀粒子又可分为两类：成分不均匀粒子和结构不均匀粒子。前者指大分子链的组成不同，但无明显相界面，后者指粒子内部的聚合物出现明显的相分离。结构不均匀粒子按其相数可分为两相结构和多相结构。核-壳结均是最常见的两相结均。如果种子乳液聚合第二阶段加入的单体同制备种子乳液的配方不同，且对核层聚合物溶解性较差，就可以形成具有复合结构的乳胶粒，即核-壳型乳胶粒。即由性质不同的两种或多种单体分子在一定条件下多阶段聚合，通过单体的不同组合，可得到一系列不同形态的乳胶粒子，从而赋予核-壳各不相同的功能。核-壳型乳胶粒由于其独特的结构，同常规乳胶粒相比即使组成相同也往往具有优秀的性能。

5.2.6.1　核壳乳液乳胶粒的结构形态

根据“核-壳”的玻璃化温度不同，可以将核-壳型乳胶粒分为硬核-软壳型和软核-硬壳型；从乳胶粒的结构形态看，主要有以下几种：正常型、手镯型、夹心型、雪人型及反常型，其中反常型以亲水树脂部分为核。图 5-7 是几种常见的核壳型乳胶粒的结构模型。

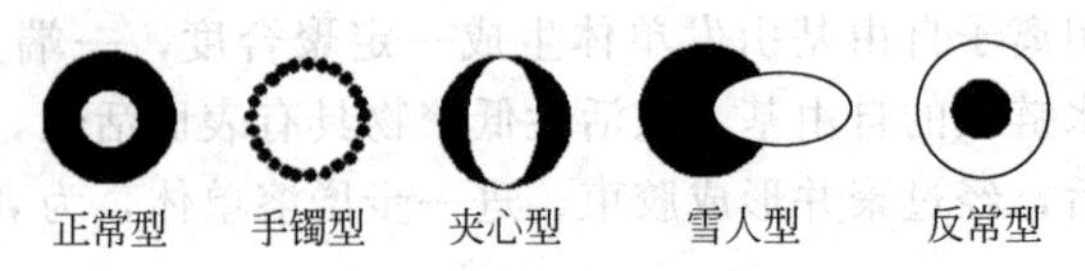

图 5-7 核壳乳液乳胶粒的结构形态

核壳乳胶粒子结构形态多种多样，在形成过程中受到诸多因素的影响，很难用热力学分析解决。大量的研究结果表明，对粒子形态的影响因素主要有：加料方法和顺序，核壳单体及两聚合物的互溶性，两聚合物的亲水性，引发剂的种类和浓度，聚合场所的黏度，聚合物的分子量，聚合温度等。这些因素是互相联系、互相制约和矛盾的，不能孤立看待。

（1）单体性质　乳胶粒的核-壳结构常常是由加入水溶性单体而形成的。这些聚合单体通常含有羧基、酰胺基、磺酸基等亲水性基团。由于其水溶性大易于扩散到胶粒表面，在乳胶粒-水的界面处富集和聚合。当粒子继续生长时，其水性基团仍留在界面区，从而产生核-壳结构。具有一定水溶性的单体，特别是当其或其共聚单体玻璃化温度 T_g 较低而聚合温度较高时，有较强的朝水相自发定向排列的倾向。

因此用疏水性单体聚合作核层、亲水性单体聚合作壳层，可得到正常结构形态的乳胶粒；相反，若用亲水性单体聚合作核层，则疏水性单体加入后将向原种子乳胶粒内部扩散，经聚合往往生成异型核-壳结构乳胶粒。

丙烯酸正丁酯（BA）与醋酸乙烯酯（VAc）的二元自由基乳液共聚合，由于两者的自由基聚合活性相差很大，当采用间歇工艺进行时，反应初期生成的大分子主要由 BA 单元组成，后期生成的大分子则富含 VAc，BA 和 VAc 两者均聚物的 T_g 相差很大，混溶性差，使粒子产生相分离。

另外，加入特种功能性单体，在聚合时引入接枝或交联，亦有利于生成核-壳结构粒子。

(2) 加料方式　常用的加料方法有平衡溶胀法、分段加料法等。

平衡溶胀法用单体溶胀种子粒子再引发聚合，控制溶胀时间和溶胀温度，从而可以控制粒子的溶胀状态和胶粒结构。

分段加料并在“饥饿”条件下进行聚合是制备各种核-壳结构乳胶粒最常用的方法。特别是在第一阶段加疏水性较大的单体、第二阶段加亲水性较大的单体更是如此。通常第一阶段加的单体组成粒子的核，第二阶段加的单体形成壳。有时也有例外。如BA（丙烯酸正丁酯)/AA（丙烯酸）和St（苯乙烯)/AA两步法加料时，无论加料次序如何，生成的粒子都是以St/AA为核、以BA/AA为壳的核壳结构。显然，这是PBA（聚丙烯酸丁酯）链段的柔韧性和PAA（聚丙烯酸）的亲水性相结合起主要作用，而不是聚合顺序起主要作用。

(3) 引发剂的影响　以亲水性聚合物为核，以疏水性聚合物为壳的核壳乳液聚合可能得到非正常的核壳结构。如果进一步考虑引发剂的性质，则结果将会更复杂一些。例如以甲基丙烯酸甲酯(MMA）为核单体，以苯乙烯（St）为壳单体，分别采用过硫酸钾、偶氮二异丁腈和4,4′-二偶氮基-4-氰基戊酸（ABCVA）为引发剂进行核壳乳液聚合，则会得到不同结构形态的乳胶粒。当以油溶性的偶氮二异丁腈和亲水性不大的ABCVA为引发剂时，由于聚甲基丙烯酸甲酯的亲水性较大，则苯乙烯进入到种子乳胶粒内部反应，得到以聚苯乙烯为核，以聚甲基丙烯酸甲酯为壳的乳胶粒，即乳胶粒发生翻转；而当使用亲水性离子型引发剂过硫酸钾为引发剂时，由于在大分子链上带上了离子基团—SO_4^-，增大了聚苯乙烯链的亲水性，引发剂浓度越高，大分子链上离子基团也越多，聚苯乙烯链的亲水性就越大，则此时乳胶粒就可能不发生翻转，而形成“夹心状”或“半月状”乳胶粒。这种连接在大分子链末端的离子基团所起的作用近似于表面活性剂，它能降低大分子链与水之间的界面张力，从而起到稳定乳胶粒的作用，这种现象常被称为“锚定效应”。

(4) 其他因素　核-壳型乳胶粒的结构形态受到上述因素的主要影响，其他因素对乳胶粒的形态也有重要影响，如反应温度低，大分子整体和链段的活动性低，聚合物分子、链段间的混溶性变差，有利于生成核-壳结构粒子。

离子型乳化剂由于其静电屏蔽效应，使带同性电荷的自由基难以进入粒子内部。有利于在聚合物粒子-水相界面处进行聚合。

控制聚合过程中的黏度以控制增长中的活性自由基的扩散性，从而可以影响粒子的结构、形态。

表 5-5 列举了各种影响核-壳结构乳胶粒的因素。

表 5-5　影响核-壳结构乳胶粒的因素

有利因素	不利因素
间歇聚合	连续聚合
饥饿态加料	充盈态加料
先加疏水性单体，后加亲水性单体	先加亲水性单体，后加疏水性单体
较低温度下聚合($<T_g$)	较高温度下聚合($>T_g$)
用水溶性的引发剂	用油溶性的引发剂
高的引发剂浓度	低的引发剂浓度
低的乳化剂浓度	高的乳化剂浓度
离子型乳化剂	非离子型乳化剂
乳胶粒的黏度大	乳胶粒的黏度低
聚合体系相容性差	聚合体系相容性好

5.2.6.2　核-壳型乳液涂膜的结构、形态及性质

均相粒子乳液所成的膜是完全均匀的，原先每个粒子的形态消失。而核-壳结构型乳液成膜后往往仍能观察到非均相结构。

玻璃化温度显著不同的两相粒子，通常是由低 T_g 的聚合物支配成膜过程，高 T_g 的聚合物则分散在低 T_g 聚合物中。从 PST (聚苯乙烯)-PEA (聚丙烯酸乙酯) 乳液 (72∶28，体积比) 膜的扫描电子显微镜图中，可清楚看出 PST 核分散在 PEA 中。高 T_g 聚合物对成膜的影响主要取决于它的体积分数和黏弹性，超过一定的临界值将不能形成连续的涂膜。

在两相间接枝或交联会导致在成膜时限制粒子变形和防止第二相的逆转，这种膜的力学性质与互穿网络聚合物的力学性质接近。

5.2.6.3 核壳结构乳液的制备方法

种子乳液聚合或分步乳液聚合是制备核壳复合聚合物的主要方法。根据所要求的粒子形态，首先进行“粒子设计”，第一步先合成适宜的种子乳液，然后再以不同的方式加入第二部分单体，使之继续聚合，按照第二步单体的加入方式、单体和引发剂的性质等因素的影响，可以形成形态各异的核壳聚合物粒子。具有核壳结构的聚合物乳液，根据壳层单体的加入方式不同，可分为：

① 半连续法 第二步聚合时，当反应体系达到聚合温度后，维持单体Ⅱ在一定时间内均匀加入，使滴加速率小于聚合速率，体系中的单体Ⅱ浓度始终较小，即聚合处于饥饿状态，该法叫“半连续法”。

② 间歇法 第二步聚合时，当反应体系达到聚合温度后，单体Ⅱ一次性加入体系中，单体Ⅱ浓度处于富余状态，该法叫“间歇法”。

③ 溶胀法 第二步聚合时，当单体Ⅱ加入后，在种子乳胶粒上先溶胀一段时间，使单体Ⅱ部分渗入到种子乳胶粒中，然后再升温到聚合温度开始聚合，该法叫“平衡溶胀法”，简称“溶胀法”。

这三种加料方法会使单体Ⅱ在种子乳胶粒的表面和内部分布不均匀。用半连续法时，种子乳胶粒的表面和内部单体Ⅱ浓度都很低；用间歇法时，种子乳胶粒表面单体Ⅱ的浓度很高；用溶胀法时，种子乳胶粒的表面和内部单体Ⅱ浓度都很高。

5.2.6.4 核壳结构乳胶粒的生成机理

对于核壳型乳胶粒的微观结构，人们所关心的是核与壳是如何结合的。目前，核壳结构乳胶粒的生成主要有以下三种机理。

(1) 接枝机理 核壳乳液聚合中，如果核、壳单体中一种为乙烯基化合物，而另一种为丙烯酸酯类单体，核壳之间能形成接枝共聚物过渡层，核壳乳胶粒的形成按接枝机理进行。

众所周知，苯乙烯和丙烯酸丁酯的均聚物的相容性很差，将二者共混一般情况是发生相分离的，但在PBA/PSt核壳乳液聚合物中则能形成较为稳定的PBA/PSt复合乳胶粒。这是因为PBA和PSt之间发生了接枝反应，接枝共聚物的形成，改善了两种聚合物的相容性，且随着接枝率的提高，两种聚合物的相容性变好。Min等人提出接枝机理，其接枝率与第二阶段单体加入的方式有关。

（2）互穿网络聚合物（IPN）机理　互穿网络聚合物（IPN）是两种共混的聚合物分子间相互贯穿并以化学键的方式各自交联而形成的网络结构。在核壳乳液聚合反应体系中加入交联剂，使核层、壳层中一者或两者发生交联，则生成乳液互穿网络聚合物。网络的形成，和接枝共聚物一样，能改善聚合物的相容性。用乳液聚合的方法合成IPN，即胶乳互穿聚合物网络（LIPN），一般都采用种子乳液聚合法，即先合成出具有交联结构的聚合物Ⅰ作为种子，然后加入单体Ⅱ（或加交联剂），对种子进行溶胀，使之在粒子表面上进行聚合，生成的LIPN大都具有核壳结构。

（3）离子键合机理　核层聚合物与壳层聚合物之间靠离子键结合起来，这种形成核壳结构乳胶粒的机理称为离子键合。为制得这种乳胶粒，在进行聚合时需引入能产生离子键的共聚单体，如对苯乙烯磺酸钠及甲基丙烯酸三甲氨基乙酯氯化物，目前该类研究较少。有人对共聚单体中含有离子键的复合聚合物乳胶粒的形态进行了研究。结果表明：不同分子链上异性离子的引入抑制了相分离，控制了非均相结构的形成。

5.2.7　互穿网络乳液聚合

互穿网络聚合物（interpenetrating polymer network，IPN）属于多相聚合物中的一种类型，是多种聚合物且含有至少一种网络相互贯穿而形成的特殊网络。1960年Millar首先提及“IPN”一词，之后，Sperling和Frisch对IPN的发展做出较大贡献。相对于物理共混，IPN改性能够使材料凝集态结构发生变化，进而改进某些性能，扩展其应用。

按制备方法分类，则有分步IPN、同步IPN和胶乳LIPN。后者是在20世纪60年代末和70年代初新发展起来的IPN新技术。LIPN制备方法为：将交联聚合物A作为“种子”胶乳，再投入单体B及引发剂（不加乳化剂），单体B就地聚合、交联生成IPN，一般有核壳结构。若上述聚合物不加交联剂，则称半LIPN。IPN结构上存在着一种或一种以上的网络相互贯穿在一起，对其结构、相变、交联及性能研究，多采用电镜（SEM、TEM）、红外光谱（IR）、热分析（DSC、DTG、DMA）等现代测试技术。互穿网络聚合物（1PN）是一种由两种或多种交联聚合物组成的新型聚合物。IPN 中网络间不同化学结构的连接可得到性能的协同效应，如力学性能的增强、胶黏性的改善，或者是较好的减震吸声性能。

目前，IPN 技术已在广泛的领域得到应用，在众多行业里采用丙烯酸酯作为原料，已取得许多卓有成效的进展。

5.3 乳液聚合实例

（1）内墙漆用苯丙乳液

① 配方

组分	原 料	用量(质量份)	组分	原 料	用量(质量份)
A 组分	去离子水	111.0	E 组分	去离子水	250.0
	CO-458	2.500	F 组分	A-103	2.500
	溶解水	5.000		溶解水	5.000
	CO-630	3.000		CO-630	1.000
	溶解水	5.000		溶解水	5.000
B 组分	苯乙烯	240.0		AOPS-1	1.500
	丙烯酸丁酯	200.0	G 组分	过硫酸钠	0.900
	丙烯酸	9.375		溶解水	10.00
	丙烯酸异辛酯	10.00	H 组分	过硫酸钠	1.500
C 组分	丙烯酰胺	6.300		溶解水	80.00
	溶解水	18.75	I 组分	乙烯基三乙氧基硅烷	3.000
D 组分	小苏打	0.900	J 组分	氨水	适量
	溶解水	5.000			（调 pH 值）

注：CO-630（烷基酚聚氧乙烯醚）为上海忠诚精细化工有限公司的乳化剂；CO-458、A-103 分别为该公司的烷基酚醚硫酸盐类、烷基酚聚醚磺基琥珀酸单酯钠盐类乳化剂；AOPS-1 为上海忠诚反应型磺酸基阴离子型乳化剂。

② 合成工艺

a. 将 A 组分的去离子水加入预乳化釜；把同组乳化剂 CO-458、CO-630 用水溶解后加入预乳化釜；再依次将 B 组分、C 组分、D 组分加入预乳化釜中，加完搅拌乳化约 30min。

b. 将 E 组分加入反应釜，升温至 80℃。将 F 组分别用水溶解后加入反应釜；待温度 80℃稳定后，加入 G 组分过硫酸钠溶液。约 5min 将温度升至 83～85℃。

c. 在83～85℃同时滴加预乳液和H组分。

d. 当预乳液滴加2/3后，将I组分在搅拌下加入预乳液中，搅拌5min后继续滴加。

e. 3h加完后，保温1h。

f. 降温至45℃加入氨水中和，调pH值在8.0左右。搅拌20min后，80目尼龙网过滤出料。

(2) 低成本苯丙乳液

① 配方

组　分	原　　料	用量(质量份)
1	去离子水 K12 $NaHCO_3$	410.0 0.600 0.500
2	APS 去离子水 冲洗水	0.200 10.00 5.000
3	去离子水 K12 NP-10 AA AM ST BA 2-EHA A-171(预乳液剩下1/4时加入预乳液中) 去离子水(溶解A-171用) 冲洗用水	245.0 3.000 3.600 8.000 15.00 430.0 245.0 37.00 2.000 5.000 10.00
4	APS 去离子水 冲洗用水	2.400 50.00 4.000
5	氨水	适量，调pH=4.5～5
6	TBHP 去离子水(溶TBHP) SFS(雕白块) 去离子水(溶SFS)	0.730 15.00 0.510 20.00
7	氨水	适量，调pH至7～8
8	去离子水	20.00

注：A-171为美国联碳公司的乙烯基三甲氧基硅烷。

② 合成工艺 将釜温升至并稳定于 80～82℃，加入组分 2，2min 后加入 49.7 份种子，当温度升至最高点反应 15min 后，开始滴加组分 3、4，控温 86～88℃，时间 4.5h，组分 4 晚 15min 滴完，滴毕保温 1h，降温 65～68℃，加入后消除引发剂，用 30min 保温，降 60℃中和至 pH＝7.5～8.5，200 目过滤、包装。

(3) 自交联型苯丙乳液

① 配方

组 分	名 称	用量/g	组 分	名 称	用量/g
A(底料)	K12	0.340	C(单体)	AA	1.000
	OP-10	0.680		H_2O	8.000
	$NaHCO_3$	0.079	D(引发剂)	KPS	0.270
	H_2O	65.00		H_2O	9.000
B(单体)	MMA	26.00	E(后消除)	SFS	0.074
	ST	13.00		H_2O	2.000
	BA	22.50		TBH	0.093
	DAAM	1.340		H_2O	2.000
	A-172	1.600	F(交联单体)	ADH	0.670
C(单体)	NMA	0.975		H_2O	5.000

注：1. 此配方为苯丙乳液，玻璃化温度设计为 30℃，采用直接滴加单体的方式进料。

2. 乳化剂占单体总量的 1.5%，引发剂占单体总量的 0.40%。

3. ADH 为 DAAM 的一半。

② 合成工艺 底料打底分散，升温至 85℃；B 单体、C 单体与引发剂分三部分同时滴加，3h 滴完，保温 1h；降温到 65℃，后消除，保温 0.5h；降温到 40℃，调节 pH 到 8；进 ADH，搅拌 20min，出料。固含量：41.95%；pH＝8。

(4) 无皂苯丙乳液

① 配方

组分	名　称	用量/g	组分	名　称	用量/g
A(底料)	H_2O	200.3	B(单体预乳化液)	BA	235.0
	PAM200(罗地亚,50%,pH调至7)	2.000		ST	100.0
				MAA	5.000
B(单体预乳化液)	H_2O	222.1	C(引发剂)	H_2O	60.00
	PAM200(罗地亚,50%,pH调至7)	10.00		APS	2.000
	MMA	160.0	D(中和剂)	氨水(28%)	适量

注：1. PAM200为一种磷酸酯类反应性乳化剂，适用于水性和溶剂性体系，可以提高对金属和玻璃表面的湿附着力，显著提高乳液的稳定性。

2. 单体配比：MMA/BA/S/MAA=32/47/20/1；乳化剂占单体的1.2%。

② 合成工艺　将底料进反应器，升温到82℃；加入4%单体预乳液、25%引发剂液，保温15min；同时滴加剩余单体乳液（单体预乳液应不断搅拌）和引发剂液，约3h滴完；升温至85℃保温0.5h；降温至室温调节pH，100目尼龙网过滤、出料。

理论固含量：50.9%；转化率：99.7%；湿凝胶量：0.02%；粒径：220nm。

(5) 水泥砂浆用苯丙防水乳液

① 配方

组分	名　称	用量/g	组分	名　称	用量/g
A(底料)	H_2O	150.0	C(引发剂)	H_2O	62.00
	10%SPS水溶液	15.50		SPS	1.500
B(单体预乳化液)	H_2O	128.0	D(后消除引发剂)	TBH/H_2O	0.900/16.00
	ABEX 8018(罗地亚)	16.80		SFS/H_2O	0.900/16.00
	ST	154.3	E(中和剂)	氨水(28%)	适量
	BA	388.4			
	HS-50	16.50	F(调节固含量用水)	H_2O	23.00
	H_2O(冲洗用水)	7.000			

② 合成工艺　将底料进反应器，升温到85℃；加入5%单体预乳液，保温15min；同时滴加剩余单体乳液（单体预乳液应不断搅拌）和引发剂液，约4h滴完；降温至70℃，先加TBH液，15min后加SFS液，保温0.5h；降温至室温调节pH，100目尼龙

网过滤、出料。

理论固含量：56%；钙离子稳定性好。

(6) 苯丙弹性乳液

① 配方

组分	原　料	用量(质量份)	组分	原　料	用量(质量份)
1	去离子水 2A1（陶氏化学，45%固含量）	175.0 0.100	3	NMA（*N*-羟甲基丙烯酰胺） 冲洗用水	11.70 10.00
2	PPS 去离子水 冲洗用水	2.310 8.000 3.000	4	PPS 去离子水	0.696 20.00
3	去离子水 2A1 NP-40 苯乙烯 丙烯酸丁酯	235.0 6.900 6.300 165.0 408.0	5	TBHP（叔丁基过氧化氢） TBHP溶解水 SFS(雕白块) SFS溶解水	0.530 10.00 0.460 12.00
			6	氨水	适量，调pH=7～8

② 合成工艺　将釜温升至并稳定于82℃，加入组分2，2min后加入42.0份种子，当温度升至最高点反应15min后，开始滴加组分3，温控86～88℃，时间3h，组分3滴加2h后开始滴加组分4，组分4比组分3晚15min滴完，滴毕保温1h，降温65～68℃，加入后消除引发剂，用30min保温，降60℃中和7.5～8.5，200目过滤、出料。

(7) 纯丙乳液

① 配方

组 分	原 料	用量(质量份)	组 分	原 料	用量(质量份)
A(底料)	去离子水 K-12 NP-10 磷酸氢二钠 MA MMA BA AA	475.0 3.750 7.000 5.000 30.00 20.00 15.00 2.000	B(预乳液)	K-12 NP-10 MA MMA BA 丙烯酸	3.500 15.00 450.0 150.0 25.00 15.00
B(预乳液)	去离子水	250.0	C(引发剂液)	过硫酸铵 去离子水	4.800 200.0

② 合成工艺　室温下向反应瓶中加入底料用水、阴离子、非离子型乳化剂和缓冲剂，30℃时加入釜底单体，升温至50℃，通入N_2，加入引发剂液的1/4，此时将自然升温至70～75℃左右，加热至82～84℃，撤N_2，开始滴加预乳液和剩余引发剂液，4.5～5h加完，保温1h，降至室温，80目尼龙网过滤出料。

③ 配方核算　T_g（理论值,℃）：23；I/单体：0.71%；E/单体：4.3%；固含量：42%。

(8) 纯丙弹性乳液

① 配方

组　分	原　　料	用量(质量份)
A(底料)	去离子水	370.0
	ABEX 8018(罗地亚)	2.000
	$NaHCO_3$	0.600
B(底料引发剂)	SPS	2.000
C(预乳液)	去离子水	270.0
	ABEX 8018(罗地亚)	8.000
	CO-630	2.000
	AM(丙烯酰胺)	15.00
	MMA	175.0
	BA	545.0
	冲洗用水	10.00
D(滴加乳化剂)	SPS	1.400
	去离子水	50.00
	冲洗用水	4.000
E(中和剂)	氨水	适量,调pH=4.5～5
F(后消除引发体系)	TBHP	1.000
	去离子水(溶TBHP)	15.00
	SFS(雕白块)	0.700
	去离子水(溶SFS)	15.00
G(中和剂)	氨水	适量,调pH=7～8

注：1. ABEX 8018为罗地亚专有的复配型阴离子表面活性剂，不含APE。CO-630为罗地亚烷基酚聚氧乙烯醚型非离子型乳化剂。

2. 配方核算：乳化剂/单体=1.63%；引发剂/单体=0.46%；AM/单体=2%；$NaHCO_3/H_2O$=0.82‰；固含量约50%。

② 合成工艺　将底料加入反应瓶，升温至81℃，加底料引发剂，2min后加50份预乳液，温度升至最高点反应15min后，开始滴加C、D，时间2.5h，控温83～85℃，前半小时滴加速度稍慢，

D晚约15min滴完，滴完后中和至5左右，保温45min，降至65～70℃，加入后处理引发剂，保温30min，降50℃中和至pH＝7～8，过滤出料。

（9）自交联型纯丙乳液

① 配方

组分	原料	用量(质量份)
1	去离子水 SDBS(十二烷基苯磺酸钠) $NaHCO_3$	223.0 3.000 0.970
2	PPS 去离子水 冲洗用水	1.450 8.000 3.000
3	去离子水 SDBS AM MAA MMA BA A-174(预乳液剩下1/4时加入预乳液中) 去离子水(溶解A-174用) 冲洗用水	169.0 3.500 5.000 10.00 244.0 236.0 2.500 5.000 8.000
4	PPS 去离子水 冲洗用水	1.450 40.00 2.000
5	TBHP 去离子水(溶TBHP) SFS(雕白块) 去离子水(溶SFS)	0.500 8.000 0.350 12.00
6	氨水	适量,调pH＝7.5～8.5

注：A-174即γ-甲基丙烯酰氧基丙基三甲氧基硅烷。

② 合成工艺 将釜温升至并稳定于80～82℃，加入组分2，2min后加入预乳液28份，当温度升至最高点，反应15min后，开始滴加组分3、4，温控83～85℃，时间4h，组分4晚15min加完，滴毕保温1h，降温65～68℃，加入后处理引发剂，保温30min，降60℃中和至7.5～8.5，200目过滤。

（10）纳米级纯丙乳液

① 配方

组分	名称	用量/g	组分	名称	用量/g
A(底料)	H_2O	590.3	B(单体)	BA	182.0
	$NaHCO_3$	1.000		MAA	4.700
	RHODAPEX CO-436(罗地亚)	15.90	C(后消除引发剂)	TBH(70%)	1.000
	SPS	1.000		SFS(4%水溶液)	12.00
B(单体)	MMA	186.6	D(中和剂)	氨水(28%)	7.000

注：1. RHODAPEX CO-436为烷基酚聚氧乙烯醚硫酸铵盐（阴非复合型），乳液聚合的理想乳化剂，所做乳液粒径较小，活性物含量在58%～60%，透明液体。

2. 单体配比：MMA/BA/MAA=48.8/49.9/1.3；乳化剂占单体的2.4%；T_g（理论）：7℃。

② 合成工艺　将A底料进反应器，升温到85℃打底分散；加入10g单体液，5min后同时滴加剩余单体液和引发剂液，3.5h滴完，保温0.5h；降温至70℃，先加TBH液，15min后加SFS液，保温0.5h；降温至室温，调节pH，100目尼龙网过滤、出料。理论固含量：38.4%；pH为9.0；粒径：61nm。

(11) 木器漆用纯丙乳液

① 配方

组分	名称	用量/g	组分	名称	用量/g
A(底料)	H_2O	30.0	B(单体预乳化液)	BA	13.64
	$NaHCO_3$	0.100		MAA	0.65
	十二烷基苯磺酸钠	1.20		DAAM	0.92
B(单体预乳化液)	H_2O	15.0	C(引发剂)	H_2O	15.00
	十二烷基苯磺酸钠	1.80		SPS	0.16
	MMA	24.80	D(中和剂)	氨水(28%)	适量

② 合成工艺　将底料进反应器，升温到85℃；加入20%单体预乳液，保温15min；加入30%的引发剂液；同时滴加剩余单体乳液和引发剂液，约3h滴完；保温1h；降温至40℃，加入0.40g

ADH，搅拌 0.5h；降至室温；调节 pH 值，100 目尼龙网过滤、出料。

理论固含量：40％；T_g：30℃；黏度：60mPa·s。

(12) 核壳结构纯丙乳液

① 配方

组 分	名称	用量/g	组 分	名称	用量/g
A(底料)	K12	0.433	C(壳单体)	AA	0.594
	OP-10	0.866		A-172	1.200
	$NaHCO_3$	0.079	D(引发剂)	PPS	0.320
	H_2O	50.00		H_2O	14.00
B(核单体)	MMA	20.00	E(后消除)	TBH	0.100
	BA	6.000		H_2O	2.000
C(壳单体)	MMA	24.50		SFS	0.074
	BA	14.00		H_2O	2.000
	NMA	1.340			

注：1. 乳化剂用量占单体总量的 2％。

2. 引发剂占单体总量的 0.48％。

3. 玻璃化温度为 T_g(核)＝75.78℃，T_g(壳)＝30.175℃，T_g(总)＝46.5℃（理论值）。

4. 核壳质量比为 4∶6。

② 合成工艺　将底料进反应器，升温至 75℃搅拌溶解；升温到 85℃，将核单体与引发剂同时滴加，约 1.5h 核单体滴完，保温 1h；滴加壳单体与剩余引发剂，2h 滴加完，保温 1h；降温至 65℃，后消除，保温半小时；降温至 40℃，调节 pH，出料。理论固含量：49.4％，pH 为 8。

(13) 压敏胶纯丙乳液

① 配方

② 合成工艺　将底料加入反应釜，升温至并稳定于 82℃，加入 5％的打底用单体预乳液，当温度升至峰值 84～88℃时，开始滴加剩余单体预乳液和引发剂液，温控 80～82℃，时间 4h；滴毕加

组 分	原 料	用量(质量份)
A(底料)	去离子水	257.0
	碳酸氢铵	0.450
	PPS	1.880
B(单体预乳液)	去离子水	151.7
	CO-436	8.620
	EA	10.83
	AA	13.67
	BA	525.6
	冲洗水	25.00
C(滴加引发剂)	PPS	1.360
	去离子水	100.0
	冲洗水	3.000
D(中和剂)	氨水	适量,调 pH=7～8

入冲洗用水，保温 1h；降至室温（30℃以下），用氨水中和至 pH 达 7.0～8.0，100 目过滤、出料。

(14) 醋丙乳液

① 配方

组 分	原 料	用量(质量份)
1	去离子水	573.0
	PVA1788	28.00
	K12(十二烷基硫酸钠)	0.500
	NP-10	7.500
	$NaHCO_3$	2.100
2	PPS	0.600
	去离子水	10.00
	冲洗用水	5.00
3	VAc	635.0
	BA	77.00
	冲洗用水	10.00
4	PPS	0.900
	去离子水	40.00
	冲洗用水	2.000
5	去离子水	10.00
6	氨水	适量,调 pH=7.5～8.5

② 合成工艺　将釜温升至并稳定于 72℃，加入组分 2，2min 后加入 36.0 份种子，当温度升至最高点，反应至无回流时，开始

滴加组分 3、4，控温 76～78℃，时间 5h，组分 4 晚 15min 滴完，滴毕保温 1h，降温 45℃，200 目过滤。

（15）压敏胶用醋丙乳液

① 配方

组分	原料	用量/g	组分	原料	用量/g
A组分（底料）	去离子水 碳酸氢钠 过硫酸钾	217.9 1.300 2.500	B组分	AMPS 2405	5.500
B组分	去离子水 NP-10 氢氧化钠	32.95 11.00 0.540	C组分	去离子水 二辛基钠磺基琥珀酸 丙烯酸异辛酯 醋酸乙烯酯	169.0 2.300 358.0 189.3

注：AMPS 2405 单体为美国路博润公司 AMPS 的钠盐（50%水-酒精溶液）；二辛基钠磺基琥珀酸即顺丁烯二酸二仲辛酯磺酸钠。

② 合成工艺　将底料加入反应釜，开动搅拌，将 3.500g B 组分和 35.90g C 组分加入底料中，通入 N_2 净化，升温至 75℃，滴加剩余 B 组分和 C 组分，控温 78～82℃，总滴加时间为 3.5h，保温 1h，降至 45℃，调 pH＝7.0～8.0，120 目过滤。

（16）细粒径醋酸乙烯酯乳液

① 配方

组分	名称	用量/g	名称	名称	用量/g
A(底料)	H_2O	352.9	B(单体)	VAc	356.4
	$NaHCO_3$	0.900		AA	3.600
	ABEX VA-50(罗地亚)	31.30	C(引发剂)	KPS	1.000
	COPS-1(罗地亚,40%)	4.5000		H_2O	49.00
	KPS	0.400	D(中和剂)	氨水(28%)	1.600

注：ABEX VA-50 是一种用于高固体含量醋酸乙烯乳液聚合的非常有效的表面活性剂。

② 合成工艺　将 A 底料进反应器，升温到 75℃打底分散；整个过程通 N_2 保护；加入 20g 单体液，保温 15min；剩余单体同引发剂液同时滴加，3h 滴完，保温 0.5h；降温至 40℃，调节 pH，

100目尼龙网过滤、出料。理论固含量：46.5%；转化率：98.3%；pH为7.5；粒径：133nm。

(17) 水性防锈乳液

① 配方

组　分	名　　称	用量/g
A(底料)	H_2O	149.28
	ABEX 2005(罗地亚)	2.100
B(单体预乳化液)	H_2O	76.00
	RHODAFC RS-610125(罗地亚)	5.800
	SIPOMER PZ141(罗地亚)	22.50
	MMA	111.68
	HEA	49.92
	VV-10	138.24
	MAA	4.200
	H_2O(冲洗用)	4.000
C(初加引发剂)	H_2O	4.000
	APS	0.770
D(滴加引发剂)	H_2O	72.00
	APS	0.770
	SIPOMER PZ141(罗地亚)	33.70
E(后消除引发剂)	TBH/H_2O	0.480/8.00
	SFS/H_2O	0.480/8.00
F(中和剂)	氨水(28%)	适量

② 合成工艺　将底料进反应器，加入5%单体预乳液；升温到84℃滴加引发剂液，保温15min；同时滴加剩余单体乳液（单体预乳液应不断搅拌）和滴加引发剂液，约3h滴完；保温0.5h；降温至70℃，先加TBH液，15min后加SFS液，保温0.5h；降温至室温调节pH，100目尼龙网过滤、出料。

(18) 内墙漆用叔丙乳液

① 配方

组 分	原 料	用量(质量份)
A(底料)	去离子水	45.00
	K-12	0.0440
	OP-10	0.0890
	$NaHCO_3$	0.0990
B(预乳液)	去离子水	15.00
	K-12	0.177
	OP-10	0.354
	甲基丙烯酸甲酯	34.02
	丙烯酸丁酯	13.79
	VV-10	16.60
	N-羟甲基丙烯酰胺	1.328
	丙烯酸	0.664
C(引发剂液)	过硫酸钾(初加)	0.100
	去离子水(初加)	2.000
	过硫酸钾(滴加)	0.232
	去离子水(滴加)	15.00
D(后消除)	TBHP	0.0720
	去离子水	1.500
	SFS(雕白块)	0.0600
	去离子水	1.500

配方核算：乳化剂/单体=1.03%；引发剂/单体=0.51%；阴离子乳化剂/非离子乳化剂=0.5；*N*-羟甲基丙烯酰胺/单体=2%；AA/单体=1%；固含量：45%。

② 合成工艺 将底料加入反应瓶，升温至78℃；取组分B的10%加入反应瓶打底，升温至84℃，加入初加KPS溶液；待蓝光出现，回流不明显时滴加剩余预乳液及滴加用引发剂液，约4h滴完；保温1h；降温为65℃，后消除，保温30min；降至40℃，用氨水调pH为7～8，过滤出料。

(19) 核壳结构叔丙乳液

① 配方

② 合成工艺 底料加入250mL四口烧瓶并升温至78℃，然后取核预乳液的15%～20%打底，当$T=84$℃时，一次性加入打底引发剂，待体系出现蓝光时，即可同时滴加核预乳液及引发剂，2h

组　分	原　料	用量(质量份)
A(底料)	去离子水	50.00
	K12	0.118
	OP-10	0.473
	$NaHCO_3$	0.099
B(核预乳液)	K12	0.158
	OP-10	0.631
	H_2O	6.000
	MMA	19.73
	BA	1.841
	VV-10	4.472
	AA	0.263
C(壳预乳液)	K12	0.118
	OP-10	0.473
	H_2O	9.000
	MMA	13.94
	BA	11.82
	VV-10	11.97
	AA	0.395
	NMA	1.314
D(打底引发剂液)	PPS	0.0990
	H_2O	9.000
E(滴加引发剂液)	PPS	0.230
	H_2O	10.00
F(后消除)	TBHP	0.0740
	TBHP 溶解水	1.500
	SFS	0.0600
	SFS 溶解水	1.500
G	$NH_3 \cdot H_2O$	适量(调 pH 值)

加完，保温 1h；再滴加壳预乳液及引发剂，约 2.5h 滴完，保温 1h；再降至 65℃，后消除，保温 30min；最后降温至 40℃左右，用氨水调 pH 为 7～8，过滤出料。

(20) 增稠剂合成

① 配方

② 合成工艺　加入底料，将釜温升至并稳定于 79～81℃，加入 B，2min 后加入 18 份种子，当温度升至最高点反应 15min，开始滴加剩余 C、D，温控 79～81℃，时间 4.5h，D 晚 15min 滴完，滴毕保温 1h，降温至 30℃，100 目过滤、包装。

组　分	原　料	用量(质量份)
A(底料)	去离子水	201.0
	SDBS	0.220
B(引发剂)	SPS	0.320
	去离子水	6.000
	冲洗用水	3.000
C(单体液)	去离子水	165.0
	SDBS	2.400
	SIPOMER SEM-25	9.000
	EA	79.00
	LMA	27.00
	MAA	71.00
	冲洗用水	5.00
D(滴加引发剂)	SPS	0.760
	去离子水	40.00
E(补充用水)	去离子水	10.00

固含量：30%；中和前 pH 为 1.3。

(21) 疏水改性缔合型碱溶胀增稠剂合成

① 配方

组　分	原　料	用量(质量份)
A(底料)	去离子水	217.3
	ABEX EP 100	1.180
	SPS	0.530
	去离子水(冲洗用)	17.50
B(引发剂)	SPS	0.740
	去离子水	117.5
C(单体液)	去离子水	275.8
	ABEX EP 100	13.32
	SIPOMER SEM-25	7.250
	EA	174.3
	MAA	114.8
	去离子水(冲洗用)	50.00
D(补加引发剂)	SPS	0.530
	去离子水	8.820

注：ABEX EP 100 为烷基聚氧乙烯醚硫酸铵；SIPOMER SEM-25 为三苯乙基苯酚聚氧乙烯醚甲基丙烯酸酯。

② 合成工艺　加入底料，将釜温升至并稳定于 79～81℃，加

入5%的单体预乳液，当温度升至最高点反应15min，开始滴加剩余单体预乳液和引发剂液，温控79～81℃，时间4.5h，滴毕保温0.5h；加入补加引发剂，保温至0.5h；降温30℃，100目过滤、包装。

5.4 丙烯酸树脂水分散体的合成

5.4.1 配方设计

丙烯酸树脂水分散体的合成通常采用溶液聚合法，其溶剂应与水互溶；另外，在单体配方中往往含有羧基或叔氨基单体，前者用碱中和得到盐基，后者用酸中和得到季铵盐基，然后在强烈搅拌下加入水分别得到阴离子型和阳离子型丙烯酸树脂水分散体。加水后若没有转相，则体系似真溶液，补水到某一数值，完成转相后，外观则似乳液。两种离子型分散体中，阴离子型应用比较广泛。

丙烯酸树脂水分散体通常设计成共聚物，羧基型单体最常用的是丙烯酸或甲基丙烯酸，此外衣康酸、马来酸也有应用。为引入足够的盐基，实现良好的水可分散性，羧基单体用量一般在8%～20%，树脂酸值为40～60mgKOH/g（树脂）。其用量应在满足水分散性的前提下，尽量低些，以免影响耐水性。除羧基外，羟基、醚基、酰胺基对水稀释性亦有提高。另外，丙烯酸树脂水分散体通常设计成羟基型，以供同水性氨基树脂、封闭型水性多异氰酸酯配制烘漆，其羟值也是需要控制的一个重要指标。此外，*N*-羟甲基丙烯酰胺（NMA）可自交联、甲基丙烯酸缩水甘油酯与（甲基）丙烯酸可以加热交联以提高性能。

中和剂一般使用有机碱，如三乙胺（TEA）、二乙醇胺、二甲基乙醇胺（DMAE）、2-氨基-2-甲基丙醇（AMP）、*N*-乙基吗啉（NEM）等。其中三乙胺（TEA）挥发较快，对pH稳定不利；二甲基乙醇胺（DMAE）可能会和酯基发生酯交换，影响树脂结构和性能。2-氨基-2-甲基丙醇（AMP）、*N*-乙基吗啉（NEM）性能较好。另外，中和剂的用量应使体系的pH值位于7.0～7.5，不要太高，否则，将使体系黏度剧增，影响固含量和施工性能。

助溶剂也是合成丙烯酸树脂水分散体的重要组分，它不仅有利于溶液聚合的传质、传热，使聚合顺利进行，而且对加水分散及与氨基树脂的相容性和成漆润湿、流平性有关。综合考虑，醇醚类溶剂较好。因为乙二醇丁醚等溶剂对血液和淋巴系统有影响，同时严重损伤动物的生殖机能，造成畸胎、死胎。因此，应尽量不用乙二醇及其醚类溶剂。丙二醇及其醚类比较安全，可以用作助溶剂。正丁醇、异丙醇可以混合溶剂使用。

丙烯酸树脂水分散体若作为羟基组分，其合成配方中应加入分子量调节剂，如巯基乙醇、十二烷基硫醇等，巯基乙醇转移后的引发、增长可以在大分子端基引入羟基，可提高羟值及改善羟基分布。

5.4.2　合成工艺

丙烯酸树脂水分散体的合成采用油性引发剂引发、用亲水性的醇醚及醇类作混合溶剂、混合单体以“饥饿”方式滴加、用分子量调节剂控制分子量。水性树脂经碱中和实现其水分散性，在强力搅拌下加入去离子水，即得到透明或乳样的丙烯酸树脂水分散体。合成化学原理见图 5-8。

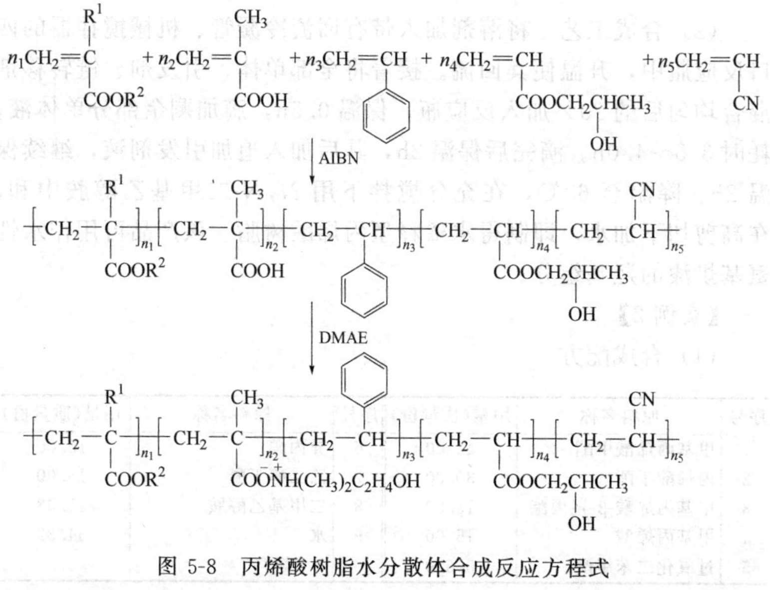

$$n_1CH_2{=}C(R^1)COOR^2 + n_2CH_2{=}C(CH_3)COOH + n_3CH_2{=}CH(C_6H_5) + n_4CH_2{=}CHCOOCH_2CH(OH)CH_3 + n_5CH_2{=}CHCN$$

$$\xrightarrow{AIBN} \left[CH_2-C(R^1)(COOR^2)\right]_{n_1}\left[CH_2-C(CH_3)(COOH)\right]_{n_2}\left[CH_2-CH(C_6H_5)\right]_{n_3}\left[CH_2-CH(COOCH_2CH(OH)CH_3)\right]_{n_4}\left[CH_2-CH(CN)\right]_{n_5}$$

$$\xrightarrow{DMAE} \left[CH_2-C(R^1)(COOR^2)\right]_{n_1}\left[CH_2-C(CH_3)(CO\overset{-}{O}\overset{+}{N}H(CH_3)_2C_2H_4OH)\right]_{n_2}\left[CH_2-CH(C_6H_5)\right]_{n_3}\left[CH_2-CH(COOCH_2CH(OH)CH_3)\right]_{n_4}\left[CH_2-CH(CN)\right]_{n_5}$$

图 5-8　丙烯酸树脂水分散体合成反应方程式

其中 R^1＝H、—CH_3；R^2＝—CH_3、—C_4H_9。

【实例 1】

（1）合成配方

序号	原料名称	用量(质量份)
01	甲基丙烯酸甲酯	15.00
02	丙烯酸丁酯	16.00
03	甲基丙烯酸丁酯	12.00
04	丙烯酸-β-羟丙酯	28.00
05	苯乙烯	8.000
06	丙烯腈	8.000
07	甲基丙烯酸	10.00
08	甲基丙烯酸缩水甘油酯	3.000
09	巯基乙醇	1.000
10	偶氮二异丁腈	1.500
11	正丁醇	19.22
12	乙醇	6.400
13	追加引发剂液(2 份正丁醇溶解)	0.300
14	二甲基乙醇胺	10.58
15	水	66.30

（2）合成工艺　将溶剂加入带有回流冷凝管、机械搅拌器的四口反应瓶中，升温使其回流。接着将全部单体、引发剂、链转移剂混合均匀后的 20％加入反应瓶，保温 0.5h，滴加剩余部分单体液，耗时 3.5～4.0h。滴完后保温 2h，其后加入追加引发剂液，继续保温 2h。降温至 60℃，在充分搅拌下用 *N*,*N*-二甲基乙醇胺中和，在高剪切下加水，即制得水稀释型丙烯酸树脂。该产品可用作水性氨基烘漆的羟基组分。

【实例 2】

（1）合成配方

序号	原料名称	用量(质量份)	序号	原料名称	用量(质量份)
1	甲基丙烯酸甲酯	42.00	6	异丙醇	15.00
2	丙烯酸丁酯	30.00	7	乙二醇丁醚	15.00
3	甲基丙烯酸-β-羟丙酯	13.00	8	二甲基乙醇胺	15.08
4	甲基丙烯酸	15.00	9	水	54.32
5	过氧化二苯甲酰	0.600			

（2）合成工艺　将溶剂加入带有回流冷凝管、机械搅拌器、恒压滴液漏斗和温度计的四口反应瓶中，开动搅拌，升温至82℃使溶剂回流。接着将全部单体、引发剂混合均匀，取其20%加入反应瓶，保温0.5h，然后滴加剩余单体液，耗时约3.5～4.0h。滴完后保温3h。降温至60℃，在充分搅拌下用*N*,*N*-二甲基乙醇胺中和，在高剪切下加入去离子水，即得水可稀释型丙烯酸树脂。

【实例3】

（1）合成配方

序号	原　料　名　称	用量(质量份)
1	乙酸正丁酯	100
2	甲基丙烯酸甲酯 丙烯酸丁酯 甲基丙烯酸-β-羟乙酯 丙烯酸	99.44 228.6 174.9 45.72
3	偶氮二异丁腈 乙酸正丁酯	19.05 297.2
4	过氧化2-乙基己酸叔丁酯(追加引发剂) 乙酸正丁酯	3.81 7.62
5	氨水(25%)	25.91
6	去离子水	1120

（2）合成工艺　将乙酸正丁酯加入反应器，通氮驱氧，升温至110℃，开动搅拌，滴加2混合单体液和3引发剂液，4h加完，再滴加追加引发剂，保温4h，降温，加入氨水和去离子水，70℃，400mbar（40kPa）真空度下脱除溶剂得30%的水性丙烯酸酯二级分散体。指标：固含量30%；黏度10000mPa·s；羟值4.0%（以固体计）；酸值65mgKOH/g。该产品可用于双组分水性聚氨酯树脂的羟基组分，其特点是羟值较高，成本较低，光泽高。

5.5　水性丙烯酸树脂的应用

建筑涂料是指涂装于建筑物表面，并能与建筑物表面材料很好地黏结，形成完整的涂膜，这层涂膜能够为建筑物表面起外装饰作用、保护作用或特殊的功能作用。在建筑涂料中，乳胶漆是产量最大、用途最广的产品，它已形成了系列化的产品。乳胶漆也称为合成树脂乳液涂料，是有机涂料的一种，是以合成树脂乳液为基料，加入颜料、填料及各种助剂配制而成的一类水性涂料。建筑涂料用作建筑物的装饰材料，与其他涂层材料或贴面材料相比，具有方便、经济、基本上不增加建筑物自重、施工效率高、翻新维修方便等优点，涂膜色彩丰富，装饰质感好，并能提供多种功能。建筑涂料作为建筑内外墙装饰主体材料的地位已经确立。

根据成膜物质的不同，乳胶漆主要有聚醋酸乙烯基乳胶漆、纯丙基乳胶漆、苯丙基乳胶漆、叔丙基乳胶漆、醋丙基乳胶漆、叔醋基乳胶漆、硅丙基乳胶漆及氟聚合物基乳胶漆等品种；根据产品适用场合的不同，乳胶漆分为内墙乳胶漆、外墙乳胶漆、木器用乳胶漆、金属用乳胶漆及其他专用乳胶漆（如皮革涂饰剂、纸张光油）等；根据涂膜的光泽高低及其装饰效果又可分为无光、亚光、半光、丝光和有光等类型；按涂膜结构特征可分为热塑性乳胶漆和热固性乳胶漆；热固性乳胶漆又可以分为单组分自交联型、单组分热固型和双组分热固型三种；按基料的电荷性质，可分为阴离子型和阳离子型两类。

水性丙烯酸树脂目前主要用于建筑内墙、外墙涂料，其他产品的应用也越来越重要。

5.6 结语

水性丙烯酸树脂是水性树脂中最为成熟的产品。但也存在一些缺点：胶粒粒度较大，对基材润湿、渗透性不佳；乳化剂的存在影响涂膜致密性、耐水性和光泽；涂膜易返黏。为克服这些问题，近年来一些新的乳液聚合技术不断涌现，如核壳乳液聚合、无皂乳液聚合、微乳液聚合、聚氨酯改性技术、氟硅单体改性技术、自交联技术、有机-无机杂化技术等。我们要密切跟踪这些技术，勇于创新，就能推进我国水性丙烯酸树脂的研究和开发，实现水性树脂行业的技术进步。

第6章　水性聚氨酯树脂

6.1 概述

1937年，德国化学家Otto Bayer及其同事用多异氰酸酯和多羟基化合物通过聚加成反应合成了一种新型聚合物，标志着聚氨酯的开发成功。最初使用的多异氰酸酯为甲苯二异氰酸酯，属芳香族。20世纪60年代以来，又陆续开发出了脂肪族多异氰酸酯。其后的技术进步和产业化促进了聚氨酯科学和技术的快速发展，使聚氨酯树脂在涂料、黏合剂及弹性体行业取得了重要应用。据有关文献报道，在全球聚氨酯产品的消耗总量中，北美洲和欧洲占到70%左右，美国人均年消耗聚氨酯材料约5.5kg，西欧约6.5kg；我国的消费水平还很低，年人均不足0.5kg，具有极大发展空间。

聚氨酯（polyurethane）大分子主链上含有许多氨基甲酸酯基（$—NH—\overset{\overset{O}{\|}}{C}—O—$），此外，大分子链上还往往含有醚基（—O—）、酯基（$—\overset{\overset{O}{\|}}{C}—O—$）、脲基（$—NH—\overset{\overset{O}{\|}}{C}—NH—$）、酰胺基（$—NH—\overset{\overset{O}{\|}}{C}—$）等基团，大分子间很容易生成分子间或分子内氢键。

聚氨酯是综合性能优秀的合成树脂之一。由于其合成单体品种多，反应条件温和、专一、可控，配方调整余地大及其高分子材料的微观结构（存在微观相分离）特点，可广泛用于涂料、黏合剂、泡沫塑料、合成纤维以及弹性体，已成为人们衣、食、住、行以及高新技术领域必不可少的合成材料之一，其本身已经构成了一个多品种、多系列的材料家族，形成了完整的聚氨酯工业体系，这是其他树脂所不具备的。

早期的聚氨酯涂料都是油性的，其产品品种众多、用途广泛，在涂料产品中占有非常重要的地位。聚氨酯涂料因其涂膜具有良好的耐磨性、耐腐蚀性、耐化学品性、硬度大、高弹性等优点，且组分调节灵活，已广泛应用于家具涂装、金属防腐、汽车涂装、飞机蒙皮、地板漆、路标漆等。聚氨酯涂料是涂料工业中增长速度最快的品种之一，据文献报道，在美国，其增长率 2 倍于涂料工业的增长率，用量居醇酸涂料与环氧涂料之间。

我国的聚氨酯涂料以芳香族木器家具涂料及地板清漆为主，脂肪族多异氰酸酯大多产自国外，因其不泛黄，耐日晒，大多应用于高档产品，如飞机蒙皮、汽车及高档建筑等。目前我国的聚氨酯涂料以双组分醇酸聚氨酯涂料为主，该类涂料由 TDI 预聚物与含羟基的醇酸树脂制成，因其泛黄严重，只能用于深色室内用涂料。随着技术的发展，尤其是高装饰性耐候涂料需求量的增长，可采用不泛黄的脂肪族聚氨酯原料，以改进泛黄性，提高耐候性。涂料用的脂肪族多异氰酸酯主要有 1,6-己二异氰酸酯（HDI)、异佛尔酮二异氰酸酯（IPDI)、氢化二苯甲烷二异氰酸酯（HMDI）及其衍生物，用量最大的为 HDI。为了提高聚氨酯涂料的产品质量和降低生产成本，国内聚氨酯涂料生产厂家选用异氰酸酯预聚物作固化剂，主要有加成物、缩二脲和三聚体。20 世纪 90 年代初，单组分聚氨酯涂料也形成了一定的生产规模，主要以聚氨酯油为基料，可以生产清漆和色漆。

水性聚氨酯的研究始自 20 世纪 50 年代，1953 年，Du Pont 公司的研究人员将端异氰酸酯基预聚体的甲苯溶液分散于水中，用乙二胺扩链合成水性 PU。当时，聚氨酯材料科学刚刚起步，水性 PU 未受到重视。60、70 年代，对水性聚氨酯的研究、开发迅速发展，70 年代开始工业化生产用作皮革涂饰剂的水性聚氨酯。进入 90 年代，随着人们环保意识以及环保法规的加强，环境友好的水性聚氨酯的研究、开发日益受到重视，其应用已由皮革涂饰剂不断扩展到涂料、黏合剂等领域，正在逐步占领溶剂型聚氨酯的市场，代表着涂料、黏合剂的发展方向。在水性树脂中，水性聚氨酯也是优秀树脂的代表，是现代水性树脂研究的热点之一。水性聚氨酯涂料是以水性聚氨酯树脂为基础，以水为分散介质配制的涂料，具有毒性小、不易燃烧、不污染环境、节能、安全等优点，同时还具有溶剂型聚氨酯涂料的一些性能，将聚氨酯涂料硬度高，附着力强，耐磨性、柔韧性好等优点与水性涂料的低 VOC 相结合。同时由于聚氨酯分子具有可剪裁性，结合新的合成和交联技术，可有效控制涂料的组成和结构，是近年来发展最快的水性涂料产品。水性聚氨酯涂料有单组分和双组分之分，单组分水性聚氨酯涂料的聚合物相对分子质量较大，成膜过程中一般不发生交联，具有施工方便的优点。双组分水性聚氨酯涂料由含羟基的水性树脂和含异氰酸酯基的固化剂组成，施工前将两者混合，成膜过程中发生交联反应，涂膜性能好。

6.2 聚氨酯化学

6.2.1 异氰酸酯的反应机理

异氰酸酯指结构中含有异氰酸酯（—NCO，即—N═C═O）基团的化合物，其化学活性适中。一般认为异氰酸酯基团具有如下的电子共振结构：

$$R-\overset{\ominus}{N}-\overset{\oplus}{C}=O \longleftrightarrow R-N=C=O \longleftrightarrow R-N=\overset{\oplus}{C}-\overset{\ominus}{O}$$

根据异氰酸酯基团中 N、C、O 元素的电负性排序：O(3.5)＞N(3.0)＞C(2.5)，三者获得电子的能力是：O＞N＞C。另外：—C═O键能为 733kJ/mol，—C═N—键能为 553kJ/mol，所以碳氧键比碳氮键稳定。

因此，由于诱导效应，在—N═C═O 基团中氧原子电子云密度最高，氮原子次之，碳原子最低，碳原子形成亲电中心，易受亲核试剂进攻，而氧原子形成亲核中心。当异氰酸酯与醇、酚、胺等含活性氢的亲核试剂反应时，—N═C═O 基团中的氧原子接受氢原子形成羟基，但不饱和碳原子上的羟基不稳定，经过分子内重排生成氨基甲酸酯基。反应如下：

$$R^1-NCO+H-OR^2 \longrightarrow [R^1-N=\underset{\substack{|\\OR^2}}{C}-OH] \longrightarrow R^1-\underset{\substack{|\\H}}{N}-\overset{\substack{O\\\|}}{C}-OR^2$$

6.2.2 异氰酸酯的反应类型

异氰酸酯基团具有适中的反应活性，涂料化学中常用的反应有异氰酸酯基团与羟基的反应，与水的反应，与氨基的反应，与脲的反应，以及其自聚反应等。

其中多异氰酸酯同羟基化合物的反应尤为重要，其反应条件温和，可用于合成聚氨酯预聚体、多异氰酸酯的加和物以及羟基型树脂（如羟基丙烯酸树脂、羟基聚酯和羟基短油醇酸树脂等）的交联固化。配漆时 $n_{NCO}:n_{OH}$ 一般在（1～1.05）：1。水性化多异氰酸酯用于水性羟基组分的交联，此时 $n_{NCO}:n_{OH}$ 一般在（1.2～1.6）：1。

异氰酸酯基和水的反应机理如下：

$$R-NCO+H_2O \longrightarrow R-\underset{|}{\overset{H}{N}}-\overset{O}{\overset{\|}{C}}-OH$$

$$R-\underset{}{\overset{H}{\overset{|}{N}}}-\overset{O}{\overset{\|}{C}}-OH \longrightarrow R-NH_2+CO_2$$

该反应是湿固化聚氨酯成膜的主要反应，也用于合成缩二脲以及芳香族异氰酸酯基的低温扩链合成水性聚氨酯。脂肪族异氰酸酯基活性较低，低温下同水的反应活性较小。一般的聚氨酯化反应在50～100℃反应，水的分子量又小，微量的水就会造成体系中 NCO 基团的大量损耗，造成反应官能团的摩尔比变化，影响聚合度的提高，严重时导致凝胶，因此聚氨酯化反应原料、盛器和反应器必须做好干燥处理。

异氰酸酯基和胺的反应生成脲，反应如下：

$$R-NCO+H_2N-R' \longrightarrow R-\overset{H}{\overset{|}{N}}-\overset{O}{\overset{\|}{C}}-\overset{H}{\overset{|}{N}}-R'$$

取代脲氮原子上的活性氢可以继续与异氰酸酯基反应生成二脲、三脲等，聚脲通常为白色的不溶物，由此可用苯胺检验 NCO 基的存在。反应温度对脲的生成影响较大，如在制备缩二脲时，反应温度应低于 100℃。异氰酸酯基和胺的反应常用于脂肪族水性聚氨酯合成时预聚体在水中的扩链，此时氨基的活性远大于水的活性，通过脲基生成高分子量的聚氨酯。另外，位阻胺（如 MOCA，即 3,3′-二氯-4,4′-二氨基二苯基甲烷）活性适中，可以同预聚体的

NCO基在室温反应。

芳香族异氰酸酯基在100℃以上可以和聚氨酯化反应所生成的氨基甲酸酯基反应生成脲基甲酸酯。所以聚氨酯化反应的反应温度应低于100℃，以防止脲基甲酸酯的生成而导致支化和交联。

$$\mathrm{R{-}NCO + R'{-}\underset{}{N}(H){-}\overset{O}{\overset{\|}{C}}{-}OR'' \longrightarrow R'{-}N(C(=O){-}NHR){-}\overset{O}{\overset{\|}{C}}{-}OR''}$$

异氰酸酯还可以发生自聚反应。其中芳香族的异氰酸酯容易生成二聚体——脲二酮：

$$\mathrm{Ar{-}NCO + OCN{-}Ar \xrightleftharpoons{加热} Ar{-}N\langle(C{=}O)_2\rangle N{-}Ar}$$

该二聚反应是一个可逆反应，高温时可以分解。

在催化剂存在下，二异氰酸酯会聚合成三聚体，其性质稳定、漆膜干性快，属于高端的双组分聚氨酯涂料的多异氰酸酯固化剂，预计其应用将不断增加。三聚反应是不可逆的，其合成催化剂主要有叔胺、三烷基磷、碱性羧酸盐等。二异氰酸酯合成三聚体时可以用一种单体也可以用混合单体，如德国Bayer公司的Desmoder HL就是TDI和HDI合成的混合型三聚体。

$$\mathrm{3R{-}NCO \longrightarrow (RN{-}C{=}O)_3}\ \text{（异氰脲酸酯环，三个N上各连R）}$$

6.2.3 异氰酸酯的反应活性

异氰酸酯的反应活性主要受其取代基的电子效应和位阻效应的影响。

6.2.3.1　电子效应的影响

当R为吸电性基团时，会增强—N═C═O基团中碳原子的正电性，提高其亲电性，更容易同亲核试剂发生反应；反之，当R为供电性基团时，会增加—N═C═O基团中碳原子的电子云密度，降低其亲电性，削弱同亲核试剂的反应。由此可以排出下列异氰酸酯的活性顺序：

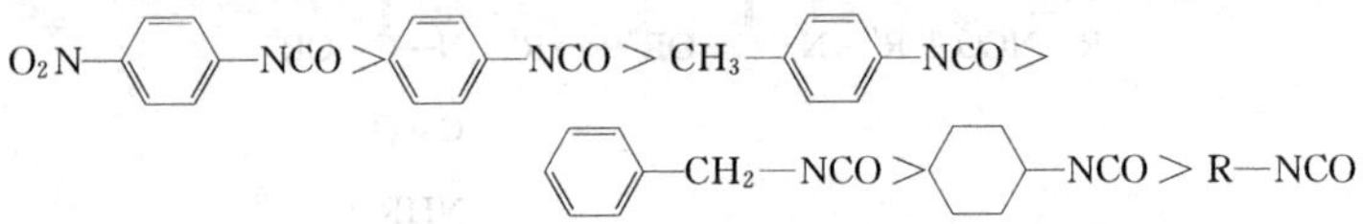

O_2N—⌬—NCO > ⌬—NCO > CH_3—⌬—NCO >

⌬—CH_2—NCO > ⬡—NCO > R—NCO

由于电子效应的影响，聚氨酯合成用的二异氰酸酯的活性往往增加。而当第一个—N═C═O基团反应后，第二个的活性往往降低。如甲苯二异氰酸酯，两个—N═C═O基团活性相差2～4倍。但当二者距离较远时，活性差别减少，如MDI上的两个—N═C═O基团活性接近。

6.2.3.2　位阻效应的影响

位阻效应亦影响—N═C═O基团的活性。甲苯二异氰酸酯有两个异构体：2,4-甲苯二异氰酸酯和2,6-甲苯二异氰酸酯，前者的活性大于后者，其原因在于2,4-甲苯二异氰酸酯中，对位上的—NCO基团远离—CH_3基团，几乎无位阻；而在2,6-甲苯二异氰酸酯中，两个—NCO基团都在—CH_3基团的邻位，位阻较大。另外，甲苯二异氰酸酯中两个—NCO基团的活性亦不同。2,4-TDI中，对位—NCO基团的活性大于邻位—NCO的数倍，因此在反应过程中，对位的—NCO基团首先反应，然后才是邻位的—NCO基团参与反应。在2,6-TDI中，由于结构的对称性，两个—NCO基团的初始反应活性相同，但当其中一个—NCO基团反应之后，由于失去诱导效应，再加上空间位阻，剩下的—NCO基团反应活性大大降低。

6.3 水性聚氨酯的合成单体

6.3.1 多异氰酸酯

多异氰酸酯可以根据异氰酸酯基与碳原子连接的结构特点，分为四大类：芳香族多异氰酸酯（如甲苯二异氰酸酯，即TDI)、脂肪族多异氰酸酯（六亚甲基二异氰酸酯，即HDI)、芳脂族多异氰酸酯（即在芳基和多个异氰酸酯基之间嵌有脂肪烃基——常为多亚甲基，如苯二亚甲基二异氰酸酯，即XDI）和脂环族多异氰酸酯（即在环烷烃上带有多个异氰酸酯基，如异佛尔酮二异氰酸酯，即IPDI)。芳香族多异氰酸酯合成的聚氨酯树脂户外耐候性差，易黄变和粉化，属于“黄变性多异氰酸酯”，但价格低，来源方便，在我国应用广泛，如TDI常用于室内涂层用树脂；脂肪族多异氰酸酯耐候性好，不黄变，其应用不断扩大，在欧、美等发达地区和国家已经成为主流的多异氰酸酯单体；芳脂族和脂环族多异氰酸酯接近脂肪族多异氰酸酯，也属于“不黄变性多异氰酸酯”。

6.3.1.1　芳香族多异氰酸酯

聚氨酯树脂中90%以上属于芳香族多异氰酸酯。同芳基相连的异氰酸酯基团对水和羟基的活性比脂肪基异氰酸酯基团更活泼。基于MDI的聚氨酯由于高的苯环密度，其力学性能也较脂肪族多异氰酸酯的聚氨酯更为优异。以下是一些常用的产品。

(1) 甲苯二异氰酸酯（toluene diisocyanate，TDI）　甲苯二异氰酸酯是开发最早、应用最广、产量最大的二异氰酸酯单体；根据其两个异氰酸酯（—NCO）基团在苯环上的位置不同，可分为2,4-甲苯二异氰酸酯（2,4-TDI）和2,6-甲苯二异氰酸酯（2,6-TDI）。

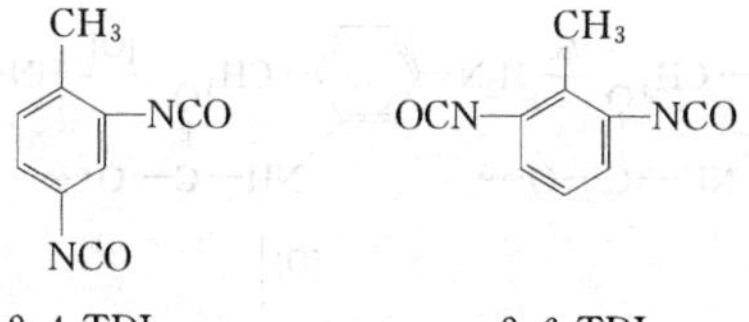

CH_3　NCO　NCO

2,4-TDI

CH_3　OCN　NCO

2,6-TDI

室温下，甲苯二异氰酸酯为无色或微黄色透明液体，具有强烈的刺激性气味。市场上有3种规格的甲苯二异氰酸酯出售。T-65为2,4-TDI、2,6-TDI两种异构体质量比为65%∶35%的混合体；T-80为2,4-TDI、2,6-TDI两种异构体质量比为80%∶20%的混合体，其产量最高、用量最大，性价比高，涂料工业常用该牌号产品；T-100为2,4-TDI含量大于95%的产品，2,6-TDI含量甚微，其价格较贵。德国Bayer公司TDI产品性能指标见表6-1。2,4-TDI其结构存在不对称性，由于—CH_3的空间位阻效应，4位上的—NCO的活性比2位上的—NCO的活性大，50℃反应时相差约8倍，随着温度的提高，活性越来越靠近，到100℃时，二者即具有相同的活性。因此，设计聚合反应时，可以利用这一特点合成出结构规整的聚合物。TDI的缺点是蒸气压大，易挥发，毒性大，通常将其转变成低聚物（oligomer）后使用；而且由其合成的聚氨酯制品存在比较严重的黄变性。黄变性的原因在于芳香族聚氨酯的光化学反应，生成芳胺，进而转化成了醌式或偶氮结构的生色团。

表6-1 德国Bayer公司TDI产品性能指标

项　　目	T65	T80	T100
2,4-TDI含量/%	65.5±1	79±1	≥97.5
TDI纯度/%	>99.5	>99.5	>99.5
凝固点/℃	6～7	12～13	>20
水解氯/%	<0.01	<0.01	≤0.01
酸度/%	<0.01	<0.01	≤0.004
总氯量/%	<0.1	<0.1	≤0.01
色度(AHPA)	<50	<50	20
相对密度d_4^{25}	1.22	1.22	1.22
沸点/℃	246～247	246～247	251
黏度(25℃)/mPa·s	约3	约3	3
闪点/℃	127	127	127

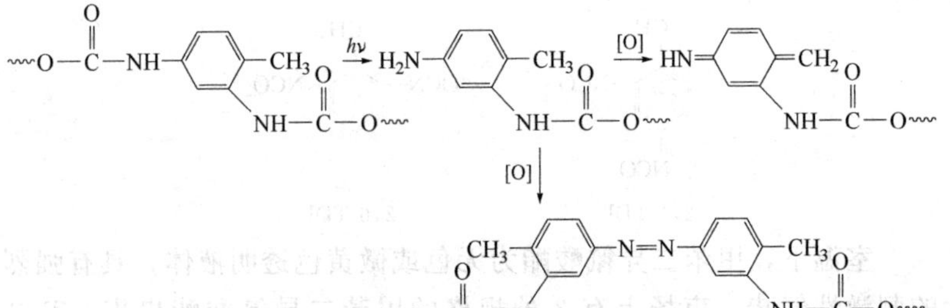

TDI与三羟甲基丙烷的加和物是重要的溶剂型双组分聚氨酯涂料的固化剂，Bayer公司产品牌号为Desmodur R，其为75%的乙酸乙酯溶液，NCO含量为13.0%±0.5%，黏度（20℃）约为

(2000±500)mPa·s。

$$H_5C_2-C-[CH_2-O-CO-NH-C_6H_3(NCO)-CH_3]_3$$

甲苯二异氰酸酯具有强烈的刺激性气味，在人体中具有积聚性和潜伏性，对皮肤、眼睛和呼吸道有强烈刺激作用，吸入高浓度的甲苯二异氰酸酯蒸气会引起支气管炎、支气管肺炎和肺水肿；液体与皮肤接触可引起皮炎。液体与眼睛接触可引起严重刺激作用，如果不加以治疗，可能导致永久性损伤。长期接触甲苯二异氰酸酯可引起慢性支气管炎。对甲苯二异氰酸酯过敏者，可能引起气喘、呼吸困难和咳嗽。因此，操作时要戴防毒面具，工作场地要保持良好通风。多异氰酸酯固化剂中 TDI 的残留量也应该严格加以限制。

(2) 4,4′-二苯基甲烷二异氰酸酯及聚合二苯基甲烷二异氰酸酯　4,4′-二苯基甲烷二异氰酸酯（diphenylmethane-4,4′-diisocyanate，MDI）是继 TDI 后开发出来的重要的二异氰酸酯，亦称为亚甲基双（4-苯基）异氰酸酯或二苯甲烷-4,4′-二异氰酸酯；MDI 溶于苯、甲苯、氯苯、硝基苯、丙酮、乙醚、乙酸乙酯等溶剂，白色或浅黄色固体。MDI 分子量大，蒸气压远远低于 TDI，对工作环境污染小，单体可以直接使用，因此其产量不断提高。本品除用于聚氨酯涂料，还用于防水材料、密封材料的聚氨酯泡沫塑料，用作保暖（冷）、建材、车辆、船舶的部件；此外，也用于制造合成革、聚氨酯弹性纤维、无塑性弹性纤维、鞋底、薄膜、黏合剂等，应用非常广泛。MDI 的化学结构主要为 4,4′-MDI，此外还包括 2,4′-MDI 和 2,2′-MDI。其沸点、凝固点见表 6-2。

$$NCO-C_6H_4-CH_2-C_6H_4-NCO$$
4,4′-MDI

$$(2\text{-}NCO)C_6H_4-CH_2-C_6H_4-NCO$$
2,4′-MDI

$$(2\text{-}NCO)C_6H_4-CH_2-C_6H_4(2\text{-}NCO)$$
2,2′-MDI

表 6-2　MDI 异构体的沸点和凝固点

异　构　体	沸点/℃	凝固点/℃
4,4′-MDI	183(400Pa)	39.5
2,4′-MDI	154(173Pa)	34.5
2,2′-MDI	145(173Pa)	46.5

纯 MDI 室温下为白色结晶，但易自聚，生成二聚体和脲类等不溶物，使液体浑浊，产品颜色加深，影响使用和制品品质。加入稳定剂（如磷酸三苯酯、甲苯磺酰异氰酸酯及碳酰异氰酸酯等）可以提高其贮存稳定性，添加量为 0.1%～5%。

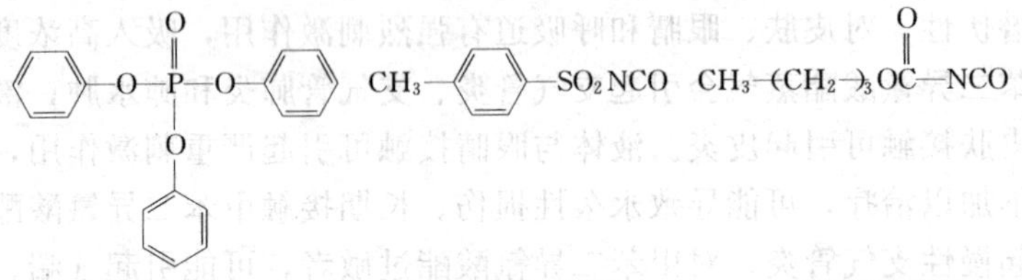

$CH_3-C_6H_4-SO_2NCO$　　$CH_3-(CH_2)_3-OC(=O)-NCO$

磷酸三苯酯　　甲苯磺酰异氰酸酯　　碳酰异氰酸酯

聚合二苯基甲烷多异氰酸酯（polyphenylmethane diisocyanate，聚合 MDI 或 PAPI）是 MDI 的低聚物，其结构式如下：

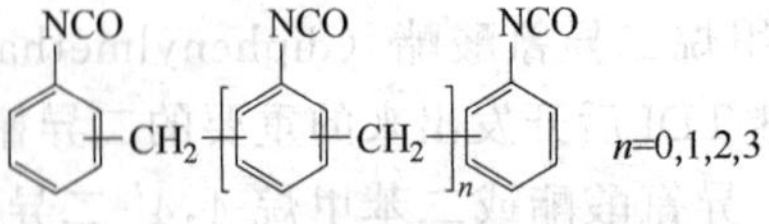

NCO　NCO　NCO　$-CH_2-$　$-CH_2-$　n=0,1,2,3

PAPI

PAPI 是一种不同官能度的多异氰酸酯的混合物，其中 $n=0$ 的二异氰酸酯（即 MDI）占混合物的 50%左右，其余是 3～5 官能度、平均分子量为 320～420 的低聚合度多异氰酸酯。MDI 和 PAPI 的质量指标见表 6-3。

表 6-3　MDI 和 PAPI 的质量指标

项　　目	MDI	PAPI
分子量	250.3	131.5～140(胺当量)
外观	白色至浅黄色结晶	棕色液体
相对密度	1.19(d_4^{20})	1.23～1.25(d_4^{25})
黏度(25℃)/mPa·s	常温下为固体	150～250
凝固点/℃	≥38	<10
纯度/%	≥99.6	
水解氯/%	≤0.005	≤0.1
酸度(以 HCl 计)/%	≤0.2	≤0.1
NCO 含量/%	约 33.4	30.0～32.0
沸点/℃	194～199(667Pa)	约 260(自聚放出 CO_2)
蒸气压(25℃)/Pa	约 1.33×10^{-3}	1.5×10^{-4}
色度(APHA)	30～50	
官能度	2	2.7～2.8
闪点/℃	199	>200

MDI也属于“黄变性多异氰酸酯”，且比TDI的黄变性更大，其黄变机理是氧化生成了醌亚胺结构：

$$\sim O-\overset{O}{\overset{\|}{C}}-\overset{H}{\overset{|}{N}}-C_6H_4-CH_2-C_6H_4-\overset{H}{\overset{|}{N}}-\overset{O}{\overset{\|}{C}}-O\sim$$

$$\downarrow [O]$$

$$\sim O-\overset{O}{\overset{\|}{C}}-\overset{H}{\overset{|}{N}}-C_6H_4-CH=C_6H_4=N-\overset{O}{\overset{\|}{C}}-O\sim$$

一醌亚胺

$$\sim O-\overset{O}{\overset{\|}{C}}-N=C_6H_4=C=C_6H_4=N-\overset{O}{\overset{\|}{C}}-O\sim$$

二醌亚胺

另外，由于MDI常温下为固体，装桶后形成整块固体，只有熔融后才能计量使用，能耗大，使用不便，存在安全隐患；而且，MDI活性大，稳定性差，其改性产品——液化（或改性）MDI应用更广。

液化MDI主要包括三种类型。

① 氨基甲酸酯化MDI 该法用大分子多元醇或小分子多元醇与大大过量的MDI反应生成改性的MDI，常温下该产物为液体，NCO含量约20%，贮存稳定性也大大提高。

$$2OCN-R-NCO+HO\sim\sim OH \longrightarrow OCN-R-NH\overset{O}{\overset{\|}{C}}O\sim\sim O\overset{O}{\overset{\|}{C}}HN-R-NCO$$

② 混合型MDI 该法系将4,4′-MDI与其他多异氰酸酯拼合而成。常用的拼合多异氰酸酯包括2,4′-MDI、TDI、聚合MDI及氨基甲酸酯化MDI等。此法操作简单，但拼混原料规格、配比要求高。该产品NCO含量为25%～45%。

③ 碳化二亚胺改性MDI MDI在磷化物等催化剂存在下加热，发生缩合，脱除CO_2，生成含有碳化二亚胺结构的改性MDI。该产品NCO含量约为30%。

$$2OCN-C_6H_4-CH_2-C_6H_4-NCO \longrightarrow OCN-C_6H_4-CH_2-C_6H_4-N=C=N-C_6H_4-CH_2-C_6H_4-NCO+CO_2$$

我国烟台万华聚氨酯股份有限公司从日本聚氨酯公司引进了一套每年万吨 MDI、PAPI 的联产装置，运行稳定，基本满足国内市场需求。

6.3.1.2 脂肪族多异氰酸酯

（1）六亚甲基二异氰酸酯（hexamethylene-1,6-diisocyanate，HDI） HDI 属典型的脂肪族二异氰酸酯。结构式为

$$OCN\text{—}(CH_2)_6\text{—}NCO$$

此产品为无色或淡黄色透明液体，蒸气压高，毒性大，有强烈的催泪作用，使用时应做好安全保护；另外，HDI 贮存时易自聚而变质。

HDI 的主要生产厂家为德国 Bayer 公司、法国 Rhodia 公司及日本聚氨酯公司等。六亚甲基二异氰酸酯的质量指标见表 6-4。

表 6-4 六亚甲基二异氰酸酯的质量指标

项 目	指 标
分子量	168.2
外观	无色或浅黄色透明液体
密度(20℃)/(g/mL)	1.05
黏度(20℃)/mPa·s	25
凝固点/℃	−67
纯度/%	≥99.5
水解氯/%	≤0.03
总氯量/%	≤0.1
酸度(以 HCl 计)/%	≤0.2
NCO 含量/%	约 33.4
沸点/℃	120～125(1.33kPa)
蒸气压(25℃)/Pa	约 1.33
闪点/℃	140

由于 HDI 分子量小，蒸气压高，有毒，一般经过改性后使用，其改性产品主要有 HDI 缩二脲和 HDI 三聚体，其质量指标见表 6-5。

表 6-5 HDI 缩二脲（HDB）、三聚体（HDT）的质量指标（Rhodia 公司）

项 目	HDI 缩二脲(HDB)	HDI 三聚体(HDT)
分子量	191	191
色度(APHA)	≤40	≤40
密度(20℃)/(g/mL)	1.12	1.16
黏度(20℃)/mPa·s	9000±2000	2400±400
游离单体含量/%	0.3	0.2
NCO 含量/%	22.0±1.0	22.0±0.5
闪点/℃	170	166

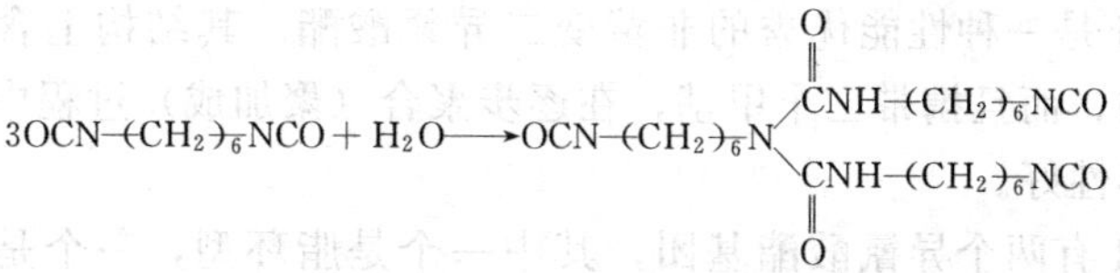

$$3OCN\text{-}(CH_2)_6\text{-}NCO + H_2O \longrightarrow OCN\text{-}(CH_2)_6\text{-}N\begin{matrix} C(=O)NH\text{-}(CH_2)_6\text{-}NCO \\ C(=O)NH\text{-}(CH_2)_6\text{-}NCO \end{matrix}$$

HDI 缩二脲

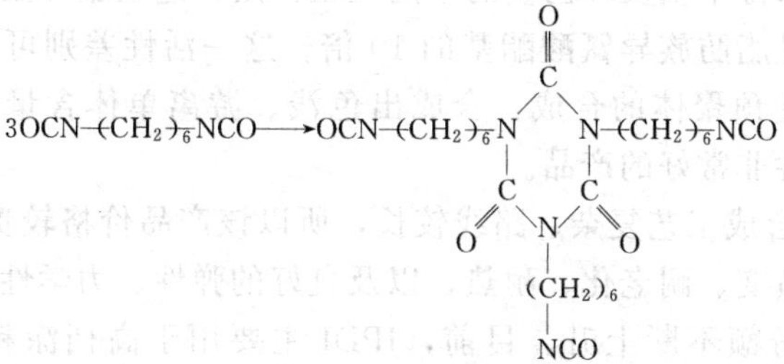

$$3OCN\text{-}(CH_2)_6\text{-}NCO \longrightarrow \text{HDI三聚体（异氰脲酸酯环，三个N上各连}(CH_2)_6\text{-}NCO\text{）}$$

HDI 三聚体

从性能上讲，HDT 比 HDB 色浅、游离单体含量低、黏度低、稳定性好，而且其成膜硬度高，耐候性也好，因此具有更大的竞争性。使用时，HDB、HDT 可以用甲苯、二甲苯、重芳烃及酯类溶剂稀释调黏度，用作溶剂型双组分聚氨酯漆的固化剂。

(2) 异佛尔酮二异氰酸酯（isophorone diisocyanate，IPDI） 异佛尔酮二异氰酸酯是 1960 年由赫斯（Hüls）公司首先开发成功，其学名为 3-异氰酸甲基-3,5,5-三甲基环己基异氰酸酯，其质量指标见表 6-6。

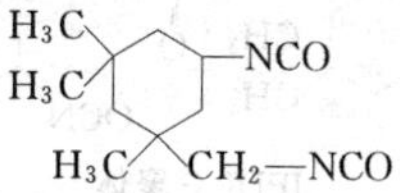

IPDI

表 6-6　异佛尔酮二异氰酸酯（IPDI）的质量指标

项　目	指　标	项　目	指　标
分子量	222.28	总氯量/10^{-6}	100～400
色度(APHA)	<30	NCO 含量/%	37.5～37.8
密度(20℃)/(g/mL)	1.058～1.064	沸点/℃	158(1.33kPa)
黏度(23℃)/mPa·s	13～15	蒸气压(20℃)/Pa	0.04
纯度/%	>99.5	闪点/℃	155
水解氯量/10^{-6}	80～200		

IPDI是一种性能优秀的非黄变二异氰酸酯。其结构上含有环己烷结构，而且携带三个甲基，在逐步聚合（聚加成）过程中同体系的相容性好。

IPDI有两个异氰酸酯基团，其中一个是脂环型，一个是脂肪型。由于邻位甲基及环已基的空间位阻作用，造成脂环型异氰酸酯基的活性是脂肪族异氰酸酯基的10倍。这一活性差别可以很好地用于聚氨酯预聚体的合成，合成出色浅、游离单体含量低、黏度低、稳定性非常好的产品。

IPDI合成工艺复杂、路线较长，所以该产品价格较贵。但是，由于其不黄变、耐老化、耐热，以及良好的弹性、力学性能，近年来其市场份额不断上升。目前，IPDI主要用于高档涂料，耐候、耐低温、高弹性聚氨酯弹性体以及高档的皮革涂饰剂的生产。

IPDI也可以制成三聚体使用，其三聚体具有优秀的耐候保光性，不泛黄，而且溶解性好，在烃类、酯类、酮类等溶剂中都可以溶解很好，同时，在配漆时同醇酸、聚酯、丙烯酸树脂等羟基组分

IPDI三聚体

表6-7　德固萨（Degussa）公司IPDI三聚体质量指标

项　目	VESTANAT T1890E	VESTANAT T1890S
固体分/%	70±1	70±1
—NCO含量/%	12.0±0.3	12.0±0.3
黏度(23℃)/mPa·s	900±250	1700±400
溶剂	醋酸正丁酯	醋酸正丁酯-SOLVESS-100(1∶2)
相对密度(15℃)	1.06	1.06
色度(APHA)	≤150	≤150
闪点(闭杯)/℃	30	41
游离IPDI含量/%	<0.5	<0.5

混溶性好。IPDI 三聚体为固体，软化点为 100～115℃，—NCO 含量 17%（质量分数），使用不便，因此一般配成 70%不同的溶液体系使用。表 6-7 是德固萨（Degussa）公司产品的质量指标。

（3）苯二亚甲基二异氰酸酯（xylylene diisocyanate，XDI）　苯二亚甲基二异氰酸酯是由混合二甲苯（71%间二甲苯、29%对二甲苯）用氨氧化成苯二甲腈，加氢还原成苯二甲氨，再经光气化而制成。XDI 属芳脂族多异氰酸酯，其质量指标见表 6-8。

CH_2NCO

CH_2NCO

XDI

表 6-8　苯二亚甲基二异氰酸酯（XDI）质量指标

项　目	指　标	项　目	指　标
异构体	间位 70%～75%	密度(20℃)/(g/mL)	1.202
	对位 30%～25%	黏度(20℃)/mPa·s	4
凝固点/℃	5.6	沸点/℃	161(1.33kPa)
分子量	188.19	蒸气压(20℃)/Pa	0.04
外观	无色透明液体	闪点/℃	185

由其结构可知，苯环和—NCO 基之间存在亚甲基，破坏了其间的共振现象，其聚氨酯制品具有稳定、不黄变的特点。

（4）4,4′-二环己基甲烷二异氰酸酯（dicyclohexy lmethane-4,4′-diisocyanate，H_{12}MDI）　4,4′-二环己基甲烷二异氰酸酯（H_{12}MDI）亦称为氢化 MDI，由于 MDI 的苯环被氢化，属脂环族多异氰酸酯，不黄变，其活性比 MDI 明显降低，另外，H_{12}MDI 蒸气压较高，毒性也较大。该产品 Bayer 公司现有生产，有关指标如表 6-9 所列。

表 6-9　4,4′-二环己基甲烷二异氰酸酯（H_{12}MDI）的指标

项　目	指　标	项　目	指　标
分子量	262	水解氯量/%	0.005
相对密度(d_4^{25})	1.07±0.02	蒸气压(25℃)/Pa	9.33×10^{-2}
色度(APHA)	≤35	闪点/℃	201
黏度(25℃)/mPa·s	30±10		

(5) 环己烷二亚甲基二异氰酸酯(H_6XDI) 环己烷二亚甲基二异氰酸酯(H_6XDI)即氢化苯二亚甲基二异氰酸酯。同XDI类似,由70%的间位和30%的对位异构体组成。日本武田药品公司生产XDI和H_6XDI。H_6XDI指标如表6-10所列。

表6-10 环己烷二亚甲基二异氰酸酯(H_6XDI)的指标

项目	指标	项目	指标
分子量	194.2	黏度(25℃)/mPa·s	5.8
相对密度(d_4^{25})	1.1	蒸气压(98℃)/Pa	53
凝固点/℃	−50	闪点/℃	150

(6) 四甲基苯二亚甲基二异氰酸酯(tetramethylxylylene diisocyanate,TMXDI) TMXDI是XDI的变体,XDI亚甲基上的两个氢原子被甲基取代而成TMXDI,由于甲基的引入,强化了空间位阻效应,使其聚氨酯制品的耐候性和耐水解性大大提高,同时—NCO的活性也大大降低,由其合成的预聚体黏度低,TMXDI可直接用于水性体系,或用于零VOC水性聚氨酯的合成。TMXDI的产品指标如表6-11所列。

CH_3
—C—NCO
CH_3
H_3C—C—CH_3
NCO

TMXDI

表6-11 四甲基苯二亚甲基二异氰酸酯(TMXDI)指标

项目	指标	项目	指标
外观	无色透明液体	黏度(20℃)/mPa·s	9
凝固点/℃	−10	沸点(0.4kPa)/℃	150
分子量	244.3	蒸气压(25℃)/Pa	0.39
—NCO含量/%	34.4	自燃点/℃	450
密度(20℃)/(g/mL)	1.05	闪点/℃	93

在上述二(多)异氰酸酯单体中,TDI、MDI芳香族二异氰酸酯单体国内已经实现工业化生产,HDI、IPDI等脂肪族高端二异氰酸酯单体产品完全依赖进口,由于价格昂贵,其推广、应用受到

了限制。由于芳香族二异氰酸酯户外易变黄，国外高档的聚氨酯产品主要使用 HDI、IPDI、H_{12}MDI。另外，二异氰酸酯单体蒸气压高、毒性大，常通过预逐步聚合提高其分子量，或者使之三聚化；其中，TDI、HDI、IPDI 三聚体主要由国外知名化工企业（Bayer、BASF、Rhodia 等）生产。HDI 同水反应生成的缩二脲也有越来越重要的应用。水性聚氨酯合成时常用的多异氰酸酯为 TDI、IPDI、HDI、TMXDI 等。

6.3.2 多元醇低聚物

多元醇低聚物（polyol）主要包括聚醚型、聚酯型两大类，它们构成聚氨酯的软段，分子量通常在 500～3000。不同的聚二醇与多异氰酸酯制备的 WPU 性能各不相同。一般说来，聚酯型 WPU 比聚醚型 WPU 具有较高的强度和硬度，这归因于酯基的极性大，内聚能（12.2kJ/mol）比醚基的内聚能（4.2kJ/mol）高，软段分子间作用力大，内聚强度较大，机械强度就高，而且酯基和氨基甲酸酯键间形成的氢键促进了软、硬段间的相混。并且由于酯基的极性作用，与极性基材的黏附力比聚醚型优良，抗热氧化性也比聚醚型好。为了获得较好的力学性能，应该采用聚酯作为 WPU 的软段。然而，由于聚醚型 WPU 醚基较易旋转，具有较好的低温柔顺性，并且聚醚中不存在易水解的酯基，其 WPU 比聚酯型耐水解性好，尤其是其价格非常具有竞争力。

国内聚醚多元醇主要由环氧乙烷、环氧丙烷、四氢呋喃单体的开环聚合合成，聚合体系中除了上述单体外，还存在催化剂（KOH）和起始剂（多元醇或胺）以控制聚合速率、分子量及其官能度。聚合反应式可用通式表示为

$$YH_n + xn\,CH_2\!-\!\underset{\diagdown O \diagup}{}\!CH(R) \xrightarrow{\text{碱}} Y\!-\!\!\left[\!\left(CH_2-\underset{|}{\overset{R}{CH}}-O\right)_{\!x}\!H\right]_n$$

其中 YH_n 为起始剂，常用的有多元醇（或胺）；n 为官能度；x 为聚合度；R 为氢或烷基。由上式可知聚醚多元醇的官能度与起始剂的官能度相等；而且一个起始剂分子生成一个聚醚多元醇大分子；人们可以利用调节起始剂用量和官能度的方法以控制聚醚多元

醇的分子量和官能度。三或四官能度以上的聚醚用于合成聚氨酯泡沫塑料。

聚环氧丙烷多元醇的聚合工艺为：将起始剂（如1,2-丙二醇）和强碱性催化剂（如KOH）加入不锈钢反应釜，升温至80～100℃，真空下脱除水得金属醇化物。将金属醇化物加入不锈钢聚合釜，升温至90～120℃，加入环氧丙烷，使釜压保持在0.07～0.35MPa聚合，分子量达标后回收环氧丙烷，经中和、过滤，精制得PPG。

聚氨酯合成常用的聚醚型二醇主要产品有：聚环氧乙烷二醇（聚乙二醇）（polyethylene glycol，PEG）、聚环氧丙烷二醇（聚丙二醇）（polypropylene glycol，PPG）、聚四氢呋喃二醇（polytetramethylene glycol，PTMEG）以及上述单体的共聚二醇或多元醇，其中PPG产量大、用途广，PTMEG综合性能优于PPG，PTMEG由阳离子引发剂引发四氢呋喃单体开环聚合生成，其产量近年来增长较快，国内已有厂家生产。PPG的主要生产厂家有：金陵石化二厂、天津石化二厂、上海高桥石化三厂、锦西化工总厂、东大化学工业集团公司等。聚环氧丙烷二醇的质量指标见表6-12。聚醚型水性聚氨酯低温柔顺性好，耐水解，价格低，但其耐氧化性和耐紫外线降解性差，强度、硬度也较低，属于低端产品。

表6-12 聚环氧丙烷二醇（PPG）的质量指标

项目	PPG-700	PPG-1000	PPG-1500	PPG-2000	PPG-3000
官能度	2	2	2	2	2
羟值/(mgKOH/g)	155～165	109～115	72～78	54～58	36～40
酸值(mgKOH/g) ≤	0.05	0.05	0.05	0.05	0.05
数均分子量	约700	约1000	约1500	约2000	约3000
pH值	6～7	5～8	5～8	5～8	5～8
水分/% ≤	0.05	0.05	0.05	0.05	0.05
相对密度	1.006	1.005	1.003	1.003	1.002
色度(APHA) ≤	50	50	50	50	50
总不饱和度/(meq/g) ≤	0.01	0.01	0.03	0.04	0.1

表6-13以济南圣泉集团股份有限公司聚四氢呋喃二醇（PTMEG）系列产品质量指标。

表 6-13 济南圣泉集团股份有限公司 PTMEG 系列产品质量指标

项 目	PTMEG-1000	PTMEG-2000
外观	白色蜡状固体（>40℃，无色油状液体）	白色蜡状固体（>40℃，无色油状液体）
羟值/(mgKOH/g)	107～118	56±2
数均分子量	950～1050	1900～2100
水分/%	<0.02	<0.02
相对密度(40℃)	0.97	0.97
色度(APHA) ≤	40	40
灰分含量/%	<0.003	<0.003

采用聚酯多元醇制备的聚氨酯水分散体有利于提高涂膜强度、硬度，但其耐水解性往往不如聚醚型产品，不同组成的聚酯多元醇耐水解稳定性相差很大。通常聚酯多元醇分子量越大，用量越多，则涂膜表面硬度、强度越低，但伸长率越大。改变合成用聚酯大单体的种类和用量可以制成软、硬度不同的系列聚氨酯产品，以适合不同的性能需求。

聚酯型多元醇从理论上讲品种是无限的，目前比较常用的有聚己二酸乙二醇酯二醇、聚己二酸-1,4-丁二醇酯二醇、聚己二酸己二醇酯二醇等。聚酯的国内生产厂家很多，但年生产能力大都在1000t以下，生产规模比较大的生产厂家主要有：烟台万华合成革厂、辽阳化纤厂、东大化学工业集团公司等。由2-甲基-1,3-丙二醇（MPD）、新戊二醇（NPG）、2,2,4-三甲基-1,3-戊二醇（TMPD）、2-乙基-2-丁基-1,3-丙二醇（BEPD）、1,4-环己烷二甲醇（1,4-CHDM）、己二酸（adipic acid）、六氢苯酐（HHPA）、1,4-环己烷二甲酸（1,4-CHDA）、壬二酸（AZA）、间苯二甲酸（IPA）衍生的聚酯二醇耐水解性大大提高，为提高聚酯型水性聚氨酯的贮存稳定性提供了原料支持，但其价格较贵。目前，水性聚氨酯用耐水解型聚酯二醇主要为进口产品，国内相关企业应加大该类产品的研发，以满足聚氨酯产业的发展。此外，聚己内酯二醇（PCL）、聚碳酸酯二醇也可以用于聚氨酯的合成，但价格较高。表6-14和表6-15为陶氏化学（DOW Chemical）的聚己内酯二醇（PCL）和日本旭化成的聚碳酸酯二醇（PCDL）的质量指标。

表 6-14 陶氏化学聚己内酯二醇（PCL）质量指标

型号	分子量	羟值/(mgKOH/g)	熔点/℃	黏度(55℃)/mPa·s	酸值/(mgKOH/g)	含水量/%
0200	530	212	30～40	90	≤0.25	≤0.003
0201	530	212	0～25	60	≤0.25	≤0.003
0210	830	133	35～45	170	≤0.25	≤0.003
2221	1000	112	15～40	180	≤0.25	≤0.003
0230	1250	90	40～50	280	≤0.25	≤0.003
0240	2000	56	45～55	650	≤0.25	≤0.003
0240HP	2000	56	45～55	650	≤0.25	≤0.003
0241	2000	56	40～53	450	≤0.25	≤0.003
0249	2000	56	43～55	650	≤0.25	≤0.003
1241	2000	56	40～53	450	≤0.25	≤0.003
2241	2000	56	40～53	450	≤0.25	≤0.003
0260	3000	37	50～60	1500	≤0.25	≤0.003
1270	4000	28	50～60	2900	≤0.25	≤0.003
1278	4000	28	50～60	1700	≤0.25	≤0.003

表 6-15 日本旭化成的聚碳酸酯二醇（PCDL）的质量指标

型号	分子量	外观	羟值/(mgKOH/g)	熔点/℃	黏度(50℃)/mPa·s	酸值/(mgKOH/g)	含水量/%
L6002	2000	白色固体	51～61	40～50	6000～15000	≤0.05	≤0.05
L6001	1000	白色固体	100～120	40～50	1100～2300	≤0.05	≤0.05
L5652	2000	黏性液体	51～61	<－5	7000～16000	≤0.05	≤0.05
L5651	1000	黏性液体	100～120	<－5	1200～2400	≤0.05	≤0.05

6.3.3 扩链剂

为了调节大分子链的软、硬链段比例，同时也为了调节分子量，在聚氨酯合成中常使用扩链剂。扩链剂主要是多官能度的醇类。如乙二醇、一缩二乙二醇（二甘醇）、1,2-丙二醇、一缩二丙二醇、1,4-丁二醇（BDO）、1,6-己二醇（HDO）、三羟甲基丙烷（TMP）或蓖麻油，其中 BDO 最常用，性能比较平衡。加入少量的三羟甲基丙烷（TMP）或蓖麻油等三官能度以上单体可在大分子链上造成适量的分支，可以有效地改善力学性能，但其用量不能太多，否则预聚阶段黏度太大，极易凝胶，一般加 1%（质量分数）左右，因为蓖麻油分子量较大（932，羟基平均官能度 2.7），其用量在 4%～10%。

6.3.4 溶剂

异氰酸酯基活性大，能与水或含活性氢（如醇、胺、酸等）的化合物反应，因此，若所用溶剂或其他单体（如聚合物二醇、扩链剂等）含有这些杂质，必将严重影响树脂的合成，结构和性能，严重时甚至导致事故，造成生命、财产损失。缩聚用单体、溶剂的品质要求达到所谓的“聚氨酯级”，纯度达到99.9%。溶剂中能与异氰酸酯反应的化合物的量常用异氰酸酯当量来衡量，异氰酸酯当量为1mol异氰酸酯（苯基异氰酸酯为基准物）完全反应所消耗的溶剂的质量（g）。换句话说，溶剂的异氰酸酯当量愈高，即其所含的活性氢类杂质愈低。用于聚氨酯化反应的溶剂的异氰酸酯当量应该大于3000，折算为水的质量分数应在10^{-5}，其原因就在于1mol水可以消耗2mol异氰酸酯基，若以常用的TDI为例，即18g水要消耗2×174gTDI，换言之，1质量份水要约消耗20质量份TDI，可见，要求其水含量应很低。表6-16为一些聚氨酯树脂常用溶剂的异氰酸酯当量。

表 6-16 常用溶剂的异氰酸酯当量

溶剂	异氰酸酯当量	溶剂	异氰酸酯当量
丁酮	3800	乙酸乙酯	5600
甲基异丁酮	5700	乙酸丁酯	3000
甲苯	>10000	醋酸溶纤剂	5000
二甲苯	>10000		

6.3.5 催化剂

催化剂能降低反应活性能，使反应速率加快，缩短反应时间，在聚氨酯制备中常常使用催化剂。对催化剂的一般要求是：催化活性高、选择性强。常用的催化剂为有机叔胺类及有机金属化合物。

一般公认的催化机理是基于异氰酸酯受亲核的催化剂进攻，生成中间络合物，再与羟基化合物反应。例如二异氰酸酯与二元醇的催化反应机理如下：

$$\mathrm{OCN{-}R{-}NCO + B:\ \xrightarrow[\text{(催化剂)}]{}\ OCN{-}R{-}N{=}\underset{}{\overset{O^-}{\overset{|}{C}}}{-}B^+}$$

$$\mathrm{OCN{-}R{-}N{=}\overset{O^-}{\overset{|}{C}}{-}B^+ + HO{-}R'{-}OH \longrightarrow \left[OCN{-}R{-}\overset{H}{\overset{|}{N}}{-}\overset{O^-}{\overset{|}{\underset{OR'OH}{\underset{|}{C}}}}{-}B^+\right] \longrightarrow}$$

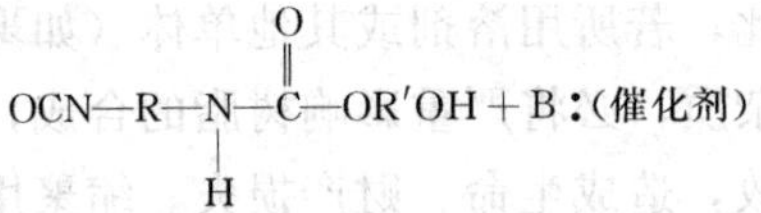

$$OCN-R-\underset{\displaystyle H}{\underset{|}{N}}-\overset{\displaystyle O}{\overset{\|}{C}}-OR'OH+B:(\text{催化剂})$$

叔胺类催化剂对—NCO 与—OH、H_2O、—NH_2 皆有很强的催化作用，相对而言，对—NCO 与—OH 的催化作用要小一些，没有有机锡好。叔胺类催化剂对—NCO 与 H_2O 催化作用特别有效，一般用于制备聚氨酯泡沫塑料、发泡型聚氨酯胶黏剂及低温固化型、潮气固化型聚氨酯胶黏剂。叔胺类催化剂有四种类型：脂肪族类，如三乙胺；脂环族类，如三亚乙基二胺；醇胺类，如三乙醇胺；芳香胺类。其中三亚乙基二胺最为常用。其结构式如下：

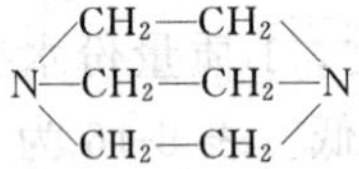

$$N\begin{cases}CH_2-CH_2\\CH_2-CH_2\\CH_2-CH_2\end{cases}N$$

三亚乙基二胺常温下为晶体，使用不便，可以将其配成 33% 的一缩丙二醇溶液，便于操作。

水性聚氨酯化反应通常使用的催化剂为有机锡化合物，如二丁基锡二月桂酸酯（T-12，DBTDL）和辛酸亚锡。它们皆为黄色液体，前者毒性较大，后者无毒。有机锡对—NCO 与—OH 的反应催化效果好，用量一般为固体分的 0.01%～0.1%。其结构式如下：

$$(H_9C_4)_2Sn(OOCC_{11}H_{23})_2$$

DBTDL

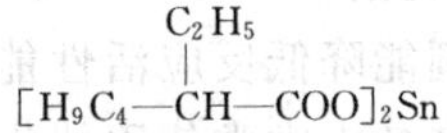

$$[H_9C_4-\overset{\displaystyle C_2H_5}{\overset{|}{CH}}-COO]_2Sn$$

辛酸亚锡

6.3.6 亲水单体（亲水性扩链剂）

亲水性扩链剂是水性聚氨酯制备中使用的水性化功能单体，它能在水性聚氨酯大分子主链上引入亲水基团。阴离子型扩链剂中带有羧基、磺酸基等亲水基团，结合有此类基团的聚氨酯预聚体经碱中和离子化，即呈现水溶性。常用的产品有：二羟甲基丙酸（dimethylol propionic acid，DMPA）、二羟甲基丁酸（dimethylol butanoic acid，DMBA）、1,4-丁二醇-2-磺酸钠、1,2-丙二醇-3-磺酸钠等。目前阴离子型水性聚氨酯合成的水性单体主要选用 DMPA。DMBA 活性比 DMPA 大，熔点低，可用于无助溶剂水性聚氨酯的合成，可使 VOC 降至接近 0。DMPA、DMBA 为白色结晶（或粉末），使用非常方便。合成叔胺型阳离子水性聚氨酯时，应在聚氨酯链上引入叔胺基团，再进行季铵盐化（中和）。而季铵化工序较为复杂，这是阳离子水性聚氨酯发展落后于阴离子水性聚氨酯的原因之一。阳离子型扩链剂有二乙醇胺、三乙醇胺、*N*-甲基二乙醇胺（MDEA）、*N*-乙基二乙醇胺（EDEA）、*N*-丙基二乙醇胺（PDEA）、*N*-丁基二乙醇胺（BDEA）、二甲基乙醇胺、双（2-羟乙基）苯胺（BHBA）、双（2-羟丙基）苯胺（BHPA）等，国内大多数采用 *N*-甲基二乙醇胺（MDEA）。非离子型水性聚氨酯的水性单体主要选用聚乙二醇，数均分子量通常大于 1000。

水性单体品种、用量对水性聚氨酯的性能具有非常重要的影响。其用量愈大，水分散体粒径愈细，外观愈透明，稳定性愈好，但对耐水性不利，因此，在设计合成配方时，应该在满足稳定性的前提下，尽可能降低水性单体的用量。

$$HOCH_2-\underset{COOH}{\overset{CH_3}{\underset{|}{\overset{|}{C}}}}-CH_2OH \qquad HOCH_2-\underset{COOH}{\overset{C_2H_5}{\underset{|}{\overset{|}{C}}}}-CH_2OH$$

DMPA　　　　DMBA

$$HOCH_2\underset{SO_3Na}{\underset{|}{CH}}CH_2CH_2OH \qquad HOH_5C_2N(CH_3)C_2H_5OH$$

6.3.7 中和剂（成盐剂）

中和剂是一种能和羧基、磺酸基或叔氨基成盐的试剂，二者作用所形成的盐基才使聚氨酯具有水中的可分散性。阴离子型水性聚氨酯使用的中和剂是三乙胺（TEA）、二甲基乙醇胺（DMEA）、二乙醇胺，一般室温干燥水性树脂使用三乙胺，烘干用树脂使用二甲基乙醇胺，中和度一般在 80%～95%之间，低于该区间时影响分散体的稳定性，高于此区间时外观变好，但耐水性变差；阳离子型水性聚氨酯使用的中和剂是盐酸、醋酸、硫酸二甲酯、氯代烃等。中和剂对体系稳定性、外观以及最终漆膜性能有重要的影响，使用时其品种、用量应作好优选。

6.4 水性聚氨酯的分类

水性聚氨酯原料繁多，配方多变，制备工艺也各不相同，为方便研究、应用，常对其进行适当分类。

（1）以外观分　水性聚氨酯可分为聚氨酯水溶液、聚氨酯水分散体和聚氨酯乳液。其性能差别见表 6-17。

表 6-17　水性聚氨酯的形态分类

项　目	水溶液	水分散液	水乳液
外观	透明	半透明	乳白
粒径	<1nm	1～100nm	>100nm
分子量	1000～10000	10^3～10^5	>5000

（2）以亲水性基团的电荷性质（或水性单体）分　水性聚氨酯可分为阴离子型水性聚氨酯、阳离子型水性聚氨酯和非离子型水性聚氨酯。其中阴离子型产量最大、应用最广。阴离子型水性聚氨酯又可分为羧酸型和磺酸型两大类。近年来，非离子型水性聚氨酯在大分子表面活性剂、缔合型增稠剂方面的研究越来越多。阳离子型水性聚氨酯渗透性好，具有抗菌、防霉性能，主要用于皮革涂饰剂。

（3）以合成用单体分　水性聚氨酯可分为聚醚型、聚酯型、聚碳酸酯型和聚醚、聚酯混合型。依照选用的二异氰酸酯的不同，水性聚氨酯又可分为芳香族、脂肪族、芳脂族和脂环族，或具体分为 TDI 型、IPDI 型、MDI 型等等。芳香族水性聚氨酯同油性聚氨酯类似，具有明显的黄变性，耐候性较差，属于低端普及型产品；脂肪族水性聚氨酯则具有很好的保色性、耐候性，但价格高，属于高端产品；芳脂族和脂环族的性能居于二者之间。

（4）以产品包装形式分　水性聚氨酯可分为单组分水性聚氨酯和双组分水性聚氨酯。单组分水性聚氨酯包括单组分热塑性、单组分自交联型和单组分热固性三种类型。单组分热塑性水性聚氨酯为线型或简单的分支型，属第一代产品，使用方便，价格较低，贮存稳定性好，但涂膜综合性能较差；单组分自交联型、热固性水性聚氨酯是新一代产品，通过引入硅交联单元或干性油脂肪酸结构形成自交联体系，通过水性聚氨酯的羟基和氨基树脂（HMMM）可以组成单组分热固性水性聚氨酯。自交联基团或加热（或室温）条件下可反应的基团，使涂膜综合性能得到了极大提高，其耐水、耐溶剂、耐磨性能完全可以满足应用，该类产品是目前水性聚氨酯的研究主流。双组分水性聚氨酯包括两种类型，一种由水性聚氨酯主剂和交联剂组成，如水性聚氨酯上的羧基可用多氮丙啶化合物进行外交联；另一种由水性羟基组分（可以是水性丙烯酸树脂、水性聚酯或水性聚氨酯）和水性多异氰酸酯固化剂组成；使用时将两组分混合，水挥发后，通过室温（或中温）可反应基团的反应，形成高度交联的涂膜，提高综合性能。其中后者是主导产品。

6.5 水性聚氨酯的合成原理

目前，阴离子型水性聚氨酯最为重要，芳香族水性聚氨酯的合成原理可用下列反应式表示：

$$\mathrm{HO{\sim\sim}OH + HO{-}R^1{-}OH + HOCH_2{-}\underset{\underset{COOH}{|}}{\overset{\overset{CH_3}{|}}{C}}{-}CH_2OH + 4OCN{-}R_2{-}NCO}$$

$$\downarrow$$

$$\mathrm{OCN{-}R_2{-}NH\overset{\overset{O}{\|}}{C}O{\sim\sim}O\overset{\overset{O}{\|}}{C}NH{-}R^2{-}NH\overset{\overset{O}{\|}}{C}OCH_2{-}\underset{\underset{COOH}{|}}{\overset{\overset{CH_3}{|}}{C}}{-}CH_2O\overset{\overset{O}{\|}}{C}NH{-}}$$

$$\downarrow \mathrm{NE_{t3}}$$

$$\mathrm{R^2{-}NH\overset{\overset{O}{\|}}{C}O{-}R^1{-}O\overset{\overset{O}{\|}}{C}NH{-}R^2{-}NCO}$$

$$\mathrm{OCN{-}R^2{-}NH\overset{\overset{O}{\|}}{C}O{\sim\sim}O\overset{\overset{O}{\|}}{C}NH{-}R^2{-}NH\overset{\overset{O}{\|}}{C}OCH_2{-}\underset{\underset{COOH^{-}\,{}^{+}NHE_{t3}}{|}}{\overset{\overset{CH_3}{|}}{C}}{-}CH_2O\overset{\overset{O}{\|}}{C}NH{-}}$$

$$\downarrow \mathrm{H_2O}$$

$$\mathrm{R^2{-}NH\overset{\overset{O}{\|}}{C}O{-}R^1{-}O\overset{\overset{O}{\|}}{C}NH{-}R^2{-}NCO}$$

$$\mathrm{H_2N{\sim\sim}NH\overset{\overset{O}{\|}}{C}NH{\sim\sim}NH\overset{\overset{O}{\|}}{C}NH{\sim\sim}NH_2}$$

$$\mathrm{\underset{}{|}\ COO^{-}\,{}^{+}NHE_{t3}}$$

中和之后加水乳化的同时，水也起到扩链剂的作用，扩链后大分子的端—NCO 基团转变为—NH_2，进一步同—NCO 反应，通过脲基（—NH—CO—NH—）使水性聚氨酯的分子量进一步提高。

脂肪族水性聚氨酯使用脂肪族二异氰酸酯（如 IPDI、TMXDI）为单体，其活性较低，因此，其在水中的扩链是通过在水中加入乙二胺、肼或二乙烯三胺（多乙烯多胺）进行的；此法溶剂用量低，无须脱除溶剂，工艺更可靠，可以实现真正意义上的绿色工艺生产。

6.6 水性聚氨酯的合成工艺

水性聚氨酯的合成可分为两个阶段。第一阶段为预逐步聚合，即由低聚物二醇、扩链剂、水性单体、二异氰酸酯通过溶液（或本体）逐步聚合生成分子量为 10^3 量级的水性聚氨酯预聚体；第二阶段为中和、预聚体在水中的分散和扩链。

早期水性聚氨酯的合成采用强制乳化法。即先制备一定分子量的聚氨酯聚合物，然后在强力搅拌下将其分散于加有一定乳化剂的水中。该法需要外加乳化剂，乳化剂用量大，而且乳液粒径大、分布宽、稳定性差，目前已经很少使用。

现在，水性聚氨酯的乳化主要采用内乳化法。该法利用水性单体在聚氨酯大分子链上引入亲水的离子化基团或亲水嵌段：—$COO^{-+}NHEt_3$、—$SO_3^{-+}Na$、—$N^{+-}Ac$、—OCH_2CH_2—等，在搅拌下自乳化而成乳液（或分散体）。这种乳液稳定性好，质量稳定。根据扩链反应的不同，自乳化法主要有丙酮法和预聚体分散法。

（1）丙酮法　该法在预聚中期、后期用丙酮或丁酮降低黏度，经过中和，高速搅拌下加水分散，减压脱除溶剂，得到水性聚氨酯分散体。该法工艺简单，产品质量较好，缺点是溶剂需要回收，回收率低，且难以重复利用。目前，我国主要使用该法合成普通型芳香族水性聚氨酯。

（2）预聚体分散法　即先合成带有—NCO端基的预聚体，通常加入少量的*N*-甲基吡咯烷酮调整黏度，高速搅拌下将其分散于溶有二（或多）元胺的水中，扩链，得高分子量的水性聚氨酯。美国等发达国家主要利用该法合成高档脂肪族水性聚氨酯。

6.7 水性聚氨酯的合成实例

6.7.1 非离子型水性聚氨酯的合成

目前，对于阴离子型聚氨酯乳液研究得较多，而对非离子型聚氨酯乳液的研究相对较少。疏水改性多嵌段非离子型聚氨酯分散体是最新一代水性涂料用缔合型增稠剂。与阴离子型聚氨酯乳液和阳离子型聚氨酯乳液相比，非离子型聚氨酯乳液具有较好的耐酸、耐碱、耐盐、耐高低温稳定性。

非离子型水性聚氨酯的制备方法是将非离子型亲水链段引入聚氨酯大分子链，亲水性链段一般是中低分子量的聚氧化乙烯。

（1）配方

序号	原　　料	规 格	用量(质量份)
1	聚乙二醇(PEG)	工业级，$\overline{M}_n$：6000	240.0
2	聚四氢呋喃二醇(PTMEG)	工业级，$\overline{M}_n$：2000	20.00
3	四甲基苯二亚甲基二异氰酸酯(TMXDI)	工业级	12.46
4	二丁基二月桂酸锡	工业级	0.320
5	去离子水		747.74

（2）合成工艺　将聚乙二醇（PEG）和聚四氢呋喃二醇（PTMEG）加入反应瓶中120℃真空脱水，然后降温至70℃，用1h滴加四甲基苯二亚甲基二异氰酸酯（TMXDI）。搅拌反应5h，测NCO含量，当NCO含量降至<0.1%，加入水，得非离子型聚氨酯分散体。黏度：8000mPa·s，可用作水性涂料缔合型水性增稠剂。

6.7.2 阴离子型水性聚氨酯的合成

【实例1】

（1）配方

序号	原　料	规格	用量/g
1	聚己二酸新戊二醇酯	工业级,$\overline{M}_n$:1000	230.0
2	二羟甲基丙酸	工业级	20.63
3	异佛尔酮二异氰酸酯	工业级	140.0
4	*N*-甲基吡咯烷酮	聚氨酯级①	98.00
5	二丁基二月桂酸锡	工业级	0.390
6	三乙胺	工业级	15.56
7	乙二胺	工业级	13.032
8	去离子水		744.56

① 水含量低于 0.05%，无羟基或氨基活性基团。

前段总单体质量$\sum m$/g	390.63	$\overline{X}_n$	4.110
单体总摩尔数$\sum n$/mol	1.0144	$\overline{M}_n$	1583
$M_{rsu}=\sum m/\sum n$	385.07	DMPA/PU(质量分数)/%	5.28
$\overline{f}$	1.5134		

(2) 配方核算

其中 M_{rsu} 为结构单元平均分子量，$\overline{f}$ 为平均官能度，$\overline{X}_n$ 为数均聚合度，$\overline{M}_n$ 为数均分子量，下同。

(3) 合成工艺

① 预聚体的合成　在氮气保护下，将聚己二酸新戊二醇酯、二羟甲基丙酸、*N*-甲基吡咯烷酮加入反应釜中，升温至 60℃，开动搅拌使二羟甲基丙酸溶解，滴加 IPDI，1h 加完，加入催化剂，保温 1h，然后升温至 80℃，保温 4h。

② 中和、分散　取样，用二正丁基胺返滴定法测 NCO 含量，达理论值（4.25%）后降温至 60℃，加入三乙胺中和反应 30min，降温至 20℃，在快速搅拌下加入冰水、乙二胺；继续高速分散 1h，400 目尼龙网过滤得带蓝色荧光的半透明状水性聚氨酯分散体。

【实例 2】

(1) 配方

序号	原　料	规 格	用量/g
1	聚己内酯二醇(PCL)	工业级,$\overline{M}_n$:2000	96.50
2	聚四氢呋喃二醇	工业级,$\overline{M}_n$:2000	283.5
3	1,4-丁二醇	工业级	27.16
4	二羟甲基丙酸	工业级	25.40
5	异佛尔酮二异氰酸酯	工业级	98.90
6	4,4′-二环己基甲烷二异氰酸酯(H_{12}MDI)	工业级	122.6
7	*N*-甲基吡咯烷酮	聚氨酯级	163.54
8	二丁基二月桂酸锡	工业级	0.650
9	三乙胺	工业级	19.16
10	乙二胺	工业级	12.26
11	去离子水		1334.4

（2）配方核算

前段总单体质量$\sum m$/g	654.16	$\overline{X}_n$	6.8663
单体总摩尔数$\sum n$/mol	1.595	$\overline{M}_n$	2817
$M_{rsu}=\sum m/\sum n$	410.23	DMPA/PU(质量分数)/%	3.88
$\overline{f}$	1.7087		

（3）合成工艺

① 将聚己内酯二醇、聚四氢呋喃二醇、二羟甲基丙酸、1,4-丁二醇加入反应瓶中，110℃脱水0.5h。

② 加入*N*-甲基吡咯烷酮（NMP），降温至70℃；搅拌下滴加异佛尔酮二异氰酸酯和4,4′-二环己基甲烷二异氰酸酯（$H_{12}MDI$），约1h加完；升温至80℃搅拌反应使—NCO含量降至约2.4%。降温至60℃，加入三乙胺中和，继续搅拌15min；加强搅拌，将冰水加入反应瓶，搅拌5min，加入乙二胺，强力搅拌20min，慢速搅拌2h得产品。

【实例3】内交联型水性聚氨酯合成

（1）配方

序号	原 料	规 格	用量(质量份)
1	聚碳酸酯二醇(PCDL)	工业级,$\overline{M}_n$:1000	750.0
2	三羟甲基丙烷	工业级	20.10
3	二羟甲基丙酸	工业级	73.70
4	异佛尔酮二异氰酸酯	工业级	519.5
5	*N*-甲基吡咯烷酮	聚氨酯级	340.83
6	二丁基二月桂酸锡	工业级	1.363
7	三乙胺	工业级	55.55
8	乙二胺	工业级	39.12
9	去离子水		3217

（2）配方核算

$\sum m$	1363.3	$\overline{M}_n$	1841
$\sum n$	3.7896	DMPA/P(质量分数)/%	5.406
$M_{rsu}=\sum m/\sum n$	359.8	TMP/P(质量分数)/%	1.474
$\overline{f}$	1.6091	IPDI/P(质量分数)/%	38.1
$\overline{X}_n$	5.117	$\overline{f}_{NCO}$	2.203

注：$\overline{f}_{NCO}$表示预聚体上NCO基团的平均官能度。

(3) 合成工艺

① 将聚碳酸酯二醇、DMPA、TMP 加入反应瓶中，120℃脱水 0.5h。

② N_2 保护下，加入 NMP，降温至 70℃；搅拌下滴加 IPDI，约 1h 加完，加入催化剂 1‰；升温至 80℃，搅拌反应使—NCO 含量降至 3.8%～4.0%。降温至 60℃，加入三乙胺，继续搅拌 15min；降温至 40℃，加强搅拌，将水加入反应瓶，搅拌 5min，加入乙二胺，强力搅拌 20min，慢速搅拌 1h 得产品。

【实例 4】芳香族水性聚氨酯皮革涂饰剂合成

(1) 配方

序号	原　　料	规　格	用量(质量份)
1	聚环氧丙烷二醇(PPG)	工业级,$\overline{M}_n$:1000	15.73
2	二羟甲基丙酸	工业级	1.936
3	丁二醇	工业级	3.330
4	蓖麻油	精炼工业级	1.483
5	甲苯二异氰酸酯	工业级	15.20
6	*N*-甲基吡咯烷酮	聚氨酯级	4.710
7	丙酮	聚氨酯级	4.710
8	二丁基二月桂酸锡	工业级	0.0381
9	三乙胺	工业级	1.461
10	去离子水		77.38

(2) 配方核算

Σm/g	37.679	DMPA/P(质量分数)/%	5.138
Σn/mol	0.1561	BDO/P(质量分数)/%	8.838
$M_{rsu}=\Sigma m/\Sigma n$	241.36	PPG/P(质量分数)/%	41.75
$\overline{f}$	1.7760	TDI/P(质量分数)/%	40.34
$\overline{X}_n$	8.9269	CO/P(质量分数)/%	3.94
$\overline{M}_n$	2155	$\overline{f}_{NCO}$	2.06

(3) 合成工艺

① 将 PPG、二羟甲基丙酸、CO、BDO 加入反应瓶中，110℃脱水 0.5h。

② N_2 保护下加入 NMP，使 DMPA 溶解，降温至 70℃；搅拌

下加入 TDI，2h 加完，加入催化剂；升温至 80℃搅拌反应使—NCO含量降至 3.2%～3.6%。降温至 60℃，加入三乙胺，继续搅拌 15min，降温至 40℃，加入丙酮调黏，强力搅拌下，将冰水加入反应瓶中，强力搅拌 20min，慢速搅拌 1h，过滤得产品。

【实例 5】木器漆用水性聚氨酯合成

（1）配方

序号	原　料	规　格	用量/g
1	聚酯二醇(PE)	工业级，$\overline{M}_n$:1000	58.951
2	二羟甲基丙酸(DMPA)	工业级	6.759
3	聚己内酯三元醇	工业级，$\overline{M}_n$:500	8.401
4	丁二醇(BDO)	工业级	5.251
5	异佛尔酮二异氰酸酯(IPDI)	工业级	70.817
6	*N*-甲基吡咯烷酮	聚氨酯级	37.54
7	二丁基二月桂酸锡	工业级	0.151
8	三乙胺	工业级	5.100
9	乙二胺	工业级	6.658
10	去离子水		295.66

（2）配方核算

Σm/g	150.138	$\overline{X}_n$	4.2757
Σn/mol	0.5034	$\overline{M}_n$	1275
$M_{rsu}=\Sigma m/\Sigma n$	298.22	DMPA/P(质量分数)/%	4.50
$\overline{f}$	1.5322		

（3）合成工艺

① 将 PE、DMPA、聚己内酯三元醇、BDO 加入反应瓶中，120℃脱水 0.5h。

② 加入NMP，降温至 80℃；搅拌下加入 IPDI，2h 加完，加入催化剂；保温反应至—NCO 含量降至 5.4%～5.6%。降温至 60℃，加入三乙胺，继续搅拌 15min，降温至 40℃，强力搅拌下，将冰水加入反应瓶中，搅拌 5min，加入乙二胺，强力搅拌 20min，慢速搅拌 1h，400 目尼龙网过滤，得产品。

【实例 6】水性聚氨酯黏合剂合成

（1）配方

序号	原　料	规　格	用量(质量份)
1	聚己二酸己二醇酯(PE)	工业级，$\overline{M}_n$:2000	50.00
2	二羟甲基丙酸(DMPA)	工业级	12.50
3	PPG	工业级，$\overline{M}_n$:2000	160.0
4	异佛尔酮二异氰酸酯(IPDI)	工业级	65.60
5	*N*-甲基吡咯烷酮	聚氨酯级	30.54
6	丙酮	工业级	30.54
7	二丁基二月桂酸锡	工业级	0.278
8	三乙胺	工业级	9.400
9	乙二胺	工业级	5.401
10	水		567.68

（2）配方核算

$\sum m/g$	278.1	$\overline{X}_n$	4.7768
$\sum n/mol$	0.4887	$\overline{M}_n$	2718
$M_{rsu}=\sum m/\sum n$	569.07	DMPA/P(质量分数)/%	4.50
$\overline{f}$	1.5813		

（3）合成工艺

① 将 PE、PPG、DMPA 加入反应瓶中，120℃脱水 0.5h。

② 加入 NMP，降温至 80℃；搅拌下加入 IPDI，2h 加完，加入催化剂；保温反应至—NCO 含量降至 2.3%～2.5%。降温至 60℃，加入三乙胺，继续搅拌 15min，降温至 40℃，强力搅拌下，将冰水加入反应瓶中，搅拌 5min，加入乙二胺，强力搅拌 20min，慢速搅拌 1h，过滤得产品。

【实例 7】

（1）聚酯二醇的合成　将 470.0g 己二酸（adipic acid）、410.8g 新戊二醇（neopentyl glycol）、4.08g 三羟甲基丙烷（trimethylol propane，TMP）和 46.0g 二甲苯加入四口瓶中，N_2 保护下升温至 100℃，再加入 0.600g 二丁基氧化锡；缓慢升温（10℃/h）至 170℃，保温出水 116mL，酸值达 75mgKOH/g，继续升温至 210℃左右，当酸值小于 2mgKOH/g，反应达终点。树脂羟值：113mgKOH/g（树脂）；$\overline{M}_n$：1010；$\overline{f}_{OH}$：2.04。

（2）水性聚氨酯的合成　N_2 保护下，将 180.0g 上述树脂、

15.00g 二羟甲基丙酸、78.0g *N*-甲基吡咯烷酮加入反应瓶，升温至 70℃保温 1h；用 30min 将 118.0g 异佛尔酮二异氰酸酯（IPDI）滴入反应瓶，加入 0.200g 二月桂酸二丁基锡酯。保温反应至 NCO 含量达 5.0%～5.1%（用二正丁基胺滴定），加入 11.32g 三乙胺中和，搅拌 10～15min，得 313g 预聚体。将其加入 652.7g 冰水（含 12.56 扩链剂）中，强烈分散 1h，即得水性聚氨酯分散体。

【实例 8】自交联型水性聚氨酯的合成

N_2 保护下，将 308.23g 4,4′-二环己基甲烷二异氰酸酯（H_{12}MDI）、367.72g 聚己内酯二醇（数均分子量为 1250）、40.10g 二羟甲基丙酸、179.5g *N*-甲基吡咯烷酮加入反应瓶，加热至 40～50℃；加入 0.716g 二月桂酸二丁基锡酯（T-12）。将体系加热至 80℃，保温 2h。

将 1496.9 冰水、30.25g 三乙胺、25.92g 乙二胺、1.744g 二乙烯三胺和 13.01g 氨乙基胺丙基三乙氧基硅烷（1120）配成溶液。

将上述预聚体溶液在 10min 内加入上述水溶液中，搅拌得自交联型水性聚氨酯分散体。

该水性聚氨酯分散体可利用三乙氧基硅烷水解成硅醇，进而通过缩聚由硅醚键实现自交联，具有良好的性能。

6.7.3 水性聚氨酯-聚丙烯酸酯杂化体的合成

采用丙烯酸树脂（PA）对水性聚氨酯（PUD）进行改性通常有两种方法：物理改性和化学改性。前者主要是将 PA 乳液和 PUD 进行物理拼混，以提高 PUD 的物理机械性能（硬度、拉伸强度），改善 PA 乳液的成膜性能，同时降低生产成本。采用此种改性方法所用的丙烯酸乳液应该认真选择，否则可能影响涂膜性能，甚至破乳。化学改性主要是制备以丙烯酸酯树脂为核、聚氨酯为壳的无皂核壳乳液。该方法要先制备端—NCO 基的聚氨酯预聚物，经封端引入端不饱和键（如丙烯酰氧基），最后经中和、加水得水性聚氨酯表面活性大单体。然后通过自由基引发聚合制得丙烯酸树脂改性的聚氨酯水分散体（WPUA）。WPUA 属分子级杂化，可以实现强迫互溶、不易分相，使聚氨酯和聚丙烯酸树脂的性能互补，同时又降低了成本，被誉为“最新一代水性聚氨酯”。此合成技术是PUD以及丙烯酸乳液合成技术上的创新和一大突破。

聚合用的丙烯酸酯类单体中可以引入乙烯基硅氧烷单体和氟单体，以对丙烯酸树脂进行氟、硅改性，进一步提高树脂性能（如耐热性、耐水性、耐候性、透气性等）。

【实例1】

（1）配方

① 大单体合成配方

序号	原　料	用量(质量份)
1	PPG(工业级,$\overline{M}_n$:1000)	18.00
2	HDO	2.761
3	DMPA	2.475
4	TDI	13.88
5	DBTL	0.400(10%溶液)
6	NMP	10.58
7	HEA	2.382
8	乙醇	0.909
9	三乙胺	1.867
10	去离子水	86.71

② 杂化体合成配方

序号	原　料	用量/g
1	大单体水分散体	40.00
2	MMA	10.08
3	BA	6.3
4	HEA	0.360
5	MAA	0.360
6	交联单体	0.900
7	AIBN	0.218
8	水	20(分成两份分别稀释大单体和溶解引发剂)
9	AMP-95	适量

（2）合成工艺

① 水性聚氨酯大单体制备　向带有搅拌装置、温度计、N_2入口和冷凝管的四口玻璃烧瓶中加入PPG、HDO、DMPA，100℃下真空干燥脱水1h，降温至80℃，加入*N*-甲基吡咯烷酮，搅拌使DMPA全部溶解后，开始滴加TDI和丁酮（50/50，质量比）混合液，约1h滴完，向其中加入二正丁基锡二月桂酸酯，持续搅拌反

应4h；冷却至60℃，加入少量对苯二酚，滴加HEA，20min滴完，保温反应4h；加入乙醇，反应1h；加入TEA中和0.5h；加水，强烈分散0.5h，旋出丁酮，得半透明水性聚氨酯大单体(WPU)，固含量30%（质量分数）。

② 核-壳结构水性丙烯酸-聚氨酯杂化体制备　取上述WPU大单体溶液，加入带有搅拌装置、温度计、冷凝管和恒压滴液漏斗的四口玻璃烧瓶中，将MMA、BA、HEA、MAA和AIBN混合，取其20%加入反应瓶，升温至85℃；搅拌打底聚合1h，从滴液漏斗同时滴加引发剂单体溶液，3.5h滴加完毕，在85℃继续反应1h，升温90℃，继续反应1h后，冷却至60℃，加AMP-95调整pH值为8.0～8.5，降温至室温，400目网过滤，即得到水性丙烯酸-聚氨酯杂化乳液。

【实例2】

(1) 配方

① 不饱和聚酯合成配方

序　号	原　　料	用量(质量份)
1	新戊二醇	22.41
2	2-乙基-2-丁基-1,3-丙二醇	12.50
3	马来酸酐	1.500
4	己二酸	31.89
5	有机锡催化剂	适量

② 水性聚氨酯合成配方

序　号	原　　料	用量(质量份)
1	不饱和端羟基聚酯	25.85
2	BDO	4.088
3	DMPA	3.650
4	IPDI	26.500
5	DBTDL	1‰
6	NMP	15.00
7	三乙胺	2.710
8	丙酮	约10.00
9	乙二胺	3.754
10	去离子水	140.662

③ 杂化体合成配方

序号	原料	用量(质量份)
1	水性聚氨酯	50.00
2	MMA	17.60
3	MBA	2.625
4	LMA	1.150
5	双丙酮丙烯酰胺	0.720
6	A-151(乙烯基三甲氧基硅烷)	0.720
7	AIBN	0.270
8	水	34.5(稀释水性聚氨酯用)
9	三乙胺	适量,调 pH 约 8.0～8.5
10	己二酸二酰肼	0.360(1.00 水稀释)

(2) 合成工艺

① 在氮气保护下，将 MA（马来酸酐）、AD（己二酸）、NPG（新戊二醇）、BEPD（2-乙基-2-丁基 1,3-丙二醇）和催化剂加入带有搅拌、温度计、氮气导气管、冷凝管、分水器的反应器中，升温到 140℃，搅拌，缓慢升温至 190℃（升温时间为 4h）。在 190℃保温 0.5h 后，开始测定酸值，当酸值降至 5mgKOH/g 树脂时，降温、过滤，即得端羟基不饱和聚酯。

② 将上述端羟基不饱和聚酯、1,4-丁二醇、二羟甲基丙酸加入带有搅拌器、温度计、氮气导气管、冷凝管的反应器中，在 110℃条件下，先真空脱水 1h，真空度不小于 0.060MPa；然后降温至 60℃，加入 *N*-甲基吡咯烷酮。通入氮气保护，开始滴加异佛尔酮二异氰酸酯，1h 滴加完毕，保温 1h；然后升温到 80℃，加入催化剂（二月桂酸二丁基锡）。继续保温反应 2h 后，开始测定 NCO 含量，当 NCO 含量≤4.07%（理论值），降温至 60℃，加入中和剂（三乙胺）；搅拌 0.5h 后，用丙酮调节体系黏度；降温至 40℃，在快速搅拌的状态下滴加去离子水，强力分散下加入扩链剂（乙二胺），继续分散 1h，60℃减压脱除丙酮，即得半透明状不饱和水性聚氨酯分散体。

③ 取配方量的水性聚氨酯和去离子水加入带有搅拌装置、温度计、冷凝管和恒压滴液漏斗的四口反应器中，取甲基丙烯酸月桂酯、乙烯基三甲氧基硅烷、甲基丙烯酸丁酯、甲基丙烯酸甲酯、双

丙酮丙烯酰胺与偶氮二异丁腈混合，取其20%加入反应器，温度控制在40～60℃，搅拌0.5h溶胀胶粒，从滴液漏斗滴加剩余单体和引发剂溶液，温度控制在80℃，4h滴加完毕，视冷凝管中单体回流速度来控制滴加速度；在85℃继续反应1h；最后冷却至40℃，加中和剂（三乙胺）调整pH值为8.0～8.5，加入己二酸二酰肼，搅拌20min；400目网过滤，即得到自交联型水性丙烯酸-聚氨酯杂化树脂。

（3）产品技术指标

项　目	指　　标	项　目	指　　标
外观	半透明状乳白色水分散体	摆杆硬度	0.65
固含量	35%	耐水性(48h)	无异常
pH值	8.0～8.5	耐醇性(50%，体积比，1h)	无异常
光泽(60°)	85		

6.7.4　水性聚氨酯油的合成

【实例1】

该例首先用醇解法合成出甘油一脂肪酸酯，再经水性聚氨酯化反应合成出单组分氧化交联型水性聚氨酯油。

（1）合成配方

序号	原料名称	用量(质量份)	序号	原料名称	用量(质量份)
1	NMP	21.70	5	三羟甲基丙烷一酸酯	35.00
2	TMP	1.500	6	中和剂	4.140
3	DMPA	5.500	7	去离子水	164.0
4	IPDI	45.00	8	乙二胺	2.713

（2）合成工艺

① 将*N*-甲基吡咯烷酮、TMP、DMPA投入反应釜，100℃真空脱水1h，降温至60℃，然后用2h加入IPDI，60℃反应1h，分批加入甘油一酸酯，缓慢生温至80℃，保温至NCO含量到理论值(4.3%)。

② 将体系降温至60℃，加入中和剂反应20min，调整搅拌速度，在1min内加水，匀化5min，加入扩链剂，继续搅拌1h，过滤出料。

由其配制的涂料硬度可达 1H，具有良好的耐水性、耐乙醇性和耐丙酮性。

【实例 2】

(1) 合成工艺　将 355g 亚麻油、76g 甘油、0.02g 氢氧化锂混合，220℃保温 1h；降温至 70℃，加入 418g 聚丙二醇（数均分子量为 1000)、98g 二羟甲基丙酸、0.09g 二桂酸二丁基锡酯和 380g *N*-甲基吡咯烷酮，搅拌使体系透明。

依次加入 398g 甲苯二异氰酸酯（TDI)、171g 4,4′-二环己基甲烷二异氰酸酯（H_{12}MDI)。70℃保温，使—NCO 含量至 3%，将该体系在 10min 内加入 73.79g 三乙胺和 3058g 去离子水的溶液中，然后尽快在 10min 内加入 34.30g 乙二胺。40℃反应 1h，降温出料。

(2) 产品技术指标　固体含量：33%；pH 值：7.5。

尽管水性聚氨酯成膜后可以通过氢键形成似化学交联，但它基本上还是热塑性的。水性聚氨酯油将干（或半干）性油脂肪酸引入水性聚氨酯的大分子链，加入锆、锰、钴类催干剂所配制的氧化交联涂料具有很好的丰满度、耐黑鞋印、耐水及耐溶剂性能，国内外已有相关产品面市。

6.7.5　阳离子型水性聚氨酯的合成

【实例】

在干燥 N_2 保护下，将 86.00g PPG-2000 加入反应瓶中 100℃真空脱水，降温至 60℃，加入 34.00g 丁酮，滴加 38.80g TD1-80，约 1h 加完，加入 0.134g 催化剂（二月桂酸二丁基锡），保温反应 2h 后，加入 9.60g *N*-甲基二乙醇胺（MDEA)，反应至 NCO 含量达到理论值（4.5%)，得含叔氨基的聚氨酯预聚体，5.383g 乙酸中和，冷至室温后加入 276.54g 冰水乳化，真空脱去丁酮得阳离子型水性聚氨酯。

6.7.6　水性聚氨酯羟基组分的合成

【实例 1】

(1) 配方

序号	原　　料	质量/g	序号	原　　料	质量/g
1	聚酯(工业级,$\overline{M}_n$:1000)	22.46	6	DBTDL	0.042
2	CHDM	2.92	7	NMP	3.661
3	DMPA	2.18	8	三乙胺	1.6431
4	TMP	2.686	9	丙酮	约 3.500
5	TDI	11.85	10	去离子水	80.164

(2) 配方核算

$\sum m$/g	42.096	$\overline{M}_n$	3945
$\sum n$/mol	0.1469	DMPA/P(质量分数)/%	5.19
$M_{rsu}=\sum m/\sum n$	307.03	羟值/(mgKOH/g)	55
$\overline{f}$	1.8547	$\overline{f}_{OH}$	3.9
$\overline{X}_n$	13.76		

(3) 合成工艺　向带有搅拌装置、温度计、N_2 入口和冷凝管的四口玻璃烧瓶中加入 PE、HDO、DMPA、TMP，110℃下真空干燥脱水 2h，降温至 80℃加入 *N*-甲基吡咯烷酮，搅拌使 DMPA 全部溶解后，开始滴加 TDI，约 1h 滴完，向其中加入二正丁基锡二月桂酸酯，持续搅拌反应 4h，取样测 NCO≤0.1%；冷却至 60℃，加入 TEA 中和 0.5h；加水，强烈分散 0.5h，旋出丙酮，得半透明水性聚氨酯羟基组分。该产品可以用于水性双组分聚氨酯漆的配制。

【实例 2】

(1) 配方

序号	原　　料	质量份	序号	原　　料	质量份
1	聚酯(工业级,$\overline{M}_n$:1000)	20.12	6	DBTDL	0.0423
2	CHDM	5.247	7	NMP	3.672
3	DMPA	2.156	8	丙酮	约 3.500
4	TMP	1.884	9	三乙胺	1.625
5	TDI	12.82	10	去离子水	80.16

(2) 配方核算

$\sum m$/g	42.231	$\overline{M}_n$	3247
$\sum n$/mol	0.1604	DMPA/P(质量分数)/%	5.1
$M_{rsu}=\sum m/\sum n$	263.27	羟值/(mgKOH/g)	53
$\overline{f}$	1.8378	$\overline{f}_{OH}$	3.1
$\overline{X}_n$	12.33		

（3）合成工艺　同上例。

6.8 水性多异氰酸酯固化剂的合成

【实例 1】

将 28g 聚乙二醇单甲醚（数均分子量 450）、504g HDI 三聚体（NCO 含量 21.5%，官能度 3.8）和 2g 催化剂（二丁基二月桂酸锡酯）于室温下加入反应瓶中，在氮气保护下 100℃保温反应 3h，取样测 NCO 含量（质量分数）至 17%±0.5%，降至室温、过滤出料，得水可分散多异氰酸酯，黏度约 3000mPa·s（23℃）。

【实例 2】

将 14g 壬基酚聚乙二醇醚（含 20 个 EO 单元，HLB 值为 16.0）、100g HDI 三聚体和 0.100g 催化剂（二正丁基二月桂酸酯锡）于室温下加入反应瓶中，在氮气保护下 80℃保温反应 4h，取样测 NCO 含量至 18%±0.5%，降至室温、过滤出料，得水可分散多异氰酸酯，NCO 含量（质量分数）至 16%～18%，黏度 300～800mPa·s（23℃）。

6.9 水性聚氨酯的改性

（1）内交联法　为提高涂膜的力学性能和耐水性，可直接合成具有适度交联度的水性聚氨酯，通常可采用以下方法加以实现：①在合成预聚物时，引入适量的多官能度（通常为三官能度）的多元醇和多异氰酸酯，常用的物质为 TMP、HDI 三聚体、IPDI 三聚体等。②脂肪族水性聚氨酯可以采用适量多元胺进行扩链，使形成的大分子具有微交联结构，常用的多元胺为二乙烯三胺、三乙烯四胺等。③同时采用①和②两种方法。

对水性聚氨酯进行内交联改性，关键要掌握好内交联度，内交联度太低，改性效果不明显，若太高将影响其成膜性能。

（2）自交联法　所谓自交联法是指在水性聚氨酯成膜后，能自动进行化学反应实现交联，提高涂膜的交联度，改善涂膜性能。例如可以大分子链上引入干性油脂肪酸以及多烷氧基硅单元，使得其在成膜后能分别发生自动氧化交联反应和水解缩合反应形成交联网络。该法应用较广，市场上已有相关产品应市。

(3) 外加交联剂法　采用自乳化法制备的阴离子型水性聚氨酯成膜后仍含有大量的羧基，使涂膜的耐水性较差。与溶剂型双组分PU一样，水性聚氨酯在施工前可添加外交联剂，成膜后与涂膜中的羧基、羟基和外交联剂的可反应基团反应，消除涂膜的亲水基团，可大幅度提高涂膜的耐水性，同时也对涂膜的力学性能有一定改善。常用的交联剂有多氮丙啶、碳化二亚胺，以及水可分散多异氰酸酯、环氧树脂、氨基树脂、环氧硅氧烷等。

① 硅偶联剂的交联　一些硅偶联剂可以作为水性聚氨酯的交联剂。国外有机硅的生产厂家主要为：Crompton公司和日本信越公司，国内也有一些小规模厂家。有机硅型水性聚氨酯的交联剂主要带有环氧基和硅氧烷基。环氧基可以同羧基反应，将硅氧烷基引入大分子链，再通过硅氧烷基的水解、硅羟基的缩合实现其交联。添加该类交联剂的体系具有以下特点：改善耐溶剂性、耐冲击性和耐划伤性；优异的湿态和干态附着力；涂层坚硬而仍具有良好弹性；对固化后涂膜的透明性和颜色没有副作用；老化后光泽保留率高。如下列产品：

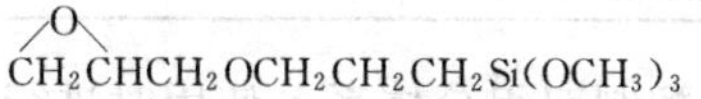

$\overset{\diagup O \diagdown}{CH_2CHCH_2}OCH_2CH_2CH_2Si(OCH_3)_3$

γ-缩水甘油醚氧丙基三甲氧基硅烷
(Crompton公司牌号：A-187；
信越公司牌号：KBM-403)

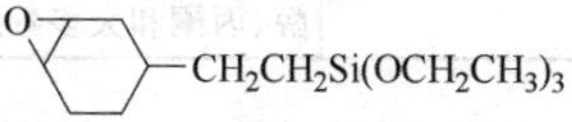

$\text{(3,4-环氧环己基)}-CH_2CH_2Si(OCH_2CH_3)_3$

β-(3,4-环氧环己基)乙基三乙氧基硅烷
(Crompton公司牌号：1770)

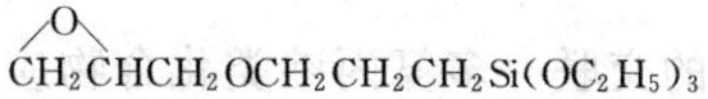

$\overset{\diagup O \diagdown}{CH_2CHCH_2}OCH_2CH_2CH_2Si(OC_2H_5)_3$

γ-缩水甘油醚氧丙基三乙氧基硅烷
(信越公司牌号：KBE-403)

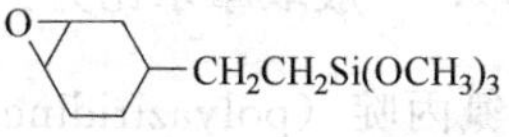

$\text{(3,4-环氧环己基)}-CH_2CH_2Si(OCH_3)_3$

β-(3,4-环氧环己基)乙基三甲氧基硅烷
(信越公司牌号：KBM-303)

交联的化学机理涉及环氧硅烷的两个官能团；分子上的环氧基同树脂羧基反应，而烷氧基部分在水解后通过缩聚而交联成硅氧硅键，烷氧基水解形成的羟基也可以同基材表面反应改善涂料的湿态附着力，或改善颜料同树脂的结合。该机理可表示如下：

$$\sim\sim\sim(COOH) + \overset{O}{\triangle}\text{—}Si(OR)_3 \longrightarrow \sim\sim\sim C(=O)\text{—}O\text{—}CH_2\text{—}CH(OH)\text{—}CH_2\sim Si(OR)_3 \longrightarrow \sim\sim\sim C(=O)\text{—}O\text{—}CH_2\text{—}CH(OH)\text{—}CH_2\sim Si(OH)_3 \longrightarrow \sim\sim\sim C(=O)\text{—}O\text{—}CH_2\text{—}CH(OH)\text{—}CH_2\sim Si(\text{—}O\sim)_2\text{—}O\text{—}Si\sim$$

A-187、1770 的质量指标见表 6-18。

表 6-18　A-187、1770 的质量指标

项　目	A-187	1770
外观	浅黄色液体	浅草黄色透明液体
分子量	236.4	288.46
活性成分	100%	100%
密度	1.069	1.00
沸点/℃	290	300
闪点(密封杯)/℃	110	104
溶解性	溶于水,并水解放出甲醇。可溶于醇、丙酮和大多数脂肪酸酯类	

其中 187 活性较大，一般用于配制双组分体系，使用时进行混合；1770 活性较低，可用于配制单组分体系，其用量可由树脂酸值进行计算，一般取摩尔比为：$\sim\sim\overset{O}{\triangle}$/—COOH＜0.5～0.8。

② 多氮丙啶（polyaziridine）的交联　多氮丙啶类化合物应用于涂料、纺织和医疗等领域已有多年，近几年才作为水性聚氨酯的室温交联剂使用，它能与羧基、羟基等反应，而且在酸性环境中还可自聚，但在碱性环境中相当稳定。通常配成双组分体系，使用时进行混合。其交联膜的耐水性、耐化学品性、耐高温性以及对底材的附着力都有明显改善，若给予烘烤，性能更佳。加有该类交联剂的涂料室温下应该在 3～5 天内用完，以免发生水解，丧失活性。多

氮丙啶（polyaziridine）与水性聚氨酯的交联机理为：

$$\sim\!\!\sim\!\!\sim\text{COOH} + \triangleright\text{N—R} \longrightarrow \sim\!\!\sim\!\!\sim\text{C(=O)—O—(CH}_2)_2\text{—NH—R} \xrightarrow{\text{重排}} \sim\!\!\sim\!\!\sim\text{C(=O)—N(R)—(CH}_2)_2\text{—OH}$$

DSM公司产品 Crosslinker CX-100 为多氮丙啶类交联剂，其质量指标见表 6-19。

表 6-19　Crosslinker CX-100 多氮丙啶类交联剂的质量指标

项　目	CrosslinkerCX-100	项　目	CrosslinkerCX-100
外观	黄色清澈液体	pH(25℃)	10.5
固含量/%	>99	稳定性	6 个月
黏度(20℃)	200mPa·s	溶解性	在异丙醇、丙酮、二甲苯中完全溶解
密度(20℃)	1.08g/mL		

CX-100 官能度为 3，其当量为 166，配漆时氮丙啶基与羧基的摩尔比为（1～0.6）∶1，一般加入量为乳液量的 1%～3%，加入方法为 1∶1 用水稀释后加入。因为其水溶性很好，手工搅拌即可使用。但该类交联剂具有一定的毒性，而且价格较高，影响了其推广。

③ 水性多异氰酸酯的交联　异氰酸酯单体的选择是决定涂膜性能的因素，脂肪族异氰酸酯单体，如 1,6-己二异氰酸酯（HDI）和异佛尔酮二异氰酸酯（IPDI）合成的固化剂涂膜外观好，干燥速率和活化期具有良好的平衡性。HDI 具有长的亚甲基链，其固化剂黏度较低，容易被多元醇分散，涂膜易流平，外观好，具有较好的柔韧性和耐刮擦性。IPDI 固化剂具有脂肪族环状结构，其涂膜干燥速度快，硬度高，具有较好的耐化学品性和耐磨性。但 IPDI 固化剂黏度较高，不易被多元醇分散，其涂膜的流平性和光泽不及 HDI 固化剂。二异氰酸酯的三聚体是聚氨酯涂料常用的固化剂，环状的三聚体具有稳定的六元环结构及较高的官能度，黏度较低，易于分散，因此涂膜性能较好；而缩二脲由于黏度较高，不易

直接用于水性双组分聚氨酯涂料。为了提高多异氰酸酯固化剂在水中的分散性，常采用亲水基团对其进行改性，适合的亲水组分有离子型或非离子型或二者拼用，这些亲水组分与多异氰酸酯具有良好的相容性，作为内乳化剂有助于固化剂分散在水相中，降低混合剪切能耗。其缺点在于亲水改性消耗了固化剂的部分 NCO 基，降低了固化剂的官能度。新一代改性的亲水固化剂必须降低亲水改性剂的含量，提高固化剂的 NCO 基官能度，增强固化剂在水中的分散性。偏四甲基苯基二异氰酸酯与三羟甲基丙烷的加成物，其 NCO 基为叔碳原子上的 NCO 基，反应活性较低，与水反应的速率非常慢。因此用该固化剂配制的双组分涂料，NCO 基与水发生副反应的程度非常小，可制备无气泡涂膜，但其玻璃化温度高，需玻璃化温度较低和乳化能力较强的多元醇与其配伍。

6.10 水性聚氨酯的应用

6.10.1 皮革涂饰剂

水性聚氨酯的基本用途是作皮革涂饰剂，我国也有规模生产。

聚氨酯树脂柔韧、耐磨，可用作天然皮革及人造革的涂层剂及补伤剂；水性聚氨酯涂饰剂克服了丙烯酸乳液涂饰剂“热黏冷脆”的弱点，其处理的皮革手感柔软、滑爽、丰满、光亮，真皮感极强，可极大提高皮具档次，增强市场竞争力。

早期的水性聚氨酯是线型的，具热塑性；为了提高其强度、硬度、耐水性、耐溶剂性，可通过引入三官能度单体形成适当的分支或外加交联剂。

6.10.2 水性聚氨酯涂料

溶剂型聚氨酯涂料是一种高档的涂料品种，20 世纪 90 年代产量提高很快；但常规的溶剂型聚氨酯涂料含有约 40％的有机溶剂，因此涂料 VOC（挥发性有机物）带给大气的污染非常巨大。21 世纪涂料的发展方向之一是环保型涂料，即低污染或无污染涂料，主要包括高固体分涂料、水性涂料、粉末涂料和辐射固化涂料。其中，水性涂料是最重要的一类。

目前，以水性聚氨酯分散体为基料的涂料在发达国家发展很快，使用于木材、金属及塑料等底材的水性聚氨酯产品不断投放市场，其中有些产品已经打入我国市场。根据组分数，水性聚氨酯可分为两大类。

（1）单组分水性聚氨酯涂料　单组分水性聚氨酯涂料只有一个组分，其分子骨架可以是线型的或分支的；也可以是热塑性的或自发、光致、热致交联型的。其特点是施工方便，不存在贮存胶化的危险，但漆膜性能（如硬度、耐磨性、耐化学品性）不及双组分水性聚氨酯。

目前单组分水性聚氨酯涂料树脂是一种改性的水性聚氨酯，改性方法很多，如用丙烯酸接枝、环氧树脂及干性油改性等等。

光固化水性聚氨酯指用紫外线作用实现交联的涂料体系。其固化速率快、生产效率高，特别适合流水线作业。

含有封闭异氰酸酯的水性聚氨酯涂料属热致交联型水性聚氨酯。这类涂料以含有封闭异氰酸酯基的水性聚氨酯及低聚物多元醇或多元胺交联剂，在热的作用下封端基解封，NCO基团再生，进而实现交联。常用的封闭剂有：己内酰胺、苯酚、乙酰乙酸乙酯、甲乙酮肟以及亚硫酸氢钠。其中，亚硫酸氢钠的脱封温度约70℃，其余约150℃。

此外，HMMM（六甲氧基甲基三聚氰胺）、水性环氧在加热条件下可以同水性聚氨酯分散体的羟基、氨基、氨基甲酸酯基或脲基上的活性氢发生化学反应，可配制烘烤型单组分水性聚氨酯涂料。

（2）双组分水性聚氨酯涂料　热塑性水性聚氨酯耐水性、抗溶剂性及抗化学品性欠佳；烘烤型单组分体系综合性能很好，但施工条件苛刻，不适合大型制件，而且有些材质（木材、塑料等）不耐高温。因此，室温固化型双组分水性聚氨酯涂料在水性聚氨酯涂料中占据越来越重要的地位。

该涂料体系组分之一是经亲水性处理的多异氰酸酯。通常选择脂肪族二异氰酸酯三聚体，用非离子型表面活性剂（如聚环氧乙烷）进行接枝改性，官能度3～4之间，固含量可达100%，也可用酯、酮、芳烃及醚酯类溶剂适当稀释。施工时，该组分在手工搅拌下可以很容易分散到另一组分，即羟基组分中。

双组分水性聚氨酯涂料的羟基组分包括水性短油度醇酸树脂、水性聚酯、水性丙烯酸树脂及水性聚氨酯，它们常以水分散体的形式供应市场，数均分子量 10^3 量级，羟值约 100mgKOH/g（树脂）。两种可反应官能团的摩尔比为：—NCO/—OH=(1.2～1.6)∶1，施工时限约 4h。

目前，一些知名公司的双组分水性聚氨酯涂料的综合性能已接近溶剂型聚氨酯的水平，通过单体品种、配方的调整，可用于木材、金属、塑料等所有材质的涂饰，前景无限。

6.10.3 水性聚氨酯黏合剂

同溶剂型聚氨酯黏合剂相比，水性聚氨酯黏合剂是一种绿色、环保型产品，可用于许多领域、多种基材，具有很大的发展潜力。

以木材加工为例。目前我国复合板材的生产主要使用“三醛树脂”，即“酚醛树脂”、“脲醛树脂”和“三聚氰胺甲醛树脂”。这些产品存在甲醛残留、污染环境问题，社会影响很坏。近年来发达国家水性聚氨酯黏合剂发展很快。该类黏合剂称为乙烯基聚氨酯乳液，常为丙烯酸改性的水性聚氨酯，也包括单组分、双组分两类产品。据报道，1999 年仅日本的产量已达 2 万吨。

6.11 结语

以上对水性聚氨酯的合成单体、化学原理、合成工艺、合成实例及其应用作了介绍。水性聚氨酯在涂料领域具有重要的应用，市场份额还将不断增加，为了进一步促进水性聚氨酯涂料的发展，必须加强对水性聚氨酯树脂的研究和开发，主要有以下方面课题：①基本原材料的开发（包括异氰酸酯单体的清洁生产，脂肪族多异氰酸酯的降低成本等）；②单组分水性聚氨酯的交联工艺创新；③氟、硅改性的高端水性聚氨酯树脂的开发；④双组分水性聚氨酯固化剂的性能提高和推广。

第7章 其他水性树脂

7.1 水性光固化树脂

光固化树脂又称光敏树脂，是一种受光线照射后，能在较短时间内迅速发生物理和化学变化，进而交联固化的低聚物。光固化树脂是一种相对分子质量较低的感光性低聚物，具有可进行光固化的反应性基团，如不饱和双键或环氧基等。光固化树脂是光固化涂料的基体树脂，它与光引发剂、活性稀释剂、颜填料以及各种助剂复配构成光固化涂料。光固化涂料具有以下优点：

① 固化速度快，生产效率高；

② 能量利用率高，节约能源；

③ 有机挥发分（VOC）少，环境友好；

④ 可涂装各种基材，如纸张、塑料、皮革、金属、玻璃、陶瓷等。

因此，光固化涂料是一种快干、节能的环境友好型涂料。

光固化涂料是20世纪60年代末由德国拜耳公司开发的一种环保型节能涂料。我国从20世纪80年代开始进行光固化涂料研发。近年来随着人们节能环保意识的增强，光固化涂料性能不断提高，应用领域不断拓展，产量快速增大，呈现出迅猛的发展势头。目前，光固化涂料不仅大量应用于纸张、塑料、皮革、金属、玻璃、陶瓷等多种基材，而且成功应用于光纤、印刷电路板、电子元器件封装等材料。

光固化涂料的固化光源一般为紫外光、电子束（EB）和可见光，由于电子束固化设备较为复杂，成本高，而可见光固化涂料又难以保存，因此，目前最常用的固化光源依然是紫外光，光固化涂料一般是指紫外光固化涂料（curing coating）。

光固化树脂是光固化涂料中最关键的组分之一，是光固化涂料中的基体树脂，决定涂料的品质，其结构上含有在光照条件下进一步反应或聚合的基团，如碳碳双键、环氧基等。光固化树脂可分为溶剂型光固化树脂和水性光固化树脂两大类。溶剂型树脂不含亲水基团，只能溶于有机溶剂，而水性树脂含有较多的亲水基团或亲水链段，可在水中乳化、分散或溶解。

紫外光固化涂料的优点之一是其不含溶剂，从而大大消除了有机挥发物（VOC）对环境的污染。但是，由于所用的主要成分即低聚物一般均具有较高的黏度，在涂布时必须加入稀释剂以调节其黏度和流变性，并促进成膜和固化，提高固化膜的性能。所加入的稀释剂即反应性稀释单体。目前惯用的丙烯酸酯类活性稀释剂或交联剂对眼睛有较强的刺激作用，皮肤接触也易导致过敏，影响操作者的身体健康。此外，许多反应性稀释单体在紫外光辐照过程中难以完全反应，残留单体起到增塑等副作用，并具有可渗透性，影响固化膜的长期性能。由于残留组分的可萃取性及毒性，传统光固化膜不适用于食品卫生产品包装材料的印刷和涂装，目前没有一种光固化涂料产品得到美国 FDA 的许可。这些活性稀释剂有一定的挥发性，而且还有不同程度的毒性和刺激性。另一方面，水性涂料已成为涂料发展的主要方向之一，特点是对环境无污染、对人体健康无影响、不易燃烧、安全性好。其极易调节的低黏度和极低的 VOC 使之适合于喷涂（据统计约 60%的涂料均采用喷涂方式）。但目前水性涂料还存在不抗碱、不抗乙醇、不抗水、干燥慢、光泽度差、易造成基材（特别是纸张）收缩等弊病。

光固化水性涂料使用水作为稀释剂，并采用 UV 辐照固化，因而结合了光固化涂料和水性涂料的优点，在近十多年来得到较快的发展。

水性光固化涂料中的水性低聚物决定了固化膜的所有物理机械性能，如硬度、柔韧性、强度、耐磨性、附着力、耐化学品性等。水性低聚物的特点主要有两个：其一，要具有可以进行光聚合的基团，如丙烯酰氧基、甲基丙烯酰氧基、乙烯基、烯丙基等光敏基团。光固化的速度主要取决于分子链中光敏基团的种类和密度，由于（甲基）丙烯酰氧基固化速率最快，所以水性低聚物中的光敏基团主要为（甲基）丙烯酰氧，可以复合引入一些乙烯基和烯丙基。其二，因为涂料中的稀释剂为水，低聚物必须水性化。使低聚物水性化的方法主要有三种：物理法、相反转法和化学法。

物理法就是将油性光固化树脂（低聚物）和乳化剂混合，再依赖于各种机械设备，将低聚物分散在水中，制备水性光固化乳液。采用的乳化剂为 O/W 型表面活性剂，其 *HLB*（亲水亲油平衡，hydrophilic-lipophilic balance）值在 9.0～19.5，例如聚氧乙烯烷芳基醚（酯）、长链脂肪酸（长链烃磺酸）的盐等。物理法工艺非常简单，但制备的乳液微粒很大，一般在 10～50μm，粒径的分布也很宽，严重影响乳液贮存的稳定性。该类乳液具有相对高的固含量，但它们对 pH 值变化及剪切应力很敏感，尤其是在研磨过程中，同时必须解决乳化剂与固化膜的相容性问题。因为乳化剂易富集于固化膜表层，易迁移，有损漆膜的外观和性能。

“相反转”是指小分子乳液体系中的连续相从油相变为水相（或从水相变为油相）的过程。在此期间，体系中油水相间的界面张力达到极低值，分散相的尺寸很小且分布较窄，可将高分子树脂乳化为微粒化水基体系。相反转法是制备高分子树脂乳液较为有效的一种方法，几乎可将所有的高分子树脂借助于外加乳化剂的作用，并通过物理乳化的方法制得相应的乳液。通常情况，用纯物理的方法（即外加乳化剂）来相反转，必须选择合适的乳化剂，这就对高分子乳化有一定的局限性。如果将非离子活性链段（聚氧化烷基分子链段）引入低聚物中，则将选择乳化剂的范围大大缩小了，同时也可以将乳液中粒子的粒径减小。由于聚合物骨架中永久性亲水结构的存在，与传统的光固化产品相比，该类产品的耐化学性能较差。

化学法则是在低聚物大分子链中引入一定数量的亲水基团，使之水性化。如果分子链中引入非离子基团（醚基、羟基等），只要其 *HLB* 值合适即可水性化。如果分子链中引入的是离子基团，可以通过将其中和成盐，使低聚物的大分子链中拥有可电离的盐基，实现水性化，这类高分子称为聚电解质。根据引入的离子基团带电性的不同，可以将水性低聚物分为阴离子型和阳离子型。阴离子型水性低聚物引入的基团为羧基、磺酸基等，中和剂为三乙胺或氨水等弱碱；阳离子型水性低聚物引入的基团为氨基、仲氨基或叔氨基等，中和剂为冰醋酸或乳酸等弱酸。该类产品具有好的剪切稳定性，可以砂磨，而且由于粒径小，因此具有较长的贮存寿命。由于低聚物中引入了大量亲水性基团，使得该类产品的耐水性大幅度降低。

7.1.1 水性光固化树脂的合成

水性光固化树脂依据分散形态可分为乳液型、水分散型和水溶型三类。水性低聚物制备时大多在油性低聚物中引入亲水基团，如羧基、磺酸基、季铵基、聚乙二醇链段等，将油性低聚物改性，实现水性化，可以根据树脂主链结构特征将水性低聚物分为八种。

(1) 不饱和聚酯　不饱和聚酯是最早应用在紫外光固化涂料中的基体树脂。1968 年德国拜耳公司最先成功开发出一种油性不饱和聚酯，由这种基体树脂开发出的光固化涂料可以应用在木器和竹器上。随着水性化的发展，已经将水性不饱和聚酯应用于水性光固化涂料中。

水性的不饱和聚酯一般由带有双键的油性不饱和聚酯改性而来。采用新戊二醇、环己烷二甲醇、马来酸酐（六氢）邻苯二甲酸酐及二羟甲基丙酸反应，可以制备耐老化性能优异的水性不饱和光敏聚酯。不饱和聚酯分子中的光敏基团可以由带有双键的酸、酸酐或醇引入，也可以由饱和聚酯中的羟基与丙烯酸酯化得到聚酯丙烯酸酯。由二羟甲基丙酸、二元酸、二元醇、顺丁烯二酸酐合成的光固化不饱和水性聚酯的反应见图 7-1。

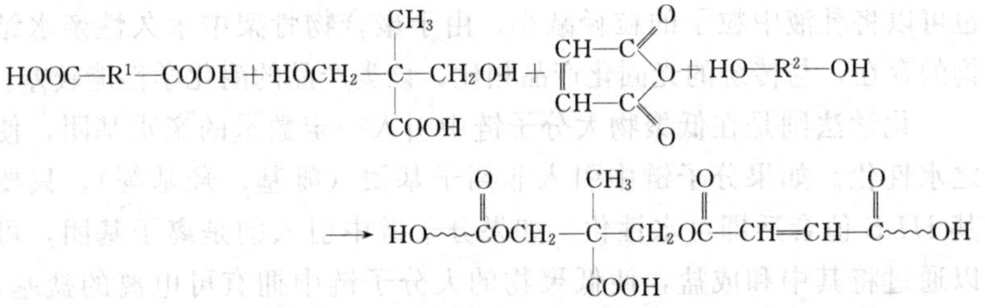

$$\mathrm{HOOC{-}R^1{-}COOH} + \mathrm{HOCH_2{-}\underset{\underset{\displaystyle COOH}{|}}{\overset{\overset{\displaystyle CH_3}{|}}{C}}{-}CH_2OH} + \begin{matrix}\mathrm{CH{-}C{=}O}\\ \| \quad\quad \mathrm{O}\\ \mathrm{CH{-}C{=}O}\end{matrix} + \mathrm{HO{-}R^2{-}OH}$$

$$\longrightarrow \mathrm{HO{\sim\sim}\overset{\overset{\displaystyle O}{\|}}{C}OCH_2{-}\underset{\underset{\displaystyle COOH}{|}}{\overset{\overset{\displaystyle CH_3}{|}}{C}}{-}CH_2O\overset{\overset{\displaystyle O}{\|}}{C}{-}CH{=}CH{-}\overset{\overset{\displaystyle O}{\|}}{C}{\sim\sim}OH}$$

图 7-1　水性不饱和聚酯的合成

（2）聚酯丙烯酸酯　聚酯丙烯酸酯中的聚酯是饱和聚酯，它主要是利用偏苯三甲酸酐或均苯四甲酸酐与二元醇反应，制得带有羧基的端羟基聚酯，再与丙烯酸反应，得到带羧基的聚酯丙烯酸树脂，经氨或有机胺中和成羧酸铵盐，成为水性聚酯丙烯酸低聚物，反应见图7-2。

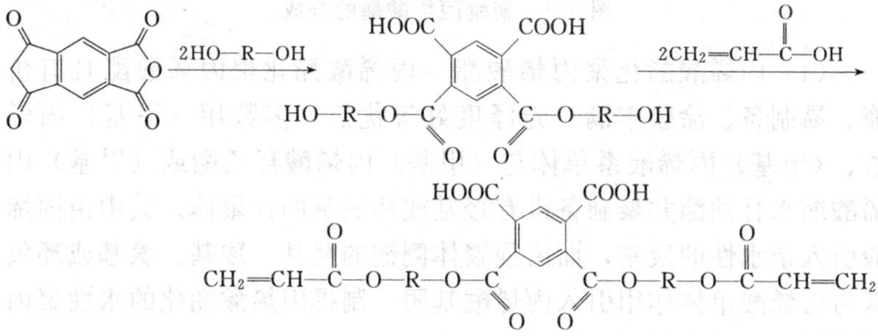

$$\text{均苯四甲酸二酐} \xrightarrow{2HO-R-OH} HO-R-O-\overset{O}{\overset{\|}{C}}-C_6H_2(COOH)_2-\overset{O}{\overset{\|}{C}}-O-R-OH \xrightarrow{2CH_2=CH-\overset{O}{\overset{\|}{C}}-OH}$$

$$CH_2=CH-\overset{O}{\overset{\|}{C}}-O-R-O-\overset{O}{\overset{\|}{C}}-C_6H_2(COOH)_2-\overset{O}{\overset{\|}{C}}-O-R-O-\overset{O}{\overset{\|}{C}}-CH=CH_2$$

或

$$HO\sim\sim O-\overset{O}{\overset{\|}{C}}-C_6H_3(C(=O)-OH)-\overset{O}{\overset{\|}{C}}-O\sim\sim OH+CH_2=CH\overset{O}{\overset{\|}{C}}OH \longrightarrow$$

$$CH_2=CH\overset{O}{\overset{\|}{C}}O\sim\sim O-\overset{O}{\overset{\|}{C}}-C_6H_3(C(=O)-OH)-\overset{O}{\overset{\|}{C}}-O\sim\sim O\overset{O}{\overset{\|}{C}}CH=CH_2$$

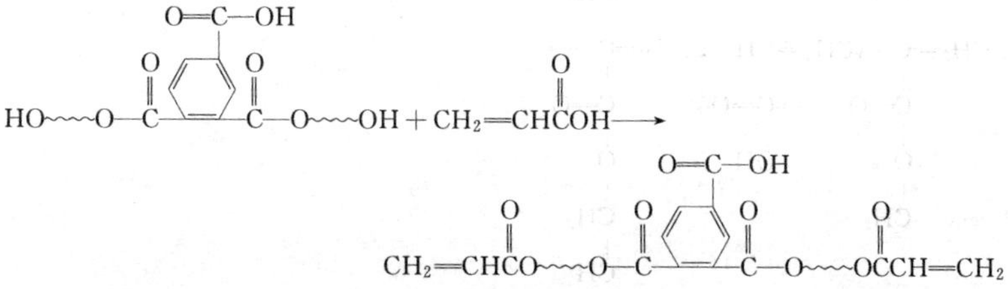

图7-2　聚酯丙烯酸酯的合成

水性聚酯丙烯酸酯价廉、易制备、涂膜丰满、光泽度好。

（3）聚醚丙烯酸酯　聚醚丙烯酸酯可以由聚醚的羟基与丙烯酸酯化而得。聚醚又称聚醚多元醇，它是以环氧乙烷、环氧丙烷、四氢呋喃为原料，在催化剂作用下开环均聚或共聚制得的线型或分支型低聚物。调整聚醚分子中聚乙二醇链段的比例可得到在水中不同溶解度的聚醚。聚醚的水溶性随分子量降低和末端羟基比例的升高而增强。因此，制备水溶性的聚醚丙烯酸酯必须选用低分子量聚醚。因为醚键对酸较为敏感，尤其在加热状态，故不宜直接用丙烯酸酯化，可以将聚醚和过量的丙烯酸乙酯进行酯交换制备。然后通过乙醇与丙烯酸乙酯形成低共沸物，将乙醇和多余的丙烯酸乙酯除去，反应见图 7-3。

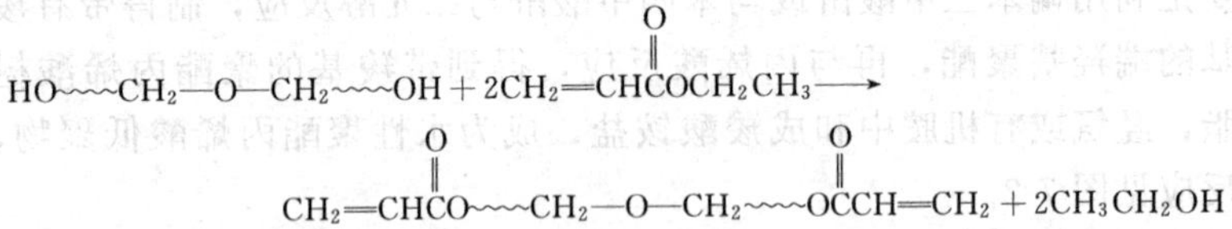

$$HO\sim\sim CH_2-O-CH_2\sim\sim OH + 2CH_2{=}CH\overset{O}{\overset{\|}{C}}OCH_2CH_3 \longrightarrow$$

$$CH_2{=}CH\overset{O}{\overset{\|}{C}}O\sim\sim CH_2-O-CH_2\sim\sim O\overset{O}{\overset{\|}{C}}CH{=}CH_2 + 2CH_3CH_2OH$$

图 7-3 聚醚丙烯酸酯的合成

（4）丙烯酸酯化聚丙烯酸酯　丙烯酸酯化聚丙烯酸酯具有价廉、易制备、涂膜丰满、光泽度好等优点，多数用（甲基）丙烯酸、（甲基）丙烯酸系单体与（甲基）丙烯酸羟乙酯或（甲基）丙烯酸缩水甘油酯共聚制备带有羟基或环氧基的预聚体。其中由丙烯酸引入亲水性的羧基，而由预聚体侧链的羟基、羧基、氨基或环氧基与丙烯酸单体作用引入丙烯酰基团，制得丙烯酸酯化的水性聚丙烯酸树脂，反应见图 7-4。

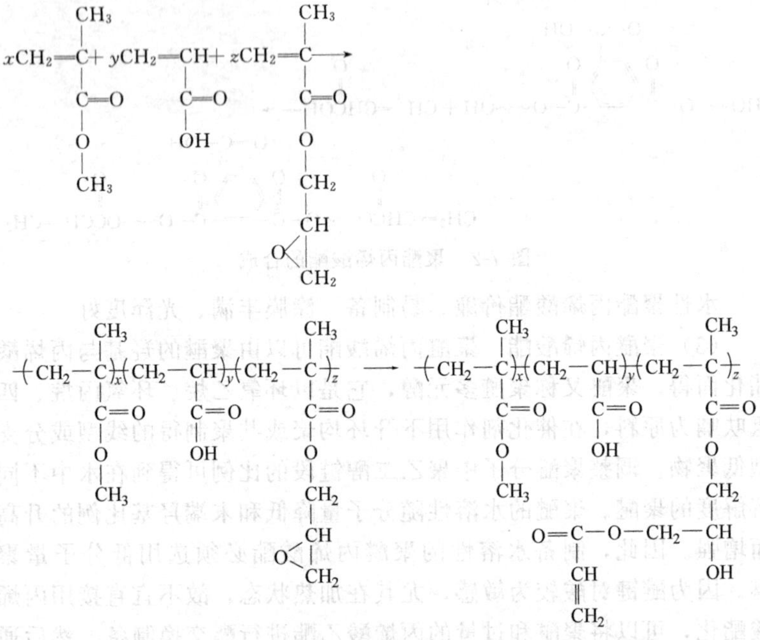

$$xCH_2{=}C(CH_3)(COOCH_3) + yCH_2{=}CH(COOH) + zCH_2{=}C(CH_3)\left(COOCH_2\underset{O}{CH-CH_2}\right) \longrightarrow$$

$$\left[CH_2-C(CH_3)(COOCH_3)\right]_x\left[CH_2-CH(COOH)\right]_y\left[CH_2-C(CH_3)\left(COOCH_2\underset{O}{CH-CH_2}\right)\right]_z \longrightarrow \left[CH_2-C(CH_3)(COOCH_3)\right]_x\left[CH_2-CH(COOH)\right]_y\left[CH_2-C(CH_3)\left(COOCH_2CH(OH)CH_2-O-C(=O)-CH{=}CH_2\right)\right]_z$$

图 7-4 水性丙烯酸酯化聚丙烯酸酯的合成

（5）水性聚氨酯丙烯酸酯　水性聚氨酯大分子主链是由玻璃化温度低于室温的柔性链段（软段）和玻璃化温度高于室温的刚性链段（硬段）嵌段而成的，同时将亲水单元嵌于大分子的主链上，赋予其水可分散性。软段赋予成膜物柔软性和弹性，硬段赋予成膜物力学强度。软段分子间作用力大，内聚强度大，机械强度高。软段常为低聚物多元醇（如聚醚或聚酯多元醇），硬段由多异氰酸酯或其与小分子扩链剂组成。由于其特殊的结构，具有强度高、耐磨、耐油等特点。由于其优异性能，光敏性水性聚氨酯树脂也是在水性光固化树脂中应用最广的一种基体树脂。

水性聚氨酯丙烯酸酯在国外应用最多的领域是纸张上光油。其合成是将多异氰酸酯、多元醇（三羟甲基丙烷、烷基二醇、聚醚二醇、聚酯二醇等）与带有水性基团的二醇（二羟甲基丙酸、二羟基磺酸盐、聚乙二醇等）反应，制备含—NCO基团的预聚体，再将带有乙烯基或烯丙基的醇（丙烯酸羟乙酯、季戊四醇三丙烯酸酯）作为封端剂引入大分子中。其中带水性基团的二醇赋予大分子水可分散性，而乙烯基或烯丙基的醇赋予大分子光敏性，反应见图7-5。

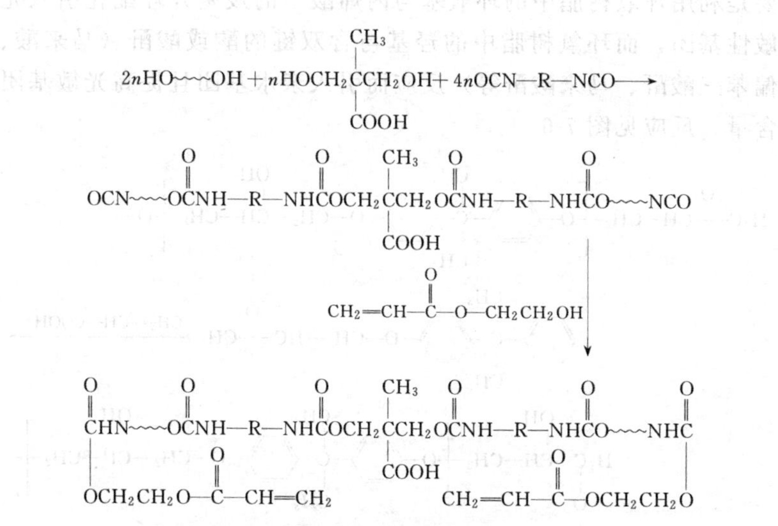

图7-5　水性聚氨酯丙烯酸酯的合成

由二异氰酸酯-丙烯酸羟乙酯半加成物与部分酸酐化的环氧丙烯酸酯反应，可制得既有环氧丙烯酸酯结构又有聚氨酯丙烯酸酯结构的水性低聚物。

$$CH_2{=}CH{-}\overset{O}{\overset{\|}{C}}{-}OCH_2CH_2O{-}\overset{O}{\overset{\|}{C}}{-}NH{-}R^1{-}N{=}C{=}O + OH\quad O{-}\underset{\underset{O}{\|}}{C}{-}CH{=}CHCOOH$$

$$\longrightarrow CH_2{=}CH{-}\overset{O}{\overset{\|}{C}}{-}OCH_2CH_2O{-}\overset{O}{\overset{\|}{C}}{-}NH{-}R^1{-}\underset{H}{N}{-}\overset{O}{C}{=}O\quad \overset{O}{O}{-}\underset{}{C}{-}CH{=}CHCOOH$$

水性聚氨酯丙烯酸酯具有优良的柔韧性、耐磨性、耐化学性，有高抗冲击和拉伸强度。水性聚氨酯丙烯酸酯可分为芳香族和脂肪族两类。芳香族的硬度好，耐黄变性差，主要用于室内制品，而脂肪族的有优异耐黄变性和柔韧性，但价格较贵。

（6）水性环氧树脂丙烯酸酯　水性环氧光固化涂料既具有溶剂型环氧涂料良好的耐化学品性、附着性、物理机械性能、电气绝缘性能，又有低污染、施工简便、价格便宜等特点。其合成主要是利用环氧树脂中的环氧基与丙烯酸中的羧基开环酯化引入光敏性基团，而环氧树脂中的羟基与含双键的酸或酸酐（马来酸、偏苯三酸酐、马来酸酐等）反应而引入亲水基团且提高光敏基团含量，反应见图 7-6。

$$H_2C\overset{O}{-}CH{-}CH_2{-}\left[O{-}C_6H_4{-}\overset{CH_3}{\underset{CH_3}{C}}{-}C_6H_4{-}O{-}CH_2{-}\overset{OH}{CH}{-}CH_2\right]_n{-}O{-}$$

$$C_6H_5{-}\overset{CH_3}{\underset{CH_3}{C}}{-}C_6H_4{-}O{-}CH_2{-}HC\overset{O}{-}CH_2 \xrightarrow{CH_2=CH-COOH}$$

$$H_2\underset{\underset{O=C-CH=CH_2}{|}}{\underset{O}{C}}{-}\overset{OH}{CH}{-}CH_2{-}\left[O{-}C_6H_4{-}\overset{CH_3}{\underset{CH_3}{C}}{-}C_6H_4{-}O{-}CH_2{-}\overset{OH}{CH}{-}CH_2\right]_n$$

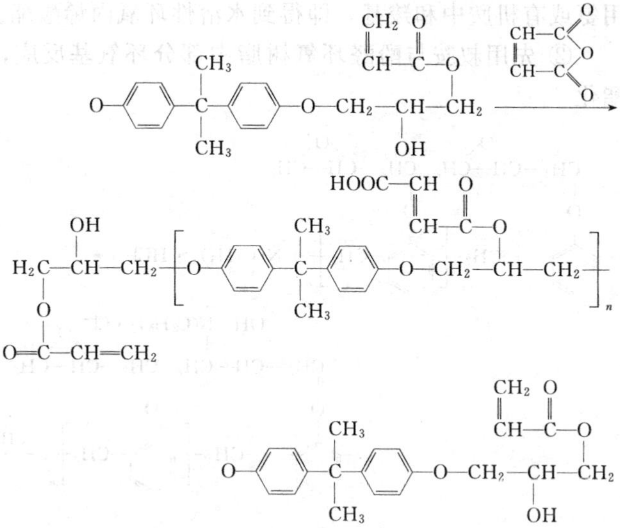

CH₂ O ‖ ‖ CH—C—O；CH—C(=O)—O—C(=O)—CH（顺丁烯二酸酐）

O—C₆H₄—C(CH₃)₂—C₆H₄—O—CH₂—CH(OH)—CH₂ ⟶

HOOC—CH=CH—C(=O)—O

H₂C—CH(OH)—CH₂—[O—C₆H₄—C(CH₃)₂—C₆H₄—O—CH₂—CH—CH₂]ₙ—

O—C(=O)—CH=CH₂

CH₂=CH—C(=O)—O

O—C₆H₄—C(CH₃)₂—C₆H₄—O—CH₂—CH(OH)—CH₂

图 7-6　环氧树脂丙烯酸酯的合成

① 利用环氧丙烯酸酯中的羟基与酸酐反应来合成

用丙烯酸与酚醛环氧树脂的部分环氧基反应，然后利用产物中的羟基与琥珀酸酐反应，也可合成碱溶性的环氧丙烯酸酯。

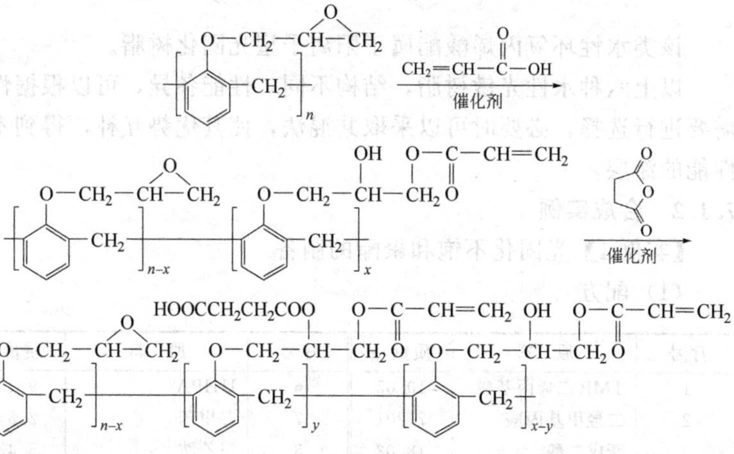

O—CH₂—CH—CH₂（环氧）；—[C₆H₃—CH₂]ₙ—　$\xrightarrow[\text{催化剂}]{CH_2=CH—C(=O)—OH}$

O—CH₂—CH—CH₂（环氧）；OH　O—C(=O)—CH=CH₂；O—CH₂—CH—CH₂O；—[C₆H₃—CH₂]ₙ₋ₓ—[C₆H₃—CH₂]ₓ—　$\xrightarrow[\text{催化剂}]{\text{琥珀酸酐}}$

HOOCCH₂CH₂COO　O—C(=O)—CH=CH₂　OH　O—C(=O)—CH=CH₂

O—CH₂—CH—CH₂（环氧）　O—CH₂—CH—CH₂O　O—CH₂—CH—CH₂O

—[C₆H₃—CH₂]ₙ₋ₓ—[C₆H₃—CH₂]ᵧ—[C₆H₃—CH₂]ₓ₋ᵧ—

该产物既含有环氧基，又含有丙烯酰氧基，还含有羧基，因而既具有碱溶性，又具有光固化特性，同时保留有环氧树脂的优良特性。

用氨或有机胺中和羧基，即得到水溶性环氧丙烯酸酯。

② 先用叔胺与酚醛环氧树脂中部分环氧基反应，再用丙烯酸酯化

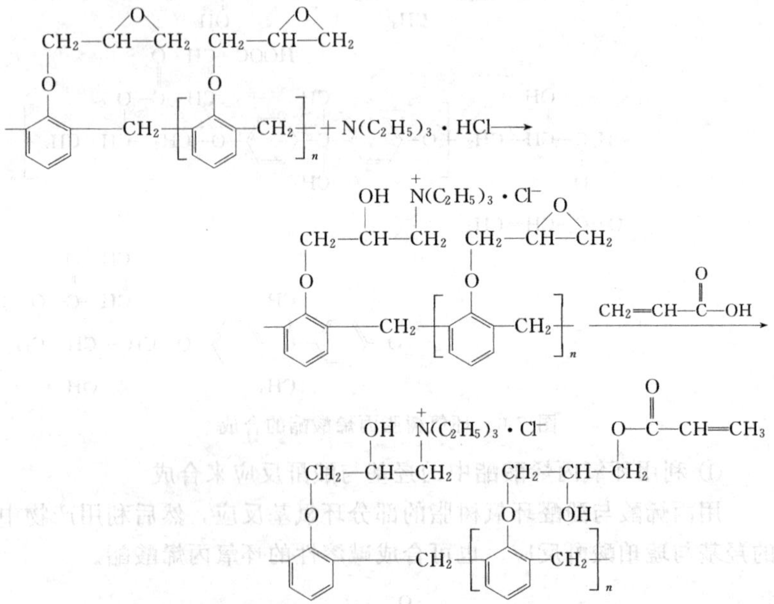

$$\text{酚醛环氧树脂} + N(C_2H_5)_3 \cdot HCl \longrightarrow$$

$$\text{(含 } -CH_2-CH(OH)-CH_2-\overset{+}{N}(C_2H_5)_3 \cdot Cl^- \text{ 基团的环氧树脂)} \xrightarrow{CH_2=CH-C(=O)-OH}$$

$$\text{(含 } -CH_2-CH(OH)-CH_2-\overset{+}{N}(C_2H_5)_3 \cdot Cl^- \text{ 与 } -CH_2-CH(OH)-CH_2-O-C(=O)-CH=CH_3 \text{ 基团的树脂)}$$

该类水性环氧丙烯酸酯属于阳离子型光固化树脂。

以上六种水性光敏树脂，结构不同，性能各异，可以根据性能需要进行选择，必要时可以采取共混法，使其优势互补，得到不同性能的涂层。

7.1.2 合成实例

【实例 1】光固化不饱和聚酯的制备

(1) 配方

序号	原　料	质量/g	序号	原　料	质量/g
1	TMP 二烯丙基醚	10.03	6	HHPA	9.154
2	二羟甲基丙酸	7.201	7	二甲苯	2.546
3	新戊二醇	18.03	8	三乙胺	5.428
4	马来酸酐	12.05	9	丙二醇丁醚	14.09
5	己二酸	7.200	10	去离子水	42.28

（2）配方核算

$\sum m/g$	63.66	$\overline{X}_n$	11.74
$\sum n/mol$	0.5082	$\overline{M}_n$	1302
$M_{rsu}=\sum m/\sum n$	110.9	DMPA/P(质量分数)/%	11.31
$\overline{f}$	1.830	酸值/(mgKOH/g)	53

（3）合成工艺

① 将反应釜通氮气置换空气，投入所有原料，用1h升温至150℃，保温0.5h；

② 升温至175℃，保温2h；

③ 用1h升温至190℃，保温2h；

④ 取样测酸值达45～55mgKOH/g（树脂），降温至80℃；

⑤ 按80%固含量加入丙二醇丁醚，降温至60℃加入中和剂，加入蒸馏水，得稍带蓝光透明水性聚酯分散体，固含量50%。

【实例2】光固化水性聚氨酯的制备

（1）不饱和聚酯的制备

① 配方

序号	原　料	质量/g	序号	原　料	质量/g
1	三羟甲基丙烷	1.221	4	乙基丁基丙二醇	16.49
2	二羟甲基丙酸	7.618	5	马来酸酐	6.870
3	新戊二醇	16.48	6	己二酸	30.71

② 配方核算

$\sum m/g$	79.38	$\overline{X}_n$	12.92
$\sum n/mol$	0.6079	$\overline{M}_n$	1500
$M_{rsu}=\sum m/\sum n$	116.1	DMPA/P(质量分数)/%	9.60
$\overline{f}$	1.845	酸值/(mgKOH/g)	45

③ 合成工艺

a. 将反应釜通氮气置换空气，投入所有原料，用1h升温至150℃，保温0.5h；

b. 1h 升温至 175℃，保温 2h；

c. 用 1h 升温至 200℃，保温 2h；

d. 取样测酸值为 40～50mgKOH/g（树脂）后，降温至 80℃；

e. 过滤出料。

（2）光固化水性聚氨酯合成

① 配方

序号	原 料	质量/g	序号	原 料	质量/g
1	不饱和聚酯(上步产品)	19.62	5	丙酮	8.100
2	丁二醇	1.866	6	丙烯酸-2-羟乙酯	3.271
3	异佛尔酮二异氰酸酯	10.92	7	三乙胺	1.420
4	催化剂	适量	8	去离子水	84.64

② 配方核算

$\sum m/\text{g}$	32.394	$\overline{f}$	1.6909
$\sum n/\text{mol}$	0.08298	$\overline{X}_n$	6.471
$M_{rsu}=\sum m/\sum n$	390.40	$\overline{M}_n$	2526

③ 合成工艺　在氮气的保护下，按配方将 BDO、不饱和聚酯加入反应瓶中，100℃真空脱水 1h，降温至 60℃时，加入丙酮，在 N_2 保护下滴加 IPDI，1h 滴加完毕，在 60℃下反应 1h，并加入一定量的催化剂，升温 80℃，反应至 NCO 含量达到理论值。然后降温至 60℃，加入封端剂，反应至 NCO 基团含量≤0.05%时，加入 TEA 中和，搅拌 0.5h，在高速搅拌下加入去离子水，配成 30%的水分散体溶液。

【实例 3】光固化水性环氧树脂的制备

在氮气的保护下，将 83.03g E-44 环氧树脂、1.103g 二甲基苄胺、1.102g 阻聚剂加入带有温度计、冷凝管、氮气导气管、带有机械搅拌的反应瓶中，用油浴加热至 90℃开始滴加 26.34g 丙烯酸，1h 滴完；保温反应 2h 后升温至 110℃，反应至体系酸值小于 5mg KOH/g；降温至 60℃，加入 17.92g MA，当体系中 MA 完全溶解后，升温反应至酸值达（理论值）75～80mg KOH/g，过滤出料。使用时用 18.47g TEA 中和，加入去离子水，即得水性环氧丙烯酸酯水分散体。

7.1.3 水性光固化涂料的其他组分

（1）活性稀释剂　活性稀释剂是指具有可聚合的反应性官能团，能参与光固化交联反应，并对光固化树脂起溶解、稀释、调节黏度作用的有机小分子。通常将活性稀释剂称为单体或功能性单体。活性稀释剂可参与光固化反应，因此减少了光固化涂料有机挥发分（VOC）的排放，这赋予了光固化涂系的环保特性。

按反应性官能团的种类，活性稀释剂可分为（甲基）丙烯酸酯类、乙烯基类、乙烯基醚类和环氧类等。其中以丙烯酸酯类光固化活性最大，甲基丙烯酸酯类次之。

按固化机理，活性稀释剂可分为自由基型和阳离子型两类。自由基型活性稀释剂主要为丙烯酸酯类单体，而阳离子型活性稀释剂为具有乙烯基醚或环氧基的单体。乙烯基醚类单体也可参与自由基光固化，因此可作为两种光固化体系的活性稀释剂。

按分子中反应性官能团的多少，活性稀释剂则可分为单官能团活性稀释剂、双官能团活性稀释剂和多官能团活性稀释剂。活性稀释剂含有的可反应性官能团越多，则光固化反应活性越高，光固化速度越快。

单官能团活性稀释剂主要有丙烯酸酯类和乙烯基类。丙烯酸酯类活性稀释剂有丙烯酸正丁酯（BA）、丙烯酸异辛酯（2-EHA）、丙烯酸异癸酯（IDA）、丙烯酸月桂酯（LA）、（甲基）丙烯酸羟乙酯、（甲基）丙烯酸羟丙酯，以及一些带有环状结构的（甲基）丙烯酸酯；乙烯类活性稀释剂有苯乙烯（ST）、醋酸乙烯酯（VA）以及 *N*-乙烯基吡咯烷酮（NVP）等。单官能团活性稀释剂一般分子量小，因而挥发性较大，相应地气味大、毒性大，使其应用受到一定限制。

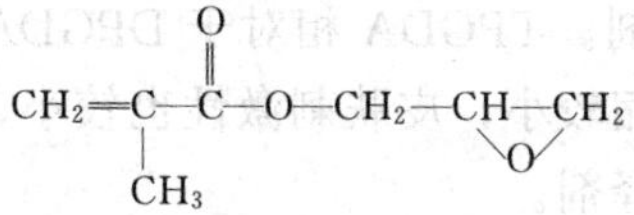

$$CH_2{=}C(CH_3){-}C({=}O){-}O{-}CH_2{-}\underset{\backslash O /}{CH{-}CH_2}$$

甲基丙烯酸缩水甘油酯(GMA)

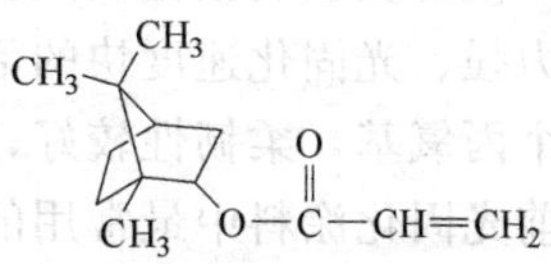

（IBOA 结构式：异冰片基环上带 CH_3、CH_3、CH_3 取代基，连接 $O{-}C({=}O){-}CH{=}CH_2$）

丙烯酸异冰片酯(IBOA)

$$CH_2{=}CH{-}\overset{O}{\overset{\|}{C}}{-}O{-}CH_2{-}\text{(四氢呋喃环)}$$

丙烯酸四氢呋喃甲酯(THFFA)

$$CH_2{=}CH{-}\overset{O}{\overset{\|}{C}}{-}O{-}CH_2CH_2O{-}\text{(苯环)}$$

丙烯酸苯氧基乙酯(POEA)

双官能团活性稀释剂含有两个可参与光固化反应的活性基团，因此光固化速度比单官能团活性稀释剂快，成膜时交联密度增加，有利于提高固化膜的物理力学性能和耐抗性。因分子量增大，黏度相应增加，但仍保持良好的稀释性，其挥发性较小，气味较低，因此，双官能团活性稀释剂大量应用于光固化涂料中。双官能团活性稀释剂主要有乙二醇类二丙烯酸酯、丙二醇类二丙烯酸酯和其他二醇类二丙烯酸酯。应用较广泛的产品有

$$CH_2{=}CH{-}\overset{O}{\overset{\|}{C}}{-}O{-}(CH_2)_6{-}O{-}\overset{O}{\overset{\|}{C}}{-}CH{=}CH_2$$

1,6-己二醇二丙烯酸酯(HDDA)

$$CH_2{=}CH{-}\overset{O}{\overset{\|}{C}}{-}O{-}CH_2{-}\underset{CH_3}{\overset{CH_3}{C}}{-}CH_2{-}O{-}\overset{O}{\overset{\|}{C}}{-}CH{=}CH_2$$

新戊二醇二丙烯酸酯(NPGDA)

$$CH_2{=}CH{-}\overset{O}{\overset{\|}{C}}{-}O{-}CH_2{-}\overset{CH_3}{\overset{|}{CH}}{-}O{-}CH_2{-}\overset{CH_3}{\overset{|}{CH}}{-}O{-}\overset{O}{\overset{\|}{C}}{-}CH{=}CH_2$$

二缩丙二醇二丙烯酸酯(DPGDA)

$$CH_2{=}CH{-}\overset{O}{\overset{\|}{C}}{-}O{-}CH_2{-}\overset{CH_3}{\overset{|}{CH}}{-}O{-}CH_2{-}\overset{CH_3}{\overset{|}{CH}}{-}O{-}CH_2{-}\overset{CH_3}{\overset{|}{CH}}{-}O{-}\overset{O}{\overset{\|}{C}}{-}CH{=}CH_2$$

三缩丙二醇二丙烯酸酯(TPGDA)

HDDA是一种低黏度的双官能团活性稀释剂，稀释能力强，对塑料有极好的附着力，但对皮肤刺激性较大，价格较高。NPGDA黏度低，稀释能力强，活性高，光固化速度快，对塑料附着力好，但对皮肤刺激性较大。DPGDA和TPGDA均是低黏度、稀释能力强、光固化速度快的活性稀释剂。TPGDA相对于DPGDA多一个丙氧基，柔韧性较好，体积收缩较小，皮肤刺激性也较小，是目前光固化涂料中最常用的活性稀释剂。

多官能团活性稀释剂含有3个或3个以上的可参与光固化反应

的活性基团，光固化速度快，交联密度大，固化膜的硬度高，脆性大，耐抗性优异。由于分子量大，黏度高，稀释效果相对较差，沸点高，挥发性低，收缩率大。因此多官能团活性稀释剂通常不用来降低体系黏度，而是针对使用要求调节某些性能，如加快固化速度，增加干膜的硬度，提高其耐刮性等。常用的多官能团活性稀释剂主要有

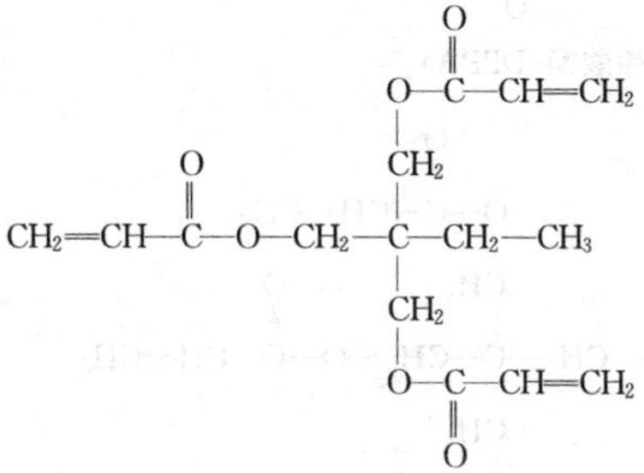

$$\begin{array}{c} \text{O}-\overset{\text{O}}{\overset{\|}{\text{C}}}-\text{CH}=\text{CH}_2 \\ | \\ \text{CH}_2 \\ | \\ \text{CH}_2=\text{CH}-\overset{\text{O}}{\overset{\|}{\text{C}}}-\text{O}-\text{CH}_2-\text{C}-\text{CH}_2-\text{CH}_3 \\ | \\ \text{CH}_2 \\ | \\ \text{O}-\underset{\text{O}}{\underset{\|}{\text{C}}}-\text{CH}=\text{CH}_2 \end{array}$$

三羟甲基丙烷三丙烯酸酯(TMPTA)

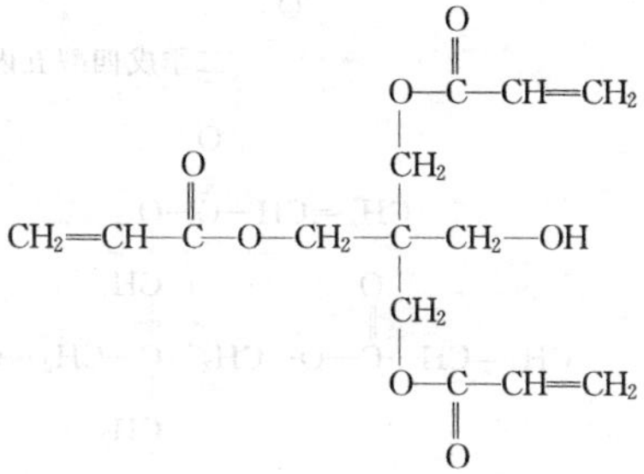

$$\begin{array}{c} \text{O}-\overset{\text{O}}{\overset{\|}{\text{C}}}-\text{CH}=\text{CH}_2 \\ | \\ \text{CH}_2 \\ | \\ \text{CH}_2=\text{CH}-\overset{\text{O}}{\overset{\|}{\text{C}}}-\text{O}-\text{CH}_2-\text{C}-\text{CH}_2-\text{OH} \\ | \\ \text{CH}_2 \\ | \\ \text{O}-\underset{\text{O}}{\underset{\|}{\text{C}}}-\text{CH}=\text{CH}_2 \end{array}$$

季戊四醇三丙烯酸酯(PETA)

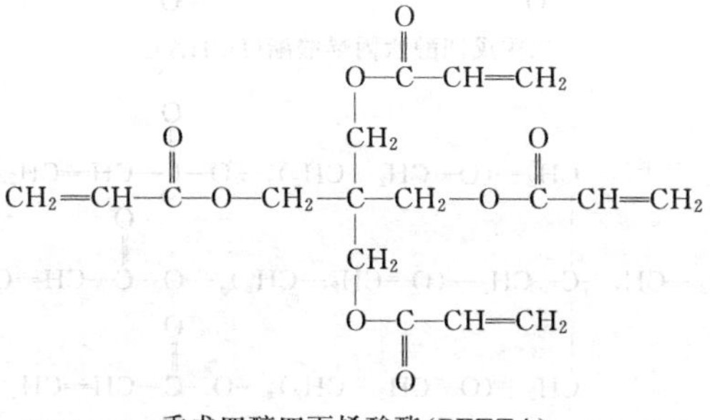

$$\begin{array}{c} \text{O}-\overset{\text{O}}{\overset{\|}{\text{C}}}-\text{CH}=\text{CH}_2 \\ | \\ \text{CH}_2 \\ | \\ \text{CH}_2=\text{CH}-\overset{\text{O}}{\overset{\|}{\text{C}}}-\text{O}-\text{CH}_2-\text{C}-\text{CH}_2-\text{O}-\overset{\text{O}}{\overset{\|}{\text{C}}}-\text{CH}=\text{CH}_2 \\ | \\ \text{CH}_2 \\ | \\ \text{O}-\underset{\text{O}}{\underset{\|}{\text{C}}}-\text{CH}=\text{CH}_2 \end{array}$$

季戊四醇四丙烯酸酯(PETTA)

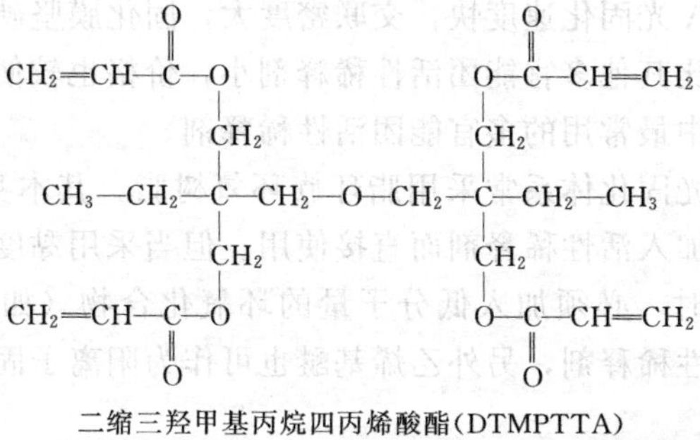

$$\begin{array}{c} \text{CH}_2=\text{CH}-\overset{\text{O}}{\overset{\|}{\text{C}}}-\text{O} \qquad \text{O}-\overset{\text{O}}{\overset{\|}{\text{C}}}-\text{CH}=\text{CH}_2 \\ | \qquad\qquad | \\ \text{CH}_2 \qquad\qquad \text{CH}_2 \\ | \qquad\qquad | \\ \text{CH}_3-\text{CH}_2-\text{C}-\text{CH}_2-\text{O}-\text{CH}_2-\text{C}-\text{CH}_2-\text{CH}_3 \\ | \qquad\qquad | \\ \text{CH}_2 \qquad\qquad \text{CH}_2 \\ | \qquad\qquad | \\ \text{CH}_2=\text{CH}-\underset{\text{O}}{\underset{\|}{\text{C}}}-\text{O} \qquad \text{O}-\underset{\text{O}}{\underset{\|}{\text{C}}}-\text{CH}=\text{CH}_2 \end{array}$$

二缩三羟甲基丙烷四丙烯酸酯(DTMPTTA)

```
              O                                   O
              ‖                                   ‖
CH2=CH—C—O                        O—C—CH=CH2
                    |                             |
                  CH2                           CH2       O
                    |                             |         ‖
   HO—CH2—C—CH2—O—CH2—C—CH2—O—C—CH=CH2
                    |                             |
                  CH2                           CH2
                    |                             |
CH2=CH—C—O                        O—C—CH=CH2
              ‖                                   ‖
              O                                   O
```

二季戊四醇五丙烯酸酯(DPPA)

```
                       O                                     O
                       ‖                                     ‖
         CH2=CH—C—O                          O—C—CH=CH2
                              |                         |
        O                   CH2                      CH2              O
        ‖                     |                         |                 ‖
CH2=CH—C—O—CH2—C—CH2—O—CH2—C—CH2—O—C—CH=CH2
                              |                         |
                            CH2                      CH2
                              |                         |
         CH2=CH—C—O                          O—C—CH=CH2
                       ‖                                     ‖
                       O                                     O
```

二季戊四醇六丙烯酸酯(DPHA)

```
                                                           O
                                                           ‖
               CH2—(O—CH2—CH2)x—O—C—CH=CH2
                |                                            O
                |                                            ‖
CH3—CH2—C—CH2—(O—CH2—CH2)y—O—C—CH=CH2
                |                                            O
                |                                            ‖
               CH2—(O—CH2—CH2)z—O—C—CH=CH2
```

乙氧基化的三羟甲基丙烷三丙烯酸酯[TMP(EO)TA]

TMPTA 光固化速度快，交联密度大，固化膜坚硬而脆，耐抗性好，黏度比其他多官能团活性稀释剂小，价格也较便宜，是目前光固化涂料中最常用的多官能团活性稀释剂。

阳离子光固化体系常采用脂环族环氧树脂，其本身黏度较低，可以不另外加入活性稀释剂而直接使用。但当采用黏度较高的双酚 A 环氧树脂时，必须加入低分子量的环氧化合物（如苯基缩水甘油醚）作活性稀释剂，另外乙烯基醚也可作为阳离子固化体系的活性稀释剂。

(2) 水性光引发剂　对于光固化水性涂料，光引发剂应与水性化树脂高度相容，分散性好，不仅在水性体系中要相容，更关键的是在固化前涂膜预干燥（一般在 60～80℃）时仍能保持分散均匀，使涂膜固化完全。除了与溶剂体系所用的光引发剂在吸收性质、不变黄等方面的要求相同以外，用于水性体系的光引发剂还必须与水性环境有一定的相容性以及较低的水蒸气挥发度（随水分蒸发而一起挥发的程度）。因此，紫外光固化水性涂料理论上一般选用水溶性的紫外光引发剂。不过，由于大部分非水溶性紫外光引发剂可以溶于乙醇，而且溶解度很大，所以非水溶性紫外光引发剂也可以用于紫外光固化水性涂料。对于乳化分散体系或悬浮分散体系，可以通过表面活性剂将通用的油溶性光引发剂分散于水中，因此这类体系可以继续使用某些传统的油溶性光引发剂，它们可以溶解在乳液的内相中，达到与树脂相容的目的。

光固化体系是在光辐射时，光引发剂产生能够引发乙烯基聚合的活性碎片，这些活性碎片可以是自由基、阳离子、阴离子或离子自由基。根据光引发剂产生的活性碎片不同，光引发剂可以分为自由基聚合光引发剂、阳离子聚合光引发剂和阴离子聚合光引发剂。其中以自由基聚合光引发剂的应用最为广泛，其次是阳离子聚合光引发剂，阴离子聚合光引发剂目前还没有应用于商业的报道。

自由基聚合光引发剂应用最广，品种也最多，应用于水性体系的油性光引发剂有很多报道。例如常用的 C-HDPE-2301、Uvinul N-539、Darocur 1173、Irgacure 184、Darocur953、lrgacure 651 等。目前在配方上得到广泛应用的含极性基团的水溶性引发剂是 Darocur2959，它在水中的溶解度为1.7%，而其母体 Darocur 1173 的溶解度仅为 0.1%，因而较易在预干燥时挥发掉。而多羟基的硫杂蒽酮也具有一定的亲水性，不过它在光照的情况下易变色，只适合于着色体系。

7.1.4　水性光固化树脂的应用领域

近年来，随着光固化技术的不断发展和进步，以及人们节能环保意识的增强，光固化涂料得到迅速发展，应用领域不断拓展，不仅大量应用于木器、纸张、塑料、皮革、金属、玻璃、陶瓷等多种基材，而且成功应用于光纤、印刷电路板、电子元器件封装等材料，出现了光固化木器涂料、塑料涂料、纸张上光涂料、金属涂料、光纤涂料、皮革涂料等。

相对于溶剂型光固化涂料，光固化水性涂料具有如下优点：①以水作稀释介质，廉价易得，不易燃，安全、无毒；②可用水或增稠剂方便地控制流变性，适用于辊涂、淋涂、喷涂等各种涂装方式；③不必借助活性稀释剂来调节黏度，可解决VOC及毒性、刺激性的问题，对环境无污染，对人体健康无影响；④可避免由活性稀释剂引起的固化收缩；⑤设备、容器等易于清洗；⑥光固化前可指触，可堆放和修理。光固化水性涂料由水性光固化树脂、光引发剂、助剂和水组成。

光引发剂是任何紫外光固化体系中不可缺少的成分，它对固化体系的光固化速度起决定性作用。由于水性光固化涂料所用稀释剂主要是水，水不参与光固化反应，必须在光固化之前或光固化过程中除去。因此，必须选择挥发性低，与水性光固化树脂相容性好，在水介质中光活性高，引发效率高，且安全、无毒的引发剂。水性光固化涂料所用的光引发剂可分为分散型和水溶型两类。分散型光引发剂为油溶性，需借助乳化剂和少量单体才能分散到水基光固化体系中。它们存在相容性问题，影响成膜性能和引发效率。而水溶型光引发剂克服了这一问题，它是在常用的油溶性光引发剂结构中引入阴、阳离子基团或亲水性的非离子基团而制得的。

常用的助剂有流平剂、消泡剂、阻聚剂、稳定剂、颜料、填料等。使用助剂时，应考虑它对其他组分的影响。

光固化水性涂料的开发应用尚处于初级阶段，目前已用作塑料清漆、罩印清漆、光聚合印刷版、丝网印刷油墨、凹版及平版印刷油墨、金属涂料等。光固化水性涂料在木器、木材涂饰行业也有较好前景。

虽然水性光固化涂料是“5E”涂料，但是就目前的技术而言，该技术的推广应用上还有一定的困难。其主要表现在以下几点：

① 涂料水分散体系的长期稳定性有待提高；

② 可供选择的水性光引发剂品种太少；

③ 对于有色光固化体系，由于颜料颜色的吸光率不同，颜色的选择余地较小；

④ 原材料和设备成本高，由于紫外光灯管有一定寿命，需定期更换，增加了维护成本；

⑤ 工作环境要求清洁、无尘；

⑥ 水的凝固点比一般溶剂高，在运输和贮存过程中必须加入防冻剂，同时水性体系容易产生霉菌，需加入防霉剂，使配方复杂化。

随着国内外对于涂料行业各种法律法规的健全和完善，水性光固化涂料的制备研究不断深化，水性光固化涂料近年来在世界范围内发展很快。在欧美先进国家已有专利技术和产品面市，如Vianova Resins（Hoechst 公司的子公司）、Bayer、Akzo-Nobel、BSAF 等涂料行业的龙头企业已经在油墨、胶印、罩光清漆上成功应用。国内最近几年也陆续发表了许多有关光固化水性树脂研发的文章，说明国内在该技术上已经有良性发展的势头。

7.2 水性环氧树脂

环氧树脂（epoxy resin）是指分子结构中含有2个或2个以上环氧基并在适当的化学试剂存在下能形成三维网状固化物的化合物的总称，是一类重要的热固性树脂。环氧树脂既包括含环氧基的低聚物，也包括含环氧基的小分子化合物。环氧树脂作为胶黏剂、涂料和复合材料等的树脂基体，广泛应用于水利、交通、机械、电子、家电、汽车及航空航天等领域。

7.2.1 环氧树脂及其固化物的性能特点

① 力学性能高。环氧树脂具有很强的内聚力，材料结构致密，所以它的力学性能高于酚醛树脂和不饱和聚酯等通用型热固性树脂。

② 附着力强。环氧树脂固化体系中含有活性较大的环氧基、羟基以及醚键、胺键、酯键等极性基团，赋予环氧固化物对金属、陶瓷、玻璃、混凝土、木材等极性基材以优良的附着力。

③ 固化收缩率小。一般为1%～2%，是热固性树脂中固化收缩率最小的品种之一（酚醛树脂为8%～10%；不饱和聚酯树脂为4%～6%；有机硅树脂为4%～8%）。线胀系数也很小，一般为6×10^{-5}℃$^{-1}$。所以固化后体积变化不大。

④ 工艺性好。环氧树脂固化时基本上不产生低分子挥发物，所以可低压成型或接触压成型。能与各种固化剂配合制造无溶剂、高固体、粉末涂料及水性涂料等环保型涂料。

⑤ 优良的电绝缘性优良。环氧树脂是热固性树脂中介电性能最好的品种之一。

⑥ 稳定性好，抗化学药品性优良。不含碱、盐等杂质的环氧树脂不易变质。只要贮存得当（密封、不受潮、不遇高温），其贮存期为1年。超期后若检验合格仍可使用。环氧固化物具有优良的化学稳定性。其耐碱、酸、盐等多种介质腐蚀的性能优于不饱和聚酯树脂、酚醛树脂等热固性树脂。因此，环氧树脂大量用作防腐蚀底漆，又因环氧树脂固化物呈三维网状结构，又能耐油类等的浸渍，大量应用于油槽、油轮、飞机的整体油箱内壁衬里等。

⑦ 环氧固化物的耐热性一般为80～100℃。环氧树脂的耐热品种可达200℃或更高。

环氧树脂也存在一些缺点，比如耐候性差，环氧树脂中一般含有芳香醚键，固化物经日光照射后易降解断链，所以通常的双酚A型环氧树脂固化物在户外日晒，易失去光泽，逐渐粉化，因此不宜用作户外的面漆。另外，环氧树脂低温固化性能差，一般需在10℃以上固化，在10℃以下则固化缓慢，对于大型物体如船舶、桥梁、港湾、油槽等，寒季施工时十分不便。

7.2.2 环氧树脂的特性指标

环氧树脂有多种型号，各具不同的性能，其性能可由特性指标确定。

（1）环氧当量（或环氧值） 环氧当量（或环氧值）是环氧树

脂最重要的特性指标，表征树脂分子中环氧基的含量。环氧当量是指含有1mol环氧基的环氧树脂的质量（g），以EEW表示。而环氧值是指100g环氧树脂中环氧基的物质的量（mol）。

$$环氧当量=\frac{100}{环氧值}$$

环氧当量的测定方法有化学分析法和光谱分析法。国际上通用的化学分析法有高氯酸法，其他的还有盐酸丙酮法、盐酸吡啶法和盐酸二氧六环法。盐酸丙酮法方法简单，试剂易得，使用方便。其方法是：准确称量0.5～1.5g树脂置于具塞的三角烧瓶中，用移液管加入20mL盐酸丙酮溶液（1mL相对密度1.19的盐酸溶于40mL丙酮中），加塞摇荡，使树脂完全溶解，在阴凉处放置1h，盐酸与环氧基作用生成氯醇，之后加入甲基红指示剂3滴，用0.1mol/L的NaOH溶液滴定过量的盐酸至红色褪去变成黄色为终点。同样操作，不加树脂，做一空白试验。由树脂消耗的盐酸的量即可计算出树脂的环氧当量。

（2）羟值（羟基当量）　羟值是指100g环氧树脂中所含的羟基的物质的量（mol）。而羟基当量是指含1mol羟基的环氧树脂的质量（g）。

$$羟基当量=\frac{100}{羟值}$$

羟基的测定方法有两种：一是直接测定环氧树脂中的羟基含量；二是打开环氧基形成羟基，并进一步测定羟基含量的总和。前一方法是根据氢化铝锂能和含有活泼氢的基团进行快速、定量反应的原理，用于直接测定环氧树脂中的羟基，是一种较可靠的方法。后一方法是以乙酸酐、吡啶混合后的乙酰化试剂与环氧树脂进行反应，即可测定环氧树脂中的羟基含量即羟值。

（3）酯化当量　酯化当量是指酯化1mol单羧酸（60g醋酸或280g C_{18}脂肪酸）所需环氧树脂的质量（g）。环氧树脂中的羟基和环氧基都能与羧酸进行酯化反应。酯化当量可表示树脂中羟基和环氧基的总含量。

$$酯化当量=\frac{100}{环氧值\times 2+羟值}$$

(4) 软化点　环氧树脂的软化点可以表示树脂的分子量大小，软化点高的分子量大，软化点低的分子量小。

低分子量环氧树脂　软化点＜50℃　聚合度＜2

中分子量环氧树脂　软化点 50～95℃　聚合度 2～5

高分子量环氧树脂　软化点＞100℃　聚合度＞5

(5) 氯含量　是指环氧树脂中所含氯的物质的量（mol），包括有机氯和无机氯。无机氯主要是指树脂中的氯离子，无机氯的存在会影响固化树脂的电性能。树脂中的有机氯含量标志着分子中未起闭环反应的那部分氯醇基团的含量，它含量应尽可能地降低，否则也会影响树脂的固化及固化物性能。

(6) 黏度　环氧树脂的黏度是环氧树脂实际使用中的重要指标之一。不同温度下，环氧树脂的黏度不同，其流动性能也就不同。黏度通常可用杯式黏度计、旋转黏度计、毛细管黏度计和落球式黏度计来测定。

7.2.3　国产环氧树脂的牌号

国产环氧树脂的牌号及规格见表 7-1。

7.2.4　水性环氧树脂的制备

传统的环氧树脂难溶于水，只能溶于芳烃类、酮类及醇类等有机溶剂，必须用有机溶剂作为分散介质，将环氧树脂配成一定浓度、一定黏度的树脂溶液才能使用。用有机溶剂作分散介质来稀释环氧树脂不仅成本高，而且在使用过程中，有机挥发分（VOC）对操作工人身体危害极大，对环境也会造成污染，为此，许多国家先后颁布了严格的限制 VOC 排放的法令法规。开发具有环保效益的环氧树脂水性化技术成为各国研究的热点。从 20 世纪 70 年代起，国外就开始研究具有环境友好特性的水性环氧树脂体系。为适应环保法规对 VOC 的限制，我国从 20 世纪 90 年代初开始对水性环氧体系和水性环氧涂料进行研究开发。水性环氧树脂第一代产品是直接用乳化剂进行乳化，第二代水性环氧体系是采用水溶性固化剂乳化油溶性环氧树脂，第三代水性环氧体系是由美国壳牌公司多年研究开发成功的，这一体系的环氧树脂和固化剂都接上了非离子型表面活性剂，乳液体系稳定，由其配制的涂料漆膜可达到或超过

表 7-1　国产环氧树脂的牌号及规格

国家统一型号		旧牌号	规格				
			软化点/℃（或黏度/Pa·s）	环氧值/(mol/100g)	有机氯/(mol/100g)	无机氯/(mol/100g)	挥发分/%
双酚A型	E-54	616	(6～8)	0.55～0.56	≤0.02	≤0.001	≤2
	E-51	618	(<2.5)	0.48～0.54	≤0.02	≤0.001	≤2
		619	液体	0.48	≤0.02	≤0.005	≤2.5
	E-44	6101	12～20	0.41～0.47	≤0.02	≤0.001	≤1
	E-42	634	21～27	0.38～0.45	≤0.02	≤0.001	≤1
	E-39-D		24～28	0.38～0.41	≤0.01	≤0.001	≤0.5
	E-35	637	20～35	0.30～0.40	≤0.02	≤0.005	≤1
	E-31	638	40～55	0.23～0.38	≤0.02	≤0.005	≤1
	E-20	601	64～76	0.18～0.22	≤0.02	≤0.001	≤1
	E-14	603	78～85	0.10～0.18	≤0.02	≤0.005	≤1
	E-12	604	85～95	0.09～0.14	≤0.02	≤0.001	≤1
	E-10	605	95～105	0.08～0.12	≤0.02	≤0.001	≤1
	E-06	607	110～135	0.04～0.07			≤1
	E-03	609	135～155	0.02～0.045			≤1
酚醛型	F-51		28(≤2.5)	0.48～0.54	≤0.02	≤0.001	≤2
	F-48	648	70	0.44～0.48	≤0.08	≤0.005	≤2
	F-44	644	10	≈0.44	≤0.1	≤0.005	≤2
	F_J-47		35	0.45～0.5	≤0.02	≤0.005	≤2
	F_J-43		65～75	0.40～0.45	≤0.02	≤0.005	≤2

注：F_J-47 和 F_J-43 为邻甲酚醛环氧树脂。

溶剂型涂料的漆膜性能指标。我国也正在积极进行水性环氧树脂体系的技术开发。

水性环氧树脂的制备方法主要有机械法、相反转法、固化剂乳化法和化学改性法。

机械法也称直接乳化法，通常是将环氧树脂用球磨机、胶体磨、均质器等磨碎，然后加入乳化剂水溶液，再通过超声振荡、高速搅拌将粒子分散于水中，或将环氧树脂与乳化剂混合，加热到一定温度，在激烈搅拌下逐渐加入水而形成环氧树脂乳液。机械法制备水性环氧树脂乳液的优点是工艺简单、成本低廉、所需乳化剂的用量较少。但是，此方法制备的乳液中环氧树脂分散相微粒的尺寸较大，在10μm左右，粒子形状不规则，粒度分布较宽，所配得的乳液稳定性一般较差，并且乳液的成膜性能也不太好，而且由于非离子型表面活性剂的存在，也会影响涂膜的外观和一些性能。

相反转法即通过改变水相的体积，将聚合物从油包水（W/O）状态转变成水包油（O/W）状态，是一种制备高分子树脂乳液较为有效的方法，几乎可将所有的高分子树脂借助于外加乳化剂的作用通过物理乳化的方法制得相应的乳液。相反转原指多组分体系中的连续相在一定条件下相互转化的过程，如在油/水/乳化剂体系中，当连续相从油相向水相（或从水相向油相）转变时，在连续相转变区，体系的界面张力最小，因而此时的分散相的尺寸最小。通过相反转法将高分子树脂乳化为乳液，制得的乳液粒径比机械法小，稳定性也比机械法好，其分散相的平均粒径一般为1～2μm。

固化剂乳化法是不外加乳化剂，而是利用具有乳化效果的固化剂来乳化环氧树脂。这种具有乳化性质的固化剂一般是改性的环氧树脂固化剂，它既具有固化、又具有乳化低分子量液体环氧树脂的功能。乳化型固化剂一般是环氧树脂-多元胺加成物。在普通多元胺固化剂中引入环氧树脂分子链段，并采用成盐的方法来改善其亲水亲油平衡值，使其成为具有与低分子量液体环氧树脂相似链段的水可分散性固化剂。由于固化剂乳化法中使用的乳化剂同时又是环氧树脂的固化剂，因此固化所得漆膜的性能比需外加乳化剂的机械法和相反转法要好。

化学改性法又称自乳化法，是目前水性环氧树脂的主要制备方法。化学改性法是通过打开环氧树脂分子中的部分环氧键，引入极性基团，或者通过自由基引发接枝反应，将极性基团引入环氧树脂分子骨架中，这些亲水性基团具有表面活性作用，能帮助环氧树脂在水中分散。由于化学改性法是将亲水性的基团通过共价键直接引入到环氧树脂的分子中，因此制得的乳液稳定，粒子尺寸小，多为纳米级。化学改性法引入的亲水性基团可是以阴离子、阳离子或非离子的亲水链段。

(1) 引入阴离子　通过酯化、醚化、胺化或自由基接枝改性法在环氧聚合物分子链上引入羧基、磺酸基等功能性基团，中和成盐以后，环氧树脂就具备了水分散的性质。酯化、醚化和胺化都是利用环氧基与羧基、羟基或氨基反应来实现的。

酯化是利用氢离子先将环氧基极化，酸根离子再进攻环氧环，使其开环，得到改性树脂，然后用胺类水解、中和。如利用环氧树脂与丙烯酸反应生成环氧丙烯酸酯，再用丁烯二酸（酐）和环氧丙烯酸酯上的碳碳双键通过加成反应生成富含羧基的化合物，最后用胺中和成水溶性树脂；或与磷酸反应成环氧磷酸酯，再用胺中和也可得到水性环氧树脂。

醚化是由亲核性物质直接进攻环氧基上的碳原子，开环后改性剂与环氧基上的仲碳原子以醚键相连得到改性树脂，然后水解、中和。比较常见的方法是环氧树脂与对羟基苯甲酸甲酯反应后水解、中和；也可将环氧树脂与巯基乙酸进行醚化反应而后中和，在环氧树脂分子中引入阴离子。

胺化是利用环氧基团与一些低分子的扩链剂如氨基酸、氨基苯甲酸、氨基苯磺酸（盐）等化合物上的氨基反应，在链上引入羧基、磺酸基团，中和成盐后可分散于水中。如用对氨基苯甲酸改性环氧树脂，使其具有亲水亲油两种性质，以改性产物及其与纯环氧树脂的混合物制成水性涂料，涂膜性能优良，保持了溶剂型环氧涂料在抗冲击强度、光泽度和硬度等方面的优点，而且附着力提高，柔韧性大为改善，涂膜耐水性和耐化学药品性能优良。

自由基接枝改性方法是利用双酚 A 型环氧树脂分子上的亚甲基在过氧化物作用下易于形成自由基并与乙烯基单体共聚的性质，将（甲基）丙烯酸、马来酸（酐）等单体接枝到环氧树脂上，再用中和剂中和成盐，最后加入水分散，从而得到水性环氧树脂。

$$\sim\!\!\sim\!\!\sim C_6H_4{-}O{-}CH_2{-}\underset{\displaystyle OH}{\underset{|}{C}}HCH_2\sim\!\!\sim\!\!\sim \xrightarrow{BPO} \sim\!\!\sim\!\!\sim C_6H_4{-}O{-}\dot{C}H{-}\underset{\displaystyle OH}{\underset{|}{C}}HCH_2\sim\!\!\sim\!\!\sim$$

$$\xrightarrow{nCH_2{=}CH(COOH)} \sim\!\!\sim\!\!\sim C_6H_4{-}O{-}\underset{\displaystyle CH_2{-}CH(COOH){-}(CH_2{-}CH(COOH))_{n-1}}{\overset{|}{C}H}{-}\underset{\displaystyle OH}{\underset{|}{C}}HCH_2\sim\!\!\sim\!\!\sim$$

将丙烯酸单体接枝到环氧分子骨架上，制得不易水解的水性环氧树脂。反应为自由基聚合，接枝位置为环氧分子链上的脂肪碳原子，接枝率低于100%，最终产物为未接枝的环氧树脂、接枝的环氧树脂和聚丙烯酸的混合物，这三种聚合物分子在溶剂中舒展成线型状态，加入水后，在水中形成胶束，接枝共聚物的环氧链段和与其相混溶的未接枝环氧树脂处于胶束内部，接枝共聚物的丙烯酸共聚物羧酸盐链段处于胶束表层，并吸附与其相混溶的丙烯酸共聚物的羧酸盐包覆于胶束表面，颗粒表面带有电荷，形成极稳定的水分散体系。

先用磷酸将环氧树脂酸化得到环氧磷酸酯，再用环氧磷酸酯与丙烯酸接枝共聚，制得比丙烯酸与环氧树脂直接接枝的产物稳定性更好的水基分散体，并且发现：水性体系稳定性随制备环氧磷酸酯时磷酸的用量、丙烯酸单体用量和环氧树脂分子量的增大而提高，其中丙烯酸单体用量是影响其水分散体稳定性的最重要因素。

以双酚A型环氧树脂与丙烯酸反应合成具有羟基侧基的环氧丙烯酸酯，再用甲苯二异氰酸酯与丙烯酸羟乙酯的半加成物对上述环氧丙烯酸酯进行接枝改性，再用酸酐引入羧基，经胺中和后，可得较为稳定的自乳化光敏树脂水分散体系。

(2) 引入阳离子　含氨基的化合物与环氧基反应生成含叔胺或季铵碱的环氧聚合物，用酸中和后得到阳离子型的水性环氧树脂。

$$\sim\sim\mathrm{CH}\overset{O}{\frown}\mathrm{CH_2} + \mathrm{HNR_2} \longrightarrow \sim\sim\underset{}{\overset{\mathrm{OH}}{\mathrm{CH}}}-\mathrm{CH_2}-\mathrm{NR_2} \xrightarrow{\mathrm{HX}} \sim\sim\overset{\mathrm{OH}}{\mathrm{CH}}-\mathrm{CH_2}-\underset{\mathrm{H}}{\overset{+}{\mathrm{N}}}\mathrm{R_2} + \mathrm{X^-}$$

用酚醛型多官能环氧树脂F-51与一定量的二乙醇胺发生加成反应（每个F-51分子中打开一个环氧基）引入亲水基团，再用冰醋酸中和成盐，加水制得改性F-51水性环氧树脂，该方法使树脂具备了水溶性或水分散性，同时每个改性树脂分子中又保留了2个环氧基，使改性树脂的亲水性和反应活性达到合理的平衡。固化体系采用改性F-51水性环氧树脂与双氰胺配合，由于双氰胺在水性环氧树脂体系中具有良好的溶解性和潜伏性，贮存 6 个月不分层，黏度无变化，可形成稳定的单组分配方。该体系比未改性环氧/双氰胺体系起始反应温度降低了 76℃，固化工艺得到改善。固化物具有良好的力学性能，层压板弯曲强度达 502.93 MPa，剪切强度达 36.6MPa，固化膜硬度达 5H，附着力 100%，具有良好的应用前景。

(3) 引入非离子的亲水链段 通过含亲水性的氧化乙烯链段的聚乙二醇或其嵌段共聚物上的羟基或含聚氧化乙烯链上的氨基与环氧基团反应可以将聚环氧乙烷链段引入到环氧分子链上，得到含非离子亲水成分的水性环氧树脂。该反应通常在催化剂存在下进行，常用的催化剂有三氟化硼络合物、三苯基膦、强无机酸。

$$\sim\sim CH\overset{O}{—}CH_2 + HO{+}CH_2—CH_2—O{+}_nH \xrightarrow{催化剂} \sim\sim \underset{}{\overset{OH}{\overset{|}{C}H}}—CH_2—O{+}CH_2—CH_2—O{+}_nH$$

先用聚环氧乙烷二醇、聚环氧丙烯二醇和环氧氯丙烷反应，形成分子量为 4000～20000 的双环氧端基乳化剂，利用此乳化剂和环氧当量为 190 的双酚 A 环氧树脂混合，以三苯基膦为催化剂进行反应，可得到含有亲水性的聚环氧乙烷、聚环氧丙烯链段的环氧树脂。这种环氧树脂不用外加乳化剂即可溶于水中，且由于亲水链段包含在环氧树脂分子中，因而增强了涂膜的耐水性。

在双酚 A 型环氧树脂和聚乙二醇中加入催化剂三苯基膦制得的非离子表面活性剂与氨基苯甲酸改性的双酚 A 型环氧树脂及 E-20 环氧树脂制得的水性环氧涂料作为食品罐内壁涂料，性能良好。

7.2.5 水性环氧树脂的合成实例

(1) 单组分水性环氧乳液的合成 在装有搅拌器、冷凝管、氮气导管、滴液漏斗的 250mL 四口烧瓶中加入一定量环氧树脂和按一定质量比配制的正丁醇和乙二醇单丁醚混合溶剂，加热升温至 105℃；当投入的环氧树脂充分溶解后开动搅拌，2h 内匀速缓慢滴加甲基丙烯酸、丙烯酸丁酯、苯乙烯和过氧化苯甲酰的混合溶液；继续搅拌反应 3h；后降温至 50℃，加入 *N*,*N*-二甲基乙醇胺和去离子水的混合溶液中和，中和度 100%，搅拌下继续反应 30min；加水高速分散制成固含量约 30%的环氧树脂-丙烯酸接枝共聚物乳液。反应原理如下：

$$\underset{\text{(环氧)}}{CH_2-CH}\sim CH(OH)\sim \underset{\text{(环氧)}}{CH-CH_2} + CH_2{=}C(CH_3)-COOH + CH_2{=}CH-COOC_4H_9 \xrightarrow{\text{引发剂}}$$

$$\underset{\text{(环氧)}}{CH_2-CH}\sim C(OH)\sim \underset{\text{(环氧)}}{CH-CH_2};\ C\text{—}CH_2-CH(COOC_4H_9)\text{—}[CH_2-CH(COOC_4H_9)]_n\text{—}[CH_2-C(CH_3)(COOH)]_m\text{—}H \xrightarrow{HOCH_2CH_2-N(CH_3)_2}$$

$$\underset{\text{(环氧)}}{CH_2-CH}\sim C(OH)\sim \underset{\text{(环氧)}}{CH-CH_2};\ C\text{—}CH_2-CH(COOC_4H_9)\text{—}[CH_2-CH(COOC_4H_9)]_n\text{—}[CH_2-C(CH_3)(COO^-)]_m\text{—}H + HOCH_2CH_2-N^+H(CH_3)-CH_3$$

在该乳液中按质量比 10：1 加入 25%氨基树脂 R-717 的溶液，高速分散并滴加去离子水将乳液稀释至固含量为 20%，得到单组分水性环氧乳液。

环氧树脂的分子量，功能单体甲基丙烯酸和引发剂过氧化苯甲酰的用量是影响环氧-丙烯酸接枝共聚乳液性能的三个关键因素。随着环氧树脂平均分子量增加，合成的环氧乳液稳定性提高，乳液黏度也随之增大。增加甲基丙烯酸用量，乳液粒径减小，但用量过大使漆膜耐水性变差。引发剂的用量直接影响反应接枝率，当引发剂的用量过低时，制备的乳液贮存稳定性差，过低的引发剂浓度导致反应的接枝率较低，聚合物的亲水性差，乳液不稳定。引发剂的浓度增加，反应接枝率增加，环氧树脂亲水性提高，乳液粒子粒径减小，乳液粒子形状规整。但引发剂的用量过高使单体之间的共聚反应增大，降低了体系稳定性。另外，引发剂浓度过高会促使引发剂产生诱导分解，也就是自由基向引发剂的转移反应，结果消耗了引发剂而自由基数量并未增加，导致接枝效率下降。通过实验表明，采用环氧树脂 E-06 和 E-03 配合使用，甲基丙烯酸单体含量44%，过氧化苯甲酰用量为单体总质量的8.4%，合成的环氧乳液具有良好的贮存稳定性、黏度适中、粒径小，适于工业涂装。

(2) 水性二乙醇胺改性E-44环氧树脂的合成 环氧树脂中的环氧基可与胺反应，因此可用二乙醇胺来改性E-4环氧树脂，在树脂分子中引入亲水性羟基和氨基，之后再滴加冰醋酸成盐，即可制得水性二乙醇胺改性的E-44环氧树脂。反应原理如下：

$$\sim\!\sim CH\overset{O}{\frown}CH_2 + H-N(CH_2CH_2OH)_2 \longrightarrow \sim\!\sim \underset{OH}{CH}-CH_2-N(CH_2CH_2OH)_2$$

$$\xrightarrow{CH_3COOH} \sim\!\sim \underset{OH}{CH}-CH_2-N^{+}H(CH_2CH_2OH)_2 + CH_3COO^{-}$$

合成工艺：60℃下先用乙二醇丁醚和乙醇将环氧树脂溶解，然后慢慢滴加二乙醇胺，滴完后继续加热至80℃，恒温反应2.5h，反应完全后，即得二乙醇胺改性的环氧树脂E-44。最后向制得的改性树脂中滴加冰醋酸，中和成盐，再加入一定量水，搅拌，即得改性环氧树脂的水性体系。改性环氧树脂的亲水性强弱与树脂分子中引入的二乙醇胺和滴加的冰醋酸的多少有关，二乙醇胺和冰醋酸用量的增加，改性树脂亲水性增强而环氧值降低。通过改变两者的用量，可制得一系列具有不同环氧值的水溶液或水乳液。

(3) 水性甘氨酸改性环氧树脂的合成 将一定比例的E-44环氧树脂、水、表面活性剂及预先用水溶解的甘氨酸投入三颈瓶中，在温度为80～85℃的反应3h，制得水性环氧树脂。反应原理如下：

$$\sim\!\sim CH\overset{O}{\frown}CH_2 + NH_2CH_2COOH \longrightarrow \sim\!\sim \underset{OH}{CH}-CH_2-\underset{CH_2COOH}{N}-CH_2-\underset{OH}{CH}\sim\!\sim$$

将制得的水性环氧树脂先用计量的氢氧化钠水溶液中和，再用高剪切分散乳化机将其乳化，制得稳定的水性环氧乳液。制得的水性环氧树脂在有机溶剂中的溶解性变差，在碱性水溶液中的溶解性增强，作为水性环氧涂料，其固化物具有优良的涂膜性能。

（4）水性光敏酚醛环氧树脂的合成　用丙烯酸和琥珀酸酐对 F-44 酚醛环氧树脂进行改性，可合成一种水性光敏酚醛环氧树脂。反应原理如下：

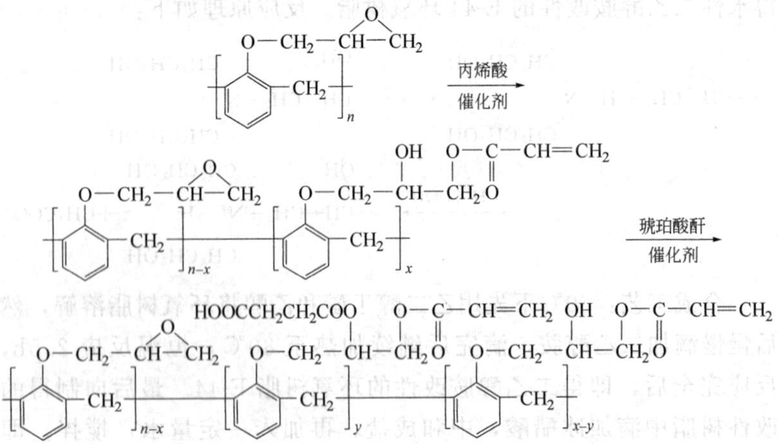

O—CH_2—CH—CH_2（环氧）；CH_2；n　$\xrightarrow[\text{催化剂}]{\text{丙烯酸}}$

OH　O—C—CH=CH_2；O—CH_2—CH—CH_2（环氧）；O—CH_2—CH—CH_2O；CH_2；n−x；CH_2；x　$\xrightarrow[\text{催化剂}]{\text{琥珀酸酐}}$

$HOOCCH_2CH_2COO$　O—C—CH=CH_2　OH　O—C—CH=CH_2；O—CH_2—CH—CH_2（环氧）；O—CH_2—CH—CH_2O；O—CH_2—CH—CH_2O；CH_2；n−x；CH_2；y；CH_2；x−y

合成工艺：在带回流装置的 100mL 圆底烧瓶中加入 36.2g 质量分数为 70%的 F-44 环氧树脂的二氧六环溶液（含 0.1mol 环氧基）、2.47mL 质量分数为 2%的对苯二酚的二氧六环溶液作为阻聚剂、0.5g 催化剂，加入 0.05mol 丙烯酸，在 95℃下反应 6h，丙烯酸转化率达到 100%后，加入质量分数为 22.5%的含 0.05mol 琥珀酸酐的二氧六环溶液，在 95℃反应 3h，制得一种力学性能较为优越、可溶于 5% Na_2CO_3 水溶液的水性光敏酚醛环氧树脂。

（5）以相反转乳化技术制备 E-44 水性环氧树脂　以甲苯作溶剂，以端甲氧基聚乙二醇、马来酸酐为原料，在回流温度下进行酯化反应，酯化完成后，加入与马来酸酐等物质的量的环氧树脂 E-44，进行酯化反应，当酯化率达到要求时，减压抽去溶剂得到红棕色固态反应型环氧树脂乳化剂 MeO-PEG-Ma-E-44。再将一定量的E-44环氧树脂与占E-44质量16.5%~20%的上述乳化剂于250mL三颈瓶中加热至70℃搅拌均匀，当温度降至50℃左右，以每5min滴加1mL蒸馏水，控制搅拌速度1000r/min，即制得固含量为60%的水性环氧树脂。制得的E-44水性环氧树脂在水性固化剂作用下室温2h、60℃40min内固化，固化后的热稳定性、机械性与乳化前的E-44环氧树脂基本一致，且韧性有所提高。

7.2.6 水性环氧树脂固化剂的合成

水性环氧树脂固化剂是指能溶于水或能被水乳化的环氧树脂固化剂。一般的多元胺类固化剂都可溶于水，但在常温下挥发性大，毒性大，固化偏快，配比要求太严，且亲水性强，易保留水分而使涂膜泛白，甚至吸收二氧化碳降低效果。实际使用的水性环氧固化剂需对传统的胺类固化剂进行改性。常用的水性环氧固化剂大多为多乙烯多胺改性产物，改性方法有以下三种：①与单脂肪酸反应制得酰胺化多胺；②与二聚酸进行缩合而成聚酰胺；③与环氧树脂加成得到多胺-环氧加成物。这三种方法均采用在多元胺分子链中引入非极性基团，使得改性后的多胺固化剂具有两亲性结构，以改善与环氧树脂的相容性。由于酰胺类固化剂固化后的涂膜的耐水性和耐化学药品性较差，现在研究的水性环氧固化剂主要是封端的环氧-多乙烯多胺加成物。下面举几个合成实例。

(1) E-44环氧树脂改性三亚乙基四胺水性环氧固化剂的合成　将一定比例的E-44、三乙烯四胺（三亚乙基四胺）、无水乙醇投入三颈烧瓶中，在温度55～60℃下反应6h，再减压蒸馏除去乙醇制得。反应原理如下：

$$2NH_2CH_2CH_2NHCH_2CH_2NHCH_2CH_2NH_2 + \overset{O}{CH_2—CH}\sim\sim\overset{OH}{CH}\sim\sim\overset{O}{CH—CH_2} \longrightarrow$$

$$NH_2CH_2CH_2NHCH_2CH_2NHCH_2CH_2NH—CH_2—\overset{OH}{CH}\sim\sim\overset{OH}{CH}\sim\sim\overset{OH}{CH}—CH_2—NH_2CH_2CH_2NHCH_2CH_2NHCH_2CH_2NH_2$$

制备的水性环氧固化剂的亲水性较低，用于制备水性环氧树脂漆，得到的漆膜性能可达到使用要求。

(2) 聚醚型水性环氧树脂固化剂的合成　合成原理如下：

$$CH_2\overset{O}{—}CH—R—CH\overset{O}{—}CH_2 + HO—Y—OH \xrightarrow{催化剂}$$

$$CH_2\overset{O}{—}CH—R—\underset{}{\overset{OH}{CH}}—CH_2—O—Y—O—CH_2—\overset{OH}{CH}—R—CH\overset{O}{—}CH_2$$

$$\xrightarrow{2NH_2CH_2CH_2NHCH_2CH_2NH_2}$$

$$\underset{NHCH_2CH_2NHCH_2CH_2NH_2}{CH_2}—\overset{OH}{CH}—R—\overset{OH}{CH}—CH_2—O—Y—O—CH_2—\overset{OH}{CH}—R—\overset{OH}{CH}—\underset{NHCH_2CH_2NHCH_2CH_2NH_2}{CH_2}$$

$$\xrightarrow{CH_2\overset{O}{—}CH—R^2}$$

$$\underset{NHCH_2CH_2NHCH_2CH_2NH—CH_2—\underset{OH}{CH}—R^2}{CH_2}—\overset{OH}{CH}—R—\overset{OH}{CH}—CH_2—O—Y—O—CH_2—\overset{OH}{CH}—R—\overset{OH}{CH}—\underset{NHCH_2CH_2NHCH_2CH_2NH—CH_2—\underset{OH}{CH}—R^2}{CH_2}$$

最佳配方与工艺条件：选择分子量为1500的聚醚，环氧树脂与聚醚的摩尔比为2∶1，催化剂选用BF_3，并在60℃时加入。该水性固化剂固化环氧体系涂膜的柔韧性和附着力有大幅提高，硬度、光泽度和强度改变不大。

(3) 水性柔性环氧固化剂的合成　以三乙烯四胺（TETA）和液体环氧树脂（EPON828）为原料，在物料摩尔比（TETA/EPON828）为2.2∶1，反应温度为65℃，反应时间为4h的工艺条件下合成EPON828-TETA加成物。然后用具有多支链柔韧性链段的C_{12}～C_{14}叔碳酸缩水甘油酯（CARDURA E-10）在反应温度为70℃、反应时间为3h的工艺条件下对EPON828-TETA加成产物进行封端改性。制得CARDURA E-10改性的水性环氧固化剂。

$$2NH_2(CH_2CH_2NH)_2CH_2CH_2NH_2 + CH_2\overset{O}{—}CH\sim\sim CH\overset{O}{—}CH_2 \longrightarrow$$

$$\underset{NH_2(CH_2CH_2NH)_2CH_2CH_2NH}{CH_2}—\overset{OH}{CH}\sim\sim\overset{OH}{CH}—\underset{NH(CH_2CH_2NH)_2CH_2CH_2NH_2}{CH_2}$$

$$2R^2-\underset{R^3}{\overset{R^1}{C}}-COOCH_2-CH\overset{O}{-}CH_2 \longrightarrow$$

$$\begin{array}{l} CH_2-CH(OH)\sim\sim\sim CH(OH)-CH_2 \\ NH_2(CH_2CH_2NH)_2CH_2CH_2NH \quad NH(CH_2CH_2NH)_2CH_2CH_2NH \\ CH_2-CH-OH \quad R^1 \qquad R^1\,HO-CH-CH_2 \\ CH_2OOC-\underset{R^3}{C}-R^2 \qquad R^2-\underset{R^3}{C}-COOCH_2 \end{array}$$

与液体环氧树脂在室温下固化所形成的涂膜性能良好，其柔韧性和耐冲击性均优于用传统封端改性剂BGE或CGE改性的水性环氧固化剂所形成的涂膜。

(4) 水性聚氨酯改性环氧树脂固化剂的合成

① 预聚体的合成　在氮气保护下，将15.80g PPG、4.030g BDO、2.150g E-20、2.750g DMPA、8.50g NMP加入装有搅拌器、恒压滴液漏斗、温度计、冷凝管的四口反应瓶中，开动搅拌，油浴加热，升温至60℃使DMPA溶解，从恒压漏斗滴加23.86g IPDI，1h滴完，后加入0.5831g（10%丁酮溶液）催化剂，保温约5h，至NCO基团含量达到理论值。

② 中和、乳化　降温至50℃，加入2.073g TEA中和，搅拌30min后，降温至30℃，在快速搅拌下，加入65.0g冰水，等体系分散开后，再加4.972g二乙烯三多胺（15.0g水的溶液）封端，继续分散30min，400目网过滤，得半透明聚氨酯型水性环氧固化剂。

7.2.7 水性环氧树脂的应用

水性常温固化型环氧涂料由水性环氧树脂（含颜填料）和固化剂两部分组成，以双组分包装形式使用，其主要应用对象是不能进行烘烤的大型钢铁构件和混凝土结构件。常温固化型环氧涂料的优点是在10℃以上的温度下就能形成3H铅笔硬度的耐化学药品性涂膜；缺点是涂膜易泛黄，易粉化。

金属的腐蚀主要是由金属与接触的介质发生化学或电化学反应

而引起的，这些反应使金属结构受到破坏，造成设备报废。金属的腐蚀在国民经济中造成了大量的资源和能源浪费，全世界每年因腐蚀造成的经济损失约在10000亿美元，为火灾、风灾和地震造成损失的总和。涂装防腐涂料作为最有效、最经济、应用最普遍的防腐方法，受到了国内外广泛的关注和重视。随着建筑、交通、石化、电力等行业的发展，防腐涂料的市场规模已经仅次于建筑涂料而位居第二位。据统计，2004年我国防腐涂料总产量达到60万吨，预计2020年将突破100万吨大关。而环氧树脂涂料是最具代表性的、用量最大的高性能防腐涂料品种。

7.3 水性氨基树脂

水性涂料中常用的氨基树脂主要是六甲氧基甲基三聚氰胺(HMMM)。

六甲氧基甲基三聚氰胺属于单体型高烷基化三聚氰胺树脂，是一种6官能度单体化合物。其结构式如下：

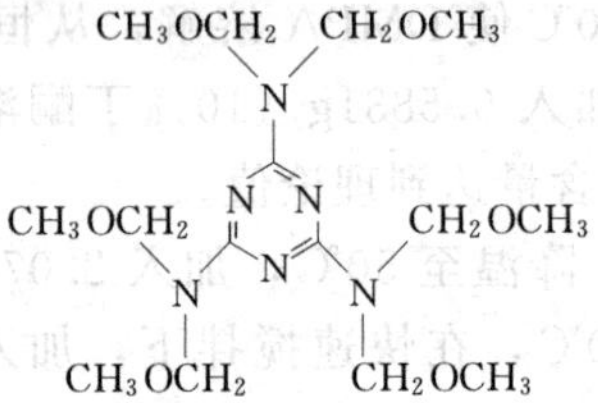

CH_3OCH_2　CH_2OCH_3

N

CH_3OCH_2　N　N　CH_2OCH_3

N　N　N

CH_3OCH_2　CH_2OCH_3

HMMM的合成分两步进行：第一步，在碱性介质中，三聚氰胺与过量的甲醛进行羟甲基化反应，生成六羟甲基三聚氰胺晶体；第二步，除去游离甲醛和水分的六羟甲基三聚氰胺在酸性介质中和过量的甲醇进行醚化反应，得到HMMM。

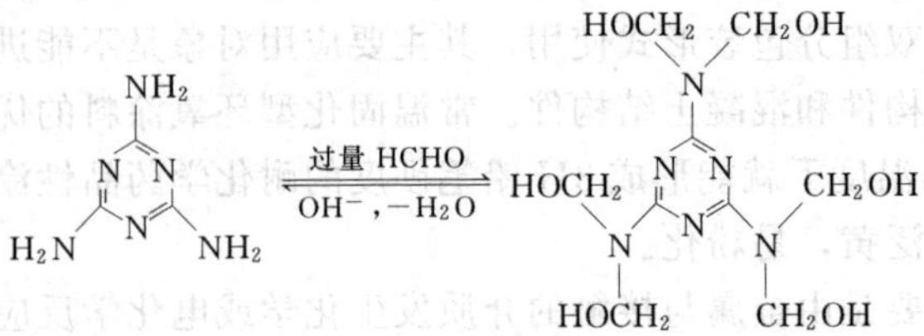

NH_2　　　　　　　　$HOCH_2$　CH_2OH

N　N　$\xrightleftharpoons[OH^-, -H_2O]{过量\ HCHO}$　$HOCH_2$　N　N　CH_2OH

H_2N　N　NH_2　　　　$HOCH_2$　CH_2OH

$$\xrightleftharpoons[H^+, -H_2O]{\text{过量 } CH_3OH}$$ (六甲氧基甲基三聚氰胺：三嗪环上三个N各连两个 CH_2OCH_3 基团)

第一步羟甲基化阶段，反应介质的 pH 一般为 7.5～9.0，反应温度一般为 55～65℃，反应时间一般为 3～4h，甲醛用量一般为三聚氰胺的 8～12 倍（摩尔比）。

第二步醚化反应是可逆反应，六羟甲基三聚氰胺晶体中含有水分，不利于醚化，而有利于缩聚。为避免缩聚和降低树脂中游离甲醛的含量，在醚化前必须除去水分和游离甲醛，使结晶体中含水量在 15%以下。醚化阶段，反应介质的 pH 一般为 2～3.5，反应温度一般为 30～40℃，甲醇用量一般为六羟甲基三聚氰胺的 14～20 倍（摩尔比）。用于醚化的酸性催化剂可以是硫酸、硝酸、盐酸，也可用强酸阳离子交换树脂。

HMMM 的生产配方示例见表 7-2。

表 7-2 HMMM 的生产配方示例

原 料	三聚氰胺	37%甲醛	水	甲醇(1)	甲醇(2)	丁醇
分子量	126	30		32	32	
物质的量/mol	1	10		18	18	
质量份	5.7	36.5	5.8	26.0	26.0	适量

其生产过程如下：

① 将甲醛和水投入反应釜中，搅拌，用碳酸氢钠调节 pH 至 7.6，缓缓加入三聚氰胺；

② 升温到 60℃，待三聚氰胺溶解后，调节 pH 至 9.0，待六羟甲基三聚氰胺结晶析出后，静置保温 3～4h；

③ 降温，由反应瓶底部吸滤除去过剩的甲醛水溶液；

④ 在甲醇（1）中投入湿的六羟甲基三聚氰胺晶体，开动搅拌，在 30℃用浓硫酸调 pH 至 2.0，晶体溶解后，用碳酸氢钠中和至 pH＝8.5；

⑤ 在75℃以下减压蒸除挥发物；

⑥ 在75℃、90kPa（真空度）蒸出残余水分；

⑦ 加入甲醇（2），重复进行醚化操作；

⑧ 用丁醇稀释到规定的不挥发分，过滤。

HMMM的质量规格见表7-3。

表7-3 HMMM的质量规格

项　目	指　标	项　目	指　标
色泽(铁钴比色计)/号	≤1	游离甲醛/%	≤3
不挥发分/%	70±2	溶解性	溶于醇,部分溶于水
黏度(涂4-杯)/s	30		

单体型高烷基三聚氰胺树脂中除六甲氧基甲基三聚氰胺外，还有六丁氧基甲基三聚氰胺（HBMM），其制备方法与HMMM的制备方法基本相同，在此不作介绍。HMMM可以用作水性氨基烘漆的固化剂，羟基组分有水性聚酯、水性短油醇酸树脂、水性聚氨酯等。

第8章 水性涂料用助剂

8.1 概述

涂料助剂可以改进生产工艺，提高生产效率，改善贮存稳定性，改善施工条件，防止涂料病态，提高产品质量，赋予涂膜特殊功能，其用量虽然很低（一般不超过总量的1%），但已成为涂料不可或缺的重要组成部分。涂料的发展对涂料助剂的研究和应用提出了更高的要求，也提供了巨大的市场机会，涂料助剂的研究和应用亦极大地推动了涂料的发展，二者相得益彰。

水性涂料也离不开助剂，一个水性涂料配方中，通常有多种助剂，助剂的好坏，对涂料产品质量影响很大。近年来，水性涂料助剂随着水性涂料的发展也突飞猛进。德国毕克化学公司（BYK Chemie）、美国罗门哈斯公司（Rohm & Haas）、科宁公司（Cognis）、汽巴精化特殊化学品公司（Ciba Specialty Chemicals，2001年并购埃夫卡公司）、迪高沙公司（Degussa AG，Tego）、日本诺普科助剂有限公司（NOPCO）、德国BORCHERS有限公司（BORCHERS GmbH）、气体产品有限公司（Air Products）等在人才、技术、产品、创新和服务等方面具有优势，占据着我国中高档涂料助剂的大部分市场。我国涂料助剂产业虽然也有一定发展，但生产规模小，技术力量有限，产品模仿多，创新少，还没有形成自己的特色。在助剂市场竞争中，国内助剂生产企业较多地靠价格竞争。

常用的水性涂料助剂按其功能可分为以下几类：

① 水性涂料生产用助剂，如润湿剂、分散剂、消泡剂；

② 水性涂料贮存用助剂，如防沉剂、防结皮剂、防霉剂、防

腐剂、冻融稳定剂；

③ 水性涂料施工用助剂，如触变剂、流平剂；

④ 水性涂料成膜用助剂，如催干剂、流平剂、光引发剂、成膜助剂；

⑤ 改善涂膜性能用助剂，如附着力促进剂、防滑剂、抗划伤助剂、光稳定剂；

⑥ 功能性助剂，如抗菌剂、阻燃剂、防污剂、抗静电剂、导电剂。

8.2 水性润湿分散剂

8.2.1 概述

为了使涂料在颜色、色泽、遮盖能力、耐久性、贮存稳定性等方面都有良好的效果，就要求颜料和填料非常细致均匀地分散在涂料体系中。因此，在水性色漆的制备过程中，最关键的步骤也就是颜填料的分散，即颜填料在外界剪切力的作用下，在介质中分散为细小的颗粒，并使其能够均匀稳定地存在于水相中，形成一个稳定的悬浮体。

干粉颜料一般呈现三种结构形态：①原始粒子，由单个颜料晶体或一组晶体形成，有机颜料的粒径相当小，无机颜料粒径略大；②凝聚体，由以面相接的原始粒子团组成，其比表面积比单个粒子表面积之和小得多，再次分散比较困难；③附聚体，由以点、角相连接的原始粒子团组成，总表面积介于上述两种聚集体之间，再分散较凝聚体容易。

颜料的分散一般经过润湿、粉碎、稳定三个阶段。润湿是固体和液体接触时，固-液界面取代固-气界面，例如用树脂或添加剂取代颜料表面的吸附物如空气、水等。因此润湿剂中有两个很关键的指标：①润湿剂的浊点；②润湿剂降低表面张力的能力。粉碎是借助外力把颜填料凝聚体和附聚体解聚成接近原始粒子的细小粒子，并使其均匀分散在连续相中；稳定是指悬浮体在无外力作用下，无分层、无絮凝等现象。

8.2.2 颜料润湿分散机理

8.2.2.1 润湿作用

在润湿过程中，只有在固/液之间的黏合力大于液/液之间的黏合力时才能得到很好的润湿性。当固、液表面相接触时，在界面边缘形成接触角，可用它来衡量液体对固体的润湿程度。这一过程用图8-1说明：γ_s 表示固体的表面张力；γ_L 表示液体的表面张力；γ_{SL} 为固体和液体之间的表面张力；θ 为固液之间的接触角。各种表面张力用杨氏方程来表示：$\gamma_s=\gamma_{SL}+\gamma_L\cos\theta$，润湿效率 B_s 为：$B_s=\gamma_s-\gamma_{SL}$，代入杨氏方程得 $B_s=\gamma_L\cos\theta$，由此可以看出接触角越小，润湿效果越好。但在润湿的过程中，常出现润湿返慢的现象，这主要有三个方面的原因：①扩散压力小（疏水颜料分散在水中，表面张力高）；②颜料粒子的间隙较小（高密度填充的微粒颜料）；③涂料黏度高。通过降低黏度可提高润湿效率，但涂料黏度的降低有一定限度，故要使用润湿剂来降低颜料和漆料之间的表面张力，缩小接触角以提高润湿效率。

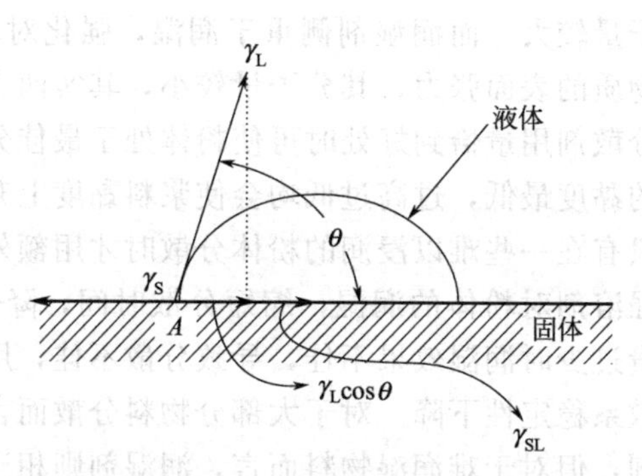

图8-1　固液接触时接触角与各界面张力之间的关系

8.2.2.2 分散作用

颜料充分分散后，由于受到热力学、重力和一些外力因素的影响，往往会发生沉降、团聚和絮凝等现象，因此需要使用分散剂来稳定分散体系。颜料分散体系的稳定机理有3种：①DLVO扩散双电层机理；②空间位阻稳定机理；③静电空间稳定机理。

(1) DLVO扩散双电层机理　分散体系中颜料粒子表面带有

的电荷或吸附离子产生扩散双电层，当颜料粒子接近时，双电层产生静电斥力，实现颗粒的稳定分散。

（2）空间位阻稳定机理　不带电的高分子化合物吸附在颜料粒子表面，形成较厚的空间位阻层，使颗粒间产生空间位阻，从而达到分散稳定的目的。

（3）静电空间稳定机理　即上述两种机理的结合。指在颜料粒子的分散体系中加入一定的高分子聚电解质后，高分子聚电解质吸附在粒子表面，聚电解质既可通过所带电荷排斥周围粒子，又可通过空间位阻效应阻止颜料粒子的团聚，从而使颜料粒子稳定分散。

8.2.3 常用润湿分散剂

8.2.3.1 水性润湿剂、分散剂的区别

润湿剂、分散剂都属于表面活性物质，其作用有相近之处，但又各有其侧重，湿润剂和分散剂配合使用能取得协同效应。

分散剂侧重于分散与稳定，它吸附在颜料的表面上产生电荷斥力或空间位阻，防止颜料产生有害絮凝，使分散体系处于稳定状态，一般分子量较大。而润湿剂侧重于润湿，强化对粉体的浸润，主要是降低物质的表面张力，其分子量较小，其实两者之间没有绝对的界限。分散剂用量恰到好处时可使粉体处于最佳分散状态，一般此时浆料的黏度最低，过高过低均会使浆料黏度上升，稳定性下降。润湿剂只有在一些难以浸润的粉体分散时才用额外加入，它的使用可以加强溶剂对粉体的润湿，缩短分散时间，降低分散难度，当润湿剂用量过少时润湿效果不佳，导致分散不佳，用量过多时有可能导致分散系稳定性下降。对于大部分物料分散而言，分散剂作用大于润湿剂，但对于难润湿物料而言，润湿剂则相当重要，不加入就难以分散。目前有相当一部分具有活性基的高分子化合物作为润湿分散剂使用，且有的助剂兼备润湿和分散的功能。

8.2.3.2 水性润湿、分散剂的分类

水性润湿剂可以分为阴离子型、阳离子型和非离子型三类。阴离子型的润湿剂有二烷基（丁基、己基、辛基）磺基琥珀酸盐、烷基萘磺酸钠、蓖麻油硫酸化物、十二烷基硫酸盐、十二烷基磺酸钠、硫酸月桂酯、油酸丁基酯硫酸化物等。阳离子型的润湿剂很少

用。非离子型的有烷基酚聚乙烯醚、烷基聚氧乙烯醚、聚氧乙烯烷基酯等。

常用的分散剂分为两大类，即无机分散剂和有机分散剂。无机分散剂包括三聚磷酸盐、（偏）硅酸盐等，使用最多的是六偏磷酸钠，其次是多磷酸钠、多磷酸钾、焦磷酸四钙等。有机分散剂包括聚丙烯酸盐类、聚羧酸盐类、萘磺酸盐缩聚物、聚异丁烯顺丁烯二酸盐类等。

8.2.3.3 常用水性润湿分散剂

常用水性润湿分散剂见表 8-1。

表 8-1 常用水性润湿分散剂

名称	牌号	应用	供应商
水性润湿分散剂	Disponer W-19	起泡性低，表面张力低，有效提高色浆与涂料间的相容性，避免浮色发花，不含 APEO，可用于环保型产品的制备	Deuchem
水性润湿分散剂	Disponer W-519	用于大多数钛白粉和无机颜填料的分散，能防止颜料的再度絮凝，不含有机溶剂	Deuchem
水性润湿分散剂	Disponer W-920	适用于对有机颜料、氧化铁颜料的分散，具有良好的润湿力，分散稳定性好，可制成高颜料含量色浆	Deuchem
水性润湿分散剂	Disponer W-9700	为高分子型润湿分散剂，特别适用于炭黑的分散，润湿能力强，对涂膜耐水性无影响，相容性好，适用性广	Deuchem
非离子分散润湿剂	Hydropalat 188A	展色剂，对酞菁系列颜料有特效，提高展色效果	深圳海川
通用高效润湿剂	Hydropalat 436	适用于各种颜料的助分散，快速降黏，消除泛白、浮色和发花现象	深圳海川
水性涂料分散剂	Hydropalat 759	该产品是一个高效、耐水解、中性螯合剂。特别适用于制备低黏度颜料糊和需要贮存稳定性的乳胶漆	深圳海川
低泡润湿分散剂	Hydropalat 3275	对无机和有机颜料有卓越的润湿分散性，可制备无树脂、无溶剂的水性颜料色浆，赋予色浆极好的稳定性和流动性，能充分提高面漆的光泽和展色性	深圳海川
高效颜料分散剂	SN-Dispersant 5040	其具有很大的颜料承载力，对于许多颜填料体系均具有良好的分散效果，通用性好，展色性佳，黏度稳定性好，泡沫少	深圳海川

续表

名　称	牌号	应　　用	供应商
聚丙烯酸胺盐分散剂	Hydropalat 5050	广泛用于从亚光到高光的涂料配方，与色浆具有很好的相容性，尤其对酞菁蓝，酞菁绿等有机颜料效果明显，与缔合型增稠剂具有良好的匹配效果	深圳海川
通用型润湿剂	Hyonic PE-100	是一种非离子表面活性剂，对各种颜填料具有很好的润湿性，可以消除由于过度消泡导致的湿化问题	深圳海川
离子型润湿分散剂	Tamol 731	可用于多种颜料的润湿分散	Rohm &Haas
离子型润湿分散剂	Tamol-SG-1	可用于多种颜料的润湿分散	Rohm &Haas
无机颜料分散剂	Borchi Gen 12	脂肪酸聚乙二醇醚酯，100%有效含量，适用于无机颜料在水性和溶剂型体系中的分散	Borchers GmbH
水性体系润湿分散剂	Dispers 651	特别适用于通用色浆的生产，适用于无机和有机颜料的润湿分散，其浓色浆有良好的相容性，且不含乙氧基壬基酚	TEGO
水性体系润湿分散剂	Dispers 715W	用于钛白粉和填料的研磨，适用于所有乳液涂料和调色体系，产品具有非常好的稳定性	TEGO
润湿分散剂	Dispers 735W	适用于湿润亚光粉表面	TEGO
润湿分散剂	Dispers 750W	特别适用于含基料和不含基料色浆的生产，具有优异的展色性和良好的抗水性，不含有机溶剂	TEGO
润湿分散剂	Dispers 760W	特别适用于水性体系中炭黑和有机颜料的润湿分散，以及含树脂的研磨，具有优异的展色性，可降低研磨黏度	TEGO
水性分散剂	Disperbyk-193	是一种含有颜料亲和基团的高分子共聚物水溶液，不含甲苯和二甲苯，可用于水性体系中钛白粉、无机颜料及炭黑的分散和稳定	BYK
水性分散剂	BYK-154	属于丙烯酸聚合物，以水为主要溶剂，不含甲苯等，可用于有光及半光乳胶漆系统中，具有良好的防止沉淀效果，可用于乳胶体系中钛白及其他无机有机颜料的分散	BYK
水性润湿分散剂	BYK-P104S	改善颜料润湿并使颜料分散稳定化的润湿和分散，防止浮色、发花及硬沉结，适宜于中等至高极性系统，在防止二氧化钛与其他彩色颜料结合时的浮色特别有效	BYK

8.2.4　水性润湿分散剂的发展

水性润湿分散剂主要有以下几个发展方向：①开发环保型助剂

以代替原有的对环境有害的产品系列，改进助剂的生产工艺，最大程度地减少可挥发性有机物的挥发（减小 VOC），润湿剂的发展趋势之一是逐步取代聚氧乙烯烷基（苯）酚醚（APEO 或 APE）类湿润剂，原因是其导致大白鼠雄性激素减少，干扰内分泌等；②在分子水平上引入各种功能性基团，使产品在具有优异的分散性的同时还具有改善涂膜其他性能的能力；③开发一些高效分散剂，使其性能更优异，用量更少。

8.3 水性消泡剂

8.3.1 概述

水性涂料的泡沫问题尤为突出，这是其特殊配方和特殊生产工艺所致。①水性漆以水为稀释剂，需要使用一定数量的乳化剂，才能制取稳定的水分散液。乳化剂的使用，致使乳液体系表面张力大大下降，这是产生泡沫的主要原因。②分散颜填料用的润湿剂和分散剂也是降低体系表面张力的物质，有助于泡沫的产生及稳定。③黏度低则不易施工，使用增稠剂后则使泡沫的膜壁增厚而增加其弹性，使泡沫稳定而不易消除。④制漆时的搅拌分散，施工过程上的喷、刷、辊操作等。所有这些都不同程度地改变体系的自由能，促使泡沫产生。泡沫使生产操作困难，泡沫中的空气不仅会阻碍颜料或填料的分散，也使设备的利用率下降而影响产量；装罐时因泡沫，需多次灌装。施工中给漆膜留下的气泡造成表面缺陷，既有损外观，又影响漆膜的防腐性和耐候性。因此，为使水性漆生产、施工顺利进行，获得高质量的涂膜，必须加入水性消泡剂。

8.3.2 泡沫的产生及消泡机理

泡沫是不溶性气体在外力作用下进入液体中，形成的大量气泡被液体相互隔离的非均相分散体系。泡沫产生时，由于液体与气体的接触表面积迅速增加，体系的自由能亦迅速增加，泡沫体系增加的自由能是表面张力和增加表面积的乘积。泡沫产生难易程度与液体体系的表面张力直接有关，表面张力越低，体系形成泡沫所需的自由能越小，越容易产生泡沫。

泡沫是热力学不稳定体系，它的破除要经过三个过程，即气泡的再分布、膜厚的减薄和膜的破裂。对于稳定的泡沫体系，要经过这三个过程而达到自然消泡需要很长的时间，因此需要借助于消泡剂来实现快速消泡。

消泡包括抑泡和破泡两个方面，当体系加入消泡剂后，消泡剂必须能够分布在整个体系中，但不溶解，而且它的表面张力必须低于该体系的表面张力。消泡剂要发挥作用，首先必须渗入到气泡膜上，而且消泡剂渗入膜层以后，又要能很快地散布出来。按照 Ross 提出的公式：

渗入系数　　$E=\gamma_F+\gamma_{DF}-\gamma_D>0$

扩散系数　　$S=\gamma_F-\gamma_{DF}-\gamma_D>0$

式中，γ_F 为泡沫介质的表面张力；γ_{DF} 为泡沫介质与消泡剂之间的界面张力；γ_D 为消泡剂的表面张力。

为了产生渗入，E 必须大于 0，为了产生扩散，S 必须大于 0，只有 E 和 S 都为正值的物质才具有消泡作用。要使 E 足够大，消泡剂的表面张力要低，要使 S 足够大，不仅消泡剂的表面张力要低，而且泡沫介质与消泡剂之间的界面张力也要低，这就要消泡剂本身具有一定的亲水性，使其既不溶于发泡介质中，又具有很好的扩散能力。

水性涂料所用消泡剂总是以微粒的形式渗透到泡沫体系当中。当由于某种原因体系要产生泡沫时，体系中的消泡剂微粒马上破坏气泡的弹性膜，抑制气泡的产生。如果泡沫已经存在，添加的消泡剂接触泡沫后，即捕获泡沫表面的憎水链端，经迅速铺展形成很薄的双膜层。进一步扩散，层状侵入，取代原泡沫的膜壁。由于低表面张力的液体总要流向高表面张力的液体，所以消泡剂本身的低表面张力，就能使含有消泡剂部分的泡膜的膜壁逐渐变薄，而被周围表面张力大的膜层强力牵引，整个气泡就会产生应力的不平衡，从而导致气泡的破裂。此过程可用图 8-2 的四个过程来表示。

总而言之，消泡剂的性能应该满足以下 5 个条件：①不溶解于

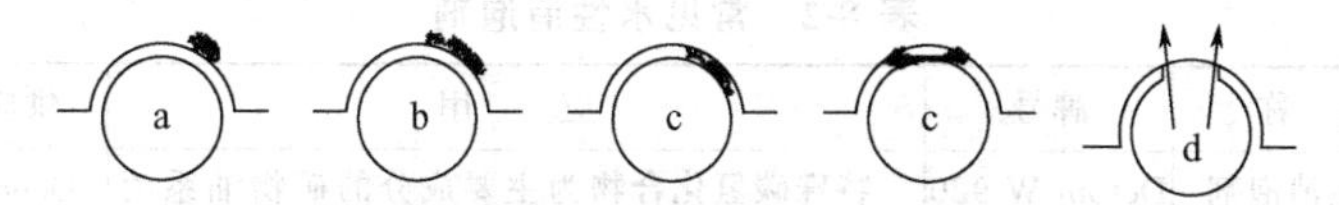

图 8-2　消泡剂的消泡机理

a—接触；b—散布；c—侵入；d—破裂

泡沫介质之中或溶解度极小，但又具有能与泡沫表面接触的亲和力；②表面张力低于泡沫介质的表面张力；③易于在泡沫体系中扩散，并能够进入泡沫和取代泡沫膜壁；④具有一定的化学稳定性；⑤具有在泡沫介质中分散为适宜颗粒作为消泡核心的能力。

8.3.3　常用水性消泡剂

8.3.3.1　水性消泡剂的分类

消泡剂往往有许多的分类方法，如水性消泡剂和溶剂性消泡剂，含硅消泡剂和不含硅消泡剂。一般可以以其组成进行分类，市场上比较常见主要有两大类。

（1）矿物油类　矿物油类消泡剂通常由载体、活性剂、展开剂等组成。载体是低表面张力的物质，其作用是承载和稀释，常用载体为水、脂肪醇等；活性剂的作用是抑制和消除泡沫，活性剂的选择取决于介质的性质，常用的有蜡、硅油、脂肪族酰胺、高分子聚乙二醇、脂肪酸酯、疏水性二氧化硅等。除了矿物油配合物具有消泡效果外，还包含一些疏水性的粒子，比如硬脂酸金属皂、聚脲，也具有一定的效能。

（2）有机硅类　主要以疏水性硅氧烷为活性成分，一般包括聚二甲基硅氧烷和改性聚二甲基硅氧烷两类，加上其他一些载体表面活性剂配合使用，效果较好，但添加量需要斟酌。聚二甲基硅氧烷为高沸点液体，溶解性很差，具有很低的表面张力，热稳定性好，是一类广泛应用的消泡剂；向聚二甲基硅氧烷主链引入聚醚和有机基团进行改性可以满足不同树脂体系和配方的要求，调节亲水性和亲油性的平衡，提高消泡能力的同时又能改善涂膜外观。

8.3.3.2　常用的水性消泡剂

常用的水性消泡剂见表 8-2。

表 8-2 常见水性消泡剂

名 称	牌号	应 用	供应商
水性消泡剂	Defom W-920	特殊碳氢化合物为主要成分的矿物油系消泡剂，具有优异的抑泡、消泡的性能，在水中不分散，不易出现体系缩孔等问题	Deuchem
水性消泡剂	Defom W-098	特别适用于乳胶漆、油墨、黏合剂等体系的抑泡和消泡，消泡性能不受体系的离子属性和pH值影响，可分散于水中	Deuchem
水性消泡剂	Defom W-092	适用于中高PVC乳胶漆体系、水性胶黏剂、水性油墨等体系的消泡、抑泡。有很好的消泡效果，不易出现由于消泡剂和体系相容性问题而导致缩孔、凹穴等弊病	Deuchem
水性消泡剂	AF 0671	适用于水性工业漆、装饰漆及胶黏剂的乳液型消泡剂，在研磨及配漆过程中有效消泡，并在贮存过程中不影响消泡效果，不影响涂膜表面状态，如光泽、雾影	Borchers GmbH
水性消泡剂	AF 0676	通用型无溶剂消泡剂，可用于水性涂料、无溶剂涂料体系，在水中易乳化，并不易浑浊，具有良好的相容性，对涂料的光泽、雾影、光滑度无不利影响	Borchers GmbH
水性消泡剂	AF 0677	适用于工业漆、装饰清漆及色浆体系的通用型消泡剂，在研磨及配漆过程中能有效消泡，并有助于流平	Borchers GmbH
水性消泡剂	Foamex 1488	乳液型消泡剂，特别适用于水性体系和着色体系，高效且具有良好的长效性	TEGO
水性消泡剂	Foamex 830	特别适用于水性体系和不含基料和含基料的浓色浆，具有很高的相容性，不含溶剂	TEGO
水性消泡剂	Foamex 805	可用水稀释，适用于水性体系，具有高相容性(引起表面缺陷的危险很小)	TEGO
水性脱泡剂	Airex 902W	聚醚聚硅氧烷共聚物乳液，含气相二氧化硅，防止微泡和大泡，特别适用于无空气喷涂，具有很高的相容性	TEGO
水性脱泡剂	Foamex 825	可用水稀释，适用于水性体系，特别是丙烯酸乳液，该产品贮存稳定性良好	TEGO
浓缩型消泡	Foamex 840	特别适用于水性体系，以及双组分体系，具有高效的消泡、脱泡作用，优异的长效性，其稀释物可稳定贮存	TEGO
水性消泡剂	Foamstar A10	分子级消泡剂，特别适合小泡的消除，同时还具有传统消泡剂所不具备的润湿作用，而且添加量比传统消泡剂低	深圳海川

续表

名 称	牌号	应 用	供应商
通用水性消泡剂	Foamastar 111	显著的贮存稳定性，专门用于水性涂料、水性油墨以及乳液胶黏剂体系，具有良好的相容性，可以作为后添加型调整助剂	深圳海川
水性消泡剂	Foamstar NXZ	消泡能力强且持久性好，可用于乳胶体系，可以直接加入，也可以预分散在水中使用	深圳海川
液体消泡剂	NOPCO 8034A	该产品系100%活性成分的液体消泡剂，适用于要求消泡效果长效并与乳液体系相容的涂料或黏合剂，可长期贮存，是一种广谱消泡剂	深圳海川
通用乳胶漆消泡剂	NOPCO 8034L	一种液态高效消泡剂，易分散于水中，尤其适用于粒径很细的树脂乳液，可使涂膜不产生小坑或鱼眼，可在乳胶漆制造过程中任一阶段加入	深圳海川
经济型消泡剂	NOPCO 309-A	专为各种水性涂料设计的消泡剂，具有高水准消泡效力及极佳的相容性，其实惠的价格受商家的青睐	深圳海川
乳液体系消泡剂	Foamastar NDW	对各种合成乳液体系均有效，尤其适用于醋丙乳液、聚醋酸乙烯乳液和丙烯酸乳液。具有优异的持久性，同时不会产生表面缺陷和影响漆膜的外观	深圳海川
乳胶漆用消泡剂	Defoamer 334	特别适用于辊涂施工的较高黏度的乳胶漆中，分散、研磨过程中消泡，抑泡效果突出，消泡持久性好	深圳海川
水性消泡剂	BYK-025	水性涂料用有机硅消泡剂。特别适用于不含颜料的聚氨酯和丙烯酸酯/聚氨酯乳液系统，它不会影响光泽，添加极为容易	BYK
水性体系标准消泡剂	BYK-028	由憎水性固体和破泡聚硅氧烷在聚乙二醇中的混合物构成。该产品是水性体系的标准消泡剂	BYK
水性消泡剂	BYK-038	主要由疏水性粒子、有机硅和矿物油构成的乳液，不含甲苯、二甲苯及壬基酚乙氧基化合物。适用于高固体分涂料、乳胶漆在其生产和施工期间的消泡	BYK
有机硅水性消泡剂	BYK-044	主要用于高固体分系统和乳胶漆系统，特别适用于研磨颜料浆和着色乳胶漆生产中的消泡，具有优异的长效稳定性	BYK
水性消泡剂	BYK-080A	该消泡剂具有超强效果，系有机硅消泡剂，不含甲苯和二甲苯，需在高剪切力下分散，主要用于水性涂料	BYK

续表

名　称	牌号	应　　用	供应商
水性消泡剂	BYK-094	主要用于高固体分系统和乳胶漆系统，可以有效地消除油墨的微泡和鱼眼，改善印刷性能，具有超长效的消泡作用	BYK
乳胶漆消泡剂	BYK-1615	由疏水性粒子和破泡性有机硅所构成，适用于颜料体积浓度在60%～85%范围的乳胶漆的消泡，适用于经济型建筑乳胶漆的生产	BYK
乳胶漆消泡剂	BYK-1660	由疏水性粒子和破泡性有机硅构成，主要用于高固体分系统和乳胶漆系统。适用于颜料体积浓度在35%～70%范围内乳胶漆用颜料浆和填充料浆的生产，适用于经济型建筑乳胶漆的生产	BYK
水性消泡剂	SERDAS GBR	是一种极其稳定的经济型液体消泡剂，适用于水性体系，特备适用于乳化性好的体系，有极佳的稳定性	SERVO

8.3.4 消泡剂的选择

消泡剂的品种比较多，大致为有机物类、二氧化硅类、有机硅类等，又分为已乳化的和未乳化的成年产品等。在选择水性涂料消泡剂时要注意的是：①消泡能力强；②稳定性好；③不影响光泽；④没有重涂性等障碍。可以采用高速搅拌法检验消泡剂的消泡能力：固定转速、搅拌时间、用量、黏度等参数，然后比较泡沫的高度以及消除的时间。

8.3.5 消泡剂的用量和加入方法

一般高黏度的乳胶漆，由于消泡困难，稳泡因素也多，加量稍多些，一般为0.3%～1.0%。低黏度的乳胶漆或水溶性涂料，尤其是水溶性涂料，由于含有一定量的助溶剂，可以适当减少用量，一般为0.01%～0.2%即可。其他水性涂料或树脂，一般为0.1%左右，用量并不是越高越好，多了会引起缩孔、油花等漆病，含硅的消泡剂多了，还会影响再涂性。

大多数消泡剂不能直接加入到已稀释的水性涂料中，一般都要在树脂或涂料的黏度较高时加入，并有良好的分散。另外最好分两次加入，一次加入研磨料中，另一次加入成漆中，每阶段各加一半。

8.4 水性增稠剂

8.4.1 概述

在水性涂料的生产、贮存、施工等过程中，希望涂料在各种剪切力条件下具有工艺所要求的黏度。例如在贮存过程中，体系要有较高的黏度，以防止颜填料的沉淀，有很好的开罐效果；在施工过程中希望体系黏度较低，有利于涂膜流平，同时又要求涂布后涂膜黏度在一定时间达到较高的黏度，防止产生流挂和流淌等现象。水性增稠剂是一种流变助剂，加入增稠剂后使涂料增稠，在低剪切速率下的体系黏度增加，而在高剪切速率时对体系的黏度影响很小，同时还能赋予涂料优异的力学及物理性能。

8.4.2 水性涂料用增稠剂的分类

目前市场上可选用的增稠剂品种很多，主要有无机增稠剂、改性纤维素、聚丙烯酸酯和缔合型聚氨酯增稠剂四类。无机增稠剂是一类吸水膨胀而形成触变性凝胶的矿物，主要有膨润土、凹凸棒土、硅酸铝等，其中膨润土最为常用。改性纤维素类增稠剂的使用历史较长，品种很多，有甲基纤维素、羧甲基纤维素、羟乙基纤维素、羟丙基甲基纤维素等，曾是增稠剂的主流产品，其中最常用的是羟乙基纤维素。聚丙烯酸酯增稠剂主要有两种：非缔合型碱溶胀增稠剂（ASE）和缔合型碱溶胀增稠剂（HASE），它们都是阴离子增稠剂。聚氨酯类增稠剂是近年来新开发的缔合型增稠剂。

8.4.3 增稠剂作用机理

纤维素类增稠剂的增稠机理是疏水主链与周围水分子通过氢键缔合，提高了聚合物本身的流体体积，减少了颗粒自由活动的空间，从而提高了体系黏度。也可以通过分子链的缠绕实现黏度的提高，表现为在静态和低剪切时有高黏度，在高剪切下为低黏度。这是因为静态或低剪切速度时，纤维素分子链处于无序状态而使体系呈现高黏性；而在高剪切速度时，大分子平行于流动方向作有序排列，易于相互滑动，所以体系黏度下降。

聚丙烯酸类增稠剂的增稠机理是增稠剂溶于水中，通过羧酸根离子的同性静电斥力，大分子链由无规线团状伸展为棒状，从而提高了水相的黏度。另外它还能通过在乳胶粒与颜料之间架桥形成网状结构，增加体系的黏度。

缔合型聚氨酯类增稠剂的大分子结构中引入了亲水基团和疏水基团，使其呈现出一定的表面活性剂的性质。当它的水溶液浓度超过某一特定浓度时，形成胶束，胶束和聚合物粒子缔合形成网状结构，使体系黏度增加。另一方面，一个分子带几个胶束，降低了水分子的迁移性，使水相黏度也提高。这类增稠剂不仅对涂料的流变性产生影响，而且与相邻的乳胶粒子间存在相互作用，如果这个作用太强的话，容易引起乳胶分层。

无机增稠剂膨润土是一种层状硅酸盐，吸水后膨胀形成絮状物质，具有良好的悬浮性和分散性，与适量的水结合成胶状体，在水中能释放出带电微粒，增大体系黏度。

8.4.4 水性增稠剂的选择

纤维素类增稠剂对水相的增稠效率高；对涂料配方限制少，应用广泛；可使用的 pH 范围大。但存在流平性较差，辊涂时飞溅现象较多、稳定性不好，易受微生物降解等缺点。由于其在高剪切下为低黏度，在静态和低剪切有高黏度，所以涂布完成后，黏度迅速增加，可以防止流挂，但另一方面造成流平性较差。有研究表明，增稠剂的分子量增加，乳胶涂料的飞溅性也增加。纤维素类增稠剂由于分子量很大，所以易产生飞溅。此类增稠剂是通过“固定水”达到增稠效果，对颜料和乳胶粒子极少吸附，增稠剂的体积膨胀充满整个水相，把悬浮的颜料和乳胶粒子挤到一边，容易产生絮凝，因而稳定性不佳。由于是天然高分子，易受微生物攻击。

聚丙烯酸类增稠剂具有较强的增稠性和较好的流平性，生物稳定性好，但对 pH 值敏感，耐水性不佳。缔合型碱溶胀增稠剂(HASE) 是一种疏水改性型丙烯酸乳液增稠剂，它能够有效提高体系中、低剪切速率下的黏度，触变性加大，具有优异的抗流挂及防颜料沉降性能，对光泽影响小，能有效避免和解决水性漆的分水问题。

缔合型聚氨酯类增稠剂可以和胶粒结构中的疏水基团缔合形成一种分子间网络结构，这种结构在剪切力的作用下受到破坏，黏度降低，当剪切力消失黏度又可恢复，可防止施工过程出现流挂现象。并且其黏度恢复具有一定的滞后性，有利于涂膜流平。聚氨酯增稠剂的分子量（数千至数万）比前两类增稠剂的分子量（数十万至数百万）低得多，不会产生飞溅。纤维素类增稠剂高度的水溶性会影响涂膜的耐水性，但聚氨酯类增稠剂分子上同时具有亲水和疏水基团，疏水基团与涂膜树脂有较强的亲和性，可增强涂膜的耐水性。由于乳胶粒子参与了缔合，不会产生絮凝，因而可使涂膜光滑，有较高的光泽度。缔合型聚氨酯增稠剂许多性能优于其他增稠剂，但由于其独特的胶束增稠机理，因而涂料配方中那些影响胶束的组分必然会对增稠性产生影响。用此类增稠剂时，应充分考虑各种因素对增稠性能的影响，不要轻易更换涂料所用的乳液、消泡剂、分散剂、成膜助剂等。

无机增稠剂水性膨润土增稠剂具有增稠性强、触变性好、pH值适应范围广、稳定性好等优点。但由于膨润土是一种无机粉末，吸光性好，能明显降低涂膜表面光泽，起到类似消光剂的作用。所以，在有光乳胶涂料中使用膨润土时，要注意控制用量。

不同种类增稠剂的混配使用比单独使用效果更好。室外用漆不要选择 HEC 类增稠剂；高光乳胶漆、水性木器漆最好选用 HASE 和缔合型聚氨酯类增稠剂。具体品种、用量要根据不同产品要求经过实验确定。

8.4.5　常用水性增稠剂

目前，市场上常用的水性增稠剂见表 8-3。

表 8-3　常用的水性增稠剂

名　称	牌号	应　用	供应商
水性流变助剂	DeuRheo WT-113	疏水改性碱溶胀型丙烯酸乳液增稠剂，有效替代中分子量 HEC，提高低、中剪黏度，触变性较大，不含有机溶剂和 APEO	Deuchem
水性流变助剂	DeuRheo WT-120	疏水改性碱溶胀型丙烯酸乳液增稠剂，抗流挂，防颜料沉降，有效避免或减少分水情形，保水性、调色性佳，与体系相容性好	Deuchem

续表

名 称	牌号	应 用	供应商
水性流变助剂	DeuRheo WT-105A	缔合型聚氨酯增稠剂，增稠、流动等效能对涂膜耐水性、光泽影响较小，抗微生物降解，对 pH 值不敏感	Deuchem
流变改性剂	DSX 2000 EXP	新开发的非离子、非聚氨酯型流变改性剂，适用于高疏水性、细颗粒乳液、低 *PVC* 配方、高光或半光涂料，具有极好的遮盖力、流平性、抗水性以及辊涂性和抗飞溅性	深圳海川
水性增稠剂	DSX 3800	新一代星形结构的非离子缔合型增稠剂，不含重金属、有机溶剂和 APEO，具有极高增稠效率，涂刷手感好，对涂膜光泽无不利影响	深圳海川
水性增稠剂	DSX 3290	用于低剪切体系(形成假塑性黏度)的非离子高效流变剂。相对其他聚氨酯增稠剂能够获得更高的假塑黏度，无溶剂，具有优异的成膜性能，颜料润湿性好，UV 稳定性高	深圳海川
水性增稠剂	DSX 3560	最新型的高效非离子缔合型增稠剂，适用于内外墙乳胶涂料中，尤其适用于调深色漆体系，添加大量色浆后仍能保持较好黏度	深圳海川
水性流变改性剂	SN-Thickener 619	这是一种缔合型的流变改性剂，为水性涂料提供了极好的流平效果、黏度稳定性和着色性能	深圳海川
水性增稠剂	SN-Thickener 636	SN-636 是疏水改性碱溶胀乳液增稠剂。该产品具有极好的增稠效果和黏度稳定性，可适用于大多数水性涂料	深圳海川
水性流变助剂	RHEOLATE 212	聚氨酯缔合型流变剂，主要成分为聚醚聚氨酯，特别适用于高剪切黏度及提高涂膜流平性的乳胶漆，可单独使用于小粒子乳胶系统	美国海明斯
水性流变助剂	BENTONE EW	经过特殊加工的蒙脱石黏土增稠剂，粒径细微，用常规的高速分散设备就可以将它分散在水相；防颜料沉淀；特殊的凝胶网络结构增强了涂层的性能	美国海明斯
流变助剂	BENTONE LT	一种矿物产品，适用于乳胶涂料和化妆品等，在很大黏度范围内，本品具有重复性的流变作用；在水性体系中由于本品有返冲作用，可防止 pH 值波动	美国海明斯
无溶剂流变助剂	Acrysol RM-2020NPR	非离子型无溶剂聚氨酯流变改性剂，能赋予低 VOC 建筑涂料以优良的施工性能，产品具有优良的流平性、漆膜丰满度和抗水性	美国罗门哈斯

续表

名　称	牌号	应　　用	供应商
碱溶胀协和型增稠剂	Acrysol DR-1	用于内墙亚光涂料中，是纤维素类增稠剂的低成本、高性能的取代品。在大多数配方中具有优异的抗辊涂飞溅性和良好的流平性	美国罗门哈斯
碱溶胀协和型增稠剂	Acrysol TT-615	丙烯酸系碱溶胀协和型增稠剂，在改善低剪切黏度方面有效，从而使乳胶漆有较大抗流挂性，比纤维素型增稠剂有更高的抗辊涂飞溅性，可用于从平光到有光的内外墙用乳胶漆	美国罗门哈斯
水性增稠剂	Acrysol TT-935	可作为水性涂料的首选增稠剂或协同增稠剂，于纤维素类增稠剂相比，能够改善流动和流平性，且降低了原材料成本，能够用于外墙涂料中	美国罗门哈斯
水性增稠剂	SN-Thickener 621N	聚氨酯类增稠剂，具有优异的流平性和增稠性，几乎不影响涂料的展色性，对涂料热敏性影响较小，不影响涂膜的光泽	日本诺普科
水性增稠剂	ESACOL ED15	一种具有假塑性的非离子聚酯增稠剂，保水性高，流变性好，具有高剪低黏的黏度特性，它的迟缓溶解性可以避免黏团的形成	宁柏迪
水性增稠剂	ESACOL ED20W	一种具有假塑性的非离子聚酯增稠剂，保水性高，流变性好，具有高剪低黏的黏度特性，它的迟缓溶解性可以避免黏团的形成	宁柏迪

8.5 流平剂

8.5.1 概述

涂料在施工后都有一个流平及干燥成膜的过程，然后逐渐形成平整、光滑、均匀的涂膜，达到美观及保护的效果。在涂料施工过程中，由于涂料流平性不好，涂刷的过程中出现刷痕，在喷涂的过程中出现橘皮，在辊涂的过程中产生辊痕；在漆膜干燥的过程中伴随缩孔、针孔等一些病态的出现都称之为流平不良，解决这些现象的有效方法就是添加流平剂。流平剂通过降低或改变表面张力和界面张力，以及通过促使固化中表面张力的均匀化来消除涂膜表面缺陷。一种优质的流平剂能提高对底材的润湿性，改善涂层的流动、流平，有助于除去表面缺陷和有利于空气的释放。

8.5.2 流平剂的作用机理

水性涂料水作为分散介质，由于水的高表面张力，在施工过程中不可避免会遇到涂料对基材难于润湿、渗透不佳的问题；同时，在涂膜干燥过程中，由于各组分间存在张力梯度以及污染因素，极易产生缩孔、凹穴、缩边等表面缺陷；另外，随着水的蒸发，涂膜的表面张力提高、黏度增加、温度下降，造成表层和底层间表面张力、黏度与温度的差异，使涂料从底层往表层移动，而表层涂料则因重力作用下沉，形成对流，这种对流在涂膜表层形成不规则形状的纹路，称为贝纳德旋涡（benard cells），当涂膜干燥后这些纹路如果仍无法消除，就形成了一般说的橘皮现象。改善涂料的流平性，主要从以下几个方面来解决：①降低涂料与底材之间的表面张力，使涂料与底材具有良好的润湿性；②调整溶剂蒸发速率，降低黏度，改善涂料的流动性，延长流平时间；③在涂膜表面形成极薄

表 8-4 常用水性流平剂

名　称	牌号	应　用	供应商
水性流平剂	Levaslip W-409	具有良好的相容性，适用于各种水性涂料体系，能提高涂料对底材的润湿，能帮助颜料排列，使涂膜光滑、平整	Deuchem
水性流平剂	Levaslip W-461	改性聚硅氧烷，具有增加流平、平滑及防粘连的功效，具有良好的再涂性，赋予涂膜柔细的手感	Deuchem
水性流平剂	Levaslip W-469	优秀的底材润湿剂，降低表面张力，改善流动与流平，消除缩孔	Deuchem
基材润湿剂	Wet 270 Wet 280	高效基材润湿剂，防缩孔，高流平，不影响重涂，适合各种基材	TEGO
平滑和流动助剂	Glide 435	特别适用于辐射固化体系，能普遍用于水性、辐射固化和溶剂型涂料体系，具高效、低稳泡性能，有优良的基材润湿性，能改善抗擦伤性	TEGO
平滑和流动助剂	Glide 440	普遍用于水性和辐射固化体系，具有优异的抗划伤和很好的相容性	TEGO
平滑和流动促进剂	Glide 482	为聚硅氧烷-聚醚共聚物，能与水任意比例互溶，普遍用于水性体系，具有效率高和优异的增滑效果	TEGO

的单分子层，以提供均匀的表面张力。选用合适的润湿流平剂可以解决上述问题。

8.5.3 常用水性流平剂

比较常用的水性流平剂见表8-4。

其中W-469、Wet 270具有非常好的润湿、渗透底材和促进涂料表面流平作用。另外，Du Pont公司的Zonyl @ FSO、Zonyl @ FSJ、Zonyl @ FS-610等氟素表面活性剂有极高的表面活性，很少的添加量即可有效解决缩孔、凹穴等涂膜表面缺陷。

8.6 消光剂

8.6.1 概述

光泽是物体表面对光的反射特性，当物体表面受光线照射时，由于表面光滑程度的不同，光线朝一定方向反射能力也不同，光泽度是涂膜光泽的一种度量，指光从规定入射角照射样板表面的正反射光量与标准板表面正反射光量的比值，以百分数来表示。按光泽高低对涂料分类：有高光漆、半光漆、蛋壳光漆、低光泽漆和亚光漆。

亚光漆既能体现木质底材天然纹路又能赋予涂膜柔和的表观效果，已成为市场消费的主流产品，要达到一定的亚光效果，通常需要添加一定量的水性消光剂。二氧化硅是最常用的消光粉，它不但消光效率高，而且其折射率同树脂非常接近，对涂膜透明性影响较小，因此是溶剂型和水性涂料消光剂的首选产品。其消光机理是当涂膜干燥时，二氧化硅颗粒就会扩散到涂膜表面，产生微观粗糙的表面，使反射光产生漫反射，从而实现消光效果。消光粉的主要性能为消光效率、透明性、分散性、沉降性和表面手感等，这些性能与二氧化硅的空隙率、粒径、粒径分布及表面处理方法有关。

8.6.2 常用水性消光剂

常用的水性消光剂见表8-5。

表 8-5 常用的水性消光剂

名称	牌号	应用	供应商
水性消光蜡	Aquacer 208	由高密度氧化聚乙烯组成，能改进水性涂料的抗划伤性、滑爽性、抗粘连性等，可降低光泽至 40 光泽单位	毕克化学
水性消光剂	Micropro 440W	在水性清漆和面漆中有优异的光泽控制性及平滑感，能代替二氧化硅消光剂，在封闭底漆中能用作助磨剂，可以搅拌加入	MICRO
水性消光剂	ACEMATT TS 100	气相法二氧化硅，易分散、消光性好、透明性好、耐化学品性优、具导电性，用于水性涂料、双组分聚氨酯涂料、木器漆、透明漆、烘烤型涂料、印刷油墨，主流消光剂产品	Degussa
水性消光剂	ACEMATT OK 607	易分散，其粒径极小，有一种特殊表面爽滑手感及特殊光泽效应，适用于较薄的涂层体系、水性涂料等	Degussa
水性消光剂	Lanco-Matt MC	在清漆和色漆中都可获得好的抗划伤性，表面滑感好，在水性漆中稳定性好	灵高

8.7 成膜助剂

8.7.1 概述

溶剂型涂料以树脂溶液为基料，其为均相体系，只要溶剂选择匹配恰当，施工后，随着溶剂的挥发，形成连续的涂膜是没有问题的。但是作为以水为介质的非均相聚合物来说，要依靠水挥发后聚合物粒子变形，融合而成膜。聚合物粒子越软，融合就越好，膜就越致密，但往往为了满足涂膜性能的要求，如一定的柔韧性、硬度、耐沾污性等，聚合物的玻璃化温度设计得都较高，最低成膜温度常常高于室温，因此为了调节涂膜物理性能和成膜性能之间的平衡，需要添加使高聚物粒子软化的成膜助剂。

成膜助剂实际上是添加到涂料中去帮助聚合物成膜的高沸点溶剂。成膜助剂又称为凝聚剂，它能促进乳胶粒子的塑性流动和弹性流动，改善其聚结性能，能在广泛的施工范围内成膜。成膜助剂会在涂膜形成后慢慢挥发掉，因而不会影响最终涂膜硬度。

8.7.2　成膜助剂的作用机理

水性涂料的成膜相对于溶剂型涂料的成膜来说，大致分为三个阶段：充填过程、融合过程、扩散过程。

(1) 充填过程　施工后，水分挥发，整体体积缩小，当胶粒占膜层的74%（体积分数）时，微粒相互靠近而达到密集的充填状态。为了达到颗粒间的直接接触，必须首先克服颗粒之间的静电排斥力，这种颗粒之间的静电排斥力是原先维持分散液稳定的力。

(2) 融合过程　水分继续挥发，胶粒表面吸附的保护层破坏，裸露的胶粒相互接触，其间隙越来越小，至毛细管直径大小时，由于毛细管作用，其毛细管压力高于胶粒的抗变形力，胶粒变形，最后聚集，融合成连续的涂膜。

(3) 扩散过程　残留在水相中的助剂逐渐向涂膜扩散，并使大分子链相互扩散，胶膜均匀化而呈现良好的膜性能。

乳胶中的高聚物通常具有热塑性，因为成膜需要能量，只有在一定温度下才能融合成膜，能形成连续而理想涂膜的最低温度称为该乳液的最低成膜温度（*MFT*）。分散液颗粒只有在聚合物的玻璃化温度之上，确切地说在最低成膜温度之上，才能形成连续的涂膜。若施工温度小于最低成膜温度，则水分挥发后不能融合成连续的涂膜，而呈粉状或开裂状，这一概念在涂料中尤其重要。因为成膜是逐步聚集的过程，每一个过程都需要温度，因此，忽略了成膜各个过程的温度控制，会造成涂膜不理想，表现在涂膜性能上即光泽下降，附着力差，耐擦洗性差，耐沾污性差，耐候性差等。严格地说，涂料对施工温度有严格的要求，干燥达到完全固化的时间较长，实际上经15d左右才能形成连续均匀的膜。如果在施工或干燥期间，环境温度小于*MFT*，则不能形成连续而理想的涂膜。所以，为了在较低温度下（从两方面考虑，一是施工条件，二是节约能量）获得良好的成膜效果，要么降低成膜温度，或者加入成膜助剂（可挥发外增塑剂），使得聚合物成型温度（T_p）大于最低成膜温度（*MFT*）。

因此，在体系中加入成膜助剂（又叫临时增塑剂），它可以使聚合物颗粒软化，成膜后又会从涂膜中挥发，这样，就可以使用

$T_g > T_p$ 的硬聚合物在室温下成膜，并得到硬的涂膜。

8.7.3 常用的成膜助剂

8.7.3.1 成膜助剂的种类

成膜助剂大都为微溶于水的有机溶剂，有醇类、醇醚及酯类等。传统的成膜助剂有松节油、松油、十氢萘、1,6-己二醇、1,2-丙二醇、乙二醇醚及其醋酸酯，这些溶剂都有一定的毒性，正逐渐为低毒性的丙二醇醚类及其醋酸酯代替。

由于成膜助剂为强溶剂，因此其可能影响水性体系的稳定性，容易使乳胶破乳，应该注意成膜助剂的加入方式。成膜助剂的加入方法有 3 种：直接加入、预混合加入及预乳化加入。

(1) 直接加入　成膜助剂具有低的水溶性，容易被涂料组分中的分散剂、表面活性剂等所乳化。对于比较稳定的乳液，可以在加乳液前直接加入，最好在颜料研磨时添加，使成膜助剂较好地乳化分散。

(2) 预混合加入　有些产品中加入成膜助剂，将使其破乳而不稳定，可以通过它与表面活性剂及丙二醇预先混合后加入。

(3) 预乳化加入　在无颜料的水性清漆或低颜料含量的水性涂料中，分散剂及表面活性剂的用量少，成膜助剂加入前最好进行预乳化，否则可能导致乳液破乳。

8.7.3.2 常用的成膜助剂简介

(1) 醇酯十二　醇酯十二化学名为 2,2,4-三甲基-1,3 戊二醇单异丁酸酯，本身无毒。醇酯十二是现代水性涂料中应用最多、最广的成膜助剂，由于其对 VOC 的影响很小，因此它会逐步代替传统的成膜助剂。醇酯十二（Texanol 酯醇）最早是由美国伊士曼公司生产，Texanol 是伊士曼公司的注册商标，由于其优异的性能而被世界几大涂料企业使用，我国通用名称为醇酯十二，其物性见表 8-6。

醇酯十二在水性涂料中的性能：

① 适应性强，多种乳胶体系都具有良好的成膜效果，可以满足各种成膜要求。

② 用量少，使用少量的十二碳醇酯可以达到优良的成膜效果，表现出很好的高效性。

表 8-6　醇酯十二的物理性质

项　目	指　标	项　目	指　标
外观	无色透明液体，无不溶物	折射率(20℃)	1.4423
活性物含量/%	99.5	水中溶解度(20℃)	不溶
分子量($C_{12}H_{24}O_3$)	216.3	挥发速度(醋酸丁酯＝1)	0.002
相对密度(20℃)	0.95	沸点(760mmHg)/℃	255
凝固点/℃	－50	最大色度(Pt-Co 值)	10

③ 能够确保漆膜的密实性，使乳胶漆在不利的温度和湿度下干燥时达到良好的漆膜性能。

④ 在不同 pH 的乳胶漆中有很好的电解质稳定性。

⑤ 其与水的不相容性可以最大程度避免乳胶漆渗入多孔底材中，从而可以保持漆膜原有光泽，提高乳胶对颜填料的包覆率。

⑥ 可以作为高固体分涂料的慢干剂，并且在凸版和平版油墨中作为除臭剂来调节溶剂体系的活性。

⑦ 十二碳醇酯可赋予漆膜更好的耐候性、耐擦洗性、光泽及展色性等漆膜性能。

(2) 丙二醇苯醚（PPH）　化学名称：1-苯氧基-2-丙醇（丙二醇苯醚、苯氧异丙醇)。丙二醇苯醚（PPH）为无色透明液体，气味温和。对大多数乳液及树脂有较强的溶剂能力，水溶性小。在苯丙乳液中相容性好，添加量较低。除纯丙乳液外，与其他乳液相容性较好，但需要缓慢滴加，否则容易造成絮凝；对于纯丙乳液，加入 PPH 会产生絮凝，可以将 PPH 与醇类溶剂混合后加到乳液中。

丙二醇苯醚（PPH）与成膜助剂（如醇酯十二）相比，PPH 的用量可降低 30%～50%左右，综合成膜效率提高 1.5～2 倍，生产成本显著下降。另外，该产品对于颜料的加入，不但具有一定的润湿分散作用，还可以改善乳胶漆中颜料的均匀性及稳定性，对于漆膜的耐擦洗性能、冻融稳定性、附着力、机械强度均有一定的正面作用。

PPH 亦可作为优良的有机溶剂或改性助剂，替代毒性或气味较大的异佛尔酮、苯甲醇、乙二醇醚及其他丙二醇醚系列。因其毒性低，混溶性好，挥发速率适中，优异的聚结及偶合能力，较低的表面张力，可广泛应用于建筑涂料、高档汽车涂料及汽车修补涂料、电泳涂料、船舶集装箱涂料、木器涂料、卷材和卷钢涂料中；还可用于油墨、脱漆剂、黏合剂、绝缘材料、清洗剂、增塑剂以及用作纺织、印染的环保型载体溶剂等。

8.8 pH 值调节剂

8.8.1 概述

pH 值调节剂的主要功能是调节或控制涂料的 pH 值。大多数乳液在使用前的 pH 值小于 7，由于大多数乳液属于阴离子乳液，其在碱性条件下能够稳定存在；而且许多增稠剂需要在碱性条件下才能够发挥作用；此外，乳胶漆配方中使用的阴离子分散剂也必须在碱性条件下才有效。由上可知，从乳液稳定性、颜料分散效果以及增稠效果等方面来看，pH 值调节剂在乳液配方中不可缺少。

表 8-7 常用的 pH 值调节剂

名 称	牌号	应 用	供应商
水性 pH 值调节剂	C-950	多功能助剂，有效控制乳胶漆的 pH 值，同时具有助分散的作用	深圳海川
胺中和剂	DMAE	有效调整体系 pH 值，并赋予体系很好的 pH 稳定性，用于水性体系中，不但有成盐作用，而且还兼具辅助溶剂的作用，同时还可以作为水性聚氨酯、环氧树脂固化体系有效的干燥促进剂	Deuchem
胺中和剂	DeuAdd MA-95	低气味多功能胺中和剂，促进漆膜光泽展现，提高罐内的防腐蚀能力，同时具有良好的助颜料分散性	Deuchem
中和剂	Amietol M 21	适用于水性涂料及油墨，尤其适用于阳极和阴极电泳漆，纯度高，添加量少，产品颜色稳定性好	卜内门化学
多功能助剂	AMP-95	乳胶漆多功能助剂，除了可以用作高效共分散剂之外，还可以用来代替氨水，有效地用来控制涂料的 pH 值	美国 ANGUS

pH 值调节剂应该是挥发性的物质，否则在树脂成膜后其会残留在涂膜中，影响涂膜的耐水等性能。

8.8.2 常用的 pH 值调节剂

表 8-7 为一些常用的 pH 值调节剂。

8.9 其他助剂

除了上面介绍的一些常用的水性涂料助剂外，还有一些其他的水性助剂。

8.9.1 防霉防腐剂

在水性涂料中，纤维素衍生物等为微生物提供养料，微生物在适当的条件下开始繁殖，导致涂料腐败失效。在涂料中加入适量的防霉杀菌剂可以抑制微生物的生长和繁殖，保护涂料。

防霉杀菌剂主要通过阻碍菌体呼吸、干扰病原菌的生物合成、破坏细胞壁的合成、阻碍类脂的合成发挥作用。

针对水性涂料的特点，理想的防霉杀菌剂应与涂料中各种组分的相容性良好，加入后不会引起颜色、气味、稳定性等方面的变化，具备良好的贮存稳定性，水溶性良好，此外还应具有良好的生物降解性和较低的环境毒性。

常用防霉杀菌剂包括：取代芳烃类，如五氯苯酚及其钠盐、四氯间苯二甲腈、邻苯基苯酚等；杂环化合物类，如 2-(4-噻唑基)苯并咪唑、苯并咪唑氨基甲酸甲酯、2-正辛基-4-异噻唑啉-3 酮、8-羟基喹啉等；胺类化合物，如双硫代氨基甲酸酯、四甲基二硫化秋兰姆、水杨酰苯胺等；有机金属化合物，如有机汞、有机锡和有机砷；甲醛释放剂以及磺酸盐类、醌类化合物等。

目前实际应用的防霉杀菌剂大都由一种或多种活性成分进行复配，复配的活性成分不仅保证杀菌谱线的全面性，而且不易使得周围环境的细菌出现选择性适应，涂料助剂生产商皆有商品供应。

8.9.2 缓蚀剂

缓蚀剂可以防止或减缓腐蚀作用，在金属表面使用水性涂料，干燥过程中金属表面与涂料中水的接触容易发生闪锈等腐蚀现象，引入缓蚀剂，能有效避免金属腐蚀。

根据电化学理论，缓蚀剂可分为抑制阳极型缓蚀剂和抑制阴极型缓蚀剂。抑制阳极型缓蚀剂是在金属表面形成一层致密的氧化膜而抑制金属的溶解，起到缓蚀的作用；抑制阴极型缓蚀剂使阴极化曲线的斜率变小，即溶液中的金属离子更容易被还原，从而抑制了金属的溶解，抑制腐蚀的发生。吸附理论认为，缓蚀剂之所以能阻止、延缓金属的腐蚀，是由于缓蚀剂通过物理化学吸附在金属表面，减小了介质与金属表面接触的可能性，从而达到缓蚀的效果。成膜理论认为，缓蚀剂与酸性介质中的某些离子形成难溶的物质，沉积在金属表面，阻止金属的腐蚀。

缓蚀剂包括氧化型、非氧化无机盐型、金属阳离子型、有机化合物和无机缓蚀颜料等。

氧化型缓蚀剂包括钼酸盐、钨酸盐、铬酸盐等；非氧化无机盐如磷酸盐，可以以多种形式使用，既可作为钢铁的处理剂，也可作为颜料用于涂料；非氧化型无机盐的离子不直接参与氧化膜的形成，它的功能在于解决氧化膜的不连续性，使涂膜中缺陷部分的微孔通过阴离子的沉积而得到堵塞。

有机缓蚀剂主要包括碱式磺酸盐、二壬基萘磺酸盐、有机氮化物锌盐、螯合物助剂（苯并三唑、苯并咪唑等）、胺与胺盐（二苯胺、二甲基乙醇胺、三乙醇胺或其盐类等），有机缓蚀剂的作用是靠化学吸附、静电吸附或是π键的轨道吸附。

无机缓蚀的颜料主要有磷酸盐、硼酸盐、钼酸盐、锌粉等。在金属材料表面的有机涂料中添加防腐蚀颜料，可以显著提高有机涂层的抗腐蚀性能。

8.9.3 防冻剂

防冻剂也称为冻融稳定剂，其主要作用是提高涂料在受到低温冰冻破坏时不会破乳的能力。我国地域广阔，涂料在冬季低温条件下施工是不可避免的，水性涂料只有在一定温度下才能聚结成膜，若低于最低成膜温度施工，涂料中的水分挥发后，树脂不能聚结成连续的涂膜，而是呈现出粉末或开裂的鱼鳞状，此时涂膜的各种性能如附着力、耐水性等极差，不能形成理想的涂膜，因此为了保证冬季低温施工的质量，一般要在水性涂料中加入防冻剂。防冻剂能促进乳胶粒子的塑性流动和弹性变形，改善其聚结的性能，能在广泛的施工温度范围内成膜。

常用的防冻剂有丙二醇、丙三醇、乙二醇、乙二醇乙醚等，从对涂料性能的影响和经济成本上的考虑，一般采用乙二醇或丙二醇。丙二醇价格高，但其对涂膜耐水性影响小，一般广泛用于外墙涂料；而乙二醇的抗冻性好，价格低廉，但其会影响涂膜的耐水性，一般用于内墙涂料中。

8.9.4　手感剂

水性木器涂料表面手感的改善，抗刮伤、防粘连、耐磨性的提高，可以通过乳化蜡或改性有机硅助剂来得到。它们均是通过迁移到涂膜表面发挥作用的。尤其是高分子量的聚硅氧烷类手感剂，由于它具有高的表面活性，可以显著提高涂膜的滑爽性，赋予涂膜非常优异的光滑触感，同时兼具抗刮伤、防粘连、提高耐磨性的功能。

8.10　结语

本章从涂料用助剂的种类、作用机理到一些常见的产品对水性涂料用助剂进行了介绍。涂料助剂是涂料组成中非常重要的组成部分，在涂料的生产和施工过程中有发挥非常重要的作用，随着我国涂料工业的发展，涂料助剂需求量开始迅速增加。世界许多助剂跨国企业如 BYK、Henkel、EFKA、Ciba、Degussa、Rohm & Haas、Grace、Bayer、Eastman、Rodia 等都进入了中国市场，我国涂料助剂发展比较缓慢，产品开发还处于模仿阶段，产品在系列化和产品性能上还存在一定差距，已经成为涂料行业发展的瓶颈，因此涂料科研、生产单位应该加强联合，以加快涂料助剂的研究开发和应用，从而缩短与国际间的差距。

第9章 水性涂料配方设计原理

9.1 概述

水性涂料是一种多组分复合的配方产品，涂料配方中各组分的品质、用量又对涂料的施工性能（如流平性、干燥性、施工期等）和涂膜性能（如光泽、硬度、丰满度、耐化学品性能等）产生极大影响，因此必须对涂料进行配方设计方能满足各方面要求。

涂料配方设计是指根据基材品种、涂装目的、涂膜性能、使用环境、施工环境等进行涂料各组分的选择并确定配比，并在此基础上提出合理的生产工艺、施工工艺和固化方式。总体来说，涂料配方设计需要考虑的因素有基材、目的、性能、施工环境、应用环境、安全性、成本等。

由于影响因素千差万别，建立一个符合实际使用要求的涂料配方是一个长期和复杂的课题，需要进行繁杂的试验才能得到符合使用要求的涂料配方。

9.2 涂料基本组成

水性涂料一般由成膜物（水性树脂）、颜填料、助剂（含成膜助剂）组成，涂料施工后，随着水分等可挥发物的挥发，成膜物干燥成膜。成膜物可以单独成膜，也可以黏结颜填料等物质共同成膜，所以也称黏结剂，它是涂料的基础，常称为基料、漆料和漆基等。水性涂料的基本组成见表9-1。

表 9-1 水性涂料的基本组成

组成	原料	
成膜物(水性树脂)	乳液	纯丙、苯丙、硅丙、醋丙、叔丙、氟丙、乙烯-醋酸乙烯乳液等
	水分散体	聚氨酯水分散体、丙烯酸树脂-水性聚氨酯分散体等
	水可稀释树脂	水性丙烯酸树脂、水性醇酸树脂、水性环氧树脂、水性聚酯树脂等
颜填料	颜料	无机颜料:钛白、立德粉、氧化铁红、氧化铁黄、炭黑、氧化锌、铬黄、铁蓝、铬绿等 有机颜料:酞菁蓝、酞菁氯、大红粉、甲苯胺红、耐晒黄等
	填料	滑石粉、轻质碳酸钙、重质碳酸钙、硫酸钡、硅藻土、硅灰石粉、高岭土、石英粉等
水性助剂	水性润湿剂、水性分散剂、水性流平剂、水性消泡剂、水性增稠剂、抗冻剂、防腐剂、防霉剂、水性消光剂、水性催干剂、防闪蚀剂等	
成膜助剂	2,2,4-三甲基-1,3-戊二醇单异丁酸酯(Texanol)、苯甲醇、丙二醇苯醚、丙二醇丁醚(PNB)、二丙二醇丁醚(DPNB)、三丙二醇丁醚(TPNB)、二丙二醇丙醚(DPNP)、二丙二醇甲醚、乙二醇苯醚(EPH)、乙二醇丁醚、二乙二醇丁醚等	

9.2.1 水性树脂

水性树脂是水性涂料最为关键的组分，其结构和性能决定水性涂料的性能。目前，常用的水性树脂主要包括聚氨酯水分散体、水性聚氨酯-丙烯酸树脂杂化体、纯丙乳液、苯丙乳液、硅丙乳液、醋丙乳液、叔丙乳液、氟丙乳液、乙烯-醋酸乙烯乳液、水性醇酸树脂、水性环氧树脂、水性聚酯树脂等。选择涂料用树脂主要基于树脂的结构和性能，基材的性质、使用环境、施工环境、成本等因素。

(1) 聚氨酯水分散体及其改性水性树脂 水性聚氨酯是非常重要的一类水性树脂，同油性聚氨酯涂料一样，由于其合成单体多，配方调整余地大，品种多不胜举；同时水性聚氨酯可以进行丙烯酸树脂、环氧树脂改性以及硅单体和氟单体改性，所以新产品可谓层出不穷。

水性聚氨酯可以配制单组分或双组分水性涂料，该类涂料可以用于木器、塑胶、金属和水泥等几乎所有基材的涂饰，用途非常广泛。其中，单组分树脂应用方便，成本较低，但交联密度低；双组分树脂交联密度高，性能好，固化剂有水性多异氰酸酯、多氮丙啶、聚碳化二亚胺、硅偶联剂等；丙烯酸树脂的改性产品性价比高，氟、硅改性产品具有很好的耐候性，可用于高档户外产品的涂饰。

（2）丙烯酸类乳液　丙烯酸类乳液是一个大的家族，包括纯丙乳液、苯丙乳液、硅丙乳液、醋丙乳液、叔丙乳液、氟丙乳液、乙烯-醋酸乙烯乳液等体系。选用时应根据涂料性能要求进行选择。例如：苯丙乳液易黄变，不宜用于户外产品，但其耐水性好、光泽高、耐腐蚀，可以用作室内乳胶漆、木器或金属底漆的基料；而纯丙乳液、硅丙乳液、叔丙乳液、氟丙乳液则有很好的耐老化性，可用于室外产品的保护装饰。

（3）其他水性树脂　水性聚氨酯（及其改性树脂）、丙烯酸类乳液是水性树脂的主流产品，产量最大、用途最广；此外，水性醇酸树脂、水性环氧树脂、水性聚酯树脂也有一定的生产和应用。

水性醇酸树脂像溶剂型醇酸树脂一样，可以配制单组分自干漆或用作氨基烘漆的羟基组分，光泽很好，但目前自干漆的干性还有待提高；水性聚酯树脂主要用作羟基组分；水性环氧树脂可作为轻、重度金属防腐涂料的成膜物质。

其中醇酸树脂的原料易得、可以再生、工艺简单、装饰性好，发展前景看好。

水性紫外光固化树脂的性能可以接近或达到油性体系的水平，其生产、应用将得到重视。

9.2.2　颜料

颜料是分散在涂料中从而赋予涂料色彩、填充等其他性质的粉体材料，按照其功能和作用分为着色颜料、体质颜料、防腐颜料、功能颜料。

色泽、着色力、遮盖力、耐光性、耐候性是颜料的基本特性，它们与颜料的结构和组成有关，而颜料结晶形态、粒径和外形对漆膜的光泽、颜料的润湿分散性以及涂料贮存期间颜料的稳定性有较大的影响，在涂料工业中，通常采用高速分散或研磨的方法使颜料均匀地分散在涂料体系中，并使其保持稳定悬浮状态，即使沉降后亦容易被再次分散。

9.2.2.1　着色颜料

着色颜料主要是提供颜色和遮盖力，但也需要满足力学强度与防腐性等其他要求，可分为无机颜料和有机颜料两类，在水性涂料配方中，主要使用无机颜料，有机颜料主要做着色助剂，多用于装饰性涂料。

(1) 白色颜料　乳胶漆以白色和浅色为主，因而用量最大的是白色颜料。乳胶漆在加入适当用量颜料满足遮盖力要求后，常常使用一些填料达到所要求的涂料性能或降低成本。

涂料中使用的白色颜料主要包括二氧化钛、立德粉、氧化锌、铅白、锑白等，其中钛白粉应用最为广泛。

钛白粉即二氧化钛，有三种不同的结晶形态：金红石型、锐钛型和板钛型。板钛型为不稳定晶型，无重要工业应用。涂料工业中应用的金红石型和锐钛型钛白粉具有无毒、白度高、遮盖力强的特点，前者有较高的折射率、耐光性、耐热性、耐候性、耐久性和耐化学品性，以其制备的涂料保光、保色性强，不易发黄和粉化降解，因此多用于制备户外涂料；后者在光照下易粉化，但价格较低，多用于制备室内涂料。纳米级的二氧化钛还可用于光催化自洁涂料。

表9-2列出了金红石型和锐钛矿型两种商品钛白粉的物性。

表 9-2　两种商品钛白粉的物性

性　能	金红石型	锐钛矿型
相对密度	4.26	3.84
折射率	2.72	2.55
耐光性	优	差
适用范围	室外用漆及高档涂料	底漆、室内面漆

立德粉又称锌钡白（$BaSO_4 \cdot ZnS$），由硫化锌和硫酸钡共沉淀物煅烧而得，耐碱性好，遇酸则分解放出硫化氢。立德粉遮盖力强，但耐候性不好，在紫外线作用下易粉化，因而只能用于室内漆。在低端乳胶漆中立德粉作主要颜料，用量在10%～15%，成本较低。

氧化锌（ZnO）简称锌白，是一种碱性颜料，用量大时有防霉效果，是白色颜料中着色力较好和不会粉化的颜料，其遮盖力小于钛白粉和立德粉，很少单独使用，可以和金红石型钛白粉混合使用制造外用乳胶漆，能改善涂膜的耐光性和粉化性。针状结晶的氧化锌用作外用乳胶漆，其防止龟裂的作用很明显。应当注意，氧化锌作为颜料使用时活性较大，且 Zn^{2+} 可能导致某些阴离子乳液破乳，特别是和聚醋酸乙烯乳液一起使用时，容易导致乳胶漆变稠和凝结，因而在使用氧化锌时应注意其和乳液的相容性和用量，其配方应经过热稳定性实验检验。

氧化锑又名锑白，有较强的遮盖力，在防火涂料中应用较多。

（2）红色颜料　红色颜料主要有氧化铁红、钼铬红、镉红、甲苯胺红、大红粉、硫靛红、立索尔大红和耐晒红等。

氧化铁红（Fe_2O_3）是最重要的氧化铁系颜料，也是最常用的红色颜料，有天然氧化铁红与合成氧化铁红两种类型，合成氧化铁红根据晶体结构分为 α-铁红和 γ-铁红。在涂料中作为颜料应用的是 α-铁红，它具有较高的着色力，耐碱和有机酸，且能吸收紫外辐射，具有较强的耐光性，其价格低廉，应用广泛。随着纳米技术的发展，透明氧化铁红也已经投入工业化生产并用于制备高透明的装饰涂料，如金属闪光涂料、云母钛珠光颜料等。

甲苯胺红具有很高的耐光性和耐候性，价格适中，但耐溶剂性较差。大红粉是一种偶氮类红颜料，耐酸、耐碱、耐光。

（3）黄色颜料　主要的黄色颜料有氧化铁黄、镉黄、铬酸铅、耐晒黄、联苯胺黄、永固黄等。氧化铁黄具有优异的颜料性能，着色力和遮盖力高，耐光、耐候性好且无毒价廉，多用于室外涂料。铬酸铅也称铅铬黄。其着色力高，色坚牢度好且不透明，但有毒。它多用作装饰性涂料和工业涂料的二道漆和面漆。铬酸锌是一种色坚牢度好，对碱和二氧化硫稳定的颜料，但遮盖力低。镉黄耐高温、耐碱，色坚牢度好，常做烘烤型面漆。

汉沙黄属有机颜料，价廉，耐光、耐候性好，缺点是耐溶剂性差，不能表面罩光。

（4）绿色颜料　绿色颜料有铅铬绿、氧化铬绿、钴绿、酞菁绿等。铬绿即氧化铬，对酸碱有较好的稳定性，但遮盖力低，宜做耐化学药品涂料用颜料。铅铬绿有良好的遮盖力，耐酸但不耐碱。钴绿化学稳定性好，耐光，耐高温，耐候，着色力强，但色饱和度差。酞菁绿即多氯代铜酞菁，耐光性、耐热性、耐候性、耐久性和耐化学品性好。

（5）蓝色颜料　铁氰化钾又称铁蓝，有较高的着色力，色坚牢度好，并有良好的耐酸性，但遮盖力差。群青为天然产品，色坚牢度好，耐光、热和碱，但可被酸分解，着色力和遮盖力低。

酞菁蓝是一种重要的蓝色颜料，同酞菁氯一样，具有优良的综合性能。

（6）黑色颜料　用量最大的黑色颜料是炭黑，分为低色素、中色素和高色素炭黑三种类型。炭黑吸油量大，色纯，且遮盖力强，耐光，耐酸碱，但较难分散。此外还有氧化铁黑（Fe_3O_4），主要用作底漆和二道漆的着色剂。

9.2.2.2　防腐颜料

防腐颜料用于保护金属底材免受腐蚀，按照防腐蚀机理可分为物理防腐颜料、化学防腐颜料和电化学防腐颜料三类。物理防腐颜料具有化学惰性，通过屏蔽作用发挥防腐功能，如铁系和片状防腐颜料；化学防腐颜料具有化学活性，借助化学反应发挥作用，如铅系化合物、铬酸盐、磷酸盐等；电化学防腐颜料通常是金属颜料，具有比基材金属低的电位，可以起到阴极保护作用，如锌粉。

化学防腐颜料多为无机盐，具有缓蚀性，含有用水可浸出的阴离子，能钝化金属表面或影响腐蚀过程。它们主要是含铅和铬的盐类，因其毒性和污染问题，目前有被其他颜料替代的趋势。

（1）铅系颜料　红丹属于化学和电化学防腐颜料，能对钢材表面提供有效的保护。但因具有毒性，故限制了它在现代涂料工业中的应用范围。

碱式铬酸铅是一种使用广泛的铅系颜料。它利用形成的缓蚀性铅盐和浸出的铬酸盐离子使金属底材得到防腐保护，其毒性要比传统的红丹颜料低，此外还有碱式硫酸铅，常用于防腐涂料，有毒；铬酸钙常用于镀锌铁的底漆。

（2）锌系颜料　锌系颜料主要有铬酸锌、磷酸锌和四盐基铬酸锌。铬酸锌耐碱，但不耐酸；磷酸锌是一种无毒的中性颜料，对漆料的选择范围较广；四盐基铬酸锌常用作轻金属或钢制品的磷化底漆。

（3）其他颜料　物理防腐颜料主要有氧化铁红、云母氧化铁、玻璃鳞片、石墨粉。

锌粉常用作富锌保护底漆，可发挥先蚀性阳极的作用。不锈钢颜料不但具有防腐功能，而且还具有装饰作用。铝粉因表面存在氧化铝膜而具有保护作用。特别是经过表面改性的漂浮型铝粉，能在漆膜表面发生定向排列，起到隔离大气的作用，同时还具有先蚀性阳极的作用。

近年来研制的低毒性防腐颜料包括三聚磷酸铝、铬酸钙、钼酸钙、磷酸镁、磷酸钙、钼酸锌、偏硼酸钡、铬酸钡等，可以单独使用或与传统的缓蚀颜料搭配使用，此外，某些体质颜料如滑石粉和云母，也具有防腐性能。

不同防腐机理的防腐颜料共同使用，可以发挥协同效应，提高防腐蚀效果。

9.2.2.3　填料

填料亦称体质颜料，大多是白色或稍有颜色的粉体，不具备着色力和遮盖力，但具有增加漆膜的厚度、调节流变性能、改善机械强度、提高漆膜的耐久性和降低成本等作用，主要是碱土金属盐类、硅酸盐类和铝镁等轻金属盐类。常用填料有以下几种。

碳酸钙（$CaCO_3$）是涂料中常用的主要填料，包括重质碳酸钙和轻质碳酸钙两类。轻质碳酸钙又称沉淀碳酸钙，体质轻，粒径细（10～20μm），价格低，是目前中低档乳胶漆使用的主要填料。由于碳酸钙遇无机酸会发生分解反应，因而不宜配制用于酸性环境中的乳胶漆，更不能用于耐酸类乳胶漆。轻质碳酸钙的游离氧化钙含量对于配制乳胶漆来说，是一个非常重要的指标，因为游离氧化钙在水中离解出的 Ca^{2+} 会影响乳胶漆的贮存稳定性。如果乳胶漆中要使用轻质碳酸钙作为填料，应注意其用量。重质碳酸钙又称大白粉、石粉、方解石粉和老粉等，由纯度较高的石灰石（方解石）经磨细而成的粉末。根据生产方法的不同，重质碳酸钙又分为水磨石粉和干磨石粉两种。水磨石粉是将天然产的方解石等矿石用湿法研磨成石粉，经水漂分离、沉淀、干燥、粉碎，再包装成为成品。干磨石粉是采用干粉碎的方法，用风漂分离采取其细度合格部分。重质碳酸钙的质量标准是：相对密度2.5～2.8，吸油量14%～25%，折射率2.5～2.8，细度应小于或等于40μm。重质碳酸钙的相对密度大，易沉淀，因而在乳胶中应用时应注意防沉淀措施。

滑石粉是一种天然存在的层状或纤维状无机矿物，主要化学成分是水合硅酸镁，化学分子式是$3MgO \cdot 4SiO_2 \cdot H_2O$，它能提高漆膜的柔韧性，降低其透水性，还可以消除涂料固化时的内应力，在乳胶漆中使用滑石粉有很好的流平性。

重晶石（天然硫酸钡）和沉淀硫酸钡稳定性好，耐酸、碱，但密度高，主要用于调合漆、底漆和腻子。

二氧化硅分为天然产品和合成产品两类。天然二氧化硅又称石英粉，可以提高涂膜的力学性能。合成二氧化硅按照生产工艺分为沉淀二氧化硅和气相二氧化硅，气相二氧化硅在涂料中起到增稠、触变、防流挂等作用。

瓷土（$Al_2O_3 \cdot 2SiO_2 \cdot 2H_2O$），也称高岭土，是天然存在的水合硅酸铝。它具有消光作用，能做二道漆或面漆的消光剂，也适用于乳胶漆。高岭土很容易分散于水中。煅烧高岭土已成为一种优质填料而用于部分地取代钛白粉。

云母是天然存在的硅铝酸盐。云母粉的片状结构使之能和浮型铝粉一样，可以降低漆膜的透气、透水性；云母粉还能减少涂膜的开裂和粉化，提高涂膜的耐候性。云母粉主要用于外墙涂料或其他户外用涂料。

膨润土是以蒙脱石为主要成分的黏土矿物。膨润土中的蒙脱石含量一般大于65%，其外观呈白色至橄绿色。膨润土的相对密度2.4～2.8，熔点1330～1430℃。膨润土比一般黏土更能吸附水，比高岭土更能起碱交换作用。有的膨润土在吸附水时体积增大数倍，并形成凝胶状物质。膨润土加水后，几乎能永远地处于悬浮状态，烘干后，可加水再使之膨胀，反复处理并不影响其性能。膨润土又分为钠基膨润土和钙基膨润土。在许多场合，钠基膨润土的性能优于钙基膨润土。在建筑涂料中使用膨润土时，应注意其白度、细度等物理性能。膨润土在水中可改善水性涂料悬浮性，增强稳定性。膨润土在水中能形成凝胶状物质，具有增稠剂的作用。膨润土与有机基料结合后能增强涂膜的耐水性，提高涂膜强度和耐紫外线照射的能力。因此，在水性内外墙涂料中加入适量的膨润土，合理地调整涂料的颜料体积浓度（*PVC*），所制成的涂料性能较好。体质颜料对涂料性能的影响详见表 9-3。

表 9-3 体质颜料对涂料性能的影响

涂料性能	高岭土	碳酸钙	滑石粉	硅酸铝	气相二氧化硅
刷涂性	5	2	4	3	3
流平性	4	5	2	3	4
光泽	4	2	2	2	2
遮盖力增效性	5	1	3	5	3
悬浮性	5	3	4	4	3
耐磨性	1	3	3	5	3
附着性	4	1	3	2	4
耐化学品性	4	1	3	3	4
稳定性	5	3	3	4	5
黏度	高	极低	中-高	高	低

注：5 级最好，1 级最差。

9.2.3 水性助剂

助剂用量虽少，但对水性涂料的生产、贮存、施工、成膜过程及最终涂层的性能有很大影响，有时甚至可起关键作用，随着涂料工业的发展，助剂的种类日趋繁多，应用愈来愈广，地位也日益重要。

常用的水性助剂包括水性润湿剂、水性分散剂、水性流平剂、水性消泡剂、水性增稠剂、抗冻剂、防腐剂、水性消光剂、水性催干剂、防闪蚀剂、防紫外线剂等。

(1) 成膜助剂　水性涂料的成膜助剂又叫聚结剂、助溶剂或共溶剂，是分子量数百的高沸点化合物，多为醇、醇酯、醇醚类，实际上是聚合物的一种溶剂。在漆膜干燥过程中，水分挥发后余下的成膜助剂使聚合物微球溶解、变形并融合成连续的膜。成膜以后随着时间的推移，成膜助剂逐渐挥发逸去。由此可见，成膜助剂除有溶解作用外，还会对聚合物起短暂的增塑作用。

一些成膜助剂与成膜有关的性能数据如表9-5所示。大多数成膜助剂的沸点在250℃以下，需要关注其含量对成漆VOC的影响。此外，采用与水混溶性好的成膜助剂，在环境湿度大到一定程度时施工，漆膜可能泛白，表9-5中的“抗泛白性”一栏提示了这种可能性。

Texanol化学名为2,2,4-三甲基-1,3-戊二醇单异丁酸酯，又称醇酯十二，十二碳醇酯等。Texanol是聚合物的良溶剂，几乎不溶于水，水解稳定性好，挥发性较低，能有效地降低许多乳液的成膜温度，毒性小，不易燃烧，所以是一种很好的成膜助剂，其基本性能见表9-4。

表9-4　醇酯十二的物性

外　观	无色透明液体	外　观	无色透明液体
分子式	$C_9H_{24}O_3$	挥发度(乙酸丁酯=1)	0.0013
分子量	216.32	闪点/℃	90
密度(20℃)/(kg/m^3)	0.95	溶解度(20℃)(质量分数)/% 在水中 水在其中	 几乎不溶 0.9
沸点(1.013×10^{5}Pa)/℃	244～247		
折射率(20℃)	1.4423	毒性,LD_{50}/(mg/kg)	6517

成膜助剂的作用类似增塑剂，加入成膜助剂后能降低乳液的最低成膜温度（*MFT*），降低幅度随成膜助剂加量的增大而增大。但是，成膜助剂的用量达到一定程度后*MFT*几乎不再降低。*MFT*下降的幅度还与成膜助剂的种类和乳液类型有关，乳液用成膜助剂要很好地进行匹配。成膜助剂最终会从涂膜逸出，是VOC的主要来源，应尽可能少加，一般控制在1%～5%，通常使用一种成

表 9-5 常用成膜助剂的物理性质

名 称	沸点/℃	表面张力(25℃)/(mN/m)	黏度(25℃)/mPa·s	挥发速率(以乙酸丁酯=100计)	蒸发90%所需时间/s	水中溶解度/%	冻结温度/℃
乙二醇单甲醚(MG)	94～96	30		0.34		∞	－85.5
乙二醇单丙醚	151.3	27.9		0.20	2000	∞	
乙二醇单丁醚(BG)	168～172	27	2.9	0.079	7000	∞	－70.4
二乙二醇单甲醚(MDG)	192～195	28.23	3.5	0.019	29400	∞	－85
二乙二醇单乙醚	201	31.7	4.5	0.01		∞	
二乙二醇单丁醚(BDG)	228～232	24.7	4.9	0.01	190000	∞	－68
三乙二醇单甲醚	250	36.4	7.8(20℃)	<0.01		∞	
三乙二醇单乙醚	256	33.7	8.3	<0.01		∞	
三乙二醇单丁醚(BTG)	265～350	31.4	10.9(20℃)	<0.01		∞	13
丙二醇单甲醚(PM)	119～121	27.7	1.7	0.62		∞	－95
丙二醇单丙醚	149	25.4	4.4	0.21	2100	∞	
丙二醇单丁醚(PnB)	165～175	27.5	3.1	0.093	6100	5.5	－80
丙二醇单叔丁醚	151	24	4	0.30	1800	17	
二丙二醇单甲醚(DPM)	185～195	28.8	3.7	0.035	20400	∞	－80

续表

名　称	沸点/℃	表面张力(25℃)/(mN/m)	黏度(25℃)/mPa·s	挥发速率(以乙酸丁酯=100计)	蒸发90%所需时间/s	水中溶解度/%	冻结温度/℃
二丙二醇单丙醚	213	27.8	11.4	0.014	73600	18	
二丙二醇单丁醚(DPnB)	225～235	27.3	4.9	0.006	117800	3.0	−70
三丙二醇单丁醚(TPnB)	269～332	28.8	8.03	0.004		74	−75
乙二醇丁醚乙酸酯(BGA)	184～195	28.5				13	−63.5
二乙二醇丁醚乙酸酯(BDGA)	238～248	30.5		0.002		6.4	−32
丙二醇甲醚乙酸酯(PMA)	145～147	28.2	0.8	0.33		22	−65
二丙二醇甲醚乙酸酯	209	27.3	1.7	0.015		16	−25
二丙二醇二甲醚	175	26.3	1.0	0.13		35	
乙二醇苯醚(PG)	244～250	42.0	21.5	0.01		2.5	13
丙二醇苯醚(PP)	241～246	39.7	24.5	0.02		1.1	9
2,2,4-三甲基-1,3-戊二醇单异丁酸酯(Texanol)	244～247		19.7	0.002	355000	0	
苯甲醇				0.009		3.8	

膜助剂即可，有时为调节挥发速率，可以复合使用几种成膜助剂。T_g 高的水性树脂应选择挥发速率较低、增溶作用大的成膜助剂。

成膜助剂的优劣可以通过测定乳液的最低成膜温度（MFT）进行判定。将漆液涂布在一条设定温度梯度的金属板上，将不能形成透明、平整均一涂膜的临界温度定义为 MFT。

（2）消泡剂　水性涂料在生产和施工过程中会引入空气，并产生气泡；双组分水性聚氨酯树脂在成膜过程中发生化学反应放出 CO_2，也会产生气泡；漆膜涂布过程中，会将基材空隙中的气泡置换出来。另外，水性漆中含有的润湿分散剂、基材润湿剂、表面增滑流平剂、流变改性剂、基料中的低分子量成分等表面活性物质也会促进并稳定气泡，因此抑泡和消泡是水性漆生产、施工乃至涂膜干燥过程中始终存在的问题。

消泡剂的消泡机理一般认为可分为以下四个过程：消泡剂吸附到泡膜的表面；消泡剂渗透到泡膜的表面；消泡剂在泡膜表面上扩散，并吸附表面活性剂；泡膜的表面张力不平衡——破泡。根据这个机理，消泡剂应具有以下特性：消泡剂的表面张力要小于需消泡液体的表面张力；在需消泡液体中的溶解度要尽量小；要有良好的分散性，要有较强的扩散力；不影响乳液的稳定性；消泡持久性好。一个好的消泡剂应同时具有抑泡和破泡作用。抑泡作用即在高速分散、剪切过程中能够抑制气泡的产生，并能聚结和排除小泡，使气泡提高上升速度；破泡作用即能够破除已经产生的气泡，通常是大泡。

消泡剂的有效物质在到达泡膜后，吸附泡膜上的表面活性剂，破除气泡，同时提高了自身在水中的分散性，从而失去了继续消泡的能力，这与水性涂料中其他表面活性剂的种类和用量有关，也是造成水性涂料长期贮存后，消泡剂的消泡能力下降的原因。

在高光泽、高透明性的水性木器面漆中，首先要求消泡剂与体系的相容性好，不会影响漆膜的透明性和光泽。矿物油类的消泡剂在漆膜干燥后，矿物油会浮到漆膜表面，导致漆膜表面发乌；含有固体疏水颗粒（二氧化硅、蜡皂）的消泡剂，根据使用量的不同，也会带来不同程度的发乌现象，影响透明性。

在评价消泡剂相容性时，还要保证在适当的润湿剂用量下，消泡剂不会导致漆膜明显的缩孔和不平整。最后，综合评价消泡剂的抑泡、破泡能力，消泡持久能力。有时根据需要，要将抑泡、破泡消泡剂配合使用，消泡效果良好。

在水性体系中，含有机硅成分的消泡剂抑泡效果明显，可用于生产阶段消泡；水分散性好或含疏水颗粒的消泡剂破泡效果显著，用于施工阶段消泡效果显著。消泡剂的用量一般在0.5%～5%之间，通常，在分散阶段加1/3～1/2，涂料调配阶段加1/2～2/3。

(3) 润湿剂、分散剂　在乳胶漆生产过程中，颜填料的分散有三个过程，即润湿、分散和稳定。水性漆和溶剂型漆的不同之处在于：黏结剂（树脂）和颜料均为分散相，水是连续相；而溶剂型漆则只有颜料是分散相。由于水的低黏度、高表面张力及成膜物质在成膜前为分散相，导致乳胶漆在制造过程中必须加入各种助剂。

为了使颜填料得到良好的分散，并保持所生产的涂料有稳定的分散和稳定状态，一定要根据颜填料的特性选择合适的润湿分散剂；同时要采用有效的分散、研磨设备对颜填料进行分散（粒子分离）。乳胶漆的分散设备常用的是高速分散机，对于高速分散机仍无法解聚的颜料凝聚体还要进行研磨（砂磨）。研磨是对分散的补充，其主要目的是对难以分散的初级粒子聚集体施加高剪切力，使之分开。

使用润湿剂的目的是降低被分散体系的表面张力，使颜、填料表面易于被连续相亲和，导致颜、填料凝聚颗粒的分离。润湿剂不必是一个良好的分散剂。分散剂的主要作用是吸附于颜、填料表面，通过双电层/屏蔽作用，使其分离并保持不重新凝聚。分散剂可以不是良好的润湿剂，但必须有良好的分散性能。当然，一个理想的分散剂若有足够的润湿性，就不需要润湿剂的辅助。分散剂可以使颜、填料的二次颗粒分散成初级颗粒，并使其保持稳定。

经高速分散后，如果还达不到细度要求（乳胶漆一般要求60μm以下），可再经研磨机进行研磨，最常用的是砂磨机。经高速分散机分散均匀的浆料进入砂磨机研磨，物料的黏度不能太高。目前，在乳胶漆的生产中开始应用超细颜填料，这样就有可能仅在高速搅拌下分散即能达到要求。BASF公司提供的乳液296DS（苯丙型乳液），由于具有良好的机械稳定性，所以在分散研磨过程中适当加入一些有利于润湿分散，而不会破乳，方便生产，提高质量。

无机颜料表面有较高的极性，故低分子量的颜料分散剂较易吸附上去，且能较持久地吸附在颜料表面；而有机颜料表面基本上无极性，因此低分子量的颜料分散剂难以持久地吸附，需使用较高分子量的分散剂或含锚定基团的聚合物分散剂。

润湿剂和分散剂配合使用能取得理想的结果，用量一般为千分之几，选择不当或用量太大会造成起泡并降低涂膜的耐水性。

（4）增稠剂　水性树脂通常黏度较低，若不增稠，涂料中的粉料（消光粉、颜料、填料）易发生沉降，形成硬沉淀，影响使用。另外，在立面施工时，还会产生流挂现象。因此配制涂料时有必要给予增稠，增稠可以增加一次施工膜厚，提高丰满度，改进刷涂施工性。

常见的增稠剂有纤维素、丙烯酸碱溶胀型及聚氨酯类缔合型增稠剂。主要有羟乙基纤维素（HEC），如Aquaflon公司的Natrosol 250和Union Carbide公司的Cellusize QP等。纤维素类增稠剂易被微生物降解，易发霉，且涂料增稠后触变性太大，不利于涂膜流平，用量不能太大。碱溶胀增稠剂分为两类：非缔合型碱溶胀增稠剂（ASE，如Rohm & Haas公司的ASE 60）和缔合型碱溶胀增稠剂（HASE，如Nopco公司的SN636，Rohm & Haas公司的TT-935），它们都是阴离子增稠剂。该类增稠剂会引起涂料发乳，影响涂料的外观，可提高涂料的中、低剪切黏度，可以防止涂膜流挂，在亚光或平光漆中加入部分丙烯酸碱溶胀型增稠剂，可有效防止粉料的沉降。另外，碱溶胀型增稠剂可能会使涂膜的耐水性下降。聚氨酯类缔合型增稠剂（HEUR，如RM-2020NPR、DSX 1550）可提高涂料的高剪切黏度，对涂料的触变性影响很小，流平性好，减少刷痕。该类增稠剂对涂膜的耐水性无影响，添加时不会引起絮凝，可直接添加。

(5) 防霉杀菌剂　地球上的霉菌、细菌等微生物无处不在，无处不有，但是它们的大量繁殖必须满足一定的条件，如有机物和氧的存在、湿度、酸碱性、温度等。微生物会对乳胶漆带来很多问题：包装中的乳胶漆会因细菌的繁殖而出现胀罐、黏度下降、颜料沉淀、乳液破乳、变臭变色，最终使乳胶漆报废。

乳胶漆在生产和贮存过程中可能发生的问题是细菌带来的，可通过改善环境，生产上严格管理及配方措施来解决。在乳液生产的高温、高湿环境中，搞好环境卫生是防腐的关键环节。防止购进的原料带菌也是一个重要方面，在乳胶漆中加入合适的防腐剂是防腐的根本途径。乳胶漆漆膜有亲水成分，含有微生物的养分，这是长霉的诱因。一般临时使用的防霉剂可用氨水、无机碱水溶液作 pH 调节剂，但氨水有味道，碱性水溶液对涂膜的耐水性、耐擦洗性有影响，长效乳液应选择 pH 值稳定、毒性较小的有机胺、多酚类防霉杀菌剂。

(6) 水性催干剂　水性催干剂常用于氧化交联水性涂料体系中，能显著提高漆膜的固化速度。使用较为广泛的催干剂是环烷酸、异辛酸的钴盐、锰盐、钙盐、锌盐、锆盐的外乳化产品。一般认为，催干剂能促进涂料中干性油分子主链双键的氧化，形成过氧键，过氧键分解产生自由基，从而加速交联固化；或者是催干剂本身被氧化生成过氧键，从而产生自由基引发干性油分子中双键的交联。钴催干剂是一种表面催干剂，最常见的是环烷酸钴，其特点是表面干燥快。单独使用时易发生表面很快结膜而内层长期不干的现象，造成漆膜表面不平整，常与铅催干剂配合使用，以达到表里干燥一致，避免起皱。其用量以金属钴计，一般在 0.1% 以下。锰催干剂也是一种表面催干剂，但催干速度不及钴催干剂，因此有利于漆膜内层的干燥，但其颜色深，不宜用于白色或浅色漆，且有黄变倾向，常用的锰催干剂有环烷酸锰，其用量多在 3% 以下。

(7) AMP-95 乳胶漆用多功能助剂　AMP-95 是含 5% 水的 2-氨基-2-甲基-1-丙醇。它是一种多功能助剂。在配方中，AMP-95 可作为高效共分散剂以防止颜料的二次絮凝，同时还可大幅度地提高涂料的综合性能，如改进增稠剂的性能，提高调色浆的展色性，避免使用氨水，减少涂料的气味，改善漆膜的耐擦洗性和耐水性，降低罐中腐蚀和闪锈。使用AMP-95可以减少分散剂、消泡剂、增稠剂的用量，从而提高成膜性能，也可以降低原材料的总成本。

(8) 其他助剂　功能性助剂可以赋予涂膜特定的功能，如中和剂（氨水、二甲基乙醇胺）、抗冻剂（丙二醇、乙二醇）、增强手感剂（如乳化蜡）、抗划伤剂等。

9.3 乳胶漆的成膜机理

涂料只有在基材表面形成一层坚韧的薄膜后才能充分发挥其功能，一般来说，涂料首先是一种流动的液体，在涂布完成之后才逐渐从液态变为固态，形成连续有附着力的薄膜，是一个玻璃化温度不断升高的过程。按照成膜过程中树脂基料的结构是否发生了变化，成膜机理可以分为物理成膜和化学成膜，物理成膜主要通过溶剂挥发和分子链缠结成膜或者水的挥发乳胶粒凝聚成膜以及热熔成膜，化学成膜主要通过树脂基料发生交联反应形成体型结构成膜。

乳胶漆基料一般是通过乳液聚合制备的，其黏度和聚合物的分子量无关，乳胶漆在涂布以后，随着水分的蒸发，聚合物粒子互相靠近，发生挤压变形，颗粒间界面逐渐消失，聚合物链段相互扩散，由粒子状态的聚集变成分子状态的凝聚，形成连续均匀的涂膜。乳胶是否能成膜与乳胶本身的性质特别是它的玻璃化温度和干燥的条件有关。

乳胶漆成膜过程大致分为三个阶段：首先聚合物乳液中的水分挥发，当乳胶颗粒占胶层的74%体积时，乳胶颗粒相互靠近而达到密集的充填状态，水和水溶性物质充满在乳胶颗粒的空隙之间；随着水分继续挥发，聚合物颗粒表面吸附的保护层被破坏，间隙越来越小，直至形成毛细管，毛细管作用迫使乳胶颗粒变形，毛细管压力高于聚合物颗粒的抗变形力，颗粒间产生压力，随着介质挥发的增多，这个压力也增大，乳胶颗粒逐渐变形融合，直至颗粒间的界面消失；最后，水分继续挥发，直到压力达到能使每个乳胶颗粒中的分子链扩散到另一颗粒分子链中时，乳胶颗粒中的聚合物链段开始相互扩散，逐渐形成连续均匀的乳胶涂膜。成膜过程参见图 9-1。

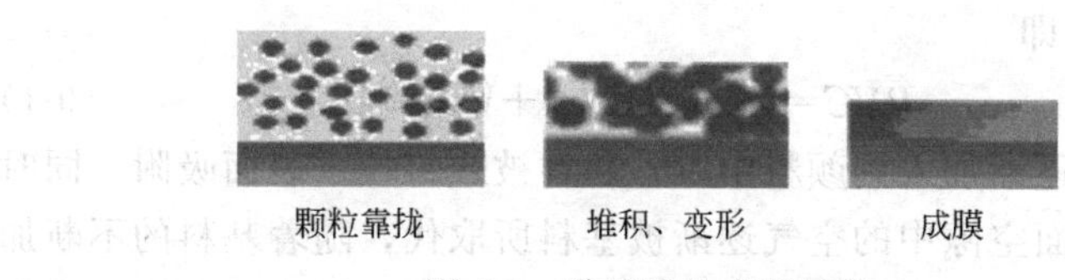

图 9-1 乳胶漆的成膜过程

目前，红外光谱、原子力显微镜、动态热机械分析、差示扫描量热分析、透射电镜、扫描电子显微镜、小角度中子散射、直接无辐射能量转移、动态二次离子质谱、激光共聚焦荧光显微技术等已经广泛用于成膜过程的研究和表征。透射电镜可以观察涂膜形态，研究胶乳成膜过程，差示扫描量热分析可以测定树脂的玻璃化温度以及研究固化反应动力学以确定固化工艺，原子力显微镜可在立体三维上观察涂膜的形貌。

9.4 颜料体积浓度

涂料的颜料体积浓度（*PVC*）是表征涂料性能最重要、最基本的参数，早期涂料工业普遍采用颜基比描述涂料配方中的颜料含量，由于涂料中所使用的各种颜料、填料和基料的密度相差甚远，颜料体积浓度更能科学反映涂料的性能，在涂料科学研究和实际生产中已成为制定和描述涂料配方的核心参数之一。

9.4.1 颜基比

涂料配方中颜料（包括填料）与黏结剂的质量比称为颜基比。在一些情况下，可根据颜基比制定涂料配方，表征涂料的性能。一般来说，面漆的颜基比约为（0.25～0.9）：1.0，而底漆的颜基比大多为（2.0～4.0）：1.0；室外乳胶漆颜基比为（2.0～4.0）：1.0，室内乳胶漆颜基比为（4.0～7.0）：1.0。要求具有高光泽、高耐久性的涂料，不宜采用高颜基比的配方；底漆的颜基比较高，有利于底、面的相互渗透融合，提高层间附着力，特种涂料或功能涂料则需要根据实际情况采用合适的颜基比。

9.4.2 颜料体积浓度与临界颜料体积浓度

干膜体积中，颜料所占的体积分数称为颜料体积浓度，用 PVC 表示，即

$$PVC=V_{颜料}/(V_{颜料}+V_{基料}) \tag{9-1}$$

当基料逐渐加入到颜料中时，基料被颜料粒子表面吸附，同时颜料粒子表面空隙中的空气逐渐被基料所取代，随着基料的不断加入，颜料粒子空隙不断减少，基料完全覆盖了颜料粒子表面且恰好填满全部空隙时的颜料体积浓度定义为临界颜料体积浓度，用 $CPVC$ 表示。

$CPVC$ 时涂膜性能会发生大的转折，因此可以通过测定涂膜光泽、拉伸强度、密度、遮盖力同 PVC 的关系确定 $CPVC$；另外，可以利用颜料的吸油值求算，但该值对油性体系具有参考价值，对水性体系误差较大。

100g 干颜料形成颜料糊时所需的精亚麻仁油的量称为颜料的吸油值，该值反映了颜料的润湿特性，用 $\overline{OA}$ 表示，单位为 g/100g，颜料吸油值与颜料对亚麻仁油的吸附、润湿、毛细作用以及颜料的粒度、形状、表面积、粒子堆砌方式、粒子的结构与质地等性质有关。

将 $\overline{OA}$ 转化为体积分数，可以求出：

$$CPVC=(100/\rho)/[(\overline{OA}/0.935)+(100/\rho)]=1/(1+\overline{OA}\rho/93.5) \tag{9-2}$$

式中，ρ 为颜料的密度；0.935 为亚麻仁油的密度，实际生产中，由于树脂基料的变化，本公式求算的结果仅有参考价值。

式（9-2）只能用于单一粉体体系 $CPVC$ 值的计算。涂料中使用的粉料几乎全部是混合粉体，混合颜料 PVC 的计算方法如下：

$$CPVC=\frac{1}{1+\sum[(OA_i\rho_i V_i/93.5)]} \tag{9-3}$$

式中，OA_i 为某种粉体的吸油值；ρ_i 为某种粉体的密度；V_i 为某种粉体占整个粉体的体积分数。

9.4.3 乳胶漆临界颜料体积浓度

乳胶漆是聚合物乳胶粒、颜料及助剂在水连续相中的分散体

系，其成膜机理与溶剂型涂料不同。溶剂型涂料成膜过程中颜料间的空隙自然为基料充满，乳胶漆成膜前乳胶粒子可能聚集在一起，也可能和颜料混杂排列，而且在成膜过程中发生形变，最后成膜时需要更多的乳胶粒子方能够填满颜料空隙，因此乳胶漆的临界颜料体积浓度（*CPVC*）总是远远低于溶剂型涂料的临界颜料体积浓度。

影响乳胶漆临界颜料体积浓度的主要因素有乳胶粒子和颜填料的粒径大小和分布、聚合物的玻璃化温度和成膜助剂的种类及用量。玻璃化温度的高低直接影响到成膜过程中乳胶粒的塑性形变和凝聚能力，乳胶粒子的玻璃化温度越低，越容易发生形变，使颜料堆砌得越紧密，因此玻璃化温度低的乳胶漆有较高的临界颜料体积浓度。由于粒度较小的乳胶粒子容易运动，易进入颜填料粒子之间和颜填料粒子较紧密接触，因此，较小粒度的乳胶漆具有较高临界颜料体积浓度。助成膜剂可促进乳胶粒子的塑性流动和弹性形变，能改进乳胶漆的成膜性能，它对临界颜料体积浓度值的影响比较复杂，还与乳液的玻璃化温度和粒度有关，一般存在一个最佳的助成膜剂用量，在此用量下，临界颜料体积浓度的值最大。助成膜剂的用量过多，会使乳胶粒产生早期凝聚或凝聚过快等现象，从而使聚合物的网络松散，导致临界颜料体积浓度值降低。

【例】在某个乳胶漆配方中，金红石钛白100g，重钙200g，硅灰石粉100g，沉淀硫酸钡80g。计算其*CPVC*值。

（1）各粉料的体积

金红石钛白：100÷4.2=23.8（cm^3）

重钙：200÷2.7=74（cm^3）

硅灰石粉：100÷2.75=36.4（cm^3）

硫酸钡：80÷4.47=17.9（cm^3）

计算式中的分母为相应粉体的密度。

（2）粉料的总体积（cm^3）

23.8+74+36.4+17.9=152.1（cm^3）

（3）各个粉料所占的体积分数

金红石钛白 23.8÷152.1=0.156

重钙 74÷152.1=0.486

硅灰石粉　$36.4\div152.1=0.239$

沉淀硫酸钡　$17.9\div152.1=0.117$

（4）混合粉料的 *CPVC* 值

把以上的数据代入式（9-6）。

$$CPVC=\frac{1}{1+\Sigma[(OA_i\rho_iV_i/93.5)]}$$

$$=\frac{1}{1+[(16\times4.2\times0.156)+(13\times2.7\times0.486)+(18\times2.75\times0.239)+(6\times4.47\times0.117)]/93.5}$$

$$=68.8\%$$

以上计算，对油性体系比较适用；但对水性体系，基料同亚麻油性质截然不同，乳液种类对 *CPVC* 的影响也很大，乳胶漆用吸油值计算 *CPVC* 严格来讲是毫无意义的，所以计算出的数值是一个非常粗略的值，仅能作为配方设计时的参考。因为影响 *CPVC* 值的因素太多，不管用什么方法，计算出的 *CPVC* 值都是一个参考值。

不管是生产油性漆还是水性涂料，都会涉及涂料的 *PVC* 值，而每种涂料配方肯定有一个 *CPVC* 值，但这个数值的计算很难，所以我们平时很少去注意它，然而当你了解这种涂料的 *PVC* 值和 *CPVC* 值后，就可以算出这种涂料的涂膜空隙率。

还以上述的配方为例计算。

涂料在 *CPVC* 值时所需用乳液的树脂的量：

$$152.2\div(152.1+X)=0.688$$

$$X=47.45/0.688=68.97\ (cm^3)$$

所以在这个涂料的配方中达到 *CPVC* 值需要的乳液为：

$$68.97\div0.48=143.7\ (g)$$

其中分母为乳液的固含量，假定乳液树脂密度 $1g/cm^3$。

这都是一些运算出来的估计值，但这个值对我们了解这个涂料配方中的一些基本性能有一定帮助。

所以，如果我们在做这个配方的过程中，乳液的使用超过 143.7g 以后，涂膜的密实度就很好，但低于这个值的时候，涂膜就会产生一些空隙。

例如：我们把乳液的量用到 90g 来计算涂膜的空隙率。

90g 的乳液的固体分为：

$$90\times0.48=57.6$$

涂料的 *PVC* 值为：

152.1/(152.1+57.6)=152.1/209.7=0.725=72.5%

所以涂膜的空气所占的体积为：

72.5%-68.8%=3.7%

这就是一个简单的估算涂膜空隙率的方法，因为在计算中引用的各种数据都有误差，所以只能算是一个近似值，但这个值可以帮助我们了解涂膜的大致结构。

9.4.4 涂膜性能与 PVC 的关系

PVC 对涂膜性能有很大影响，*PVC*>*CPVC* 时，颜料粒子得不到充分的润湿，在颜料与基料树脂的混合体系中存在空隙；当 *PVC*<*CPVC* 时，颜料以分离形式存在于黏结剂相中，颜料体积浓度在 *CPVC* 附近变化时，漆膜的性质将发生突变。因此，*CPVC* 是涂料性能的一项重要表征，也是进行涂料配方设计的重要依据。图 9-2～图 9-4 分别表示在 *CPVC* 处涂膜物理机械性能、渗透性能和光学性能发生的变化。

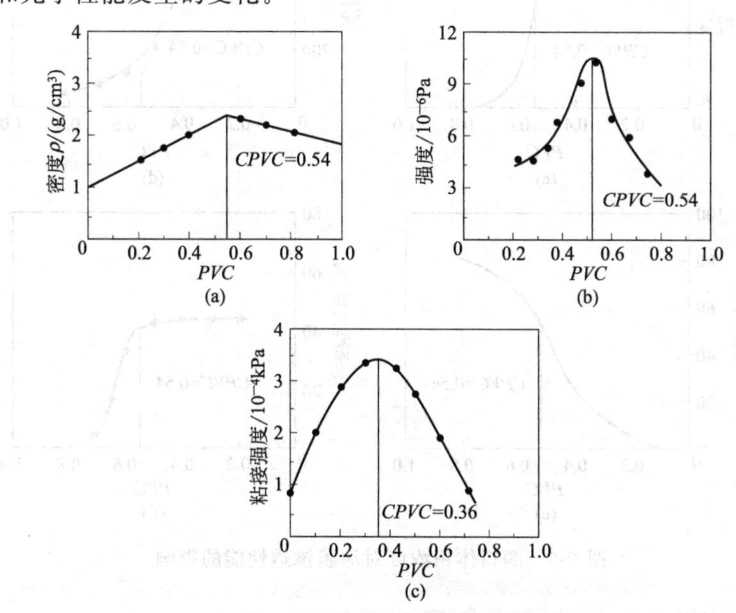

图 9-2 颜料体积浓度对涂膜物理机械性能的影响

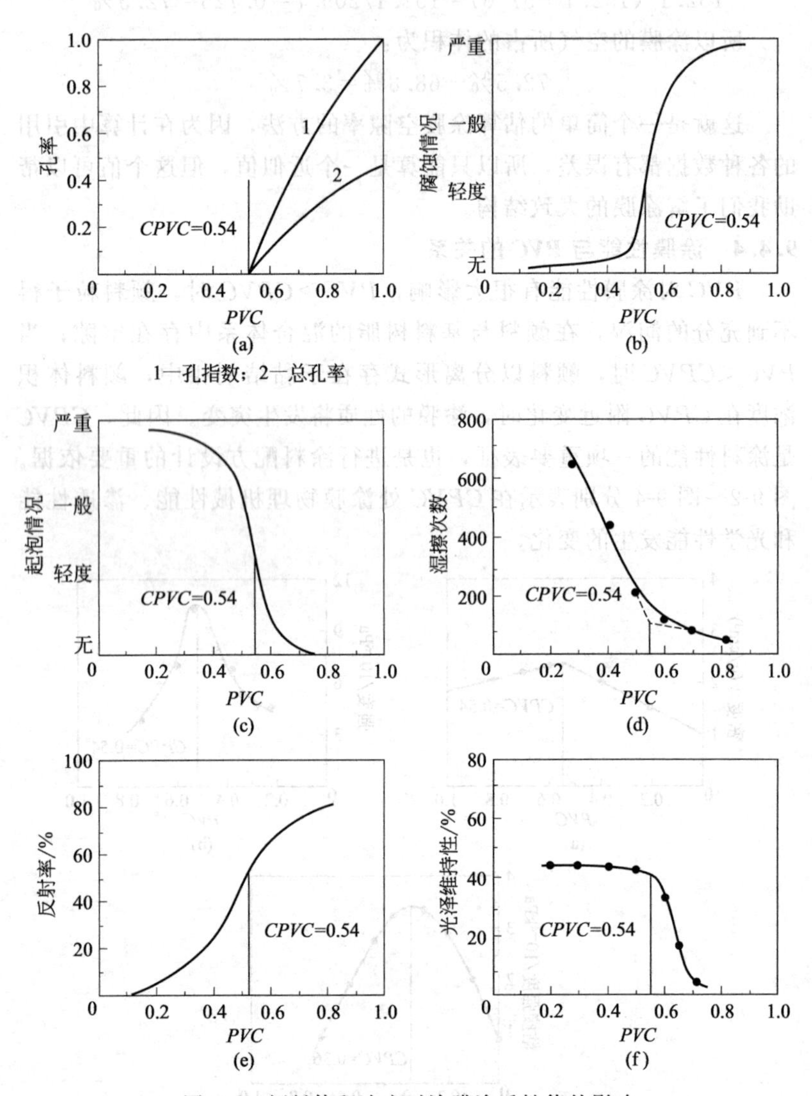

图 9-3　颜料体积浓度对涂膜渗透性能的影响

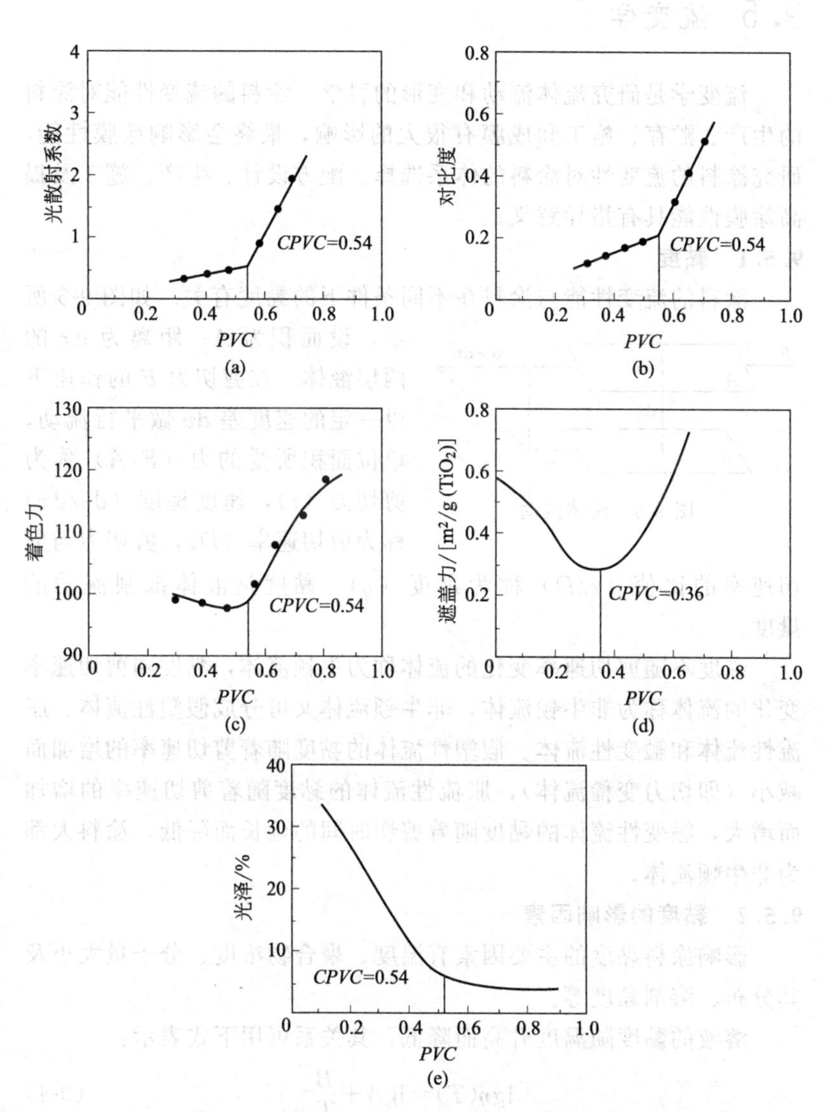

图 9-4　颜料体积浓度对涂膜光学性能的影响

9.5 流变学

流变学是研究流体流动和变形的科学。涂料的流变性能对涂料的生产、贮存、施工和成膜有很大的影响，最终会影响涂膜性能，研究涂料的流变性对涂料的体系选择、配方设计、生产、施工及提高涂膜性能具有指导意义。

9.5.1 黏度

涂料的流变性能与涂料在不同条件下的黏度有关。如图 9-5 所示，设面积为 A、距离为 dx 的两层液体，在剪切力 F 的作用下以一定的速度差 dv 做平行流动，单位面积所受的力（F/A）称为剪切力（τ），速度梯度（dv/dx）称为剪切速率（D），剪切力与剪切速率的比值（τ/D）称为黏度（η），黏度是液体抵制流动的量度。

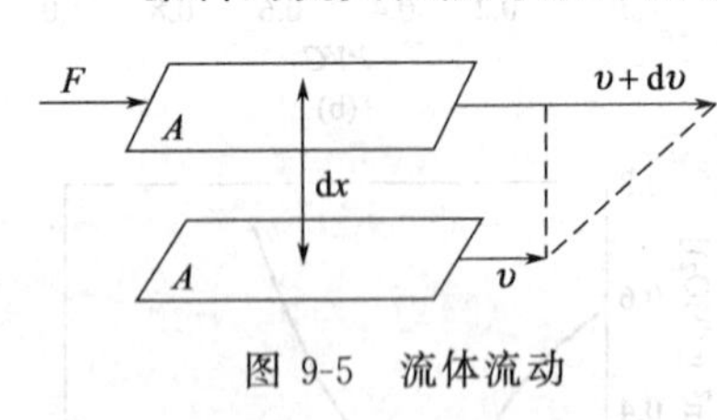

图 9-5　流体流动

黏度不随剪切速率变化的流体称为牛顿流体，黏度随剪切速率变化的流体称为非牛顿流体，非牛顿流体又可分成假塑性流体、胀流性流体和触变性流体。假塑性流体的黏度随着剪切速率的增加而减小（即切力变稀流体），胀流性流体的黏度随着剪切速率的增加而增大，触变性流体的黏度随着剪切时间的延长而降低，涂料大都为非牛顿流体。

9.5.2 黏度的影响因素

影响涂料黏度的主要因素有温度、聚合物浓度、分子量大小及其分布、溶剂黏度等。

溶液的黏度随温度升高而降低，其关系可用下式表示：

$$\lg\eta(T)=\lg A+\frac{B}{T} \tag{9-4}$$

实际应用中涂料的黏度与聚合物的浓度之间的关系可用下式表示：

$$\lg\eta_r = \frac{w}{K_a - K_b} \qquad (9\text{-}5)$$

式中，η_r 为相对黏度；w 为溶质的质量分数；K_a 和 K_b 为常数，其值可以通过作图或者计算求出，该式适用于低分子量聚合物的溶液。

对于聚合物良溶剂的稀溶液，可以用 Mark-Houwink 方程表示：

$$[\eta] = KM_w^a \qquad (9\text{-}6)$$

式中，$[\eta]$ 为特性黏度；M_w 为聚合物的平均分子量；K 和 a 为常数。

测定涂料黏度方法很多，常用的有斯托默黏度计、旋转黏度计、锥板黏度计等。

9.5.3 涂料流动方程

涂料在制备、贮存、施工和成膜阶段经受不同的剪切速率的作用。分散过程中搅拌下的剪切速率约为 $10^3 \sim 10^4 s^{-1}$，而器壁经受到的剪切速率只有 $1 \sim 10s^{-1}$，物料放出后，剪切速率可立即下降到 $10^{-3} \sim 0.5s^{-1}$的范围，颜料有可能沉降下来，在施工中，刷涂、喷涂或辊涂的剪切速率至少在 $10^3 s^{-1}$以上，甚至达到 $10^5 s^{-1}$；施工后，剪切速率立即下降到 $1s^{-1}$以下，为此涂料总被设计和配制成非牛顿流体，以满足性能要求。

以涂料生产、施工中剪切速率的对数为横坐标，黏度为纵坐标作图描述涂料的流变性能，图 9-6 表示三种涂料在不同剪切速率下的黏度变化情况。涂料 1 的配方不合理，它在施工时黏度过低，施工后黏度过高，导致流平性较差。涂料 2 表示的配方较合理，低剪切速率下该涂料的屈服值 τ_0 在 0.4～1Pa，保证涂料有较好的贮存稳定性以及施工后的流平性，不致产生过多的流挂。高剪切区，该涂料的黏度在 0.1～0.3Pa·s，从而确保涂料有较好的施工性能。涂料 3 的配方也不合理，施工时黏度过高，会产生刷涂拖带现象；施工后黏度过低，从而产生过多的流挂。

高剪切速率区，涂料的流动行为主要受基料、溶剂和颜料的影响，在低剪切速率区，涂料的流动行为主要由流变剂、颜料的絮凝

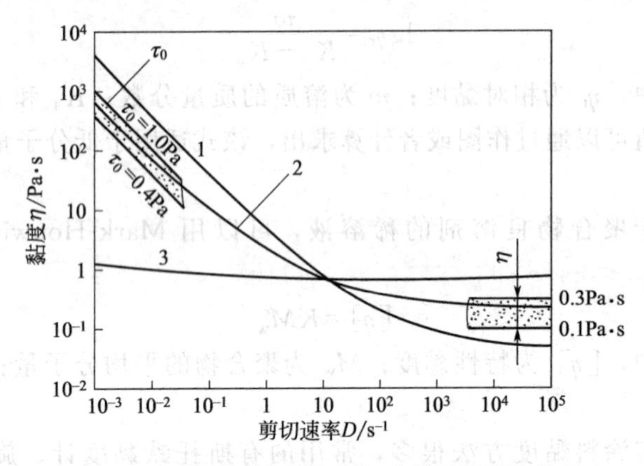

图 9-6　三种典型涂料的剪切速率与黏度的关系

性质和基料的胶体性质所决定。

当涂料施工后，不可避免地产生条痕，如果流平得很快，条痕就能够消失，流平过程的推动力是涂料的表面张力。当涂料在垂直底材表面上施工时，由于重力的作用，涂料会向下流动，过度向下流动会造成涂料的流挂。涂料具有最好的流平性和最低的流挂性是施工所希望的，但降低涂料的黏度有助于流平，却也加速流挂；增加涂层的厚度有助于流平，却又导致流挂，只有具有合理屈服值的假塑性涂料体系，才能同时满足上述要求。

9.6 乳胶涂料的配方设计

乳胶漆的组成决定其性能。

配方设计是在保证产品高质量和合理成本的原则下选择原材料，把涂料配方中各材料的性能充分发挥出来。配方设计首先要熟悉涂料体系的各种组成，明确涂料各组成部分的性能。乳胶漆性能完全依赖所用原材料的性能，以及配方设计师对各种材料的优化组合，高性能材料不一定能生产出高品质乳胶漆，使每一个组分的积极作用充分发挥出来，不浪费材料优良性能和成本，将消极的负面效应掩盖好或减少到最低，这才是配方设计的最高境界。

（1）外墙涂料　外墙乳胶漆一般多为色漆。由于其使用条件差，常年风吹、光照、雨淋，所以要求有更好的耐候性、耐水性、保光保色性与抗高温回黏性，该涂料涂膜综合性能要好。要提高涂层各方面性能，原材料选择是关键。从乳液到助剂，凡是留在涂膜中的物质，对涂膜的各项性质或大或小都有影响。

涂料各组分中，基料选择是关键，应选择耐水性好，保光保色，抗粉化乳液，至少为纯丙乳液、叔丙乳液，高端产品可选择硅丙乳液、氟丙乳液或氟碳乳液，最好具备自交联性质。在外墙高 *PVC* 配方中用日出集团的苯丙乳液 TL-615（占涂料总量的 10%）和巴德富的纯丙乳液 RS-2806（占涂料总量的10%）混合使用，在外墙低 *PVC* 配方中使用巴德富的纯丙乳液 RS-2806（占涂料总量的 40%），综合性能优异。从漆膜光泽度、透气性及耐候性等方面考虑，乳液含量一般控制在涂料总量的 20%～60%。

外墙乳胶漆配方中颜填料一般控制在涂料总量的 20%～45%。①白色颜料用金红石钛白粉，应根据色漆颜色的深浅调节钛白粉的添加量，深色漆钛白粉应少加，一般添加量控制在 5%～10%不等（白色漆一般添加 8%～20%）；不要添加锐钛型钛白粉和立德粉。②填料不要选择太细的体质颜料。粒子细，单位体积粒子的数目大，容易发生表面粉化现象，这实际上是颜料的比表面积增大，耐候性变差。③煅烧高岭土（具有良好的遮盖性能，优异的悬浮性和抗吸潮、抗冲击性）、云母粉（增强涂膜，抗污染、抗紫外线）、硅灰石粉（部分干遮盖力，硬度好，抗紫外线）可以用于外墙乳胶漆；在高性能外墙面涂乳胶漆配方中，一般不要使用轻质碳酸钙和滑石粉。

在外墙高 *PVC* 配方中使用 8%金红石钛白、10%煅烧高岭土、15%的硅灰石粉、9%的重质碳酸钙；在低 *PVC* 白色外墙漆配方中使用 17%金红石钛白、5%云母粉、5%高岭土、10%硅灰石粉（占涂料总量），各项性能优异。

在外墙乳胶漆中，不要使用 HEC 类增稠剂。用 HEC 增稠的涂料漆膜致密性不如用 HASE 类和 HEUR 类增稠的涂膜，所以漆膜的抗水性会降低。①碱活化触变型增稠剂用量低，极强抗沉降效果，提高成品漆贮存稳定性，独特的自身内部交联缔合机理使产品在静止状态（剪切率为零）时具有极高的屈服值，从而解决分水及浮色问题。②HEUR类增稠剂符合零、低VOC环保要求，具有一定触变性，可有效提高涂料在低、中剪切速率下的黏度，展色性极优，色差值（ΔE）极低，可有效解决因加入色浆后导致Stomer黏度（KU）下降的问题，特别适合在色漆中使用。③HEUR类增稠剂有出色的增稠流平效果，提供优异的开罐效果和干膜丰满度，可降低施工过程中的飞溅。④色漆中，色浆的加入能引起涂料黏度的降低，尤其是HEUR类增稠剂对色浆最为敏感，所以不能单独用HEUR类作为基础漆的增稠剂，即使在半光和高光乳胶漆中也要加入适量的HASE类增稠剂。为进一步提高性能，可以考虑将体系设计为双组分。表9-6、表9-7列出了两个外墙乳胶漆的参考配方。

表 9-6　高 *PVC* 外墙乳胶漆

材料名称	质量份	备注	供应商
水	150.0	分散介质	
Triton X-405	1.50	润湿剂	陶氏化学
KPA	4.00	分散剂	明佳科技
P-93	2.00	杀菌防腐剂	明佳科技
FG-5	1.00	抑泡剂	明佳科技
P-98	1.00	防霉剂	明佳科技
乙二醇	15.00	抗冻及抗结皮剂	
金红石钛白	80.0	R-996	四川龙蟒钛业
硅灰石粉	150.0	BA0101	广西科隆
煅烧高岭土	100.0	950目	山西晋城思科
重质碳酸钙	90.0	800目	北京国利超细粉体
高速分散20min后，调慢搅拌速度，加入下列物料：			
水	154.0	加入降低温度	
Texanol	9.00	成膜助剂	伊斯曼化学
PU337	1.59	聚氨酯缔合型增稠剂	明佳科技
TL-615	100.0	苯丙乳液	日出集团
RS-2806	100.0	纯丙乳液	巴德富实业
AMP-95	2.00	pH调节剂	安格斯公司
AMP-19	2.00	消泡剂	明佳科技
T-33	2.00	丙烯酸类增稠剂	明佳科技
MC35	2.50	丙烯酸类增稠剂	明佳科技

配方参数：

干涂膜厚度 35μm；涂料理论密度 1.41kg/L；涂刷面积 11 m²/kg；质量固体含量 56%；体积固体含量 37%；颜基比 4.3∶1；*PVC* 58%；对比率 0.95；耐擦洗次数>5000 次；耐水性 96h 无异常；耐碱性 48h 无异常；pH 值 8.8；流动性　优异；开罐效果　无分层，搅动滞后感好。

黏度及热贮存稳定测量：

	60r/min	6r/min	Stomer
隔夜测量	3200mPa·s	13500mPa·s	96KU
50℃/15d	3600mPa·s	14000mPa·s	97KU
50℃/30d	4000mPa·s	14800mPa·s	98KU

表 9-7　低 *PVC* 外墙乳胶漆

材料名称	质量份	备注	供应商
水	170.0	分散介质	
Triton X-405	1.50	润湿剂	罗门哈斯公司
KPA	3.50	分散剂	明佳科技
P-23	2.00	抗水性分散剂	明佳科技
P-93	2.00	杀菌防腐剂	明佳科技
P-98	1.00	防霉剂	明佳科技
丙二醇	15.0	抗冻及抗结皮剂	
FG-5	1.00	抑泡剂	明佳科技
金红石钛白	170.0	R-930	杜邦化学
绢云母粉	50.0	格锐牌	安徽格锐矿业
煅烧高岭土	50.0	950 目	山西晋城思科
硅灰石粉	100.0	800 目	广西科隆
高速分散 20min 后，调慢搅拌速度，加入下列物料：			
Texanol	22.0	成膜助剂	伊斯曼化学
PU-40	2.00	聚氨酯缔合型增稠剂	明佳科技
RS-2806	400.0	纯丙乳液	巴德富实业
AMP-95	2.00	pH 调节剂	安格斯公司
AMP-19	2.00	消泡剂	明佳科技
T-33	3.00	丙烯酸类增稠剂	明佳科技

配方参数：

干涂膜厚度 35μm；涂料理论密度 1.31kg/L；涂刷面积 9.20m²/kg；质量固体含量 57%；体积固体含量 43%；颜基比 1.9∶1；*PVC* 35%；对比率 0.95；耐擦洗次数＞10000 次；耐水性 96h 无异常；耐碱性 48h 无异常；pH 值 8.8；流动性　优异；开罐效果　无分层，搅动滞后感好。

黏度及热贮存稳定测量：

	60r/min	6r/min	Stomer
隔夜测量	2800mPa·s	9000mPa·s	93KU
50℃/15d	3000mPa·s	13000mPa·s	94KU
50℃/30d	3500mPa·s	13800mPa·s	95KU

(2) 内墙乳胶漆　内墙乳胶漆是乳胶漆品种里的一个大类，主要功能是装饰和保护室内壁面，使其美观、整洁。内墙涂料要求涂层质地平滑、细腻、色彩柔和，有一定的耐水、耐碱性，抗粉化性、耐擦洗性和透气性好，内墙涂料要施工方便，贮存性稳定，价格合理。根据其性能和装饰效果不同，内墙乳胶漆大致可分为：平光乳胶漆、丝光漆、高光泽乳胶漆。

不同类型的乳胶漆所用原料虽不完全相同，但生产工艺基本一致。丝光乳胶漆涂层丰满；高光乳胶漆应选用细小粒径乳液，钛白和填料选择消光能力较弱、小粒径粉料。高 *PVC* 平光乳胶漆的配方特点是填料用量大，乳液量少（8%～10%），助剂量少。

为保证乳胶漆在容器中状态好、无分水、无沉淀、贮存性稳定、好施工、涂膜遮盖力高、耐水、耐碱、耐洗刷性好，配方设计需仔细进行。

基料的选择：内用建筑涂料由于对耐老化性能的要求较低，一般选用成本较低的醋丙乳液、叔醋和苯丙乳液。需要注意的是，不同厂家、同一厂家不同牌号乳液的成膜性、耐水性、耐碱性等方面都可能存在差异。内墙高 *PVC* 涂料，粉料多，乳液少，为了提高黏结强度和增加黏结点，应选用玻璃化温度低、成膜性好、柔韧性好、乳液粒径细的乳液，并要求乳液有一定的耐水、耐碱性。乳胶漆涂层的耐洗刷性是涂膜表面硬度，光滑程度（表面摩擦系数)，涂层附着力，耐水、耐碱性等性能的综合反映。表面摩擦系数越小，耐洗刷次数越高；乳胶粒粒子数量多，黏度强度大，则漆膜耐擦；不耐水、不耐碱的涂膜，耐擦洗次数不高。在大多数的配方中，涂膜耐洗刷次数提不高，是由于涂膜耐水、耐碱性差，在擦洗过程中涂层起泡，失去与基材的附着力。由于苯丙乳液黏结颜料的能力强，耐水性、耐碱性好，价格较低，应用较多。

从漆膜光泽度及透气性方面考虑，乳液含量一般控制在涂料总量的15%～40%之间。内墙丝光涂料，叔醋乳液配制的漆膜较苯丙乳液配制的漆膜光泽度略高，但叔醋乳液价格较苯丙乳液高，且耐水、耐碱性均不如苯丙乳液。内墙平光配方中使用日出集团的苯丙乳液 TL-615（占涂料总量的18%），在内墙丝光配方中使用巴德富的苯丙乳液 RS-998A（占涂料总量的38%），综合性能优异。

涂料中的颜料主要起装饰和提供遮盖力的作用。首先颜料要满足这一要求，其次，为保证生产的顺利进行，应注意颜料的分散性。内墙涂料对耐候性要求较低，可不考虑颜填料的耐光、抗粉化性能；颜料一般选择锐钛白，添加量为涂料总量的10%～20%之间。填料中煅烧高岭土有良好的遮盖性能，优异的悬浮性和抗吸潮、抗冲击性。重质碳酸钙的白度高、流变性好。在中高档内墙乳胶漆配方中一般不推荐使用轻钙。在有光体系乳胶漆配方中，一般不添加填料（主要是大多数填料都消光），但从成本角度考虑，我们选择加入少量填充料以降低成本。实验证明，在众多廉价的填充料中，沉淀硫酸钡对光泽度的影响最小。在内墙平光配方中使用10%锐钛白、8%煅烧高岭土、22%的沉淀硫酸钡，在内墙丝光配方中使用20%锐钛白、5%沉淀硫酸钡（占涂料总量），各项性能优异。

由于建筑涂料通常涂刷于碱性较高的水泥砂浆等表面，因此对颜填料的耐碱性要求较高。

消泡剂要具有脱气能力与适当的破泡速度，同时在选择助剂时要考虑各种助剂给漆膜带来的负面影响，负面影响主要在于抗水、展色性、涂料稳定性等方面。

润湿分散剂要注意润湿分散性能及是否适合已选用的颜、填料及乳液；润湿分散剂影响制造过程中的浆料分散，从而影响成品漆的贮存、漆膜的光泽、遮盖力、白度、耐水、耐碱性和耐洗刷次数，还影响漆料的流动与流平性。表示分散性好坏的方法有黏度法、沉降体积法、沉降分析法等，利用分散性好的分散剂（如 Hydropalat 5040）分散的浆料中絮凝粒子少，初级粒子多，粒子自由运动的可能性大，漆样防沉性好，遮盖力、光泽高。

增稠剂要注意选择不同类型的产品进行搭配使用并比较增稠效果和施工性能，适当的搭配会使涂料具有良好的开罐效果并使涂膜具有较好的丰满度；增稠剂影响涂装作业、漆膜性能。增稠剂的选择原则是在增稠-保水-涂层耐水三者之间找平衡点，对高剪切黏度贡献大，中、低剪切黏度贡献小的缔合型增稠剂在控制分水方面有较好的效果。

乳胶漆生产过程中使用的其他助剂如成膜助剂、防腐防霉剂、防冻剂等，对涂料制造、贮运、施工和涂层性能也有较大影响，也应认真选择。任何助剂的添加量都要以解决问题为依据，不要过量添加，否则成本提高，性能反而有所下降。另外助剂的选择，也要考虑避免助剂之间发生相互作用，通过试验选择合适的助剂。表 9-8、表 9-9 列出了内墙平光乳胶涂料的两个典型配方。

内墙平光配方中分散剂用 CPA，增稠体系用 MC-201 与 MC-35；MC35 水相增稠能力强，流动性优异，中剪黏度出色，是 HEC 类增稠剂最佳低成本的替代产品；MC201 提供高剪切黏度，增加涂膜丰满度，改善施工抗飞溅性能。

在内墙丝光配方中使用 KPA 作分散剂，增稠体系用 T-33 和 PU-40。T33 为丙烯酸类增稠剂，奇特的内部交联特征赋予涂料优异的施工性能，其屈服值高，可防沉降、防色漆中的浮色发花；PU40 对乳液缔合能力强，极其出色的开罐效果，优异的施工性能，特别适用于乳液含量较高的体系。

表 9-8　内墙平光乳胶漆（分散剂用 CPA，增稠体系用 MC-201 与 MC-35）

材料名称	质量份	备注	供应商
水	180.0	分散介质	
Triton Co-630	1.00	润湿剂	罗门哈斯公司
CPA	4.00	分散剂	明佳科技
P-93	2.00	杀菌防腐剂	明佳科技
FG-5	1.00	抑泡剂	明佳科技
锐钛白	100.0	BA0101	衡阳玉兔牌
煅烧高岭土	100.0	950 目	山西晋城思科
重质碳酸钙	255.0	800 目	北京国利超细粉体
高速分散 20min 后，调慢搅拌速度，加入下列：			
水	140.0	加入降低温度	
乙二醇	10.0	抗冻剂	
Texanol	10.0	成膜助剂	伊士曼化学
TL-615	180.0	苯丙乳液	日出集团
20%氢氧化钠水溶液	6.00	pH 调节剂	
AMP-19	2.00	消泡剂	明佳科技
MC-201	2.00	丙烯酸类增稠剂	明佳科技
MC-35	7.00	缔合型增稠剂	明佳科技

表 9-9　内墙丝光乳胶漆

材料名称	质量份	备注	供应商
水	150.0	分散介质	
Triton Co-630	2.00	润湿剂	罗门哈斯公司
KPA	3.00	分散剂	明佳科技
P-93	2.00	杀菌防腐剂	明佳科技
FG-5	1.0	抑泡剂	明佳科技
钛白粉	200.0	BA0101	衡阳玉兔牌
重质碳酸钙	50.0	800 目	北京国利超细粉体
高速分散 20min 后，调慢搅拌速度，加入下列：			
水	150.0	加入降低温度	
AMP-19	2.00	消泡剂	明佳科技
Texanol	20.0	成膜助剂	伊士曼化学
PU-40	1.50	聚氨酯缔合型增稠剂	明佳科技
RS-998A	380.0	苯丙乳液	巴德富实业
AMP-95	2.00	pH 调节剂	安格斯公司
乙二醇	30.0	抗冻剂	
T-33	2.00	丙烯酸类增稠剂	明佳科技
MC35	3.00	丙烯酸类增稠剂	明佳科技

配方参数：

	内墙平光漆	内墙丝光漆
干涂膜厚度	35μm	35μm
涂料理论密度	1.41kg/L	1.19kg/L
涂刷面积	$11m^2/kg$	$10m^2/kg$
质量固体含量	55%	45%
体积固体含量	37%	33%
颜基比	4.6∶1	1.3∶1
PVC	60%	23%
pH 值	8.8	8.8
对比率	0.95	0.95
耐擦洗次数	＞5000 次	＞20000 次
流动性	优异	优异
开罐效果	无分层，搅动滞后感好	无分层，搅动滞后感好

黏度及热贮存稳定性测量：

	内墙平光漆	内墙丝光漆
24h 黏度	3200mPa·s(4#/60r/min/25℃)	2500mPa·s(4#/60r/min/25℃)
	13000 mPa·s(4#/6r/min/25℃)	10000mPa·s(4#/6r/min/25℃)
	94KU	88KU
50℃/15d 后黏度	3500mPa·s(4#/60r/min/25℃)	2800mPa·s(4#/60r/min/25℃)
	14500mPa·s(4#/6r/min/25℃)	10000mPa·s(4#/6r/min/25℃)
	96KU	89KU
50℃/30d 后黏度	3700mPa·s(4#/60r/min/25℃)	2900mPa·s(4#/60r/min/25℃)
	15200mPa·s(4#/6r/min/25℃)	11000mPa·s(4#/6r/min/25℃)
	97KU	89KU

(3) 高 *PVC* 工程内墙乳胶漆配方　内墙高 *PVC* 工程乳胶漆配方中颜填料量一般控制在涂料总量的 47%～52%。颜料一般选择锐钛白，添加量为涂料总量的 3%左右。煅烧高岭土有良好的遮盖性能，优异的悬浮性和抗吸潮、抗冲击性。重质碳酸钙白度高、流变性好。轻质碳酸钙白度高、不透明度好。滑石粉手感好、涂刷

性能好。实验发现：配方中使用3%锐钛白、8%煅烧高岭土、18%轻质碳酸钙和21%的重质碳酸钙（占涂料总量），干遮盖、湿遮盖和对比率均能达到国家标准。

分散剂采用聚羧酸盐分散剂，如德国明竟CPA和A18，这两种分散剂分散能力强，与适合的增稠体系搭配使用贮存稳定性优异；用CPA和A18做出的高*PVC*内墙漆在热贮存实验中（50℃烘箱内，放置时间为30天），KU黏度增长小于5%。分散剂的用量应严格控制。实验证明，分散剂用量不足，贮存黏度会急剧上升；分散剂用量过多，贮存过程会出现分水。一般分散剂用量为粉体总质量份的0.6%～0.8%。因配方中乳液含量较少，不考虑选用PU类增稠剂。可选用HEC，但不宜全用。因HEC有自身的缺点：①抗酶性差，易被细菌侵蚀降解，导致贮存过程中黏度丧失。②影响涂料生产工艺。分散时加入，会导致体系黏度过高，易产生泡沫且难以消除，同时高速分散会导致温度过高，影响分散剂和消泡剂性能；若调漆阶段加入，必须调成纤维素浆加入，这不仅增加生产及包装成本，也会使水量的合理分配受到限制。③全用HEC或HEC搭配ASE类增稠的乳胶漆高剪黏度低，施工时飞溅严重。可考虑将丙烯酸类增稠剂T30和MC35用于内墙高*PVC*乳胶漆中，T30增稠能力强、用量小、性价比高；使用MC35增稠，流动性优异，提供中高剪切黏度，改善施工抗飞溅性。在配方中分别采用1.5‰ T30和8.5‰ MC35配合，2‰ HEC和6‰ MC35配合使用（占涂量总量），低、中、高剪切黏度较均衡。48h后，黏度趋于稳定。

从漆膜的耐水、耐碱、耐湿擦性能考虑，乳液的含量一般不能低于涂料总量的10%。选用了市场上较为流行的苯丙乳液进行对比实验，包括罗门哈斯的AS-398，日出集团的TL-6、TL-1A、TL-615，巴德富的RS-998A，国民淀粉的7199，联碳的D-68M，南方树脂的SA-5027，长兴的659-1，福清高新的GL-6，广州恒合的LR-105，青州万利的GK-101、GK-103。使用巴德富的RS-998A和日出集团的TL-615（占涂料总量的10%），耐水、耐碱性达国家标准，耐湿擦次数大于500次。表9-10、表9-11列出了两

个高 *PVC* 工程内墙乳胶漆的典型配方。

表 9-10 高 *PVC* 工程内墙乳胶漆（1）

材料名称	质量份	备注	供应商
水	160.0	分散介质	
NP-10	1.00	润湿剂	科宁公司
A-18	4.00	分散剂	明佳科技
P-93	1.00	杀菌防腐剂	明佳科技
FG-5	1.00	抑泡剂	明佳科技
锐钛白	30.0	BA0101	衡阳玉兔牌
煅烧高岭土	80.0	950目	山西晋城思科
轻质碳酸钙	180.0	800目	北京国利超细粉体
重质碳酸钙	210.0	800目	北京国利超细粉体
高速分散 20min 后，调慢搅拌速度，加入下列：			
水	200.0	加入降低温度	
乙二醇	5.00	抗冻剂	
Texanol	5.00	成膜助剂	伊士曼化学
TL-615	100.0	苯丙乳液	日出集团
10%氢氧化钠水溶液	6.50	pH 调节剂	
AMP-19	1.50	消泡剂	明佳科技
T-30	1.50	碱溶胀增稠剂	明佳科技
水	5.00	稀释 T-30	
MC-35	8.50	缔合型增稠剂	明佳科技

表 9-11 高 *PVC* 工程内墙乳胶漆（2）

材料名称	质量份	备注	供应商
水	360.0	分散介质	
NP-10	1.00	润湿剂	科宁公司
CPA	3.50	分散剂	明佳科技
P-93	2.00	杀菌防腐剂	明佳科技

续表

材料名称	质量份	备注	供应商
FG-5	1.00	抑泡剂	明佳科技
锐钛白	30.0	BA0101	衡阳玉兔牌
煅烧高岭土	80.0	950 目	山西晋城思科
轻质碳酸钙	180.0	800 目	北京国利超细粉体
重质碳酸钙	210.0	800 目	北京国利超细粉体
HEC	2.00	60000 分子量	亚跨龙化学
高速分散 20min 后，调慢搅拌速度，加入下列：			
乙二醇	5.00	抗冻剂	
Texanol	5.00	成膜助剂	伊士曼化学
RS-998A	100.0	苯丙乳液	巴德富实业
10%氢氧化钠水溶液	7.00	pH 调节剂	
AMP-19	2.00	消泡剂	明佳科技
MC-35	6.00	缔合型增稠剂	明佳科技

配方参数	配方 1	配方 2
干涂膜厚度	35μm	35μm
涂料理论密度	1.46kg/L	1.45kg/L
涂刷面积	$10m^2/kg$	$10m^2/kg$
质量固体含量	56%	55%
体积固体含量	36%	36%
颜基比	8.5∶1	8.5∶1
PVC	74%	74%
pH 值	8.8	8.8
对比率	0.95	0.95
耐擦洗次数	500 次	500 次
流动性	优异	优异
开罐效果	无分层，搅动滞后感好	无分层，搅动滞后感好

黏度及热贮存稳定测量：

配方参数	配方1	配方2
24h黏度	4500mPa·s(4#/60r/min/25℃) 15000mPa·s(4#/6r/min/25℃) 103KU	4700mPa·s(4#/60r/min/25℃) 16000mPa·s(4#/6r/min/25℃) 103KU
50℃/15d后黏度	5000mPa·s(4#/60r/min/25℃) 16000mPa·s(4#/6r/min/25℃) 105KU	5200mPa·s(4#/60r/min/25℃) 16000mPa·s(4#/6r/min/25℃) 104KU
50℃/30d后黏度	5300mPa·s(4#/60r/min/25℃) 16500mPa·s(4#/6r/min/25℃) 106KU	5400mPa·s(4#/60r/min/25℃) 16800mPa·s(4#/6r/min/25℃) 105KU

9.7 水性木器漆的配方设计

传统的木器漆通常为溶剂型漆，从早期的醇酸漆、硝基漆，到目前用量最大的聚氨酯漆，都含有大量的挥发性有机溶剂，在涂料的生产和施工过程中释放出大量有害的有机化合物（VOC)。随着各国环保法规对VOC的限制及对环保的重视，溶剂型木器漆受到前所未有的挑战，水性木器漆应运而生，已成为众多科研单位及涂料生产企业追逐的热点，并将逐步占领油性漆的市场份额。水性木器漆是以水为分散介质、溶剂或稀释剂的涂料，与常用的溶剂型涂料不同，其配方体系是一个更加复杂的体系。配方设计时，不仅要关注聚合物的类型、乳液及分散体的性能，还需要合理选择各种助剂并考虑到各成分之间的相互影响进行合理匹配。有时还要针对特殊要求选用一些特殊添加剂，最终形成适用的配方，以满足对涂料性能的要求。

水性木器漆的基本组成如下：

（1）基料　聚合物乳液或分散体，决定漆膜的主要性能。

（2）成膜助剂　水挥发后，在施工温度下能使乳液或分散体的胶粒软化、变形、融合形成均匀致密的涂膜。

（3）消泡剂　抑制配漆和施工过程中产生气泡并能使已产生的气泡逸出液面并破之。

（4）流平剂　改善漆的施工性能，形成平整、光洁的涂层。

（5）润湿剂　提高漆液对颜料、底材的润湿性能，协助颜、填料的分散，改进流平性，增加漆膜对底材的附着力。

（6）分散剂　促进颜料、填料在漆液中的分散和稳定。

（7）增稠剂　增加漆液的黏度，调整流变性能，提高一次涂装的湿膜厚度，对粉料有防沉淀和防分层（发花）的作用。

（8）防腐剂　防止漆液在贮存过程中霉变。

（9）香精　使漆液具有愉快的气味。

（10）着色剂　赋予水性漆各种所需颜色。着色剂包括颜料和染料两大类，颜料用于实色漆（不显露木纹的涂装），染料用于透明色漆（显露木纹的涂装）。

（11）填料　在腻子和实色漆中，增加固体分，降低成本，协助提高性能。

（12）pH 调节剂　调整漆液的 pH 值，使漆液稳定。

（13）蜡乳液或蜡粉　提高漆膜的抗划伤性和改善其手感。

（14）特殊添加剂　针对水性漆的特殊要求添加的助剂，如防锈剂（铁罐包装防止过早生锈）、增硬剂（提高漆膜硬度）、消光剂（降低漆膜光泽）、抗划伤剂、增滑剂（改善漆膜手感）、抗粘连剂（防止涂层叠压粘连）、交联剂（制成双组分漆，提高综合性能）、憎水剂（使涂层具有荷叶效应）、耐磨剂（增加涂层的耐磨性）、紫外吸收剂（户外用漆抗老化，防止变黄）等。

此外，配方设计时往往还要添加少量的水以便制漆。

9.7.1　树脂的选择

水性木器漆用树脂主要品种有：

（1）丙烯酸酯乳液型　其中有苯丙乳液、叔丙乳液、纯丙乳液及其他改性丙烯酸酯乳液，该类基料适宜做水性腻子、底漆和亚光面漆。特点是快干，耐光、耐候性优异，但硬度一般，耐磨性、成膜性、抗回黏性、柔韧性、手感和光泽较差，消泡困难，技术含量不高；新型核-壳型聚合物乳液和无皂聚合物乳液性能有较大提高。由于丙烯酸乳液价格相对较低，目前生产量较大，应用较广，是水性漆市场的入门级产品。

（2）聚氨酯分散体　包括芳香族和脂肪族聚氨酯分散体，后者的耐黄变性优异，更适于户外漆。它们的成膜性能都较好，可自交联，光泽较高，耐磨性好，不容易产生气泡和缩孔。但硬度一般，价格较贵，适合于做亮光面漆、地板漆等。

（3）丙烯酸改性聚氨酯分散体　包括芳香族、脂肪族聚氨酯与丙烯酸酯分散体的混合物或化学接枝型杂化体，兼具了上述两类体系的优点，成本比较适中，可以自交联，亦可组成双组分体系，硬度好、干燥快，耐磨、耐化学性能好，黄变程度低或不变黄，适合于做亮光漆、亚光漆、底漆、户外漆等。

（4）水性氨酯油　属单组分，类似油性氨酯油，空气氧化干燥型，成膜时可以加入催干剂，干燥较快，光泽好，硬度好，耐磨，耐水性好，是目前市场上性价比最高的一类水性漆树脂，国内广东天银化工实业公司已经工业化生产，适合做亮光面、地板漆。

（5）水性双组分聚氨酯树脂　一个组分是带—OH 的聚氨酯或丙烯酸树脂分散液；第二个组分是水性多异氰酸固化剂，主要是脂肪族多异氰酸酯三聚体的水性化产品。此两组分混合后施工，通过交联反应成膜，可以显著提高其耐水性、硬度、丰满度、光泽度，综合性能较好，涂料不易黄变，尤为适合于户外涂装。但是该产品在施工上较为复杂，需要专业人员指导。

各种类型的树脂的性能和价格各不相同。实际生产时应根据水性木器漆的应用场合和使用要求，选择合适的树脂，以取得性能和价格间的平衡。

水性木器清面漆的配方中，基料即聚合物乳液或分散体占80%以上，最好在90%以上。由于乳液特别是水分散体的固体分较低（水分散体一般在30%～35%），配方设计时应尽量提高基料的用量，使得漆液中的有效成膜物含量尽可能多，这样才能保证制成的漆一道涂装漆膜较厚，丰满度高。

聚合物乳液一般较水分散体的固体分高。水性基料固体分提高到一定程度后黏度增加很快，以至于可以稠到不能顺利制漆的程度。水分散体因粒子小，所以这种现象更显著，通常只能做成

35%以下的浓度。因为乳液粒子比较大，同样固体分下的黏度小一些，一般能制成50%左右的固体分。配方设计时，应该考虑到这种差别，即采用水分散体制漆时，更要尽可能多地提高分散体的用量。

水性木器实色漆中有颜料和填料，乳液或水分散体的用量相应要降低，一般在70%～80%左右，而腻子中填料更多，乳液或分散体的用量可低至50%左右。

9.7.2　助剂的选择

乳胶漆中容易出现的缺陷和弊病，在水性木器漆中同样会出现，由于木器漆装饰性要求更高，通常更为严重。这就使水性木器漆中助剂的品种、用量和匹配更为重要。透明水性木器漆中常用的助剂有助溶剂、润湿流平剂、消泡剂、增滑剂、消光剂、增稠剂等。

（1）助溶剂　水性漆的最低成膜温度是指涂膜形成不开裂、连续涂膜的最低温度（*MFT*）。若低于此温度施工，水性漆中水分挥发后，树脂不能聚结形成连续、平滑的涂膜，而是呈粉末状或开裂状的不连续膜。涂膜的硬度决定于其水性树脂组成中硬单体或硬段的含量。为了满足涂膜性能的要求，如一定的柔韧性、硬度、耐沾污性及颜料润湿、分散性，树脂的玻璃化温度设计得较高，因此最低成膜温度常常高于室温。为调节涂膜物理性能和成膜性能之间的平衡，需添加使高聚物胶粒软化的成膜助剂。成膜助剂又称凝聚剂、聚结剂，它能促进乳胶粒子的塑性流动和弹性流动，改善其聚结性能，能在广泛的施工范围内成膜。成膜助剂通常为高沸点溶剂，是一类小分子化合物，会在涂膜形成后慢慢挥发掉，因而最终的涂膜不会太软和发黏。

多数成膜助剂是涂料VOC的重要组成部分，因此成膜助剂应该用得越少越好。成膜助剂的量取决于配方中乳液或水分散体的用量和玻璃化温度。乳液或水分散体用量大以及聚合物的 T_g 高，成膜助剂的用量要大，反之用量少。配方设计时，首先考虑成膜助剂大约占乳液或水分散体的3%～5%。但是，对 T_g 超过35℃的聚合物乳液，可能要提高成膜助剂的用量才能保证低温成膜的可靠性，这时应逐渐提高成膜助剂的用量，直至低温（10℃左右或更低）涂装能形成不开裂、不粉化的均匀漆膜为止，找出成膜助剂的最低用量。成膜助剂的用量达乳液或分散体的15%或更多是不可取的，应考虑更换成膜助剂再试。

成膜助剂对降低*MFT*的效率与其种类有极大的关系，获取相同用量下具有最低成膜温度的成膜助剂是配方工作者的重要工作。

除降低最低成膜温度和提高漆膜致密度外，成膜助剂还能改善施工性能，增加漆的流平性，延长开放时间，提高漆的贮存稳定性，特别是低温防冻性。

成膜助剂有一个与树脂体系的相容性问题，在一个体系中很好用的成膜助剂在另一种水性木器漆中可能造成体系不稳定，或者起泡严重，或者重涂性不良。配方设计时要充分考虑到这一点，并且通过试验选取最佳成膜助剂。试验结果表明：苯甲醇（BA）、乙二醇丁醚（EB）、丙二醇苯醚（PPH）在苯丙乳液中相容性好；PPH对纯丙乳液外的其他乳液中相容性好，但这几种成膜助剂都要缓慢滴加，否则容易造成絮凝。对于纯丙乳液，加入上述三种成膜助剂都会产生絮凝，易造成破乳。几种重要成膜助剂特性的比较见表9-12。十二碳醇酯是乳胶类聚合物的强溶剂，并且水解稳定性非常好，因而其适用范围广（可用于包括高pH值的纯丙、苯丙、醋丙、硅丙及聚醋酸乙烯等多种乳液当中），聚结性能高，且添加方式简单，不易造成破乳，在水性漆成膜后短的时间内完全挥发掉，不会影响乳胶漆配方所设计的硬度及光泽，是一种非常理想的成膜助剂（见表9-13）。

表9-12 几种重要成膜助剂特性的比较

成膜助剂	水解稳定性	水溶性/%	挥发率(BAC=1)	凝固点/℃
苯甲醇	差	3.8	0.09	−15.3
乙二醇单丁醚	好	100	0.06	−76
十二碳醇酯	好	0.2	0.002	−50

表 9-13　十二碳醇酯不同用量乳胶漆膜的耐擦洗性能

十二碳醇酯加入量(100 份乳胶漆中所占的百分比)	耐擦洗性/次
0	900
1	2100
2	2800
4	2800

除降低最低成膜温度和提高漆膜致密度外，成膜助剂还能改善施工性能，增加漆的流平性，延长开放时间，提高漆的贮存稳定性，特别是低温防冻性。

(2) 润湿流平剂　润湿流平剂可以有效地降低水性漆的表面张力，显著改善水性木器漆的施工效果。加入润湿流平剂后漆对底材的润湿性能和渗透性增加，漆液的流平性得到改善，有时还能克服缩边（镜框效应）问题。而且，流平剂能解决消泡剂过度使用引起的缩孔问题。由于润湿流平剂也属于表面活性剂，若使用过量则会抵消消泡剂的消泡作用，使得漆液在施工时产生气泡，有的还有明显的稳泡作用，所以应尽量选用流平性好、起泡性低、稳泡性小的润湿流平剂，且用量适度。润湿流平剂的种类有：阴离子型、非离子型、聚醚改性聚硅氧烷类等。其中阴离子型、非离子型表面活性剂价格较低，有机硅类价格较高，但其润湿效果、抗起泡性、抗缩孔性较好。常用的润湿流平剂品种有 NP-10、H-875、H-436、H-140、Efka ALP-7022、BYK-346、Tego-Wet270 等。

流平剂一般用量在 0.1%～1.0%，最好控制在 0.3%左右，当消泡剂超量时，为了克服缩孔，流平剂的用量甚至会超过 1%。腻子中不需用流平剂。

(3) 消泡剂　水性木器漆用树脂常含有表面活性物质，容易产生气泡。而生产过程中的高速搅拌、泵送和罐装以及施工过程中的各种操作也会促进气泡产生。由于气泡的产生，使生产操作困难，也使设备的利用率不足而影响产量，装罐时因存在气泡而需多次罐装；施工中漆膜残留下的气泡，更影响木器漆的装饰效果和使用耐久性，形成永久瑕疵。因此正确选用水性木器漆中的消泡剂十分重要。消泡剂的作用机理是通过润湿渗透到由表面活性物质所形成的气泡薄层中，在薄层中扩散造成泡沫表面张力不平衡而破泡，因此消泡剂必须与涂料体系有一定的不相容性，如果消泡剂与体系完全相容，那么，它就不能很好地渗透到薄层中去，消泡效果不会理想；反之，如果相容性太差，虽然可以达到消泡的目的，却又可能引起其他表面缺陷，如缩孔等。多数消泡剂在用量过大时会使湿漆膜产生缩孔，因而消泡剂的用量以能基本消除气泡为原则，不可过度追求消泡效果，以免出现缩孔等副作用。

常用的消泡剂有矿物油类、有机硅类、有机极性化合物类。矿物油类消泡剂在乳胶漆中已广泛使用，消泡效果不甚理想，但价格较为便宜。该类消泡剂所含矿物油在漆膜干燥时易浮至表面，导致漆膜表面发乌，高档木器漆一般不用。矿物油类消泡剂中一般均含有疏水颗粒，会影响漆膜的光泽，因此在高光漆中也一般不适用。有机硅类消泡剂的消泡效果比较好，但价格较高。在选用有机硅类消泡剂时也应考虑其是否含有疏水颗粒及与体系的混溶性，含有疏水颗粒或与体系的混溶性差，肯定会影响光泽，不能用于高光漆。选择消泡剂时，一般通过效能试验、施工试验及贮存稳定性试验来综合评价。消泡剂的效能试验主要考察消泡剂的抑泡性、消泡性、脱泡性。常用的试验方法有量筒法、高速搅拌法；施工性主要考查消泡剂对漆膜的缩孔、光泽及层间附着力的影响；贮存稳定性主要考查消泡剂经一段时间放置后的各项性能，如抑泡性、消泡性、脱泡性的变化，经过上述3项试验后可选出较适宜的消泡剂。所用树脂不同，选用的消泡剂一般不同，采用两种消泡剂配合使用，可以获得较为满意的结果。消泡剂的加入量需经过试验来确定，若加入量少，起不到消泡效果，加入量太大，则会引起漆膜产生缩孔及再涂性变差等病态。消泡剂的用量占整个配方的0.05%～0.5%，最好在0.1%左右，若用量超过0.5%，应考虑更换消泡剂。常用的产品有：BYK-028、024，Efka-26、27，Formster A系列，Tego Foamex系列等。

(4) 增滑剂　增滑剂的主要作用是改善漆膜表面的平整度，提高漆膜表面滑爽程度和漆膜抗划伤性能，提高抗回黏性，并具有良好的手感。在亚光漆中与消光粉拼合使用，能使漆膜性能更趋完善，使漆膜的消光效果，耐水、耐磨、耐污性等性能都有明显改善。常用的增滑剂有有机硅聚合物类及水乳型的聚乙烯蜡、聚丙烯蜡、聚四氟乙烯蜡等，其中水乳型的聚烯烃蜡由于粒径和粒径分布不同，其消光效果各不相同，有适用于有光漆的，也有适用于亚光漆的，要加以选择。在选用增滑剂时应注意其与体系的相容性，如果使用不当，可能会产生气泡和缩孔并影响漆膜的再涂性，造成层间附着力变差。有机硅类增滑剂加量一般为涂料总量的0.1%～1%，水乳型聚烯烃蜡加量一般为涂料总量的1%～10%。常见的增滑剂有 BYK-301、DC51、Efka-096、Ultralibe E668H、AQ-VACER513、MH600、Tego Glide系列等。

(5) 消光剂　水性木器透明面漆，按漆膜光泽的高低分为高光、半亚光、平光漆。半亚光及平光漆的漆膜光泽柔和，又保留底材的颜色和花纹，已成为消费主流。

水性木器清漆通常加入消光剂以达到消光目的，其消光机理是使涂膜表面变得不平整，造成光线的漫反射以削弱反射光强度，从而达到消光目的。也可在清漆中加入超细填料，增加颜料体积浓度，使涂膜光泽下降，但这种方法影响清漆的透明性。常见的消光剂分为有机消光剂和无机消光剂。有机消光剂主要是合成蜡，不仅可以消光，还可以增加漆膜表面光滑度，增强手感，但可能影响漆膜的再涂性，因此其添加量受到限制，消光效果有限。无机消光剂主要是气相二氧化硅（也称消光粉），其折射率与树脂的折射率相近，对涂膜的透明性有一定影响。影响气相二氧化硅消光效果的主要物理参数是粒径和孔隙率。一般来说孔隙率高的二氧化硅消光效果好，粒径分布越窄，消光效果越好。“细”颗粒会增大涂料的黏度和触变性，防沉降性较好；“粗”颗粒则会使涂膜表面过度粗糙，影响手感和装饰性。常用于木器涂料的消光粉粒径范围为3～7μm，孔隙率1.2～2.0mL/g。

每一种消光粉在不同的体系中作用效果不同，应分别考查其消光效果、分散程度、防沉性及对漆膜透明性的影响等。如在丙烯酸乳液体系中，乳液本身已具有一定的触变性，因此分散于其中的消光粉不容易沉降，应选择触变性小且易分散的消光粉，防止乳液因过度搅拌而产生絮凝，如一些水合的消光粉，其特点是易分散、触变性小，但用量较大。而聚氨酯分散体及丙烯酸聚氨酯杂化体由于触变性小，消光粉容易沉降，可选择触变稍大的消光粉。

通常在树脂中直接分散消光粉，这样可以提高涂料的固体分，提高漆膜的丰满度。通过使用分散剂可以强化分散效果，在不产生絮凝的前提下，也可以适当提高分散速度来改善分散效果；通过提高涂料的中、低剪切黏度可以防止消光粉沉降。消光粉的加量与漆膜光泽和树脂的种类有关，丙烯酸乳液容易消光，而水性聚氨酯则难以消光。其中亚光漆根据亚度要求不同消光粉可在 0～4%之间选择。水性漆比溶剂性漆容易消光，全亚水性木器漆中消光粉的用量也不会超过 4%。

常见的消光粉有 OK49、OK520、OK607、ED30、TS100、W300、W500 等。

（6）增稠剂 水性树脂的黏度比较低，例如水性聚氨酯分散体的黏度约为 30～500mPa·s。若涂料黏度太低，在贮存中消光粉容易发生沉降，形成硬沉淀，影响使用。另外在立面上施工时，还会发生流挂现象。增稠剂提供低剪切条件下的黏度。漆液黏度大，一次涂装成膜厚，漆膜丰满度高。更主要的是可防止实色漆、腻子和加有消光粉的亚光漆在贮存时发生沉淀、分水等弊病。

常见的增稠剂有纤维素、丙烯酸碱溶胀型及聚氨酯缔合型增稠剂。纤维素类增稠剂易被微生物降解、发霉，且涂料增稠后触变性太大，不利于涂膜流平，一般不予选用。丙烯酸碱溶胀型增稠剂会引起涂料发乳，影响涂膜的外观。该类增稠剂可提高涂料的中低剪切黏度，防止涂膜流挂，在亚光或平光漆中加入部分丙烯酸型碱溶胀型增稠剂，可有效防止消光粉的沉降。碱溶胀型增稠剂可能会使涂膜的耐水性下降，另外在添加时应稀释数倍，否则易产生絮凝。缔合型增稠剂可提高涂料的高剪切黏度，对涂料的触变性影响很小，有利于涂料在施工时的流动，减少刷痕。该增稠剂对涂膜的耐水性无影响，可直接添加，不会引起絮凝。但若使用过量，可能会引起涂料的分水和分层。因此，可根据实际情况复合选用丙烯酸碱溶胀型及聚氨酯缔合型增稠剂，使涂料的流挂和流平达到平衡。常用的增稠剂有 TT-935、SN69、Rheolate-430、Rheolate-450、Rheolate-278、Rheolate-288、BM-2020 等。

增稠剂的用量控制在0.5%左右，并且要用水或成膜助剂如丙二醇、丙二醇丁醚、二乙二醇乙醚或乙二醇丁醚等稀释后添加，以利于迅速分散，防止絮凝和结块。

(7) 其他助剂　配制水性木器漆时还会加入一些其他助剂。如杀菌剂可以防止涂料及涂膜发霉、腐败，应使用低毒或无毒的杀菌剂，对于异噻唑啉类防腐剂用量在0.1%已足能防止漆液在贮存过程中霉变，应注意其与树脂的匹配性，不应产生絮凝及其他不良现象。水性木器漆用作室外装饰时，紫外光可以穿透清漆涂膜，作用于木材，引起黄变，紫外光吸收剂的加入，可以减缓紫外光的破坏作用。香精的用量只要能起到改善漆液的气味作用即可，用量0.05%左右已足够，个别情况可高至0.1%，当然也可以不用。

9.7.3　颜料和填料

水性实色漆中，以白漆为例，钛白粉用量要能保证漆膜有足够的遮盖力，钛白粉的用量不应低于10%，但也不必高于22%，这种情况与溶剂型白漆是一样的。填料可少加或不加。然而，水性腻子中必须加少量填料，如滑石粉、重钙以及硬脂酸锌等，总用量在15%～30%之间均可。填料越多，腻子的透明性越差，但填隙性越好。配方中有颜填料时要加入颜填料总量2%～10%的润湿分散剂帮助颜填料分散。

总之，水性木器漆配方设计的基本原则是：①乳液或水分散体的用量尽可能多些；②助剂品种尽可能少些，能不用的就不用；③多数助剂用量不当均有副作用，因此助剂用量尽可能少；④颜料、填料用量以少为好，只要能达到目的，越少越好。水性木器漆配方中各组分大致用量汇总如表 9-14 所列。

表 9-14 水性木器漆配方中各组分的用量 单位：%（质量分数）

组 分	清漆	实色漆	水性腻子
去离子水	<10.0	≤10.0	<10
乳液或水分散体	≥80	70～80	≥50
成膜助剂	3.00～10.0	3.0～8.0	2.00～8.00
消泡抑泡剂	0.050～0.500	0.10～0.50	0.100～0.500
流平剂	0.100～1.000	0.10～1.00	0～1.000
增稠剂	0～0.500	0～0.500	0.1000～1.000
防腐剂	约 0.100	约 0.100	约 0.100
香精	0～0.100	0～0.100	0～0.100
pH 调节剂	0～0.100	0～0.100	0～0.100
蜡乳液	0～8.000	0～8.000	0
颜料、填料		≤25.0	15.0～30.0
流变助剂	0.100～1.000	0.100～1.000	

9.8 结语

水性涂料配方研究与开发是涂料科学的重要内容，但是由于涉及多门学科，研究对象复杂，目前还没有形成完善的理论，配方设计主要还是靠大量的实验优选和经验积累，因此一个成熟的配方设计师应该重视多学科理论的学习，将理论运用于实践，同时，不断积累经验，提高悟性，才能成为一名优秀的配方工作者。

第10章 建筑涂料

10.1 概述

建筑涂料是指涂装于建筑物表面，并能与建筑物表面材料很好地黏结，形成完整的涂膜，对建筑物表面起装饰作用、保护作用或特殊功能作用的材料。建筑涂料用作建筑物的装饰材料，与其他涂层材料或贴面材料相比，具有方便、经济，基本上不增加建筑物自重，施工效率高，翻新维修方便等优点。另外，涂膜色彩丰富、装饰质感好，并能提供多种功能。建筑涂料作为建筑内外墙装饰主体材料的地位已经确立。

10.2 建筑涂料的分类

目前我国建筑涂料还没有统一的分类方法，习惯上常用三种方法分类，即按组成涂料的基料的类别划分，按涂料成膜后的厚度或质地划分以及按在建筑物上的使用部位划分。

(1) 按基料的类别分类　建筑涂料可分为有机、无机和有机-无机复合涂料三大类。

有机类建筑涂料由于其使用的溶剂或分散介质不同，又分为有机溶剂型和水性有机（乳液型和水溶型）涂料两类，还可以按所用基料种类再细分。

无机类建筑涂料主要是无机高分子涂料，属于水性涂料，包括水溶性硅酸盐系（即碱金属硅酸盐系）、硅溶胶系、磷酸盐系及其他无机聚合物系。应用最多的是碱金属硅酸盐系和硅溶胶系无机涂料。

有机-无机复合建筑涂料的基料主要是水性有机树脂与水溶性

硅酸盐等配制成的混合液（物理拼混）或是在无机物表面上接枝有机聚合物制成的悬浮液。

（2）按涂膜的厚度或质地分类　建筑涂料可分为表面平整光滑的平面涂料和有特殊装饰质感的非平面类涂料。平面涂料又分为平光（无光）涂料、半光涂料等。

非平面类涂料的涂膜常常具有很独特的装饰效果，有彩砂涂料、复层涂料、多彩花纹涂料、云彩涂料、仿墙纸涂料和纤维质感涂料等。

（3）按照在建筑物上的使用部位分类　建筑涂料可以分为内墙涂料、外墙涂料、地面涂料和顶棚涂料等。

建筑涂料的主要类型列于表10-1。

表 10-1　建筑涂料的主要类型

按基料分类				按建筑物使用部位分类					按涂膜厚度、质地分类			
										非平面涂料		
				内墙装饰	外墙装饰	地面装饰	顶棚装饰	特种功能	平面涂料	砂壁涂料	多彩(色)涂料	凹凸花纹涂料
有机涂料	水性	水溶型	聚乙烯醇系	○			○	○	○			○
		乳液型	乙烯系乳液	○	○		○	○	○	○		
			醋酸乙烯系乳液	○			○		○		○	○
			纯丙烯乳液	○	○	○	○	○	○	○	○	○
			苯丙乳液	○			○	○	○	○		
			叔丙乳液	○	○		○	○	○	○		○
			叔醋乳液	○			○	○	○	○		
			环氧系乳液	○		○		○	○			
			氯偏系乳液	○	○		○	○	○	○		
	油性		酚醛系			○			○			
			酚酸系	○	○				○			
			硝酸纤维系					○	○		○	
			过氯乙烯系	○	○	○			○			
			丙烯酸树脂系	○	○			○	○			
			环氧树脂系						○			
			聚氨酸系	○	○	○			○			
			有机硅系		○				○			
			有机氟系		○				○			
			氯化橡胶系		○				○			
无机涂料	水性		碱金属硅酸盐	○	○			○	○			
			硅溶胶	○	○			○	○			○
有机-无机复合涂料	水性		碱金属硅酸盐-合成树脂乳液	○	○				○			
			硅溶胶-合成树脂乳液	○	○	○			○			○

10.3 乳胶漆

在建筑涂料中，乳胶漆是产量最大、用途最广的产品，它已形成了系列化的产品。乳胶漆也称为合成树脂乳液涂料，是有机涂料的一种，是以合成树脂乳液为基料，加入颜料、填料及各种助剂配制而成的一类水性涂料。根据成膜物质的不同，乳胶漆主要有聚醋酸乙烯基乳胶漆、纯丙基乳胶漆、苯丙基乳胶漆、叔丙基乳胶漆、醋丙基乳胶漆、叔醋基乳胶漆、硅丙基乳胶漆及氟聚合物基乳胶漆等品种；根据产品适用场合的不同，乳胶漆分为内墙乳胶漆、外墙乳胶漆、木器用乳胶漆、金属用乳胶漆及其他专用乳胶漆等；根据涂膜的光泽高低及其装饰效果又可分为无光、哑光、半光、丝光和有光等类型；按涂膜结构特征可分为热塑性乳胶漆和热固性乳胶漆，热固性乳胶漆又可以分为单组分自交联型、单组分热固型和双组分热固型三种；按基料的电荷性质，可分为阴离子型和阳离子型两类。

10.3.1 乳胶漆的特点

① 涂膜干燥快。25℃时，30min 内表面即可干燥，120min 可完全干燥，一天内可以施工 2～3 道，施工工期短。

② 保光、保色性好，漆膜坚硬，表面平整，观感舒适。

③ 施工方便。可在新施工完的湿墙面上施工，刷涂、辊涂、喷涂皆可。

④ 安全无毒，不污染环境。

⑤ 乳胶漆以水为介质，无引起火灾的危险。

⑥ 涂料流平性不如溶剂型涂料，外观不够细腻，存在大量微孔，易吸尘，一般为无光至半光。

⑦ 涂膜受环境温度影响，遇高温易回黏，易为灰尘附着而被沾污，难于清洗。

10.3.2 乳胶漆的组成

10.3.2.1 成膜物

（1）乳液　乳液是乳胶漆的主要成膜物，起固着颜、填料的作用，并黏附在墙体上形成涂膜，提供涂层最基本的物理性能及抵抗各种外界因素的破坏。乳液对涂料制备、涂膜的初始及长久性能影响较大，乳液种类不同，对粉料的润湿包覆能力不同，它还影响增稠剂、消泡剂的选择，影响涂料的浮色发花、涂料的贮存稳定、涂膜附着力、耐水性、耐碱性、耐洗刷、保光保色、抗污、抗粉化、抗泛黄性、抗起泡和抗开裂性等。研究发现：苯丙乳液具有很好的耐碱性、耐水性，光泽亦较高，但耐老化性较差，适合作室内涂料的基料；纯丙乳液是综合性能很好的品种，尤其是耐老化性突出，涂膜经久耐用；硅丙乳液是在丙烯酸酯共聚物大分子主链上引入了有机硅链段（或单元），其硅氧烷通过水解、同基材羟基（—OH）的缩合提高了涂膜的耐水性、透气性、附着力和耐老化性；氟碳或氟丙乳液属于高端乳液品种，有极低的表面能和优异的耐候性。因此，应根据对乳胶漆性能、用途及价格等综合要求进行乳液的选择。

（2）颜料　颜料主要提供遮盖力及各种色彩。颜料为颜色的呈现体，无机、有机颜料在着色能力和鲜艳度、耐化学性以及遮盖性方面存在差异，颜料本身的色牢度和耐化学性直接影响到涂膜的保色性、粉化性。乳胶漆颜料中用量最大的是钛白粉，其金红石（R）型晶格致密、稳定，不易粉化，耐候性好；锐钛（A）型晶格疏松，不稳定，耐候性差，主要用于室内用漆。为了进一步改进使用性能，近年来出现了包覆型金红石（R）型钛白粉。此外，铁红、铁黄、酞菁蓝（绿）、炭黑在乳胶漆中也可应用（一般磨成色浆使用）。

（3）填料（或称体质颜料）　填料能调节黏度、降低成本，提高漆膜硬度及改善各种物理性能。常用的品种有碳酸钙（轻质、重质）、高岭土、滑石粉、硅灰石粉、重晶石粉、沉淀硫酸钡、超细硅酸铝和云母粉等。

10.3.2.2　分散介质

乳胶漆的分散介质主要是水。乳胶漆所用水为去离子水，规模生产直接用自来水或井水是不合适的，否则在长期贮存中容易沉淀，并容易造成乳胶漆性能的变化。

10.3.2.3　助剂（添加剂）

虽然助剂在乳胶漆中用量较少，但所起作用不可忽视。助剂在乳胶漆制造、贮存及施工过程中的主要作用有：

① 满足乳胶漆制造过程中的工艺要求，如润湿、分散、消泡等；

② 保持乳胶漆在贮存中的稳定性，避免涂料的分层、沉淀、霉变等；

③ 改善乳胶漆的成膜性能，如成膜助剂；

④ 满足乳胶漆的施工性能。

乳胶漆常用的助剂有：润湿剂、分散剂、增稠剂、消泡剂、成膜助剂、pH调节剂、防腐剂、防霉剂等。

（1）成膜助剂　乳胶漆的基料是聚合物乳液，水中分散的球形聚合物颗粒经过聚集、蠕变、融合最终才能形成平整的涂膜，因此，一般成膜物质都有自己的最低成膜温度（MFT），品种不同，其最低成膜温度不等。当外界环境温度低于涂料的最低成膜温度时，涂料即会出现龟裂、粉化等现象，不能形成连续、平滑的涂膜，这个最低成膜温度与乳液的玻璃化温度（T_g）有关，一般较T_g高出几度到十几度。为了使乳胶漆能在较宽的温度范围内形成连续的、完整的涂膜，生产时需加入一定量的成膜助剂以改善涂料的成膜性，当乳液成膜后，成膜助剂会从涂膜中挥发，不影响聚合物的最终T_g和硬度等性能。常用的成膜助剂及其物性见表10-2。

表10-2　常用的成膜助剂及其物性

成膜助剂	挥发速率①	溶解度(20℃)/(g/100g)		沸点/℃	水解稳定性
		水中	成膜助剂中		
2,2,4-三甲基-戊二醇-1,3-异丁酸单酯	0.002	0.2	0.9	244～247	优
苯甲醇	0.009	3.8			优
丙二醇苯醚	0.01	1.1	2.4	243	优
丙二醇丁醚	0.093	6	13	170	优
乙二醇苯醚	0.01	2.5	10	244	优
乙二醇丁醚	0.079	∞	∞	171	优
二乙二醇丁醚	0.01	∞	∞	230	优

① 以醋酸丁酯的挥发速率（100）为基准。

2,2,4-三甲基-戊二醇-1,3-异丁酸单酯为乳胶漆中的主流成膜助剂，它能显著降低乳液的最低成膜温度，提高涂膜的光泽、耐水性及耐老化性。加入5%的该成膜助剂可使MFT下降10℃左右。由于成膜助剂对乳液有较大的凝聚性，最好在乳液加入前加入到颜、填料混合物中，这样就不会损害乳液的稳定性。

（2）润湿剂、分散剂　润湿剂的作用是降低被润湿物质的表面张力，使颜料和填料颗粒充分地被润湿而保持分散稳定。分散剂的作用使团聚在一起的颜、填料颗粒通过剪切力分散成原始粒子，并且通过静电斥力和空间位阻效应而使颜、填料颗粒长期稳定地分散在体系中而不附聚。

（3）增稠剂　乳胶漆是由水、乳液、颜填料和其他助剂组成，因用水作为分散介质，黏度通常都较低，在贮存过程中易发生分水和颜料沉降现象，而且施工过程中会产生流挂，无法形成厚度均匀的涂膜，因此必须加入一定量的增稠剂来提高涂料的黏度，以便于分散、贮存和施工。涂料的黏度与浓度没有直接关系，黏度的最有效调节方法是通过加入增稠剂。羟乙基纤维素（HEC)、缔合型聚氨酯、丙烯酸共聚物为最常用的三种增稠剂。HEC 在乳胶漆中使用最方便，低剪切和中剪切黏度大，具有一定的抗微生物侵害的能力、良好的颜料悬浮性、着色性及防流挂性，应用广泛，其主要缺点是流平性较差。缔合型增稠剂的优点是具有良好的涂刷性、流平性、抗飞溅性及耐霉变性，缺点是着色性、防流挂性和贮存抗浮水性较差，尤其是对涂料中的其他组分非常敏感，包括乳液的类型、粒径大小及表面活性剂、共溶剂，成膜助剂的种类。比较好的方法是将 HEC 和缔合型增稠剂拼起来使用，以获得平衡的增稠和流平效果。

（4）消泡剂　消泡剂的作用是降低液体的表面张力，在生产涂料时能使因搅拌和使用分散剂等表面活性物质而产生的大量气泡迅速消失，减少涂料制造与施工障碍，可以缩短制造时间，提高施工效率和施工质量。

（5）防霉、防腐剂　防霉剂的作用是防止涂料涂刷后涂膜在潮湿状态下发生霉变。防腐剂的作用是防止涂料在贮存过程中因微生物和酶的作用而变质。

（6）防冻剂　防冻剂的作用是降低水的冰点以提高涂料的抗冻性。

10.3.3　乳胶漆的配方设计

乳胶漆的组成决定乳胶漆性能。

① 基料和乳胶漆的 *PVC* 值与大部分涂料性能密切相关。乳液是乳胶漆中的黏结剂，依靠乳液将各种颜填料黏结在墙壁上，乳液的黏结强度、耐水、耐碱以及耐候性直接关系到涂膜的附着力、耐水、耐碱和耐候性能；乳液的粒径分布影响到涂膜的光泽、涂膜的临界 *PVC*（*CPVC*）值，进而影响到涂膜的渗透性、光学性能等；乳液粒子表面的极性或疏水情况影响增稠剂的选择、色漆的浮色发花等。乳胶漆的性能不仅取决于 *PVC*，更取决于 *CPVC* 值，涂膜多项性能在 *CPVC* 点产生转变，因而学会利用 *CPVC* 概念来进行配方设计与涂膜性能评价是很重要的。一般涂料 *PVC* 在 *CPVC*±5%范围内性能较好。

② 颜料种类影响到涂膜的遮盖力、着色均匀性、保色性、耐酸碱性和抗粉化性；填料涉及涂料的分散性、黏度、施工性、储运过程的沉降性、乳胶漆的调色性，同时也部分影响涂料涂膜的遮盖力、光泽、耐磨性、抗粉化以及渗透性等，因此要合理选配颜料、填料，提高涂料性能。

③ 涂料助剂对涂料性能的影响虽然不如乳液种类、颜填料种类以及 *PVC* 值大，但其对涂料制造及性能上的影响亦不可小视。增稠剂影响面比较宽，它与涂料的制造、贮存稳定、涂装施工以及涂膜性能密切相关，影响涂料的增黏、贮存脱水收缩、流平流挂、涂膜的耐湿擦等。润湿分散剂通过对颜填料的分散效果，吸附在颜填料表面对颜填料粒子表面进行改进，与涂装作业、涂膜性能相联系，它对涂料的储运、流动、调色性产生影响。颜填料分散好，涂料黏度低、流动性好，颜填料粒子聚集少，因而防沉降好、遮盖力高、光泽高。润湿分散剂吸附在颜填料粒子表面，影响粒子的运动能力，从而影响涂料的浮色发花，疏水分散剂对颜填料粒子表面进行疏水处理后，有助于涂膜耐水、耐碱、耐湿擦性能的提高，当然润湿分散剂种类还会影响涂膜的白度以及彩色漆的颜色饱和度。消泡剂涉及涂料制造过程的脱气，对涂料的贮存和涂膜性能没有多少关系。增塑剂、成膜助剂可以改性乳液，与涂膜性能有关。防冻剂改善涂料的低温贮存稳定性，防止因低温结冰、体积膨大，导致粒子聚并，漆样返粗。防腐、防霉助剂防止乳胶漆腐败和涂膜抗菌藻污染。

10.3.4 乳胶漆的生产工艺

乳胶漆制备工艺流程可用图 10-1 表示。

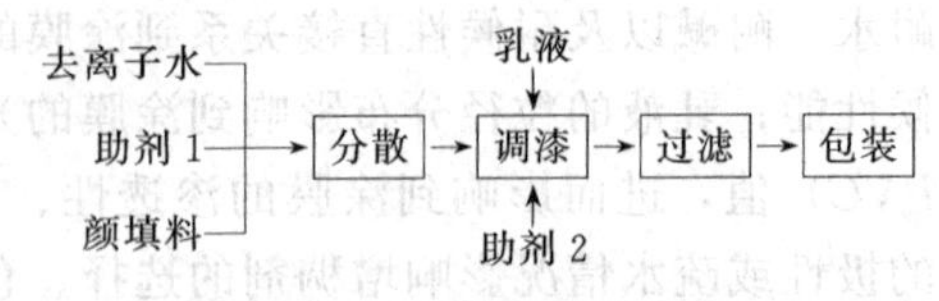

图 10-1 乳胶漆制备工艺流程

乳胶漆的生产工艺如下：

① 将去离子水及羟乙基纤维素（HEC）加入高速分散机，搅拌溶解后再加入润湿剂、分散剂、部分消泡剂，分散均匀；

② 加入颜填料［主要是钛白粉、立德粉、轻（重）钙粉、滑石粉、超细硅酸铝等，彩色颜料以制成色浆的方式最后调色时加入］、成膜助剂进行高速分散，对有光漆应进行砂磨或球磨制成白浆；

③ 在低速搅拌下，把乳液慢慢地加到白浆中，搅拌均匀即得初成品；

④ 用增稠剂、稀释液调整初品的黏度，用色浆调配出涂料的颜色，再加消泡剂等助剂，经过滤，即为乳胶漆成品。

10.3.5 乳胶漆生产工艺探讨

（1）颜填料的分散工艺 在乳胶漆生产过程中，颜填料的分散有三个过程，即润湿、分散、稳定。乳胶漆和溶剂型涂料的不同之处在于：黏结剂和颜料均为分散相，水是连续相；而溶剂型漆则只有颜料是分散相。由于水的低黏度、高的表面张力及成膜物质在成膜前为分散相，导致乳胶漆在制造过程中必须加入各种助剂。

要取得较好的分散效果，润湿剂、分散剂、部分消泡剂以及抗冻剂（乙二醇、丙二醇）应在 HEC 充分溶解之后加入，在低速搅拌下（约 300r/min）加入颜填料。粉料加入原则：先加入难分散的、量少的颜料，然后加入填料，加料完毕后再提高转速。为了提高分散效果，也可采用适当偏心分散，以消除死角，一般高速分散 20～30min，过度延长分散时间不会提高分散效果，应当避免。

经高速分散后，如果还达不到细度要求（乳胶漆一般 60μm 以下），可再经砂磨机研磨。应注意浆料的黏度不能太高。目前，在乳胶漆的生产中开始应用超细颜、填料，经过高速分散即可达到细度要求。若乳液机械稳定性好（如 BASF 296DS 型苯丙乳液），高速分散不会破乳，可以在分散、研磨过程中适当加入一些乳液，有利于润湿分散，提高质量。

（2）助剂选择　助剂用量一般很少，但正确使用各类助剂对涂料的性能会产生重大影响，影响到涂料的制备、储运、施工及涂膜各项性能。助剂也可分为常规助剂、功能助剂等。常规助剂有润湿分散剂、消泡剂、增稠剂、防腐防霉剂、抗冻剂、成膜助剂等；功能助剂用量较常规的助剂用量大，如果使用得当可以使涂料在性能上产生质的飞跃，如加入水乳型蜡，可以增强涂膜的手感，减少摩擦，在低 *PVC* 疏水乳胶漆中添加适量的水乳型蜡可生产良好的疏水效果，提高涂膜抗划伤性。

当然，助剂选择一定要正确，若选择不当，也会引起负面作用。分散剂的作用是分散与稳定，因而要求分散剂有很好的分散能力，这样才能缩短分散时间，节约能量，提高生产效率，同时也可以保护和稳定被分散好的粒子，防止聚并而返粗。但不同的润湿分散剂结构、性能差别大，有些分散剂会起表面活性剂的作用，易于起泡；不同润湿分散剂制成的乳胶漆，漆膜在白度、光泽、遮盖力、颜色的展现性等方面差异较大。

增稠剂调节乳胶漆的流变特性，使其有很好的储运、施工性能，但增稠剂可能影响颜料粒子的絮凝，进而影响涂膜的光泽，一般聚氨酯类增稠剂对光泽影响较小，而 HEC 可能降低光泽；另外，纤维素类增稠剂对水增稠快，黏度稳定，很少有罐内贮存后增稠现象，保水性好，但是保水性与涂层的耐水、耐水洗性是一对矛盾，涂料既要求有一定的保水性，保证涂料施工消泡流平，干后又要有很好的抗水性，选择助剂时应找准一个平衡点，可以考虑将几种增稠剂复合使用以产生协同效应。

消泡剂具有抑泡和消泡作用，消泡剂要高效、持久。消泡剂选择不当或其他组分搭配不当时，常出现“鱼眼”、“失光”、“色差”等毛病。评价消泡剂一定要消泡剂加入后至少需要 24h 后才能取得消泡剂性能的持久性与缩孔、缩边之间的平衡。在加入消泡剂后立即涂刷样板或测试涂料性能，往往会得出错误的结论。

消泡剂由于是一种混合物，在贮存时往往易分层，即使不分层，在使用前也要搅拌均匀。添加时最好分两次加入，即在研磨分散颜料阶段及最后成漆阶段。一般是每次各加总量的一半，可根据泡沫产生的情况进行调节。在制浆阶段最好加入抑泡效果好的消泡剂，在制漆阶段最好用破泡效果好的消泡剂。

至于其他助剂，如防冻剂、防霉防腐剂、pH 调整剂或气味调整剂、成膜助剂等比较简单，不用费心挑选。

助剂选择时，要综合考虑，使原材料的性能充分发挥出来，助剂选择不当会影响到涂膜某些性能，使涂膜性能降低，从而导致原材料性能部分被浪费，关于这一点，涂膜浸水起泡脱落，不耐擦洗方面表现尤为明显。

10.4 乳胶漆国家标准

乳胶漆国家标准见表 10-3。

表 10-3 合成树脂乳液建筑涂料技术指标

产品标准名称	GB/T 9756《合成树脂乳液内墙涂料》		GB/T 9755《合成树脂乳液外墙涂料》	
	一等品	合格品	一等品	合格品
在容器中状态	搅拌混合后无硬块，呈均匀分布状态		搅拌混合后无硬块，呈均匀分布状态	
涂装性	刷涂二道无障碍		刷涂二道无障碍	
涂膜外观	正常		正常	
干燥时间/h≤	2		2	
对比率(白色和浅色)	0.93	0.93	0.90	0.87
耐碱性	无异常	无异常	无异常	无异常
耐洗刷性/次≥	300	100	1000	500
涂料耐冻融性	不变质	不变质	不变质	不变质
耐水性(96h)			无异常	无异常
耐人工老化性/h			250	250
粉化/级			1	1
变色/级			2	2
涂层耐温变性(10 次循环)			无异常	无异常

注：内墙乳胶漆的耐碱性时间为 24h，外墙乳胶漆的耐碱性时间为 48h。

10.5 乳胶漆配方实例

(1) 经济型内墙乳胶漆(一)

原材料	质量分数/%	功能	供应商
浆料部分			
去离子水	25.0		
Disponer W-18	0.200	润湿剂	Deuchem
Disponer W-511	0.600	分散剂	Deuchem
PG	1.50	抗冻、流平剂	Dow Chemical
Defom W-090	0.150	消泡剂	Deuchem
DeuAdd MA-95	0.100	胺中和剂	Deuchem
DeuAdd MB-11	0.200	防腐剂	Deuchem
DeuAdd MB-16	0.100	防霉剂	Deuchem
250HBR(2%水溶液)	10.0	流变助剂	Hercules
BA0101 钛白粉(锐钛型)	10.0	颜料	
重质碳酸钙	16.0	填料	
轻质碳酸钙	6.00	填料	
滑石粉	8.00	填料	
高岭土	5.00	填料	
将去离子水加入分散桶,在搅拌状态下依序将其他物料加入容器,搅拌均匀,调整转速高速分散至细度合格后,再调整转速至中速状态下加入下述物料,搅拌均匀后过滤出料			
配漆部分			
Defom W-090	0.150	消泡剂	Deuchem
Texanol	0.800	成膜助剂	Eastman
AS-398A	12.0	苯丙乳液	Rohm & Haas
去离子水	2.90		
DeuRheo WT-116(50%水溶液)	1.20	流变助剂	Deuchem
DeuRheo WT-204	0.100	流变助剂	Deuchem
用 DeuAdd MA-95 调整 pH 值 8.0~9.0 左右			
总量	100.0		

配方控制数据

项目	数据
KU	92
T. I.	3.65
对比率	0.91
PVC/%	73
N. V/%	51

注:Deuchem 为德谦(上海)化学有限公司。

(2) 经济型内墙乳胶漆(二)

原材料	质量分数/%	功能	供应商
浆料部分			
去离子水	20.0		
CN528	0.600	分散剂	广东天银化工
PG	2.00	抗冻、流平剂	Dow Chemical
Defom A-10	0.150	消泡剂	Cognis
AMP-95	0.100	胺中和剂	Dow Chemical
250HBR	0.200	流变助剂	Hercules
R-595 钛白粉(锐钛型)	5.00	颜料	美礼联
重质碳酸钙	20.0	填料	焦岭建材
轻质碳酸钙	11.0	填料	
滑石粉	8.00	填料	
高岭土	6.00	填料	
将去离子水加入分散桶,在搅拌状态下依序将其他物料加入容器,搅拌均匀,调整转速高速分散至细度合格后,再调整转速至中速状态下加入下述物料,搅拌均匀后过滤出料			
配漆部分			
Defom A-10	0.150	消泡剂	Cognis
Texanol	1.30	成膜助剂	Eastman
TA-8303	13.0	叔醋乳液	广东天银化工
A-181	0.100	防腐剂	广东天辰
DeuAdd MB-16	0.100	防霉剂	Deuchem
膨润土(4%水溶液)	5.00	流变助剂	颈辉
TB-4	0.300	流变助剂	广东天银化工
去离子水	7.00		
用 AMP95 调整 pH 值 8.0~9.0 左右			
总量	100.0		

配方控制数据

项目	数据
KU	95~105
T. I.	3.65
对比率	0.90
PVC/%	73
N. V/%	56.5

(3) 中档内墙乳胶漆（一）

原材料	质量分数/%	功能	供应商
浆料部分			
去离子水	15.0		
Disponers 715W	0.300	分散剂	Tego
Disponers 740W	0.100	分散剂	Tego
PG	2.00	抗冻、流平	Dow Chemical
Foamex K3	0.150	消泡剂	Tego
DeuAdd MA-95	0.200	胺中和剂	Deuchem
锐钛型钛白粉	10.0	颜料	
金红石型钛白粉	5.00	颜料	
重质碳酸钙(600 目)	8.00	填料	
轻质碳酸钙(800 目)	7.00	填料	
滑石粉(800 目)	5.00	填料	
高岭土(800 目)	5.00	填料	
将去离子水加入分散桶，在搅拌状态下依序将其他物料加入容器，搅拌均匀，调整转速高速分散至细度合格后，再调整转速至中速状态下加入下述物料，搅拌均匀后过滤出料			
配漆部分			
Natrosol250HBR(2.5%水溶液)	5.00	流变助剂	Hercules
UCAR350A 醋丙乳液	34.0	基料	Union Carbide
Texanol	1.50	成膜助剂	Eastman
Foamex K3	0.150	消泡剂	Tego
Kathon LEX	0.100	防腐剂	Rohm and Haas
Aquflow NLS 200	0.450	流变助剂	Hercules
去离子水	2.05		
用 DeuAdd MA-95 调整 pH 值 8.0～9.0 左右			
总量	100.0		

(4) 中档内墙乳胶漆（二）

原材料	质量分数/%	功能	供应商
浆料部分			
去离子水	16.0		
CN528	0.500	分散剂	广东天银化工
H875	0.100	分散剂	Tego
PG	2.00	抗冻、流平	Dow Chemical
Foamex A10	0.150	消泡剂	Tego
AMP-95	0.200	胺中和剂	Deuchem
250HBR	0.250	流变助剂	Hercules
锐钛型钛白粉 R595	10.0	颜料	
重质碳酸钙(600 目)	18.0	填料	
滑石粉(800 目)	5.00	填料	
高岭土(800 目)	8.00	填料	
将去离子水加入分散桶，在搅拌状态下依序将其他物料加入容器，搅拌均匀，调整转速高速分散至细度合格后，再调整转速至中速状态下加入下述物料，搅拌均匀后过滤出料			
配漆部分			
TR-22 乳液	14.0	基料	广东天银化工
TA-8303 乳液	14.0	基料	广东天银化工
Texanol	1.50	成膜助剂	Eastman
Foamex K3	0.100	消泡剂	Tego
Kathon LEX	0.100	防腐剂	Rohm and Haas
TB-4	0.800	流变助剂	广东天银化工
去离子水	9.30		
用 AMP-95 调整 pH 值 8.0～9.0 左右			
总量	100.0		

(5) 高档内墙乳胶漆（一）

原材料	质量分数/%	功能	供应商
浆料部分			
去离子水	15.0		
Disponer W-18	0.200	润湿剂	Deuchem
Disponer W-511	0.600	分散剂	Deuchem
PG	2.00	抗冻、流平	Dow Chemical
Defom W-090	0.150	消泡剂	Deuchem
DeuAdd MA-95	0.200	胺中和剂	Deuchem
DeuAdd MB-11	0.100	防腐剂	Deuchem
DeuAdd MB-16	0.200	防霉剂	Deuchem
250HBR(2%水溶液)	5.00	流变助剂	Hercules
R902 钛白粉	10.0	颜料	
重质碳酸钙	10.0	填料	
滑石粉	6.00	填料	
高岭土	6.00	填料	
将去离子水加入分散桶，在搅拌状态下依序将其他物料加入容器，搅拌均匀，调整转速高速分散至细度合格后，再调整转速至中速状态下加入下述物料，搅拌均匀后过滤出料			
配漆部分			
Defom W-090	0.150	消泡剂	Deuchem
Texanol	1.20	成膜助剂	Eastman
2800	23.0	纯丙乳液	National starch & chemical
去离子水	11.5		
DeuRheo WT-116(50%水溶液)	0.400	流变助剂	Deuchem
DeuRheo WT-202(50%PG溶液)	0.200	流变助剂	Deuchem
DeuRheo WT-204	0.100	流变助剂	Deuchem
用 DeuAdd MA-95 调整 pH 值 8.0～9.0 左右			
总量	100.0		

配方控制数据

项目	数据
KU	95
T. I.	4.0
对比率	0.91
PVC/%	52.3
N. V/%	51.5

(6) 高档内墙乳胶漆(二)

原材料	质量分数/%	功能	供应商
浆料部分			
去离子水	14.0		
H-875	0.200	润湿剂	深圳海川
CN-528	0.500	分散剂	广东天银化工
PG	2.00	抗冻、流平	Dow Chemical
Defom A-10	0.200	消泡剂	Cognis
AMP-95	0.300	胺中和剂	Dow Chemical
250HBR	0.400	流变助剂	Hercules
R595 钛白粉	16.0	颜料	美礼联
重质碳酸钙	14.0	填料	
滑石粉	5.00	填料	
高岭土	6.00	填料	
将去离子水加入分散桶,在搅拌状态下依序将其他物料加入容器,搅拌均匀,调整转速高速分散至细度合格后,再调整转速至中速状态下加入下述物料,搅拌均匀后过滤出料			
配漆部分			
Defom A-10	0.100	消泡剂	Cognis
Texanol	1.00	成膜助剂	Eastman
TR-3	35.0	纯丙乳液	广东天银化工
A-181	0.100	防腐剂	广东天辰
LEX	0.200	防霉剂	Rohm and Haas
RM2020	0.500	流变助剂	Rohm and Haas
去离子水	4.50		
用 AMP-95 调整 pH 值 8.0~9.0 左右			
总量	100.0		

配方控制数据

项目	数据
KU	95~105
T. I.	4.0
对比率	0.91
PVC/%	54.0
N. V/%	51.5

(7) 内墙乳胶漆

名称	质量份	厂家
水	220	
215 防腐剂	1.50	
HEC(分子量:3万～4万)	2.00	
润湿剂 CA-02	2.00	
分散剂 WP-5040	6.00	青州贝特化工有限公司
AMP-95	2.00	安格斯公司
消泡剂 W-090	1.00	
乙二醇	20.0	
钛白粉(锐钛型)	80.0	
300# 重钙	240	
1250# 煅烧高岭土	90.0	
1250# 滑石粉	80.0	
将去离子水加入分散桶,在搅拌状态下依序将其他物料加入容器,搅拌均匀,调整转速高速分散至细度合格后,再调整转速至中速状态下加入下述物料,搅拌均匀后过滤出料		
水	123	
苯丙乳液 GK-102	100	青州贝特化工有限公司
Texanol	6.00	伊士曼公司
ATW-60	9.00	青州贝特化工有限公司
水	9.00	
ATW-2000	4.00	青州贝特化工有限公司
水	4.00	
合计	999.5	

内墙乳胶漆的乳液优选苯丙乳液。当颜基比高达7.5时，苯丙乳液仍可以耐擦洗200次以上，优于醋酸乙烯和纯丙共聚物乳液，而且苯丙乳液耐碱、干燥快、价格低。经济型内墙乳胶漆用苯丙乳液做基料，性价比最高。内墙乳胶漆可以用锐钛型钛白粉做主体颜料，为降低成本可以复合使用一些氧化锌和立德粉。若填料配伍恰当，填料也能起到增效作用，取代一部分钛白，填料最好使用两种以上，如重质碳酸钙、轻质碳酸钙价格便宜，滑石粉可以防止沉降和涂层开裂，硫酸钡有利于涂层耐磨性的提高。内墙乳胶漆的颜料体积浓度（*PVC*）值应接近而小于临界颜料体积浓度（*CPVC*）

值，使基料用料最少，又使涂层具有一定的耐洗刷性。应当注意的是，*PVC* 值通常是实验做出来的，而并非是计算出来的。

（8）经济型外墙乳胶漆（一）

原材料	质量分数/%	功能	供应商
浆料部分			
去离子水	8.00		
Disponer W-18	0.150	润湿剂	Deuchem
Disponer W-519	0.500	分散剂	Deuchem
PG	2.000	抗冻、流平剂	Dow Chemical
Defom W-094	0.150	消泡剂	Deuchem
DeuAdd MA-95	0.100	胺中和剂	Deuchem
DeuAdd MB-11	0.100	防腐剂	Deuchem
DeuAdd MB-16	0.200	防霉剂	Deuchem
R902 钛白粉	18.0	颜料	
重质碳酸钙	16.0	填料	
滑石粉	6.00	填料	
将去离子水加入分散桶，在搅拌状态下依序将其他物料加入容器，搅拌均匀，调整转速高速分散至细度合格后，再调整转速至中速状态下加入下述物料，搅拌均匀后过滤出料			
配漆部分			
Defom W-094	0.150	消泡剂	Deuchem
Texanol	2.00	成膜助剂	Eastman
2800	28.0	纯丙乳液	National starch & chemical
去离子水	17.9		
DeuRheo WT-113(50%水溶液)	0.400	流变助剂	Deuchem
DeuRheo WT-202(50%PG 溶液)	0.250	流变助剂	Deuchem
DeuRheo WT-204	0.100	流变助剂	Deuchem
用 DeuAdd MA-95 调整 pH 值 8.0～9.0 左右			
总量	100.0		

配方控制数据

项目	数据
KU	98
T.I.	2.68
对比率	0.91
PVC/%	48
N.V/%	54

(9) 经济型外墙乳胶漆 (二)

原材料	质量分数/%	功能	供应商
浆料部分			
去离子水	18.0		
TB-5	0.600	氨盐分散剂	广东天银化工
PG	2.00	抗冻、流平剂	Dow Chemical
Defom A-10	0.150	消泡剂	Cognis
AMP-95	0.100	胺中和剂	Dow Chemical
250HBR	0.300	流变助剂	Hercules
R902 钛白粉	14.0	颜料	美礼联
重质碳酸钙	20.0	填料	
高岭土	6.00	填料	
将去离子水加入分散桶,在搅拌状态下依序将其他物料加入容器,搅拌均匀,调整转速高速分散至细度合格后,再调整转速至中速状态下加入下述物料,搅拌均匀后过滤出料			
配漆部分			
Defom A-10	0.150	消泡剂	Cognis
Texanol	2.00	成膜助剂	Eastman
TR-1	15.0	纯丙乳液	广东天银化工
TA-535	13.0	叔丙乳液	广东天银化工
DeuAdd MB-11	0.100	防腐剂	Deuchem
DeuAdd MB-16	0.200	防霉剂	Deuchem
去离子水	8.00		
TB-4	0.400	流变助剂	广东天银化工
用 AMP-95 调整 pH 值 8.0～9.0 左右			
总量	100.0		

配方控制数据

项目	数据
KU	98～105
T. I.	2.68
对比率	0.91
PVC/%	48
N. V/%	54

(10) 低档外墙乳胶漆 (一)

原材料	质量份	功能	供应商
浆料部分			
去离子水	254.0		
PG	13.0	助溶剂	
AMP-95	0.300	胺中和剂	
SN5040	4.20	润湿分散剂	Nopco
681F	1.80	消泡剂	Nopco
杀菌剂 LXE	1.50		Nopco
R706 钛白粉	153.4		Du Pont
沉淀硫酸钡	134.3		
重质碳酸钙	120.0		
将去离子水加入分散桶,在搅拌状态下依序将其他物料加入容器,搅拌均匀,调整转速高速分散至细度合格后,再调整转速至中速状态下加入下述物料,搅拌均匀后过滤出料			
配漆部分			
G620 硅丙乳液	262.0	硅丙乳液	旭化成
Texanol	24.10	成膜助剂	Eastman
乙二醇/水(1∶1)	24.1	成膜助剂	
R-430 增稠剂/水(1∶1)	7.50	流变助剂	旭化成
用 AMP-95 调整 pH 值 8.0～9.0 左右			

性能数据

项目	数据
光泽(60°)	<5
耐洗刷次数	>10000
耐水性/96h	无变化
PVC/%	50
氙灯老化实验(1500h),ΔE	2.0
耐污染性(白度下降)	3.4

(11) 低档外墙乳胶漆 (二)

原材料	质量份	功能	供应商
浆料部分			
去离子水	20.0		
PG	2.00	助溶剂	Dow Chemical
AMP-95	0.300	胺中和剂	Dow Chemical
TB-5	0.700	氨盐分散剂	广东天银化工
681F	0.200	消泡剂	Nopco
R706 钛白粉	15.0		Du Pont
沉淀硫酸钡	14.0		
重质碳酸钙	12.0		
将去离子水加入分散桶,在搅拌状态下依序将其他物料加入容器,搅拌均匀,调整转速高速分散至细度合格后,再调整转速至中速状态下加入下述物料,搅拌均匀后过滤出料			
配漆部分			
TA-535 硅丙乳液	26.0	硅丙乳液	
杀菌剂 LXE	0.200		Nopco
Texanol	2.00	成膜助剂	Eastman
681F	0.100	消泡剂	Nopco
TB-4	0.500	流变助剂	广东天银化工
CP115 增稠剂	0.500	流变助剂	Dow Chemical
水	6.50		
用 AMP-95 调整 pH 值 8.0～9.0 左右			

(12) 中档外墙乳胶漆（一）

原材料	质量份	功能	供应商
浆料部分			
去离子水	222.0		
PG	13.0	助溶剂	Dow Chemical
AMP-95	0.300	胺中和剂	
SN5040	3.60	润湿分散剂	Nopco
681F	1.80	消泡剂	Nopco
杀菌剂 LXE	1.50		Nopco
R706 钛白粉	201.3		Du Pont
沉淀硫酸钡	182.1		
将去离子水加入分散桶,在搅拌状态下依序将其他物料加入容器,搅拌均匀,调整转速高速分散至细度合格后,再调整转速至中速状态下加入下述物料,搅拌均匀后过滤出料			
配漆部分			
G620 硅丙乳液	309.6	硅丙乳液	旭化成
Texanol	24.5	成膜助剂	Eastman
乙二醇/水(1：1)	24.5	成膜助剂	
R-430 增稠剂/水(1：1)	6.50	流变助剂	旭化成
用 AMP-95 调整 pH 值 8.0～9.0 左右			

性能数据

项目	数据
光泽(60°)	≤10
耐洗刷次数	＞10000
耐水性/96h	无变化
PVC/%	40
氙灯老化实验(1500h),ΔE	0.5
耐污染性(白度下降)	3.5

（13）中档外墙乳胶漆（二）

原材料	质量份	功能	供应商
浆料部分			
去离子水	20.0		
PG	2.00	助溶剂	Dow Chemical
AMP-95	0.300	胺中和剂	Dow Chemical
TB-5	0.600	氨盐分散剂	广东天银化工
681F	0.200	消泡剂	Nopco
R706 钛白粉	20.0		Du Pont
沉淀硫酸钡	18.0		
将去离子水加入分散桶，在搅拌状态下依序将其他物料加入容器，搅拌均匀，调整转速高速分散至细度合格后，再调整转速至中速状态下加入下述物料，搅拌均匀后过滤出料			
配漆部分			
TA535 硅丙乳液	32.0	硅丙乳液	广东天银化工
Texanol	3.00	成膜助剂	Eastman
LXE	0.200	杀菌剂	Nopco
CP115 增稠剂	0.500	流变助剂	Dow Chemical
TB-4	0.500		广东天银化工
去离子水	2.70		
用 AMP-95 调整 pH 值 8.0～9.0 左右			

性能数据

项目	数据
光泽(60°)	<10
耐洗刷次数	>3000
耐水性/96h	无变化
PVC/%	40
氙灯老化实验(1500h)，ΔE	0.5
耐污染性(白度下降)	3.5

（14）高档外墙乳胶漆（一）

原材料	质量分数/%	功能	供应商
浆料部分			
去离子水	8.00		
Disponer W-19	0.150	润湿剂	Deuchem
Disponer W-519	0.500	分散剂	Deuchem
PG	2.50	助溶剂	Dow Chemical
Defom W-094	0.150	消泡剂	Deuchem
DeuAdd MA-95	0.100	胺中和剂	Deuchem
DeuAdd MB-11	0.100	防腐剂	Deuchem
DeuAdd MB-16	0.200	防霉剂	Deuchem
R902 钛白粉	20.0	颜料	
重质碳酸钙	16.0	填料	
滑石粉	6.00	填料	
将去离子水加入分散桶，在搅拌状态下依序将其他物料加入容器，搅拌均匀，调整转速高速分散至细度合格后，再调整转速至中速状态下加入下述物料，搅拌均匀后过滤出料			
配漆部分			
Defom W-094	0.150	消泡剂	Deuchem
Texanol	2.50	成膜助剂	Eastman
AC-261	35.0	纯丙乳液	Rohm & Haas
水	7.85		
DeuRheo WT-113(50%水溶液)	0.200	流变助剂	Deuchem
DeuRheo WT-202(50%PG 溶液)	0.400	流变助剂	Deuchem
DeuRheo WT-204	0.200	流变助剂	Deuchem
用 DeuAdd MA-95 调整 pH 值 8.0～9.0 左右			
总量	100.0		

配方控制数据

项目	数据
KU	98
T. I.	3.0
对比率	0.93
PVC/%	43.5
N. V/%	59.8

(15) 高档外墙乳胶漆(二)

原材料	质量份	功能	供应商
浆料部分			
去离子水	15.0		
PG	2.00	抗冻	Dow Chemical
AMP-95	0.200	胺中和剂	Dow Chemical
TB-5	0.600	润湿分散剂	广东天银化工
A-10	0.200	消泡剂	Conig
250HBR	0.400		
R706 钛白粉	20.0		Du Pont
沉淀硫酸钡	11.0		
将去离子水加入分散桶,在搅拌状态下依序将其他物料加入容器,搅拌均匀,调整转速高速分散至细度合格后,再调整转速至中速状态下加入下述物料,搅拌均匀后过滤出料			
配漆部分			
TR-3 乳液	25.0	纯丙乳液	广东天银化工
M715 硅丙乳液	20.0	硅丙乳液	广东天银化工
Texanol	2.00	成膜助剂	Eastman
杀菌剂 LXE	0.100		Nopco
乙二醇	2.00	成膜助剂	
CP115 增稠剂	0.300	流变助剂	Dow Chemical
TB-4	0.200		广东天银化工
水	1.00		
用 AMP-95 调整 pH 值 8.0～9.0 左右			

性能数据

项目	数据
光泽(60°)	20～30
耐洗刷次数	>8000
耐水性/96h	无变化
PVC/%	30
氙灯老化实验(1500h),ΔE	0.4
耐污染性(白度下降)	4.1

(16) 高档外墙乳胶漆（三）

原材料	质量份	功能	供应商
浆料部分			
去离子水	152.0		
PG	10.0	助溶剂	Dow Chemical
AMP-95	0.300	胺中和剂	
SN5027	4.80	润湿分散剂	Nopco
SN1310	1.60	消泡剂	Nopco
杀菌剂 LXE	1.50		Nopco
R706 钛白粉	210.2		Du Pont
沉淀硫酸钡	107.0		
将去离子水加入分散桶，在搅拌状态下依序将其他物料加入容器，搅拌均匀，调整转速高速分散至细度合格后，再调整转速至中速状态下加入下述物料，搅拌均匀后过滤出料			
配漆部分			
G620 硅丙乳液	427.4	硅丙乳液	旭化成
Texanol	39.3	成膜助剂	Eastman
乙二醇/水(1∶1)	39.3	成膜助剂	
UH450 增稠剂/水(1∶1)	3.50	流变助剂	旭化成
用 AMP-95 调整 pH 值 8.0～9.0 左右			

性能数据

项目	数据
光泽(60°)	20～30
耐洗刷次数	>10000
耐水性/96h	无变化
PVC/%	30
氙灯老化实验(1500h)，ΔE	0.4
耐污染性(白度下降)	4.1

(17) 弹性外墙乳胶漆（一）

原材料	质量分数/%	功能	供应商
浆料部分			
去离子水	10.0		
Dispers 715W	0.250	分散剂	Tego
Dispers 740W	0.100	分散剂	Tego
EG	2.50	抗冻、流平	Dow Chemical
Foamex 8020	0.150	消泡剂	Tego
DeuAdd MA-95	0.200	胺中和剂	Deuchem
金红石型钛白粉	17.0	颜料	
沉淀硫酸钡	5.00	填料	
将去离子水加入分散桶,在搅拌状态下依序将其他物料加入容器,搅拌均匀,调整转速高速分散至细度合格后,再调整转速至中速状态下加入下述物料,搅拌均匀后过滤出料			
配漆部分			
Natrosol250HBR(2.5%水溶液)	4.00	流变助剂	Hercules
2438 乳液	34.00	基料	Rohm & Haas
Texanol	1.50	成膜助剂	Eastman
Foamex 8030	0.150	消泡剂	Tego
Kathon LEX	0.100	防腐剂	Rohm & Haas
Aquflow NLS 200	0.150	流变助剂	Hercules
Aquflow NLS 300	0.950	流变助剂	Hercules
去离子水	2.95		
用 DeuAdd MA-95 调整 pH 值 8.0~9.0 左右			
总量		100.0	

(18) 弹性外墙乳胶漆(二)

原材料	质量分数/%	说明
水	15.50	
丙二醇	2.50	
防腐剂 SPX	0.200	英国索尔
Dispers 740W	0.100	Tego 润湿分散剂
Dispers 715W	0.250	Tego 润湿分散剂
Faomex 8030	0.150	Tego 消泡剂
金红石型钛白粉(R-575)	17.00	美礼联
滑石粉(1250 目)	5.00	江苏苏山头
高速分散、砂磨、过滤,细度<50μm		
Texanol(成膜助剂)	2.20	美国伊士曼
Foamex 8030	0.150	Tego 消泡剂
SR-C61(纯丙乳液)	28.00	东营圣光
SR-C38(弹性乳液)	28.00	东营圣光
WT-113	0.10~0.200	Denchem
DSX-2000	0.100~0.150	Cognis
SN-620	0.100~0.150	Cognis
Amp-95	0.050~0.100	pH 调节剂
合计	100.0	

（19）外墙乳胶漆

名称	质量份	厂家
水	90.0	
215 防腐剂	1.50	
润湿剂 W-18	2.00	
分散剂 WP-5040	8.00	青州贝特化工有限公司
AMP-95	2.00	安格斯公司
消泡剂 W-090	1.00	
丙二醇	20.0	
Texanol	15.0	伊士曼公司
钛白粉 902	230	杜邦公司
800#重钙	130	
1250#水洗高岭土	40.0	
沉淀硫酸钡	30.0	
超细硅酸铝	20.0	
	分散研磨至细度	
消泡剂 W-090	0.800	
水	80.0	
苯丙乳液 GK-996	300	青州贝特化工有限公司
ATW-60	4.00	青州贝特化工有限公司
水	4.00	
M103(增稠流平剂)	3.00	
防霉剂 OTW	2.00	
合计	983.3	

（20）水珠效果乳胶漆

原材料	质量分数%	说　明
水	22.17	
AMP-95	0.100	
Faomex K3	0.200	Tego 消泡剂
Wet 505	0.030	Tego 基材润湿剂
防霉剂	0.200	
Texanol(成膜助剂)	1.00	美国伊士曼
	混合后添加：	
Kronos 2300	20.0	钛白粉
Sibelite M3000	32.0	石英粉
	用玻璃珠分散，然后添加：	
Acronal 296D 乳液	5.00	BASF
NATROSOL PLUS 430	0.150～0.200	HERCULES 羟乙基纤维素
	用玻璃珠分散，然后添加：	
Phobe 1000	0.90	Tego 疏水剂
Acronal 296D 乳液	10.0	BASF
Faomex K3	0.10	Tego 消泡剂
	低速分散均匀	
合计	100.0	

（21）有机硅外墙涂料

原料	质量分数/%	说　明
水	12.00	
丙二醇	2.50	
Dispers 740W	0.30	Tego 分散剂
Dispers 715W	0.15	Tego 分散剂
R215 TiO_2	10.0	
重钙(600 目)	8.00	
滑石粉(800 目)	7.00	
高岭土(800 目)	5.00	
Foamex K3	0.15	Tego 消泡剂
Natrosol 250MHBR 2.5% 液	4.60	美商公利洋行
高速分散、砂磨，细度$<50\mu m$，然后缓慢加入：		
Phobe1000	5.00	Tego 疏水剂
丙烯酸乳液	35.0	固体含量 47%
Texanol	2.00	Eastman 成膜助剂
Foamex 8030	0.150	Tego 消泡剂
Aquaflow NLS 200	0.400	美国亚夸龙公司(低剪切增稠)
Aquaflow NHS 300	0.500	美国亚夸龙公司(高剪切增稠)
防腐剂	0.100	Rohm & Haas
水	7.15	
低速分散		
合计	100.0	

数据统计

名称	相对密度	添加量	体积	颜料及树脂总体积	
高岭土	2.57	5	1.9455		
滑石粉	2.65	7	2.6415	9.7949	28.5949
重钙	2.83	8	2.8269		
TiO_2	4.20	10	2.3810		
乳液	1.00	40	18.80	18.80	
$PVC=9.7949/28.5949=34.25\%$					
Natrosol 250HBR 2.5%溶液研磨前加配方的 1/2，最好在加入丙二醇后添加，剩余 1/2 在调漆时加入。Foamex 8030 最好在调漆后期加入，搅拌均匀即可					

外墙乳胶漆的颜基比一般控制在 2.0～3.0 之间，所对应的颜料体积浓度约为 35%～45%，此时，所形成的涂层的耐候性较好，但是颜基比也不应太低，否则，将影响涂层的透气性，阻碍潮气从基材中逸出，造成涂层鼓泡等病态。外墙乳胶漆用乳液应选择耐老化、耐水性好的乳液，为提高耐沾污性，乳液的玻璃化温度应高于

室温，自交联型乳液、核壳结构乳液、氟碳乳液、硅丙乳液是优秀的乳液产品，而苯丙乳液、醋丙乳液、叔醋乳液的户外性能较差，一般不应采用。所用颜填料也应注意其耐候性，钛白要选金红石（R）型，填料同内墙漆基本相同。

（22）弹性拉毛乳胶漆

原材料	质量分数/%	功能	供应商
浆料部分			
去离子水	9.50		
Disponer W-19	0.200	润湿剂	Deuchem
Disponer W-519	0.800	分散剂	Deuchem
PG	1.50	抗冻、流平剂	Dow Chemical
Defom W-094	0.300	消泡剂	Deuchem
DeuAdd MA-95	0.200	胺中和剂	Deuchem
DeuAdd MB-11	0.100	防腐剂	Deuchem
DeuAdd MB-16	0.200	防霉剂	Deuchem
R902 钛白粉	12.0	颜料	
重质碳酸钙	16.0	填料	
滑石粉	6.00	填料	
云母粉	10.0	填料	
在搅拌状态下依序将上述物料加入容器搅拌均匀后，调整转速高速分散至细度合格后，再调整转速至合适状态下加入下述物料，搅拌均匀后过滤出料			
配漆部分			
Defom W-052	0.400	消泡剂	Deuchem
Texanol	1.50	成膜助剂	Eastman
2438	30.0	弹性乳液	Rohm & Haas
AC-261	10.0	纯丙乳液	Rohm & Haas
DeuRheo WT-113(50%水溶液)	0.500	流变助剂	Deuchem
DeuRheo WT-207(50%PG溶液)	0.800	流变助剂	Deuchem
用 DeuAdd MA-95 调整 pH 值 8.0～9.0 左右			
总量	100.0		

配方控制数据

项目	数据
KU	130
T. I.	7.0
PVC/%	48
N. V/%	54

弹性乳胶漆是指能够形成弹性漆膜的乳胶漆，漆膜的弹性即其柔

韧性、高的伸长率和回弹性。弹性乳胶漆用乳液的玻璃化温度至少应低于−10℃，抗拉强度要高，回弹性要好，而且要有一定的耐沾污性。

（23）水性真石漆

原材料	质量分数/%	功能	供应商
AD-15	16.0	无皂纯丙乳液	National starch & chemical
去离子水	15.0		
Defom W-094	0.300	消泡剂	Deuchem
DeuAdd MB-11	0.100	防腐剂	Deuchem
DeuAdd MB-16	0.200	防霉剂	Deuchem
DeuAdd MA-95	0.200	胺中和剂	Deuchem
Texanol	1.60	成膜助剂	Eastman
DeuRheo WT-113(50%水溶液)	1.00	流变助剂	Deuchem
DeuRheo WT-207(50%PG溶液)	0.400	流变助剂	Deuchem
彩砂	65.2(不同目数)		
在搅拌状态下依序将上述物料加入容器，搅拌均匀。然后加入不同目数彩砂搅拌均匀后过滤出料			
总量	100.0		

（24）真石漆（一）

名称	质量份	厂家
GK-1101	160	青州贝特化工有限公司
消泡剂 W-090	1.00	
水	115	
氨水	1.50	
ATW-60	5.00	青州贝特化工有限公司
水	5.00	
120# 石英砂	475	
80# 石英砂	160	
40# 石英砂	80.0	
合计	1002.5	

（25）真石漆（二）

原材料	质量分数/%	说　明
水	4.25	
Faomex K3	0.050	Tego 消泡剂
B-50(防腐剂)	0.200	法国普来济文
Texanol(成膜助剂)	0.600	美国伊士曼
SR-D02(真石漆乳液)	20.0	山东圣光
彩砂(80～120 目)	31.0	河北灵县
彩砂(40～80 目)	35.0	河北灵县
彩砂(20～40 目)	4.00	河北灵县
Rheolate 212(10%水溶液)	3.00	Elementis 增稠剂
水	2.00	
合计	100.0	

真石漆是一种仿天然石材的涂料。涂料由乳液、不同粒度的石英砂骨料和助剂组成。涂层硬度很高，耐候性好，具有天然花岗石、大理石的逼真形态，装饰性强。砂粒尺度在 20～180 目之间，选 3 种不同粒度的砂粒复合使用，效果更好。

(26) 丝光涂料

原材料	质量份	功能	供应商
去离子水	245.5		
ER-30M	3.00	羟乙基纤维素	Dow Chemical
DP-518	4.00	分散剂	Deuchem
DeuAdd MB-11	2.00	防腐剂	Deuchem
Defoamer 091	3.00	消泡剂	Deuchem
TR-92	200	钛白粉	
Omyacarb® 2(2μm)	80.0	碳酸钙	
在搅拌状态下依序将上述物料加入容器搅拌均匀后，调整转速高速分散至细度合格后，再调整转速至合适状态下加入下述物料，搅拌均匀后过滤出料			
200# 溶剂汽油	10.0		Deuchem
乙二醇丁醚	15.0		Deuchem
Defoamer 091	2.00		Deuchem
Acronal 296 D S	417	乳液	BASF
WT-105A 与丙二醇 1∶1 预混合后加入	2.00		Deuchem
455	2.00	流平剂	Deuchem
AMP-95	适量	中和剂	Deuchem
用 DeuAdd MA-95 调整 pH 值 8.0～9.0 左右			

配方控制数据

项目	数据
KU	104
固含量/%	48
PVC/%	30
光泽(60°)/%	23
对比度/%	97

(27) 透明封闭底漆

原材料	质量份	功能	供应商
去离子水	60.0		
250HBR(2%水溶液)	15.0	流变助剂	Hercules
DeuAdd MA-95	0.200	胺中和剂	Deuchem
PG	2.00	抗冻、流平剂	
Defom W-094	0.100	消泡剂	Deuchem
Texanol	0.100	成膜助剂	Eastman
DeuAdd MB-11	0.050	防腐剂	Deuchem
DeuAdd MB-16	0.100	防霉剂	Deuchem
Acronal296DS	30.0	苯丙乳液	国民淀粉化学(广东)有限公司
在搅拌状态下依序将上述物料加入容器,搅拌均匀,过滤出料			

配方控制数据

项目	数据
黏度(涂-4#杯)/s	30
固含量/%	12.5
PVC/%	30
pH 值	8.8

透明封闭底漆应具有较低的黏度和极强的渗透力，因此乳液粒径要细，另外要有很好的耐水性和耐碱性。

(28) 外墙抗碱封闭底漆

名称	质量分数/%	厂家
水	15.0	
NB203 防腐剂	0.400	广东天辰
防霉剂 A-181	0.100	广东天辰
H-140	0.300	深圳海川
AMP-95	0.200	安格斯公司
消泡剂 A-10	0.100	Cognis
丙二醇	2.00	
Texanol	1.20	伊士曼公司
TA1102 抗碱乳液	35.0	广东天银化工
TR-1 弹性乳液	45.0	广东天银化工
CP115(增稠流平剂)	0.700	陶氏化学
合计	100.0	

性能数据

项目	数据
斯托默黏度/KU	70～80
固含量/%	40～45
pH	8～9

(29) 遮盖型封闭底漆

原材料	质量分数/%	功能	供应商
浆料部分			
去离子水	7.00		
Disponer W-18	0.500	润湿剂	Deuchem
250HBR(2%水溶液)	20.0	流变助剂	Hercules
Disponer W-519	0.500	分散剂	Deuchem
PG	2.00	抗冻、流平剂	Dow Chemical
Defom W-094	0.100	消泡剂	Deuchem
DeuAdd MA-95	0.100	胺中和剂	Deuchem
DeuAdd MB-11	0.100	防腐剂	Deuchem
DeuAdd MB-16	0.200	防霉剂	Deuchem
立德粉	10.6	颜料	
重质碳酸钙	21.5	填料	
滑石粉	15.0	填料	
在搅拌状态下依序将上述物料加入容器搅拌均匀后，调整转速高速分散至细度合格后，再调整转速至合适状态下加入下述物料，搅拌均匀后过滤出料			
配漆部分			
Defom W-094	0.100	消泡剂	Deuchem
Texanol	0.600	成膜助剂	Eastman
Acronal296DS	10.0	苯丙乳液	国民淀粉化学(广东)有限公司
去离子水	7.00		
DeuRheo WT-113(50%水溶液)	0.400	流变助剂	Deuchem
DeuRheo WT-202(50%PG溶液)	0.250	流变助剂	Deuchem
DeuRheo WT-204	0.100	流变助剂	Deuchem
用 DeuAdd MA-95 调整 pH 值 8.0～9.0 左右			
总量	100.0		

(30) 混凝土地板涂料

序号	物料	质量份	供应商
1	ALBERDINGK® AC2510	33.0	欧宝迪树脂
2	Drewplus T-4202	0.700	亚什兰化学
3	DisperBYK190	0.300	毕克化学
4	Surfynol 104 DPM	0.200	气体化学
5	Mica N 滑石粉	16.50	Luzenac
6	Kronos2190 钛白	5.00	康偌斯
7	Aerosil R-972 二氧化硅	0.200	Degussa
高速分散 20min，低速加入以下材料			
8	ALBERDINGK® AC2510	33.0	欧宝迪树脂
9	二丙二醇丁醚 DPnB	4.40	陶氏化学
10	二丙二醇甲醚 DPM	2.20	陶氏化学
11	DSX 1510	0.400	科宁
12	去离子水	4.10	

(31) 水性环氧自流平地坪涂料

序号	物料	质量份	供应商
1	水性环氧树脂 EXM-618	1000	上海伊士通公司
2	DisperBYK190	10.0	毕克化学
3	BYK-019	14.5	毕克化学
4	滑石粉(600 目)	695	
5	重钙(300 目)	868	康偌斯
6	石英砂(0.1～0.3mm)	1040	
7	钛白粉	139	
高速分散 30min			
8	水性环氧固化剂 EH-2251	1000	上海伊士通公司

该配方施工同无溶剂自流平地坪，适用期约 60min。施工厚度为 1mm 以下时，该配方对混凝土地面具有优异的附着力。

(32) 水性彩瓦漆

原材料	质量分数/%	说　明
水	10.0	
PG	2.50	抗冻剂
Hydropalat® 34	0.800	海川分散剂
Starfactant® 20	0.200	海川润湿剂
Foamstar® A10	0.200	海川消泡剂
C-950	0.100	海川多功能 pH 调节剂
铁红	8.00	上海一品
沉淀硫酸钡	10.0	
分散、研磨至细度合格，加入以下原料		
Texanol(成膜助剂)	3.00	美国伊士曼
Foamstar® MF324	0.150	海川消泡剂
TA-998	50.0	广东天银化工
去离子水	10.0	
Dehygant® LFM	0.200	海川防腐剂
DSX® 3551	0.40	海川增稠剂

10.6　结语

国内建筑涂料生产企业众多，但规模甚小，据有关部门统计，年产值在 100 万元以上的涂料生产厂达 4500 多家，其中年产 10000t 以上规模的企业不足 1%，大多数年产量在 1000t 以下，且产品档次低，品种少，模仿多，创新少，导致粗制滥造产品欺市，无序竞争，自毁市场。目前，国内聚合物乳液的生产企业主要有北京东方罗门哈斯、上海高桥巴斯夫、中山联碳、江苏日出集团、广东巴德富、国民淀粉、昆山长兴、广东天银化工、青州万利化工等。2002 年各大企业生产建筑涂料用乳液超过 20 万吨（用于生产建筑乳胶漆超过 63 万吨），占全国聚合物乳液产量的 50%以上。近年来，我国聚合物乳液总产量年增长率约 10%～15%，高于世界聚合物乳液的平均增长率（年均约 6%）。同时，我国建筑涂料行业存在生存与发展的严峻考验，如恶性低价竞争、缺乏知识产权保护意识、产品质量不稳定等，迫切需要认真研究和解决这些技术问题，只有将乳液、颜填料及各种助剂的质量提高，加强工艺研究和配方设计研究，才能生产出高品质的乳胶漆产品，提升企业竞争力，促进行业的技术进步。

第11章 水性木器漆及其他水性漆

11.1 概述

水性漆最重要的产品是建筑涂料，即乳胶漆，近年来随着涂料科学与技术的发展，水性涂料树脂的研究、开发、生产及应用取得了巨大进展，水性漆正向木器漆、金属漆和塑胶漆领域不断拓展，虽然目前市场开发还不尽如人意，但前途应该是光明的。

11.2 水性木器漆

中国现代民用涂料市场已经历了两次革命。第一次是乳胶漆淘汰含甲醛、低性能的107涂料；第二次是聚（氨）酯漆以其超高的硬度、耐磨性和快干性一举占领了木器漆市场。近年来，聚氨酯漆在安全、环保和健康方面的问题日益引起人们关注，随着人们家庭装修环保意识的增强，可挥发有机物极少的水性木器漆应运而生，并在近几年因品质的显著提高及相关政策的支持迅速走红。故有专家认为，它必定将部分替代溶剂型木器漆，将会引发中国民用涂料业的第三次革命。

水性木器漆是世界涂料界公认的木器漆的发展方向之一，与溶剂型木器漆相比，在节约能源和保护环境方面具有无可比拟的优越性，同时，水性木器漆以其不燃、无毒、节能、环保等特点，已越来越受到高档场所业主及高端消费者的青睐。

水性木器漆在我国的发展是近十年的事情，由于国外水性树脂的进入以及国内科研院所和生产企业的倾力开发，在技术上已经取得了一系列重大突破，水性木器漆产业化的基本条件已经形成。目前，国内市场上水性木器漆产品主要有四类：第一类为单组分丙烯酸乳液型木器涂料，此类水性涂料成本较低，性能上完全可以替代传统的硝基木器漆；第二类为单组分水性聚氨酯木器涂料，其涂膜耐磨性、低温成膜性、耐冲击性、柔韧性很好，但硬度较低、耐化学品性较差、成本较高；第三类是水性聚氨酯-丙烯酸杂化型树脂涂料，该类树脂涂料既降低了水性聚氨酯涂料的成本，又提高了水性丙烯酸树脂涂料的性能（如耐磨性、低温成膜性、耐冲击性、柔韧性等），具有较高的性价比；第四类为双组分水性聚氨酯木器涂料，具有耐磨性好、丰满度高、低温成膜性好、柔软性佳、手感好及抗热回黏性好等优点，综合性能最接近溶剂型漆的性能，但施工较麻烦，固化剂价格较贵。

按施工的先后顺序，水性木器漆可分为水性腻子、水性封底漆、水性面漆；根据面漆中是否含有颜料，面漆可分为清漆和着色漆；根据面漆的光泽度又可分为高光面漆、半光面漆和亚光面漆等。

水性腻子刮涂在木材表面，填补表面大小孔隙，增加基材表面的平滑度。对水性透明腻子的性能要求是：透明度高、耐水性好、干燥快、打磨性好、强度高、附着力好、不易脱落。同时要求腻子贮存稳定性好、不分层。

封底漆是基材与面漆间的过渡层，它能增强涂层与基材之间的附着力，也能增加基材的封闭性，防止面漆渗透到基材孔隙而影响漆膜的平整、美观，同时能增加漆膜厚度而显丰满。因此，要求封底漆对基材润湿性好，渗透性优异，能在基材上形成一层均匀连续的漆膜且不影响与下一道漆膜的层间附着力。可以选择粒径较小、玻璃化温度中等的树脂来作为制备封底漆的基料。

面漆涂覆在底涂层上，起到装饰、保护木材的重要作用。因此，要求漆膜硬度高，表面平整无缺陷，丰满度高，光泽适宜，光滑且抗划伤；耐水、耐酸、耐碱、耐生活污渍等。在腻子、底漆、面漆的配方中都存在相应的技术问题，但面漆的性能要求更为全面。

若按照包装形式，水性木器漆分为单组分水性漆和双组分水性漆。

11.2.1 单组分水性木器漆

单组分水性木器漆的树脂有水性聚氨酯分散体、丙烯酸改性水性聚氨酯和丙烯酸乳液三大类。

水性聚氨酯具有流平好、丰满度高、耐磨、柔韧性好等优点，非常适用于配制各种高档水性木器面漆，如家具漆和地板漆等。丙烯酸改性水性聚氨酯是通过无皂、核-壳等聚合方法将丙烯酸和聚氨酯聚合在一起的一种新型水性树脂，其不但具有丙烯酸树脂的耐候性、耐化学性和对颜料的润湿性，并且继承了聚氨酯树脂的高附着力、高耐磨性和高硬度等性能，常用于中高档木器面漆；丙烯酸树脂具有快干、光稳定性优异的特点，传统的丙烯酸乳液共聚物系热塑性树脂，力学性能较差，耐热性较低，目前的发展趋势是采用多步聚合法制备常温自交联乳液，其特点是干燥迅速、硬度高、透明性好、流动性好、耐化学品优异，并具有良好的低温柔韧性和抗粘连性，另外采用核-壳聚合方法也可以制备成膜温度低、抗粘连性及柔韧性等综合性能好的多相丙烯酸分散体。丙烯酸类乳液由于相对低廉的成本，目前在市场上仍备受关注，广泛用于水性底漆及低端水性木器装饰漆等。下面介绍一些配方以供参考。

(1) 单组分抗回黏水性木器漆

序号	物　料	用量/%	功能
1	Bayhydrol® XP2593/1	81.2	Bayer 树脂
2	BYK028	1.00	消泡剂
3	Tego Gilde 482	0.200	流平剂
4	BYK 346	0.200	润湿剂
5	50% BG in water	16.0	成膜助剂
6	Aquacer 513	1.00	蜡浆
7	RM2020	0.400	增稠剂

Bayhydur® XP2593/1 为脂肪族、脂肪酸改性阴离子型聚氨酯分散体；固含量为 35%；黏度小于 100 mPa·s；耐化学品性强，高光泽，硬度高。

清漆基本性能：光泽（60°）90.5；摆杆硬度 108（18h），124

(3d)；铅笔硬度（擦伤法）HB；耐水、耐乙醇、耐碱液等性能优异。

(2) 水性透明木器清漆（一）

序号	物　料	用量/%	功能	供应商
1	Primal EP-6060	82.4	成膜物	Rohm & Haas
2	BYK024	0.400	消泡剂	BYK
3	BG	4.50	助溶剂	Dow Chemical
4	DPnB	4.60	助溶剂	Dow Chemical
5	去离子水	3.00		
6	AMP-95	0.200	中和剂	
7	Michem Emulsion 39235	3.40	乳化蜡	Michelman
8	Acrysol SCT-275	1.50	流变助剂	Rohm & Haas

(3) 水性木器透明面漆（二）

序号	物　料	用量/%	功能	供应商
1	Joncryl 1980	82.09	成膜物	Johnson 乳液
2	Tego® Wet 500	0.36	基材润湿剂	Tego
3	Dowanol DPM	4.27	助溶剂	Dow Chemical
4	Dowanol DPnB	3.06	助溶剂	Dow Chemical
5	Dowanol PPH	0.810	助溶剂	Dow Chemical
6	Tego® Foamex 805	0.42	消泡剂	Tego
7	Jonwax® 26	3.54	蜡乳液	Johnson
8	Tego® Glide 440	0.180	流平剂	Tego
9	去离子水	3.52		
10	AMP-95	0.200	中和剂	
11	Tafigel® PUR 50 (DPM 1：1 稀释)	1.55	增稠剂	King Industry

Joncryl 1980 是一种不含甲醛的自交联丙烯酸乳液。它主要用于需抵抗多种化学制品的木材涂料，可提供优秀的透明度、少泡以及优秀的抗裂性。Joncryl 1980 乳液的抗化学性使它可以用于其他用途，如混凝土面漆、特殊的硬质纤维板和塑料。Joncryl 1980 物性：外观—半透明液体；pH 值－7.8；质量固体分－40%；黏度

—140mPa·s；玻璃化温度—69℃；成膜温度—45℃。

（4）水性木器透明面漆（三）

序号	物　料	用量/%	功能	供应商
1	Joncryl U6010	82.36	成膜物	Johnson 聚氨酯分散体
2	Tego® Wet 500	0.350	基材润湿剂	Tego
3	Tego® Foamex 805	0.530	消泡剂	Tego
4	PG	1.99	助溶剂	Dow Chemical
5	Dowanol DPnB	2.42	助溶剂	Dow Chemical
6	Dowanol DPM	3.07	助溶剂	Dow Chemical
7	去离子水	5.00		
8	AMP-95	0.150	中和剂	
9	Jonwax® 26	3.57	蜡乳液	Johnson
10	Tego® Glide 440	0.190	流平剂	Tego
11	Zonyl FSJ	0.090	氟表面活性剂	杜邦
12	Rheolate-288	0.280	增稠剂	海名斯

（5）水性木器高光面漆（一）

① 配方

序号	原材料	用量(质量份)	备　注
1	NeoPac E-106	83.0	DSM
2	Dehydran 1293	0.600	Cognis 消泡剂
3	FoamStar A34	0.600	Cognis 消泡剂
4	乙二醇丁醚	8.00	工业级
5	去离子水	3.10	
6	Hydropalat 140	0.400	Cognis 润湿剂
7	Perenol S5	0.300	Cognis 增滑剂
8	DSX 2000	0.500	Cognis 增稠剂
9	去离子水	3.500	

② 工艺操作

a. 准确称量 1 组分，在 300r/min 搅拌条件下加入预混后的 2～7组分，600r/min 搅拌 30min；

b. 将转速调至 400r/min，加入 8、9 的稀释液调整黏度，并慢速消泡 10min。

主要性能：

固含量　　30％

黏度（涂4-杯）　40s

表干时间　　15min

铅笔硬度　　1H～2H

E-106是一种水性芳香族聚氨酯-丙烯酸杂化体，综合性能较好。

（6）水性木器高光面漆（二）

序号	原材料	用量(质量份)	备注
1	Hypomer WPU-3401	90.0	聚氨酯分散体(德谦)
2	Defom W-0506	0.600	消泡剂(德谦)
3	Levaslip W-469	0.300	润湿剂(德谦)
4	DeuWax W-2335	1.50	蜡乳液(德谦)
5	DeuRheo WT-204	0.300	增稠剂(德谦)
6	去离子水	7.80	

（7）水性木器高光面漆（三）

序号	原材料	用量(质量份)	备注
1	Mowilith LDC 7064	75.5	Clariant(科莱恩)
2	去离子水	2.00	
3	BYK 028(消泡剂)	1.20	BYK
4	Nipacide BIT 20(罐内杀菌剂)	0.100	Clariant(科莱恩)
5	AMP-95(pH调节剂)	0.200	
6	BYK 348(底材润湿剂)	0.400	BYK
7	BYK 333(表面滑爽剂)	0.600	BYK
8	Dalpad D(成膜助剂,35％水溶液)	4.60	Dow Chemical
9	DPM	1.40	Dow Chemical
10	Aquacer 535(蜡乳液)	3.00	BYK
11	去离子水	9.60	
12	Optiflo H 600(增稠剂,30％PG溶液)	1.40	德国南方化学有限公司

主要技术指标：固含量　35％；黏度（KU）　65；TVOC（g/L，扣水）　≤130；*MFT*（℃）　－3；光泽（60°）　＞96。

特点：性价比高，不易黄变，VOC低。

Mowilith LDC 7064：固含量 45%～47%；pH 7.00～8.00；*MFT*（℃） 20；黏度 500～2500mPa·s。Mowilith LDC 7064是一种不含APEO、自交联、核壳结构的丙烯酸乳液，可以配制水性工业木器清漆、色漆、瓷漆、地板漆。

（8）水性木器亚光面漆（一）

序号	物 料	用量/%	功能	供应商
1	Neocryl XK90	91.90	成膜物	DSM
2	去离子水	3.40		
3	Tego® Wet 270	0.300	基材润湿剂	Tego
4	Tego® Foamex 822	1.00	消泡剂	Tego
5	Tego Dispers 735W	0.500	分散剂	Tego
6	Acemat TS 100	1.50	消光粉	Degussa
7	Texanol	0.800	成膜助剂	Eastman
8	AMP-95	0.100	中和剂	
9	DSX 3551	0.500	缔合型增稠剂	海川

（9）水性木器亚光面漆（二）

序号	原材料	用量(质量份)	备注
1	Mowilith LDC 7064	75.5	Clariant(科莱恩)
2	去离子水	2.00	
3	Surfynol DF 75(消泡剂)	0.300	Air Products
4	BYK 028(消泡剂)	0.600	BYK
5	Nipacide BIT 20(罐内杀菌剂)	0.100	Clariant(科莱恩)
6	AMP-95(pH调节剂)	0.200	
7	BYK 348(底材润湿剂)	0.400	BYK
8	BYK 333(表面滑爽剂)	0.600	BYK
9	Dalpad D(成膜助剂,35%水溶液)	4.60	Dow Chemical
10	DPM	1.40	Dow Chemical
11	Aquacer 535(蜡乳液)	3.00	BYK
12	Syloid W500(消光粉)	5.00	Grace(格雷斯)
13	去离子水	2.80	
14	Optiflo H 600(增稠剂,33%PG溶液)	1.50	德国南方化学有限公司

主要技术指标：固含量 40%；黏度（KU） 70；TVOC（g/L,

扣水）≤120；*MFT*（℃）−3；光泽（60°）20。

特点：性价比高，不易黄变，VOC低。

（10）水性木器半光透明面漆（一）

序号	物　料	用量/%	功能	供应商
1	NeoCryl XK-16	84.0	自交联丙烯酸乳液	DSM
2	BYK022	0.300	消泡剂	BYK
3	Dowanol PnB	4.50	助溶剂	Dow Chemical
4	Dowanol DPM	1.50	助溶剂	Dow Chemical
5	异丙醇	2.10	助溶剂	
6	去离子水	2.50		
7	AMP-95	0.100	中和剂	
8	Aquacer 531	3.00	乳化蜡	BYK
9	Acemat TS 100	1.50	消光粉	Degussa
10	Nuvis FX 1070	0.500	增稠剂	海明斯

固含量：约37.5%；黏度：40s。特点：快干，耐化学品性良好。

（11）水性木器半光透明面漆（二）

序号	原材料	用量(质量份)	备　注
1	Mowilith LDC 7064	75.5	Clariant(科莱恩)
2	去离子水	2.00	
3	Surfynol DF 75(消泡剂)	0.300	Air Products
4	BYK 028(消泡剂)	0.600	BYK
5	Nipacide BIT 20(罐内杀菌剂)	0.10	Clariant(科莱恩)
6	AMP-95(pH调节剂)	0.200	
7	BYK 348(底材润湿剂)	0.400	BYK
8	BYK 333(表面滑爽剂)	0.600	BYK
9	Dalpad D(成膜助剂,35%水溶液)	4.60	Dow Chemical
10	DPM	1.40	Dow Chemical
11	Aquacer 535(蜡乳液)	3.00	BYK
12	Syloid W500(消光粉)	3.00	Grace(格雷斯)
13	去离子水	4.80	
14	Optiflo H 600(增稠剂,33%PG溶液)	1.50	德国南方化学有限公司

主要技术指标：固含量　38.5%；黏度（KU）　70；TVOC（g/L，扣水）≤120；*MFT*（℃）−3；光泽（60°）50。

特点：性价比高，不易黄变，VOC低。

（12）水性封闭底漆

序号	原　材　料	用量(质量份)	备　注
1	Mowilith LDC 7154	66.0	Clariant(科莱恩)
2	去离子水	8.00	
3	Mowiplus XW 330(润湿分散剂)	0.300	Clariant(科莱恩)
4	BYK 330(消泡剂)	0.100	BYK
5	Nipacide BIT 20(罐内杀菌剂)	0.100	Clariant(科莱恩)
6	丙二醇	1.00	
7	硬脂酸锌浆(40%)	10.0	环琦化工
8	氨水	0.100	
9	Dalpad D(DPnB,成膜助剂,50%水溶液)	3.00	Dow Chemical
10	去离子水	10.0	
11	DSX2000(增稠剂,1∶1水稀释)	1.40	Cognis

主要技术指标：固含量　35%；黏度（KU）　65；TVOC（g/L，扣水）　≤95。

特点：封闭性好，打磨性佳，VOC低。

Mowilith LDC 7154是一种不含APEO、自交联、核壳结构的丙烯酸乳液，可以配制水性木器清漆、有光色漆、底漆，具有良好的抗划伤性和抗粘连性，硬度高，透明度好，耐磨，耐沾污，不黄变，手感舒适，是科莱恩的一种多功能、全能型产品。

乳液物性：固含量　46%～48%；pH　8.00～9.00；*MFT*（℃）　9；黏度　2000～5000mPa·s。

（13）水性透明底漆

序号	原　材　料	用量(质量份)	备　注
1	Mowilith LDC 727M	60.0	Clariant(科莱恩)
2	去离子水	6.00	
3	BYK 028(消泡剂)	0.200	BYK
4	Nipacide BIT 20(罐内杀菌剂)	0.100	Clariant(科莱恩)
5	滑石粉浆(60%)	10.0	
6	硬脂酸锌浆(40%)	10.0	环琦化工
7	氨水	0.100	
8	Dalpad D(成膜助剂,50%水溶液)	6.00	Dow Chemical
9	去离子水	6.00	
10	DSX 3256(增稠剂,50%水溶液)	1.60	Cognis

主要技术指标：固含量　40%；黏度（KU）　70；TVOC（g/L，扣水）　≤130。

特点：性价比高，透明度好，VOC低。

Mowilith LDC 727M：固含量　49%～51%；pH　8.00～9.00；T_g/*MFT*（℃）　34/32；黏度　700～1500mPa·s。

Mowilith LDC 727M是一种不含增塑剂丙烯酸乳液，可以配制内外用水性木器清漆、有色底漆、色漆，具有良好的附着力以及耐水、耐候性。

（14）水性木器打磨底漆

① 填料浆配方

序号	原　材　料	用量(质量份)	备　注
1	去离子水	45.0	
2	Tego Dispers 750W(润湿分散剂)	12.0	Tego
3	Tego Foamex 810(消泡剂)	0.500	Tego
4	丙二醇	2.00	
5	Aerosil R200(气相 SiO_2)	0.500	Degussa
6	超细滑石粉	20.0	
7	硬脂酸锌	20.0	

② 水性木器打磨底漆

序号	原　材　料	用量(质量份)	备注
1	填料浆	12.5	
2	XK-61	12.0	DSM
3	TS 100	1.00	Degussa，消光剂
4	Tego Wet 270	2.00	Tego
5	PG 丙二醇丁醚	2.00 6.00	Dow Chemical，成膜助剂
6	Tego Foamex 815(消泡剂)	0.500	Tego
7	Aerosil R200(气相 SiO_2)	0.300	Degussa
8	Aquaflow NLS 200(缔合型增稠剂)	0.300	Hercules
9	Aquaflow NLS 300(缔合型增稠剂)	0.300	Hercules

（15）水性家具涂料

序号	物　　料	用量/%	供应商
1	ALBERDINGK® AC2514	80.0	欧宝迪树脂
2	BYK024(消泡剂)	0.800	毕克化学
3	Tego® Wet 270	0.200	Tego
4	BDG	6.00	巴斯夫
5	BG	2.00	巴斯夫
6	去离子水	7.50	
7	Acemat TS 100(消光剂)	0.600	Degussa
8	Ultralube D 816(蜡乳液)	2.50	Keim Additec
9	DSX 1514(增稠剂)	0.400	科宁

ALBERDINGK® AC2514 为通用的自交联水性丙烯酸树脂，有出色的打磨性、良好的耐化学品性和耐手感性，干燥快，固含量为42%～44%，*MFT* 为 43℃，黏度 30～300mPa·s，摆杆硬度为104s。该乳液广泛应用在家具涂料、地板涂料、混凝土涂料等领域。

（16）水性地板涂料（一）

序号	物　　料	用量/%	供应商
1	ALBERDINGK® AC2514	41.0	欧宝迪树脂
2	ALBERDINGK® U9800 VP	41.0	欧宝迪树脂
3	BYK 036	0.200	毕克化学
4	Tego Foamex 800	0.800	Degussa
5	二丙二醇甲醚(DPM)	4.00	Dow Chemical
6	二乙二醇丁醚(BDG)	4.00	巴斯夫
7	去离子水	3.50	
8	Aquacer 513 蜡乳液	4.00	毕克化学
9	Acemat TS 100	1.00	Degussa
10	BYK 333	0.100	毕克化学
11	DSX 1514	0.400	科宁

ALBERDINGK® U9800 VP 为无溶剂型聚氨酯分散体，适用于木器、塑料和金属涂料；出色的耐沸水、耐化学品性能和力学性能，固含量为 32%～36%，*MFT* 为 30℃，黏度为 20～300 mPa·s，断裂伸长率22%。

（17）水性地板涂料（二）

序号	物　料	用量(质量份)	供应商
1	ALBERDINGK®CUR69	83.2	欧宝迪树脂
2	BYK 028	0.600	BYK
3	BYK 044	0.200	BYK
4	Tego Foamex 800	0.800	Degussa
5	DPnB	2.00	Dow Chemical
6	BDG	2.00	Dow Chemical
7	去离子水	8.00	
8	Ultralube D 816(蜡乳液)	3.00	Keim Additec
9	Acemat TS 100	0.500	Degussa
10	Tego Wet 280(润湿剂)	0.300	Tego
11	Rheolate 212(增稠剂)	0.200	海明斯

ALBERDINGK®CUR69 为蓖麻油改性聚氨酯分散体，硬而韧，表面效果好，耐磨，耐鞋印。

(18) 水性白色底漆

序号	原　材　料	用量(质量份)	备注
1	去离子水	26.0	
2	250HBR(纤维素醚增稠剂)	0.400	
3	氨水	0.100	
4	Dispelair CF 1501(消泡剂)	0.200	海润化工
5	Mowiplus XW 330(分散剂)	0.500	Clariant(科莱恩)
6	Nipacide BIT 20(罐内杀菌剂)	0.100	Clariant(科莱恩)
7	重钙(700 目)	20.0	
8	钛白(CR828)	5.00	特诺(Tronox)
9	滑石粉(1000 目)	12.5	
10	Mowilith LDC7154	15.2	Clariant(科莱恩)
11	Texanol(成膜助剂)	1.50	伊士曼(Eastman)
12	去离子水	17.3	
13	Optiflo H 600(增稠剂,17%PG 溶液)	1.20	德国南方化学有限公司

主要技术指标：固含量　45.5%；黏度（KU）　85；TVOC（g/L，扣水）　≤60。

特点：性价比高，VOC低。

(19) 水性白色面漆

序号	原 材 料	用量(质量份)	备注
1	去离子水	4.00	
2	AMP-95(pH 调节剂)	0.100	
3	BYK 028(消泡剂)	0.500	海润化工
4	Dispex AG 40(分散剂)	0.300	Ciba(汽巴)
5	Nipacide BIT 20(罐内杀菌剂)	0.10	Clariant(科莱恩)
6	钛白(CR828)	16.0	特诺(Tronox)
7	5%BYK 420(防沉剂)	2.00	BYK
8	Mowilith LDC7154	60.0	Clariant(科莱恩)
9	去离子水	4.60	
10	DARPAL D(成膜助剂,50%水溶液)	3.00	Dow Chemical
11	BYK 028	0.500	BYK
12	BYK 348(底材润湿剂)	0.300	BYK
13	Aquacer 535(蜡乳液)	3.50	BYK
14	去离子水	17.3	
15	Optiflo H 600(增稠剂,23%PG 溶液)	1.30	德国南方化学有限公司

主要技术指标：固含量 45%；黏度（KU）70；TVOC（g/L，扣水）≤95。

特点：性价比高，VOC 低。

(20) 单组分水性木器白漆

序号	物料	用量(质量份)	功能	供应商
1	Bayhydrol® XP2593/1	71.1	树脂	Bayer
2	Acematt TS 100	0.400	消光剂	Degussa
3	色浆	10.0		
4	BYK 346	0.200	润湿剂	BYK
5	BYK 028	1.00	消泡剂	BYK
6	50% BDG(水中)	11.2	助溶剂	Dow Chemical
7	DSX 1514	0.100	增稠剂	Cognis
	色浆配方			
8	去离子水	20.3		
9	DisperBYK 190	8.80	分散剂	BYK
10	BYK 024	0.500	消泡剂	BYK
11	BYK 346	0.300	润湿剂	BYK
12	Kronos 2310	70.0	钛白	Kronos
13	BYK 420	0.100	增稠剂	BYK

涂料参数：固含量 36%；黏度 40s；表干 0.5h；实干 1.5h。

(21) 单组分水性高光白色木器漆（一）

① 配方

序号	物 料	用量(质量份)	功能	供应商
1	Bayhydrol® F 245	13.2	基料	Bayer
2	去离子水	7.35		
3	20%三乙胺溶液[乙醇-水(1∶1)]	0.600	中和剂	
4	Tronox R-KB-6 15	23.8	钛白粉	
5	Bayhydrol® F 245	52.9	基料	Bayer
6	BYK 420	0.100	增稠剂	BYK
7	去离子水	1.84	调黏	

② 工艺 将1、2加入容器，低速搅拌下加入3，高速搅拌下加4；打入砂磨机研磨，加入5分散均匀，加入6、7调黏，过滤、包装。

Bayhydrol®F 245是一种气干聚酯型水性聚氨酯；固含量 45%；黏度 350mPa·s；酸值 13mgKOH/g（树脂）；VOC 5%。

特性：高光、耐候、防腐、自干。

（22）单组分水性高光白色木器漆（二）

① 配方

序号	材 料	用量(质量份)	备 注
1	水	10.0	
2	TC-202	61.0	广东天银化工
3	Disponer W-511	0.300	Deuchem
4	Disponer W-18	0.200	Deuchem
5	BYK 028	0.200	BYK
6	钛白粉(828)	25.0	特诺(Tronox)
7	DeuAdd MB-11	2.00	Deuchem
8	DeuAdd MB-16	0.100	Deuchem
9	Aquacer 535(蜡乳液)	3.50	BYK
10	DeuRheo WT-204	1.00	Deuchem

TC-202为一种油改性脂肪族水性聚氨酯，是目前性价比最高的一种水性树脂，性能指标见表11-1。

表 11-1 TC-202 的性能指标

项　　目	指　　标
外观	微黄色半透明溶液
不挥发分/%	33±1
pH	7～9
黏度(25℃,NDJ. I 黏度计)/mPa・s	15～100
干燥性(25℃,65%湿度下)	表干(min)/实干(h)20/2
光泽	≥90
硬度	≥2H
附着力/级	0
抗划伤性(100g)	通过
抗粘连性(500g,50℃/4h)	通过
耐磨性(750g/500 转)/g	≤0.03
耐水性(72h)沸水(15min)	无异常
耐碱性(50g/L $NaHCO_3$ 1h)	无异常
耐污染性(50%乙醇、醋、绿茶 1h)	无异常
耐黄变性(7d,ΔE)	≤3
TVOC	≤200g/L
可溶性重金属/甲醛	无检出

② 工艺操作

a. 准确称量 1、2 组分，600r/min 搅拌条件下加入 3～6 组分，1000r/min 搅拌 30min；

b. 将转速调至 600r/min 加入 7～9 组分，搅拌 10min，加入 10 调整黏度，慢速消泡 30min，过滤、包装。

11.2.2 双组分水性聚氨酯清漆

(1) 双组分水性聚氨酯清漆（一）

A 组分

序号	物　　料	用量(质量份)	功能	供应商
1	Bayhydrol® XP2651	75.3	基料	Bayer
2	Tego Foamex 810	0.100	消泡剂	Degussa
3	Tego Airex 902w	0.200	消泡剂	Degussa
4	Borchers GOL LA 50	0.300	流平剂	Borchers
5	乙二醇丁醚	1.00	助溶剂	
6	去离子水	3.40		

B组分

序号	物　　料	用量(质量份)	功能	供应商
1	Bayhydur® XP2655	19.8	水性多异氰酸酯	Bayer

Bayhydrol® XP2651 为水性丙烯酸二级分散体；固含量：40%；黏度：200mPa·s；羟基含量：3.0%（固体树脂）。特点：分子量较低，高羟基含量，高光，对木材润湿性好。

Bayhydur® XP2655 为新一代氨基磺酸盐改性 HDI 三聚体；可以人工搅拌分散，NCO 含量高，干燥快，硬度高，光泽好。

清漆数据：n_{NCO}/n_{OH}　1.8；固含量　51%；细度　25μm；表干　15min；可使用时间　4h；实干　7d；硬度（7d）　2H；光泽（60°）　90；耐水、耐乙醇、耐沸水性好；柔韧性　1mm。

（2）双组分水性聚氨酯清漆（二）

A组分

序号	物　　料	用量(质量份)	功能	供应商
1	Bayhydrol® XP2470	50.3	基料	Bayer
2	BYK 022	0.500	消泡剂	BYK
3	BYK 346	0.100	润湿剂	BYK
4	Wet 280	0.200	润湿剂	Tego
5	乙二醇丁醚	1.80	助溶剂	
6	去离子水	16.0		

B组分

序号	物　　料	用量(质量份)	功能	供应商
1	Bayhydur® XP2655	23.6	水性多异氰酸酯	Bayer
2	丙二醇甲醚醋酸酯	7.40	调整黏度	

注：$n(NCO)/n(OH)=2.2$；固含量：47%。

（3）双组分水性聚氨酯亚光清漆（一）

A羟基组分

序号	原材料	用量(质量份)	备注
1	水性聚氨酯羟基组分	68.0	广东天银化工
2	BYK 028	0.080	BYK 消泡剂
3	Aquamat 270	0.558	BYK,乳化蜡,手感剂,有消光性
4	BYK 346	0.040	BYK,流平剂
5	DeuRheo WT-204	1.80	Deuchem,增稠剂

B 水性固化剂

序号	原材料	用量(质量份)	备注
1	2102	10.0	罗地亚
2	丙二醇甲醚醋酸酯	1.00	溶剂

施工时将水性固化剂溶液在搅拌下加入羟基组分中，搅拌均匀，熟化 30min 后使用，试用期约 5h。其涂层光泽高、硬度好、耐水、耐热、耐溶剂，基本达到油性双组分 PU 漆的性能。

水性聚氨酯羟基组分的指标如下：

项目	指标	项目	指标
外观	半透明水分散体	黏度	500～1000mPa·s
固含量	(40±1)%	羟值	1.8%(以树脂计)

(4) 双组分水性聚氨酯亚光清漆（二）

序号	物　料	用量(质量份)	供应商
1	ALBERDINGK® U9150VP	73.7	欧宝迪树脂
2	BYK044(消泡剂)	0.200	BYK
3	BYK024(消泡剂)	0.400	BYK
4	BDG①	3.00	巴斯夫
5	BG①	1.50	巴斯夫
6	去离子水①	16.0	
7	Acemat TS 100(消光剂)	0.50	Degussa
8	Ultralube D 816(蜡乳液)	3.00	Keim Additec
9	BYK346(流平剂)	0.300	BYK
10	Rheolate 212(增稠剂)	1.20	Elements

① 4、5、6 混合后添加。

固化剂：WT-2102 或 Bayhydur 2336（70%二丙二醇二甲醚溶液） 12 份。

ALBERDINGK® U9150VP 是一种聚酯型聚氨酯水分散体，不含 NMP，耐化学品性和抗磨性好；*MFT* 约为 5℃，用于配制双组分水性木器漆。

（5）双组分水性聚氨酯亚光白漆

A 组分

序号	物料	用量(质量份)	功能	供应商
1	水	113.5		
2	Natrosol 250 HBR	1.20	增稠剂	Aqualon
3	50%DMEA(水中)	1.50	中和剂	Deuchem
4	H140	6.00	流平剂	Cognis
5	SN 5027	0.200	分散剂	Nopco
6	901W	0.400	消泡剂	Degussa
7	Kathon LXE	1.00	杀菌剂	Rohm & Haas
8	Ti-pure R902	200	金红石型钛白粉	DuPont
以上材料高速分散后在低速搅拌下加入以下材料：				
9	Bayhydrol® XP2546	580.0	树脂	Bayer
10	TS100	15.0	消光剂	Degussa
11	Texanol	22.0	成膜助剂	Eastman
12	BYK024	3.00	消泡剂	BYK
13	WE1	40.0	蜡乳液	BASF
14	RM-5000	6.00	流变改性剂	Rohm & Haas
15	RM-8W	4.00	流变改性剂	Rohm & Haas

B 组分

序号	物料	用量(质量份)	功能	供应商
1	Bayhydur® XP2547	200	水性多异氰酸酯	Bayer

Bayhydrol ® XP2546 为阴离子型丙烯酸分散体；固含量：41%；黏度：35～250mPa·s；羟基含量：4.1%（固体树脂）；最低成膜温度：15℃；VOC：0。

Bayhydur® XP2547 为水性化 HDI 三聚体。

白漆数据：硬度（7d） 2H；光泽（60°） 4.2；冲击 50cm；耐乙醇、耐丁酮大于 200 次；柔韧性 1mm；耐磨（1000g，1000转） 50mg。

11.3 水性金属漆

（1）单组分水性金属漆

序号	物　料	用量(质量份)	功　能
1	Esacote PU71	90.0	水性聚氨酯
2	BG	0.200	助溶剂
3	Surfynol 104E	0.500	消泡/润湿剂
4	Dehydran 1293	0.500	消泡剂
5	BYK333(1∶1水溶液)	0.300	增滑剂
6	BYK346	0.300	润湿/流平剂
7	Viscolam PS166	2.00	增稠剂
8	Silane A187	2.50	硅偶联剂
9	水	1.30	

Esacote PU71 为 Lamberti（宁柏迪）公司生产的一种聚碳酸酯型聚氨酯水分散体。固含量约为 35%；其涂膜硬度高、耐磨、耐热，用于金属涂料或 PVC 地板漆。

（2）水性防锈底漆

序号	物　料	用量(质量份)
1	水	18.0
2	亚硝酸钠	0.100
3	防锈剂 FA-179	0.400
4	AMP-95	0.100
5	酯醇-12	1.00
6	5040(科宁分散剂)	0.500
7	CF-10(陶氏润湿剂)	0.100
8	Fomex 822(Tego 消泡剂)	0.200
9	三聚磷酸铝	8.00
10	锶铬黄	4.00
11	铁红	8.00
12	绢云母	3.00
13	氧化锌	2.00
14	GK-02BF 防锈乳液(青州万利化工)	55.0
15	DSX-2000(科宁增稠剂)	0.300

GK-02BF 防锈乳液也可以用安德士化工（中山）有限公司 AT-3128 防锈乳液代替。

（3）水性卷钢用底漆、面漆

A 色浆

序号	物　料	面漆白色浆(质量份)	底漆白色浆(质量份)
1	水性聚酯树脂	39.7	
2	水性醇酸树脂		40.6
3	EFKA-4560	1.25	1.28
4	R-902	20.0	20.5
5	硫酸钡	30.0	30.7
6	去离子水	4.55	4.65

B 色漆

序号	物　料	面漆白色漆(质量份)	底漆白色漆(质量份)
1	面漆白色浆	91.50	
2	底漆白色浆		91.08
3	Cymel 325(氰特)	8.73	8.92
4	AD-51(消泡剂)	0.30	0.40
5	L-411(润湿流平剂)	0.40	0.50

水性聚酯树脂固含量：44.8%，黏度960mPa·s；水性醇酸树脂固含量：46.4%，黏度：1000mPa·s。生产商：佛山鲸鲨公司

(4) 水性丙烯酸-氨基白色烘漆

序号	物　料	用量(质量份)	供应商
1	EA1620-A-2	60.0	三木水性丙烯酸树脂
2	R902 钛白	25.0	
3	去离子水	6.00	
4	丙二醇乙醚	10.0	
5	6225(分散剂)	0.500	EFKA
6	875(润湿剂)	0.200	海川
7	Tego 810(消泡剂)	0.200	Tego
8	BYK333(流平剂)	0.200	BYK
	研磨至细度≤20μm		
9	SM5717	12.0	三木氨基树脂
10	水	适量	

烘烤条件：120℃×30min。

性能：硬度　2H；附着力　2～3级；冲击　50kgf·cm；光泽　86；0.1mol/L H_2SO_4　72h；0.1mol/L　NaOH　96h；3% NaCl　96h。

(5) 水性丙烯酸-氨基灰色烘漆

序号	物 料	用量(质量份)	供应商
1	EA1622B	50.0	三木水性丙烯酸树脂
2	R902(钛白)	20.0	
3	高色素炭黑	0.300	
4	去离子水	9.50	
5	丙二醇甲醚	9.00	
6	6225(分散剂)	0.500	EFKA
7	875(润湿剂)	0.200	海川
8	066N(消泡剂)	0.200	海川
9	BYK333(流平剂)	0.200	BYK
研磨至细度≤20μm			
10	SM5717	8.60	三木氨基树脂
11	水	适量	

烘烤条件：140℃×20min。

性能：硬度 3H；附着力 1级；冲击 50kgf·cm；光泽 88；0.1mol/L H_2SO_4 96h；0.1mol/L NaOH 96h；3% NaCl 96h。

(6) 水性环氧防腐蚀涂料

序号	物 料	用量(质量份)	供应商
1	EXM-618(水性环氧树脂)	150	上海伊士通
2	铁红	10-15	
3	铬酸锶	10-15	
4	碳酸钙	5.00	
5	BYK-191	3.00	BYK
6	防沉降剂	2.00	
7	润湿剂	2.00	
8	乙二醇乙醚	4.00	
9	去离子水	适量	
研磨至细度≤50μm			
10	EH-2251(水性环氧固化剂)	120	上海伊士通

配方说明：该涂料附着力好，耐冲击、耐磨性、耐候性、防腐蚀性和环保适应性好。该涂料既具有环氧树脂的高强度、耐化学品性、防腐蚀性好的特点，又兼有丙烯酸树脂光泽高、耐候性好的特点，目前已用在罐头内壁、家用电器、仪器等。

上海伊士通 EXM-618 水性环氧树脂乳液技术指标如下：

外观　乳白色均匀液体
黏度(25℃)/mPa·s　600～800
密度/(g/cm³)　1.05
树脂含量/%　50
有机溶剂/(g/L)　无
稀释剂　水
分散相粒径/μm　≤1
乳液离心稳定性　4000r/min,40min不分层
pH值　7.0±0.2
环氧当量/(g/mol)　200～220
最大涂膜厚度/mm　0.2～0.3
贮存期　>6个月

用途：可用于生产水性环氧地坪涂料、水性环氧胶黏剂、水性环氧金属漆、家装漆、水性环氧混凝土、混凝土用封闭底漆及防渗透材料等。

上海伊士通EH-2251水性环氧固化剂技术指标如下：

外观　乳白色略泛蓝光液体
黏度(25℃)/mPa·s　800～1200
胺值/(mgKOH/g)　130～140
密度/(g/cm³)　1.01～1.03
固含量/%　50
表干时间(与本公司EXM-618乳液配合)/h　7～8

特点：适用期长，可用于厚涂，极好的柔韧性，适用期适中，固化物硬度高，光泽好。

11.4　水性塑料漆

(1) 水性塑料银粉漆（一）

序号	物　料	用量(质量份)	供应商
1	ALBERDINGK® AS2615	43.8	欧宝迪树脂
2	Tego wet 280	0.200	Degussa
3	去离子水	10.5	
4	Dehydran 1293	0.800	科宁
5	EDG(二乙二醇乙醚)	3.70	巴斯夫
6	BDG(二乙二醇丁醚)	3.70	巴斯夫
7	Tego Glide 482	0.200	Tego
8	Viscalex HV 30(用10%与水兑稀，用AMP-90或DMEA中和)	26.0	汽巴(增稠剂)
	铝粉浆		
9	Stapa Hydrolan S 2100	2.00	爱卡
10	BG(乙二醇丁醚)	4.45	巴斯夫
11	BYK180(分散剂)	0.050	BYK
12	去离子水	4.60	

ALBERDINGK® AS2615 为一种苯丙乳液，在硬塑料（如 ABS、PS 和 HIPS）上具有优异的附着力和耐化学品性，力学性能好；固含量为 50%～52%；*MFT* 为 60℃（T_g 为 55℃）；黏度 50～300mPa・s；含 9%二乙二醇乙醚（EDG）。

生产工艺：将 1～8 预先混合，分散 10min；再加入 9～12 预混合液，分散均匀。

（2）水性塑料银粉漆（二）

序号	物　料	用量(质量份)
1	Bayhydrol® XP2427	50.0
2	去离子水	30.0
3	BG	6.00
4	DBG	2.00
5	BYK 347	0.200
6	Foamex 805(消泡剂)	0.200
7	ASE-60(增稠剂)	1.60
8	DMEA(10%,水中)	4.00(依需要)
9	WXM 7640(铝粉浆)	6.00
10	Bayhydur® XP2487/1(选加)	5.00

涂料性能：附着力（对 ABS、PS）好；铅笔硬度 H；耐乙醇擦拭 50 次。加入 Bayhydur® XP2487/1 可有效提高涂膜硬度和漆膜耐化学品性能。

Bayhydrol® XP2427 是一种含羟基的丙烯酸分散体，可以用于单组分水性银粉漆和双组分水性银粉漆。可用于工业塑料领域，例如电脑以及电视机外壳的水性底漆及水性面漆。涂层硬度高、耐乙醇、耐汽油性好。固含量：约 42%；黏度：80mPa・s；羟基含量：2.0%（固体树脂）；VOC：0。

（3）水性塑料银粉漆（三）

序号	物　料	用量(质量份)	供应商
1	AS2615	43.9	欧宝迪树脂
2	去离子水	29.3	
3	BG	3.70	BASF
4	Dehydran 1293(消泡剂)	0.800	Cognis
5	Viscalex HV30(增稠剂)	1.90	Ciba
6	Disparion AQ 607(增稠剂)	0.800	Kusumoto Chemicals
7	去离子水	3.40	
8	DBG	3.70	
9	STAPA HAYDROLAN 9157(水性银浆)	3.80	Eckart-Werke
10	BG	0.200	BYK
11	BYK192(分散剂)	1.60	BYK
12	去离子水	4.65(依需要)	
13	Surfynol E 104(润湿剂)	6.0	Air Products

ALBERDINGK® AS2615 为一种苯丙乳液，耐水、耐乙醇性好，*MFT* 为 60℃。该乳液可应用在电视机壳、消费类电子品等涂饰。

(4) 水性塑料银粉底漆

序号	物　料	用量(质量份)	供应商
1	APU1012VP	27.00	欧宝迪树脂
2	BYK346	0.150	BYK
3	BYK028	0.300	BYK
4	Viscalex HV 30(4%水溶液,AMPA-95 中和)	63.4	Ciba
5	STAPA HAYDROLAN 292(水性银浆)	3.50	Eckart-Werke
6	BYK192(分散剂)	0.150	BYK
7	去离子水	5.50	

APU1012 为一款水性聚氨酯-丙烯酸树脂杂化体；固含量为 44%～46%；*MFT* 为 15℃；黏度 20～200mPa·s。对 ABS、PC、

PA-66（尼龙-66）附着力好，适于用作手机、汽车轮毂的底漆，有很好的铝粉定向性，柔韧性、耐水性优异。

工艺：先由 1、2、3、4 制备基础清漆，然后加入由 5、6、7 制备的水性银浆，分散均匀、过滤。

（5）水性塑料（或皮革）漆

序号	物　料	用量(质量份)	功　能
1	Esacote PU36	90.0	水性聚氨酯
2	Acticide F1(N)	0.200	杀菌剂
3	Surfynol 104E	0.500	消泡/润湿剂
4	Dehydran 1293	0.500	消泡剂
5	BYK333(1∶1 水溶液)	0.500	增滑剂
6	BG	2.00	成膜助剂
7	Viscolam PS166	2.00	增稠剂
8	去离子水	6.30	

Esacote PU36 为 Lamberti（宁柏迪）公司生产的一种聚酯型水性聚氨酯。固含量约为 35%；漆膜硬而韧，对 PVC 和橡胶基材有优异的附着力。

（6）水性塑料漆

序号	物　料	用量(质量份)	功　能
1	Esacote PU800	90.00	水性聚氨酯
2	BG	4.00	助溶剂
3	Surfynol 104E	0.500	消泡/润湿剂
4	Dehydran 1293	0.500	消泡剂
5	BYK333(1∶1 水溶液)	0.300	增滑剂
6	BYK346	0.300	润湿/流平剂
7	Viscolam PS166	1.00	增稠剂
8	去离子水	3.40	

Esacote PU800 为 Lamberti（宁柏迪）公司生产的一种聚氨酯

和丙烯酸共聚分散体，固含量约为40%；该乳液对PVC和ABS等塑料基材有优异的附着力，也可以用于混凝土涂料等领域。

(7) 水性塑料底漆

序号	物料	用量(质量份)	功能
1	SP-6806	100	芳香族水性聚氨酯(山东圣光)
2	BG	4.00	助溶剂
3	Foamex 822	0.200	消泡剂(Tego)
4	Wet 270	0.350	润湿剂(Tego)
5	RHEOLATE-288	0.150	增稠剂(海明斯)

11.5 结语

目前，在欧美发达国家，随着环保法规的日趋严格，溶剂型木器漆的销量呈下降趋势，水性木器漆的用量逐年上升，且增长速率惊人，达到两位数。在欧洲民用装修涂料市场中水性漆占20%。由于我国水性木器漆起步较晚，整体技术水平比较落后，近年来取得了较大进展，树脂合成技术、配漆技术同国际先进水平的差距逐步缩小，但由于人们的消费习惯、政府的推动力度较弱，市场化进程还不尽如人意；但是，随着我国国民经济的快速发展、人民生活水平的提高、人们对健康保护意识的增强和先进技术的应用，必将迎来我国水性漆的繁荣，实现行业的可持续发展。

附　录

附录一　乳液各种指标的检测方法

(1) 电解质稳定性　一般乳液对电解质非常敏感。因加工中会遇到盐类，较低的敏感度有利于对乳液进行加工。因而，有必要对此进行测试。在轻微搅动下滴入一定量 NaCl 或 $CaCl_2$(1%～5%) 溶液于被测乳液中，观察其是否破乳，以较多容忍而不破乳为好。

钙离子稳定性的测试方法：在 10mL 刻度的试管中，用滴管加 5mL 乳液，然后加入 1mL 5% $CaCl_2$ 溶液，摇匀后放置于试管架上。如 48h 后不产生分层、沉淀、絮凝等现象，则乳液钙离子稳定性通过。

(2) 最低成膜温度的测定　一块不锈钢条，一端受冷，一端加热，整条呈均匀的温度梯度，从一头零下若干摄氏度到另一头超过 100℃。不锈钢条沿线无级地设有温度显示。把乳液涂在条上。经过一段时间，条上的乳液，一侧形成透明均匀的膜，一侧聚合物变成白浊破碎状，中间界线分明。这条线所指温度即为最低成膜温度。

测试时，按照操作规定及要求的温度范围，将仪器调到所需的数值。特别要注意在开机时，首先打开冷却水，以防烧坏制冷元件。待确定测量板上温度已达平衡以后，即开始涂样。样品的涂布，特别是样品的均匀程度对测试结果有影响，因此应注意操作。为了保证涂膜厚度均匀，先在测试板上贴附好厚 0.1mm 的胶纸带，然后用橡胶刮片将乳液均匀地涂布于胶纸带的槽中，盖好上部封盖，打开风泵，使干燥好的空气吹过乳液上部，并注意观察成膜情况。如前所述，可以看到在乳液所成的膜的状态上会有明显的不同，在成膜部分是连续透明的膜状物，而另一部分则是断续的，甚至是白粉状物，测定这两部分的分界线处的温度即为最低成膜温度 (*MFT*)。

(3) 粒径分布的测定　乳液的粒度和粒度分布是非常重要的指标。因为许多性能与之直接相关，例如，膜光泽。在一定程度上，粒子越细，光泽越好。商品聚合物乳液都是由不同粒度的粒子构成的，因此叫做多分散性乳液。由同种粒度的粒子构成的乳液，叫单分散乳液。一定的分散度对膜的致密度有利。作为涂料，膜致密度越高，性能越好。乳液粒度检测有多种方法：

① 电镜　用透射电镜观测，或照相看片，很直观，但制样技术要求高，

仪器太贵，乳液中胶粒有干扰。

② 光散射法　不同粒径粒子，散射光角度不同，强度不同，借此可算出粒度和粒度分布。许多精细粒度和粒度分布仪都是以此为理论基础的。加上数据处理，可列表，绘曲线图、直方图输出检测结果。这是检测涂料用聚合物乳液粒度的一个值得推广的方法。

(4) 乳液外观的检测　把乳液置于玻璃管中，如比色管中，目测乳液颜色（粒度大小造成的颜色：蓝光、发红、发黄、发灰）、均一情况（有无絮凝、分层等）、透明度（不透明、半透明等）。

(5) 固体含量的测定　取直径 100mm 左右的玻璃或马口铁洁净小皿，置于有强制通风的烘箱中，于 150℃烘干至恒重。烘箱中取出后应在干燥器中冷却。干燥后样品的重量/干燥前样品重量×100％＝固体含量（％）。

(6) pH 值的测定　一般测量，精密试纸即可。精密测量，可用以缓冲溶液标定的玻璃甘汞电极 pH 计测定。乳液中表面活性剂可能对测定结果有所干扰。

(7) 乳液黏度的测定　聚合物乳液是非牛顿型流体，与聚合物溶液如醇酸树脂等牛顿型流体不同，其应力应变关系不是线性关系，不成正比。因此，适用于聚合物溶液黏度测定的方法，诸如黏度杯法、气泡黏度计法等涂料工业习用方法不适合于聚合物乳液黏度的测定。适合于聚合物乳液黏度测定的方法不靠流体对重力的应变，而是直接测量流体对剪应力（通过特定形式的转子的旋转产生）的应变值。因此，此类黏度计叫做旋转黏度计。当前，Brookfield 黏度计比较通用。Brookfield 黏度计的检测原理：一个特定形式的转子在被测流体中以设定速度旋转，转子转动产生的应力使相连的弹簧扭转的程度，即为流体的黏度。黏度以 mPa·s 表示。转子越大，转速越快，黏度越小；转子越小，转速越慢，黏度越大。Brookfield 黏度计有许多型号：LVF、LVT、RVF、RVT 等。各配备不同数量的转子，各有一系列转速，各可测一定的黏度范围。对一般聚合物乳液而言，最高 10000mPa·s 即可满足要求。报数据时要注明所用转子号、转速和测定时的温度。

(8) 乳液中残余单体的测定　乳液中残余单体过量会给乳液带来稳定性和气味等问题。测定残余单体含量可以用皂化滴定法，也可以用色谱法。前者仅给出总残余量，后者则可知残余单体的具体品种。

① 皂化法　对稀释样品进行水蒸气蒸馏；收集一定量馏出物；在馏出物中加入 KOH 乙醇溶液使之在室温或回流状态下皂化；滴定过量碱。

② 色谱法　使用适当型号的气-液色谱；色谱装备热导池或火焰电离检测器；以标准单体乳液校准；使用火焰电离检测时，水的干扰用甲乙酮、苯或醋酸异丁酯为内标来克服。

(9) 机械稳定性　乳液在搅拌、泵送、研磨、喷涂、装运中都会受到剪应力。检测时用可提供强剪切力的高速搅拌机。先将样品过滤，然后在搅拌机中用 1500～3000r/min 强力搅拌 5～10min，再过滤，称量滤网上干燥残渣。没有任何残渣自然是最好的。

(10) 贮存稳定性和热稳定性　乳液如稳定性不好，则在贮存中会分层、沉淀，运输中会起过多的泡沫。考核常温贮存稳定性：将乳液满注（对结皮试验注 2/3 或 1/2）暗色瓶中，严密加盖，定期测黏度，以黏度变化不大（或轻度提高）为好。考核热稳定性办法相同，只是将瓶子放在一定温度（50℃或特定）的烘箱中。

(11) 冻融稳定性　乳液在运输中难免受冻（规格要求是不容许受冻）。偶然受冻不致使乳液报废，自然较好。样品在低温（－20℃或－40℃）箱中放 16h，室温放置 8h，以不破乳、不过度增稠为好，最理想情况通过 5 个循环。

(12) 各种助剂的相容性　乳胶漆配方中有颜/填料、多种助剂存在，它们是否能与乳液相容，这是很重要的。测试重点是一些溶剂、表面活性剂等。测试方法与测电解质的方法相同。观察方法既包括对乳液稳定性的观察，也要制薄膜与不加测试对象的乳液平行对比进行观察（是否维持透明，是否失光，是否影响成膜，是否影响膜的平整性等）。

更详尽内容可参考 GB/T 11175—2002。

附录二　涂膜病态防治

一、附着力不佳、片状剥离

涂料施工后，漆膜经破坏后成片剥离或局部出现剥落。

1. 原因

① 墙面基底处理不干净，如有油脂等存在；

② 墙面基底水分含量过高或有盐碱析出；

③ 墙面基底严重粉化或打磨处理后未除尘；

④ 选用的底漆与墙面基底不相适应。

2. 解决方法

① 铲除所有受影响而失去附着力的漆膜，清洁墙面，待干透重涂；

② 若墙面基底严重粉化，则应用合适的渗透性封闭底漆对其进行封闭；

③ 遵循施工规范，做好墙面基底防水层，保证墙面基底条件符合施工要求。

二、遮盖力差

涂刷多遍，仍可见墙面基底的颜色或整体颜色不均匀。

1. 原因

① 底材和面漆颜色反差明显；

② 油漆被过度稀释，漆膜太薄；

③ 墙面基底为凹凸面，通常凸面漆膜过薄；

④ 深色和艳色（如深蓝、鲜红、鲜黄、鲜橙等）墙面漆本身遮盖力差。

2. 解决方法

① 使用与面漆颜色相类似，但稍浅的中层漆或底漆；

② 控制稀释比例，保证稀释度小于5%；

③ 使用辊筒施工效果较好；

④ 对某些颜色或墙面基底应适当增加面漆涂刷层数。

三、水印

侧看漆膜，发现其表面有不规则斑块，光泽较低。

1. 原因

① 墙面基底水分含量过高；

② 有漏水、渗水现象；

③ 施工时环境湿度过高。

2. 解决方法

① 确保墙面基底干透；

② 确保墙面无漏水、渗水；

③ 确保施工时各种条件符合要求（如墙面基底的含水率应小于10%，相对湿度应小于85%）；

④ 必要时选用合适的底漆封闭墙面基底。

四、黄变

浅色或白色漆膜，短时间内发黄。

1. 原因

① 内墙漆用于户外；

② 漆膜受碱性影响；

③ 乳胶漆受聚氨酯地板家具漆挥发影响。

2. 解决方法

① 确保将耐候性能佳的产品用于户外；

② 确保墙面基底条件符合施工要求；

③ 应在聚氨酯地板家具漆干透后才涂刷乳胶漆。

五、粉化

即通常所说的“掉粉”。墙面漆膜表面出现一薄层粉化物，擦拭就会掉落。

1. 原因

① 施工时加入过量水稀释，造成漆膜太薄；

② 墙面基底碱性（pH值大于7）过高，漆膜被破坏，通常发生于未干透的新墙；

③ 墙面基底及环境湿度过高，重涂时间短，通风差；

④ 施工时墙面基底温度过低；

⑤ 墙面基底（如打底的腻子）太疏松；

⑥ 涂刷时未完全成膜，一般施工后7天才能完全成膜；

⑦ 将内墙漆用于户外。

2. 解决方法

① 铲除粉化层；

② 重新选用优质的涂料，如三和墙面漆系列；

③ 遵循施工规范，切勿用水过度稀释；

④ 必要时需选用合适的底漆对墙面基底进行封固处理，提高面漆附着力；

⑤ 保证施工环境符合施工要求。

六、光泽不均

墙面漆膜光泽不均一，明暗分布，常出现于丝光、半光墙面漆产品。

1. 原因

① 墙面基底疏松度不均一；

② 底漆、面漆涂刷厚度不均匀；

③ 喷涂时局部应用存在干喷；

④ 同一面墙使用不同施工工具；

⑤ 同一面墙使用不同批号产品；

⑥ 没有在油漆湿润时连接刷痕缝隙造成接痕明显，即未能有效“湿接”；

⑦ 墙面基底温度过高或油漆干燥过快。

2. 解决方法

① 使用底漆，特别是局部修补处，必须与周边一起上好底漆后再涂刷面漆；

② 无论底漆还是面漆，确保每层涂刷的厚度一致，并且无漏刷；

③ 确保使用统一的施工工具，在同一面墙上使用同一批号产品，在分格区内保证湿接；

④ 确保施工条件、施工工艺符合施工要求。

七、起泡、剥落

漆膜隆起成泡或破裂。

1. 原因

① 墙面基底水分过高，水分向外扩散时其压力把漆膜鼓起，通常发生在使用了透气性差的产品的墙面；

② 土建时的防水处理差，导致雨水水分通过裂缝或未上漆基面进入墙体另一面的基底或有漏水，扩散时破坏漆膜；

③ 墙面基底腻子以石膏粉、滑石粉、双飞粉为主，遇水膨胀所致，特别是外墙。

2. 解决方法

① 铲除所有起泡、剥落部分，若是由于墙面基底的腻子所引起的问题，铲除腻子并用合适的腻子重刮；

② 遵循施工规范，做好墙面基底防水层，施工前对墙面基底裂缝进行修补，保证墙面基底水分含量符合施工要求，必要时在局部区域增加漆层防止

雨水水分渗入。

八、褪色、变色

漆膜颜色发生均匀或不均匀变化，整体发花，尤其是红色或黄色。

1. 原因

① 墙面漆中有机颜料在各种气候条件下的稳定性（即耐候性）较差或受紫外线照射下变色；

② 墙面基底碱性过高，渗出后破坏漆膜中的颜料；

③ 盐碱在表面析出；

④ 深色的漆膜如果发生粉化（即掉粉现象），也会表现出颜色变浅。

2. 解决方法

① 选用较暗的颜色，通常会有较好的耐候性和抗碱性；

② 遵循施工规范，保证墙面基底碱性符合施工要求，尤其是修补过的部分；

③ 使用合适的底漆封固墙面基底，三和抗碱底、封闭底漆。

九、泛碱

漆膜表面出现盐碱析出，在表面形成白色流挂或破坏漆膜附着力。

1. 原因

① 墙面基底水分、碱分或盐分含量过高，水汽挥发时将盐碱带出并在漆膜底层或表面析出；

② 土建时的防水处理差，导致雨水水分通过裂缝或未上漆基面进入墙体另一面的基底，扩散时将盐碱带出。

2. 解决方法

① 铲除粉化层；

② 选用合适的涂料；

③ 遵循施工规范，切勿过度稀释；

④ 必要时需选用合适的底漆封固墙面基底；

⑤ 保证施工环境符合施工要求。

十、慢干或不干

漆膜涂刷后，长时间不干。

1. 原因

① 墙面漆中混入油分或稀释剂使用不当；

② 墙面基底水分含量高或有油脂等污物存在；

③ 漆层一次施工过厚或未干重涂；

④ 施工及待干过程湿度高，通风差；

⑤ 低温施工；

⑥ 双组分漆少加或者未加固化剂。

2. 解决方法

① 铲除受影响漆膜；

② 确保漆膜一次施工不会太厚；
③ 确保前层漆膜干透后才重涂；
④ 确保施工时墙面基底和环境条件达到施工要求；
⑤ 双组分漆一定要按照正确的配比加入固化剂；
⑥ 潮湿天气不可施工；
⑦ 施工后保持良好的通风。

十一、开裂

漆膜上生成线状、多角或不定状裂纹。

1. 原因

① 一次涂刷过厚或未干重涂；
② 墙面基底过于疏松或粗糙；
③ 施工时温度过低；
④ 涂装系统不正确，底漆与面漆不配套。

2. 解决方法

① 铲除受影响漆膜；
② 确保漆膜一次施工不会太厚；
③ 确保前层漆膜干透后再重涂；
④ 必要时用合适的底漆封固墙面基底；
⑤ 对于粗糙度大的内墙墙面基底，建议使用柔韧性佳的产品，如三和五合一系列墙面漆；
⑥ 墙面基底温度低于 5℃时，不可施工墙面乳胶漆；
⑦ 如需要批刮，应确保腻子固化后坚固结实。

十二、针孔、气泡

漆膜中有针状小孔或气泡浮出或悬浮其中。

1. 原因

① 墙面基底或所用的腻子过于疏松多孔，内含空气；
② 墙面基底表面温度过高或涂刷后急剧加热干燥；
③ 漆膜过厚或未干重涂；
④ 喷涂时喷枪设置有误，压力太大；
⑤ 辊涂时使用劣质长毛辊筒；
⑥ 刷涂时刷子移动太快。

2. 解决方法

① 待干透后打磨受影响的漆膜，重涂；
② 确保漆膜一次施工不会太厚并在干透后再重涂；
③ 使用合适的底漆封固墙面基底；
④ 使用优质中短毛辊筒；
⑤ 正确设置喷枪及控制刷涂速度。

附录三 水性木器漆的检验项目及标准

项目	指标			
	A类	B类	C类	D类
在容器中状态	搅拌后均匀无硬块			
细度/μm ≤	35	清漆、透明色漆:35 色漆:40	清漆、透明色漆:35 色漆:40	60
不挥发物(双组分为主剂)/% ≥	30	30	30	清漆、透明色漆:30 色漆:40
干燥时间 ≤				
表干/min	单组分:30;双组分:60			
实干/h	单组分:6;双组分:24			
贮存稳定性(50℃,7d)	无异常			
耐冻融性	不变质			
涂膜外观	正常	正常	正常	
光泽(60°)	商定	商定	商定	
打磨性				易打磨
硬度(擦伤) ≥	B	B	B	
附着力(划格间距 2mm)/级 ≤	1			
耐冲击性	涂膜无脱落、无开裂			
抗粘连性(500g,50℃/4h)	MM:A-0; MB:A-0	MM:A-0; MB:A-0		
耐磨性(750g,500 转)/g ≤	0.030			
耐划伤性(100g)	未划伤	未划伤		
耐水性				
耐水性(24h)	无异常	无异常	无异常	
耐沸水性(15min)	无异常	无异常	无异常	
耐碱性(50g/L $NaHCO_3$,1h)	无异常	无异常	无异常	
耐醇性(50%,1h)	无异常	无异常	无异常	
耐污染性(1h)				
醋	无异常	无异常	无异常	
绿茶	无异常	无异常	无异常	
耐干热性[(70±2)℃,15min]/级 ≤	2	2	2	
耐黄变性(168h)ΔE ≤	3.0			
总挥发性有机化合物(TVOC)/(g/L) ≤	300			
重金属(清漆除外)/(mg/kg)				
可溶性铅 ≤	90			
可溶性镉 ≤	75			
可溶性铬 ≤	60			
可溶性汞 ≤	60			

参考文献

[1] 闫福安．涂料树脂合成及应用．北京：化学工业出版社，2008.
[2] 武利民．涂料技术基础．北京：化学工业出版社，1999.
[3] 武利民．现代涂料配方设计．北京：化学工业出版社，2000.
[4] 洪啸吟，冯汉保．涂料化学．北京：化学工业出版社，1997.
[5] 曹同玉，刘庆普，胡金生．聚合物乳液合成原理性能及应用．北京：化学工业出版社，1997.
[6] [美] Zeno W. 威克斯，Frank N 琼斯，S. Peter 柏巴斯．有机涂料科学与技术．经桴良，姜英涛等译．北京：化学工业出版社，2004.
[7] 涂料工艺编委会．涂料工艺：上册．第 3 版．北京：化学工业出版社，1997.
[8] 陶子斌．丙烯酸生产及应用技术．北京：化学工业出版社，2007.
[9] 丛树枫，喻露如．聚氨酯涂料．北京：化学工业出版社，2003.
[10] 李绍雄，刘益军．聚氨酯胶黏剂．北京：化学工业出版社，1998.
[11] 虞兆年．涂料工艺：第二分册．北京：化学工业出版社，1996.
[12] 山西省化工研究所．聚氨酯弹性体手册．北京：化学工业出版社，2001.
[13] 徐培林，张叔勤．聚氨酯材料手册．北京：化学工业出版社，2002.
[14] 刘登良．涂料合成树脂工．北京：化学工业出版社，2007.
[15] 潘祖仁．高分子化学．北京：化学工业出版社，2007.
[16] 刘国杰．水分散体涂料．北京：化学工业出版社，2004.
[17] 林宣益主编．涂料助剂．第 2 版．北京：化学工业出版社，2006.
[18] 杨建文，曾兆华，陈用烈．光固化涂料及应用．北京：化学工业出版社，2005.
[19] 魏杰，金养智．光固化涂料．北京：化学工业出版社，2005.
[20] 钱逢麟，竺玉书主编．涂料助剂——品种和性能手册．北京：化学工业出版社，1990.
[21] [美] T.C. 巴顿著．涂料流动和颜料分散．第 2 版．郭隽奎，王长卓译．北京：化学工业出版社，1988.
[22] [美] Calbo L J 主编．涂料助剂大全．朱传棨等译．上海：上海科学技术文献出版社，2000.
[23] 林宣益编著．乳胶漆．北京：化学工业出版社，2004.
[24] 涂伟萍主编．水性涂料．北京：化学工业出版社，2005.
[25] 耿耀宗，曹同玉．合成聚合物乳液制造与应用技术．北京：中国轻工业出版社，1999.
[26] 赵亚光．聚氨酯涂料生产实用技术问答．北京：化学工业出版社，2004.
[27] 马庆麟主编．涂料工业手册．北京：化学工业出版社，2001.
[28] 范浩军，石碧，何有节等．蓖麻油改性聚氨酯皮革涂饰剂的研究．精细化工，1996，13 (6)：30.
[29] 闫福安．内交联型水性聚氨酯合成配方的设计与计算．中国皮革，2002，31 (7)：12.

[30] 闫福安．内交联型水性聚氨酯皮革光亮剂的合成研究．武汉化工学院学报，2003，25（1）：25.
[31] 闫福安．短油度水溶性醇酸树脂的合成研究．中国涂料，2003，18（1）：26.
[32] 闫福安．水性聚酯树脂的合成研究．涂料工业，2003，33（3）：9.
[33] 闫福安．水性双组分聚氨酯木器漆的合成与研制．涂料工业，2003，33（5）：37.
[34] 闫福安．水性聚氨酯的合成与应用．胶体与聚合物，2003，21（2）：30.
[35] 闫福安．水性丙烯酸树脂的合成及其氨基烘漆研制．武汉化工学院学报，2003，25（2）：6.
[36] 吴让军，闫福安．水性聚氨酯预聚体中异氰酸酯基的容量分析．中国涂料，2006，21（1）：33.
[37] 文艳霞，闫福安．水性醇酸树脂及其聚氨酯改性研究．中国涂料，2007，22（1）：25.
[38] 闫福安．气干型短油度水性醇酸树脂的合成研究．第二届环保型水性涂料及树脂技术研讨会论文集，2003：25.
[39] 闫福安．聚酯型双组分水性聚氨酯树脂的合成研究．第三届环保型水性涂料及树脂技术研讨会论文集，2004：66.
[40] 闫福安．水性光固化聚酯树脂的合成．第四届环保型水性涂料及第六届 PU 涂料技术研讨会论文集，2005：166.
[41] 闫福安．水性聚氨酯型水性环氧固化剂合成研究．第五届环保型水性涂料及树脂技术研讨会论文集，2007：296.
[42] 闫福安．自交联型水性丙烯酸-聚氨酯杂化体的合成．首届水性木器涂料发展研讨会论文集，2007：99.
[43] 闫福安，张艳丽．氟改性核壳结构叔丙乳液的合成．第六届环保型水性涂料及树脂技术研讨会文集，2008：90.
[44] 张艳丽，闫福安．叔丙乳液合成及其水性木器封闭底漆研制．第六届环保型水性涂料及树脂技术研讨会论文集，2008：196.
[45] 闫福安．水性聚氨酯合成及改性．第二届水性木器涂料发展研讨会论文集，2008：99.
[46] 孔志元．中国水性涂料的现状及发展．第六届水性木器涂料技术研讨会暨 2008 年水性聚氨酯行业年会论文集，2008：19.
[47] 陈红．水性聚氨酯涂料技术进展．第四届环保型水性树脂涂料及第六届 PU 涂料技术研讨会论文集，2005：7.
[48] 刘登良．积极稳步推进水性木器涂料的市场化．首届水性木器涂料发展研讨会论文集，2007：1.
[49] 赵金榜．我国水性木器涂料发展简史．首届水性木器涂料发展研讨会论文集，2007：20.
[50] 朱万章．水性木器涂料的成膜助剂．首届水性木器涂料发展研讨会论文集，2007：195.
[51] 张凯，黄渝鸿，郝晓东，周德惠．环氧树脂改性技术研究进展．化学推进剂与高分子材料，2004，2（1）：12.
[52] 官仕龙，李世荣．水性光敏酚醛环氧树脂的合成．涂料工业，2007，37（1）：24.
[53] 陈少鹏，俞小春，林国良．水性环氧丙烯酸接枝共聚物的合成及固化．厦门大学学报（自然科学版），2007，46（1）：63.
[54] 周继亮，涂伟萍．非离子型自乳化水性环氧固化剂的合成与性能．高校化学工程

学报，2006，20（1）：94.
[55] 官仕龙，李世荣．光敏酚醛环氧丙烯酸酯的合成工艺．涂料工业，2006，36（1）：32.
[56] 梁宗军，史宜望，沈亚．用于紫外光固化涂料的羧基化环氧丙烯酸酯水分散性研究．上海大学学报（自然科学版），2005，11（3）：303.
[57] 官仕龙，李世荣．水性丙烯酸改性酚醛环氧树脂的合成及性能．材料保护，2007，40（5）：17.
[58] 刘会元．乳胶漆生产工艺的控制及助剂应用．涂料工业，2003，33（8）：29.
[59] 王幸芬．水性双组分聚氨酯涂料．涂料工业，1999，（4）：10.
[60] 陈洪英，陈兴，李延龙．水性聚氨酯涂料的研究．涂料工业，1998，（12）：26.
[61] Jcobs P B. Two-pack aqueous polyurethane coatings. Journal of Coating Technology，1993，65（822）：45.
[62] Blank W J. Properties of crosslinked polyurethane dispersions. Progress in Organic Coatings，1996，27：1.
[63] 周菊兴，宗育达．聚酯磺酸盐的合成及其乳液的研究（Ⅰ）．热固性树脂，1999，（1）：3-7.
[64] 周菊兴，宗育达．聚酯磺酸盐的合成及其乳液的研究（Ⅱ）．热固性树脂，1999，（2）：3-9；（3）：25-26.
[65] Spilman G E. Aaueous dispersion of high molecular weight polyester for chip resistant primer：US，6306956. 2001.
[66] Higashiura S，Wada M，Shimizu T. Aqueous dispersion of polyester：US，5449707. 1995.
[67] 陈学江．分散性聚酯树脂的研究．化学与粘合，1999，（4）：178.
[68] Hwu H，Chang Y，Song T. Crosslinkable aqueous polyester emulsion and process for preparing the same：US，6114439. 2000.
[69] Lewarchik，Ronald J. UV-stable，water-borne polyester compositions：US，5484842. 1995.
[70] Hartung M，Budde J，Poth U. Water-dilutable polyester：US，6057418. 2000.
[71] 广州煦和贸易公司技术资料．
[72] 深圳海川化工有限公司技术资料．助剂在水性木器漆中的应用研究．
[73] 明佳科技有限公司技术资料．
[74] 德固萨产品技术资料．
[75] 吴倩倩．水性木器涂料用助剂简评．首届水性木器涂料研讨会论文集，2007：214.